人力资源和社会保障部职业能力建设司推荐
冶金行业职业教育培训规划教材

氧化铝生产技术作业标准

（燃气制备 热电动力分册）

云南文山铝业有限公司　编著

北　京

冶金工业出版社

2014

内 容 提 要

《氧化铝生产技术作业标准》按《原料制备 高压溶出 赤泥沉降》、《分解蒸发 焙烧成品》、《燃气制备 热电动力》、《铝土矿山》四个分册分别出版。本册主要介绍拜耳法生产氧化铝工艺中燃气制备和热电动力两个作业区共11个岗位的作业标准，对各岗位的生产工艺流程、技术原理、作业标准、危险源控制、关键设备、质量技术标准以及现场应急处置等作了比较详尽的介绍。

本书可作为氧化铝生产企业一线生产人员的培训教材，亦可供相关企业的科研、设计和管理人员参考。

图书在版编目(CIP)数据

氧化铝生产技术作业标准. 燃气制备 热电动力分册/云南文山铝业有限公司编著. —北京：冶金工业出版社，2014.11

冶金行业职业教育培训规划教材

ISBN 978-7-5024-6772-2

Ⅰ.①氧… Ⅱ.①云… Ⅲ.①氧化铝—生产工艺—作业标准—职业教育—教材 Ⅳ.①TF821-65

中国版本图书馆 CIP 数据核字(2014)第 252650 号

出 版 人 谭学余
地 址 北京市东城区嵩祝院北巷 39 号 邮编 100009 电话 (010)64027926
网 址 www.cnmip.com.cn 电子信箱 yjcbs@cnmip.com.cn
责任编辑 宋 良 唐晶晶 美术编辑 杨 帆 版式设计 孙跃红
责任校对 郑 娟 责任印制 李玉山
ISBN 978-7-5024-6772-2
冶金工业出版社出版发行；各地新华书店经销；三河市双峰印刷装订有限公司印刷
2014 年 11 月第 1 版，2014 年 11 月第 1 次印刷
787mm×1092mm 1/16；22.75 印张；546 千字；353 页
52.00 元
冶金工业出版社 投稿电话 (010)64027932 投稿信箱 tougao@cnmip.com.cn
冶金工业出版社营销中心 电话 (010)64044283 传真 (010)64027893
冶金书店 地址 北京市东四西大街 46 号(100010) 电话 (010)65289081(兼传真)
冶金工业出版社天猫旗舰店 yjgy.tmall.com
(本书如有印装质量问题，本社营销中心负责退换)

《氧化铝生产技术作业标准》
编审委员会

主　　任：郝红杰

副 主 任：杨卫华　　万多稳

委　　员：周怀敏　　张亚宏　　李　东　　徐宏亮

　　　　　段开荣　　陈纶勇　　唐云凤

《燃气制备　热电动力》分册
编写委员会

主　　编：周怀敏

副 主 编：杨德荣

编写成员：刘定明　　黄　源　　董庭鸿　　张建永　　汪长松

　　　　　蒲自华　　白　杨　　于存堂　　夏显生　　黄　江

　　　　　蒋明亮　　吴仕献　　韩国波　　郑　欢　　王加明

　　　　　骆灵芝　　马显泽　　张碧银　　荣维东　　房　平

　　　　　宋伟星　　吴中越　　邹云珺　　焦志云　　李　兴

前　言

我国是世界上铝土矿资源较为丰富的国家之一，迄今已探明保守储量30多亿吨，在较好的资源优势及国家政策的支持下，氧化铝行业迅猛发展，自1954年山东铝厂投产后，又相继建成了郑州、贵州、山西、中州、平果和文山等铝厂，氧化铝年产能达3600多万吨，从业人员达数百万。随着氧化铝生产规模的不断扩大，其生产工艺技术水平也随之日益提高，由最初的烧结法发展为拜耳-烧结串（混）联法、拜耳法等几种可结合资源情况择优选用的方法。我国氧化铝行业发展初期主要采用烧结法和联合法，之后，行业的技术工作者结合我国铝土矿资源主要是高铝高硅的中低品位一水硬铝矿的资源情况，大力推广了能耗和成本较低的拜耳法生产工艺，而且成功地采用了诸如管道化溶出、管板结合蒸发和高效制气技术等一系列先进的和大型化的设备，大大提高了氧化铝生产效率。

在我国氧化铝行业快速发展的历程中，离不开广大科技工作者的智慧和心血，以及生产一线操作工人的辛勤劳动。如何不断提高氧化铝产业工人队伍的整体素质，提高企业的核心竞争力，促进氧化铝行业持续、快速、健康发展，已成为行业亟须解决的重要课题。

为了更好地满足氧化铝生产技术的发展及企业工人培训的需要，云南文山铝业有限公司组织人员编著了这套《氧化铝生产技术作业标准》培训教材。主要按照拜耳法的生产流程分别进行岗位作业描述，其内容涵盖原料制备、高压溶出、赤泥沉降、分解蒸发、焙烧成品五个主要生产工区及燃气制备、热电动力和铝土矿山三个辅助工区共54个岗位作业标准，分《原料制备 高压溶出 赤泥沉降》、《分解蒸发 焙烧成品》、《燃气制备 热电动力》、《铝土矿山》四个分册，详细阐述了各岗位概况，安全、职业健康、环境、消防，作业标准，质量技术标准，设备以及现场应急处置等六方面的作业标准及相关要求。本套教材内容丰富翔实，基本上能满足拜耳法氧化铝生产企业岗位操作人员对氧化铝生产知识和操作技能的学习需求，可作为培训用书，亦可供相关企业的科研、设计、管理人员参考。

　　本分册根据当前所采用的设备、工艺、技术等生产实际和岗位技能要求，主要介绍拜耳法生产氧化铝工序中燃气制备和热电动力两个作业区，对其11个岗位的生产工艺流程、技术原理、作业标准、危险源控制、关键设备、质量技术标准以及现场应急处置等作了比较详尽的叙述。本书从工作任务、工艺原理、工艺流程等多角度进行岗位描述，内容涵盖操作准备、实施及结束等各个环节，提供质量技术指标及主体设备型号参考值，并以危险源辨识、安全须知、环境因素识别、消防管理等实务模板，为企业保障员工生命安全、身体健康提供参考指南。

　　本书由编审委员会统一审阅核定，受限于编写水平，书中不足之处，诚请读者批评指正。

编写委员会

2014 年 6 月

目　录

目　录

第 I 篇　燃气制备作业区

燃气制备区的主要任务是向焙烧成品区供应合格的燃料煤气。燃气制备区采用褐煤为原料，经过备煤系统储存、破碎及干燥之后，输送至气化系统，与压缩空气、氧气及自产蒸汽在气化炉中进行煤气化反应，产生的煤气经过水洗降温、湿法栲胶脱硫及减压处理后送至焙烧成品区，空分系统采用深冷分离工艺提供气化所需氧气及氮气，黑水系统通过一体化净水器对洗涤黑水进行净化处理，并定期向热电脱硫外送高氨氮水以达到回收 NH_4^+，降低洗涤水硬度的作用。

第 1 章　备煤岗位作业标准

第 1 节　岗 位 概 况

1　工作任务

对原煤进行储存、破碎、干燥并向气化炉及时供应粒度及水分合格的成品煤。

2　工艺原理

入厂原料煤经四齿辊破碎机破碎，经干煤机干燥后得到粒度不大于 6mm，水分不高于 12% 的碎煤通过输送皮带、斗提机送到气化炉受煤斗备用。

3　工艺流程

外运煤根据水分检测情况，水分较少的储存在褐煤仓，水分较多的储存在褐煤棚自然风干一段时间，经铲车推入褐煤仓。

褐煤仓的煤由抓斗天车抓入下料斗，通过振动给料机给料，由 1 号皮带运输转入 2 号皮带运输至 1 号转运站（斗提）再提入 3 号皮带，在 3 号皮带上取样后运输到破碎机破碎，得到粒度不大于 6mm 的碎煤。

通过 4 号皮带运输至 2 号转运站（斗提）再提入 5 号皮带，经 5 号皮带运输至干煤机窑头仓。窑头仓的煤料经过电子皮带秤计量后，通过星型给料器给料进入干煤机。

湿煤经干煤机干燥后，通过屋脊冷却机冷却后送至 3 号转运站（斗提）再提入 6 号皮带，经 6 号皮带运输至成品仓。成品仓的煤经过电子皮带秤计量后，通过 7 号皮带运输至

4 号转运站（斗提）再提入 8 号皮带运输至 5 号转运站（斗提），经 5 号转运站（斗提）提入气化炉上煤皮带供给气化炉各受煤斗。备煤系统工艺流程如图 1-1 所示，干煤机工艺流程如图 1-2 所示。

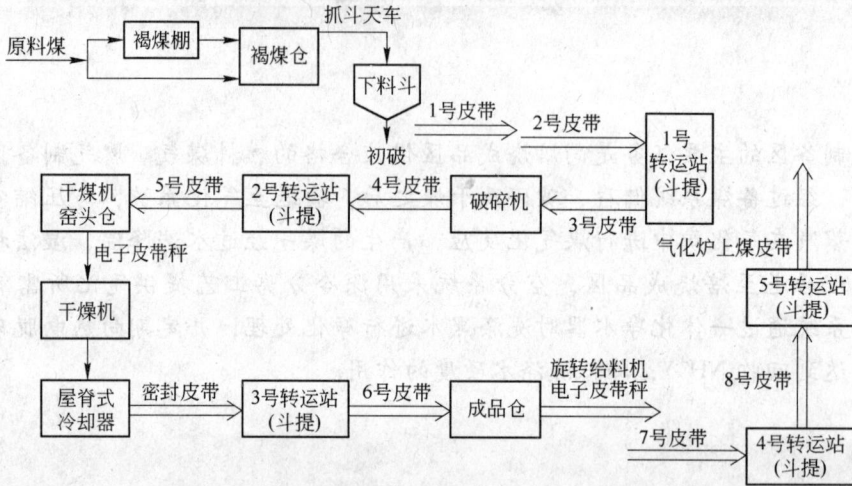

图 1-1　备煤系统工艺流程简图

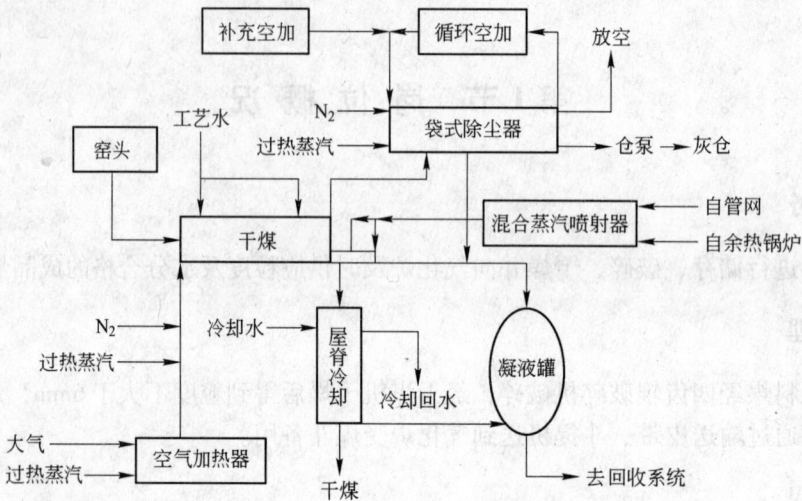

图 1-2　干煤机工艺流程简图

第 2 节　安全、职业健康、环境、消防

1　危险源辨识及控制措施

1.1　班前班中的巡检作业

1.1.1　程序、步骤

（1）提前 15 分钟开班前会，听取轮班值班长安排本轮班的生产任务和注意事项。

（2）接班后分工巡检各区域的生产设备及安全消防设施是否正常，发现问题及时汇报中控或值班长。

（3）查看皮带、斗提周围是否有漏料、堆料等现象。环境卫生情况是否良好，各除尘器运行是否良好，各收尘点情况是否良好。

（4）皮带是否有跑偏、摩擦、松动、打滑现象。

（5）首轮尾轮是否有沾料情况，检查托辊转动是否灵敏，有无窜动情况。

（6）电动机是否有发热，异常振动及声音等现象。

（7）密封皮带密封是否良好。

（8）查看除铁器运行情况，异物是否进行了及时清理。

（9）斗提是否有擦壳、摩擦声。

（10）破碎机出料粒度是否均匀，有无异常振动及声音等现象。

（11）破碎机润滑油油压、油温是否正常，各轴承是否有发热，异常振动及声音等现象。

（12）干燥机窑体有无异常振动及声音等现象。

（13）干燥机润滑油油温、油压是否正常，托轮磨损情况，旋转是否灵敏，旋转接头密封是否良好。

（14）各现场仪表指示是否在正常范围内。

1.1.2　危险因素

（1）高空坠物伤人、摔伤。

（2）粉尘危害。

（3）接触高温设备或蒸汽造成烫伤。

（4）接近运转中的设备，直接用手触摸传动部位。

（5）电动机、引风机未停机加油。

（6）现场物品摆放不规范、杂物多。

1.1.3　安全对策

（1）上、下楼梯抓好扶手，严禁扔工具物品及乱丢物品。

（2）佩戴防尘口罩。

（3）禁止靠近、接触高温设备或物品。

（4）检查时不准接触运转中的设备及用手接触传动部位。

（5）及时为电动机、引风机停机加油。

（6）定位摆放做到现场管理标准化。

1.2　开车操作

1.2.1　程序、内容

（1）检查各皮带、斗提等设备现场卫生，无堆料现象。

（2）从下游往上游逐一启动 5 号到 1 号皮带、斗提及破碎机，检查运转是否正常，无跑偏无卡塞现象，给各除铁器送电，检查是否正常工作，启动除尘器。

（3）破碎机、各皮带、斗提运转正常后，采用抓斗天车向下料斗进料，并开启下料斗振动给料机向皮带给料，使窑头仓建立一定料位。

（4）检查干燥机设备卫生，调试各阀门及各转动设备使均能正常启动。

（5）给干煤机暖管，启动循环风机给干燥机大布袋预热（可以与上述步骤同步进行）。

（6）启动凝液排放系统，及时排水，保持闪蒸罐液位。

（7）启动盘车电动机给干燥机盘车，5 分钟后启动干燥机主电动机。

（8）开启干燥机主电动机及屋脊冷却器循环冷却水。

（9）启动干燥机润滑系统。

（10）从下游往上逐一启动 9 号皮带到进料皮带、斗提及除尘器系统等设备。

（11）通过开启干燥机窑头氮气，调节干燥机出口氧含量。

（12）启动干燥机引风机，调整干燥机进出口负压和大布袋氧含量。

（13）调整干燥机入口蒸汽压力大于 0.4MPa，开启窑头进料插板阀，控制进料量，开始给干燥机进料。

（14）待进料正常后，停循环风机。

（15）向成品仓通入氮气。

1.2.2　危险因素

（1）高空坠物伤人、摔伤。

（2）接近运转中的设备，直接用手触摸传动部位。

（3）启动设备时单人操作，或几人操作时未做好呼唤应答。

1.2.3　安全对策

（1）上、下楼梯抓好扶手，严禁扔工具物品及乱丢物品。

（2）检查时不准接触运转中的设备及用手接触传动部位。

（3）启动设备时做好联保互保，操作时做好呼应。

1.3　正常操作

1.3.1　程序、内容

（1）正常运行时，监控、检查各电动机有无异常声音，油位是否正常，皮带有无跑偏、斗提有无卡塞的现象。定期清除铁器上的吸附物。

（2）根据窑头仓料位，及时调整振动给料器的振幅，使窑头仓保持合适料位。

（3）监视、检查破碎机的振动、油位、齿辊情况，分析破碎后煤的粒度。

（4）分析成品煤的粒度，如不符合要求，必要时停止破碎机，调整齿辊间距，保证成品煤粒度小于 8mm。

（5）干燥机控制参数由 DCS 自动控制，主控人员控制各参数在正常控制范围内，自动控制不能满足要求时，切换到手动调节。

（6）根据干燥机出口取样煤温度、水分的分析，及时调整进干燥机蒸汽流量大小，调整引风机风门开度大小，确保各参数保持在正常范围。

（7）密切监测尾气氧含量在正常范围（>6%，<12%），如尾气氧含量超过 12% 时，应通入氮气、蒸汽和调节风机风门来控制氧含量。

（8）根据窑头负压，调整引风机电动机转速，使负压在 −100 ～ −50Pa。

（9）根据干燥机碎煤温度，调整屋脊式冷却器冷却水量，控制煤粉温度在 50℃ 左右。

1.3.2　危险因素

（1）劳保穿戴不正确。

　　（2）调整皮带跑偏、打滑及斗提卡塞现象时未停机。

　　（3）调整破碎机齿辊间距时未停机。

　　（4）干燥机尾气氧含量超标，未及时调整。

1.3.3　安全对策

　　（1）正确穿戴劳保用品。

　　（2）调整皮带跑偏、打滑及斗提卡塞现象时要停机处理。

　　（3）调整破碎机齿辊间距时停机处理。

　　（4）干燥机尾气氧含量超标，及时通入氮气或蒸汽控制氧含量。

1.4　停车操作

1.4.1　程序、内容

　　（1）与气化炉联系，做好备煤系统停车准备工作。

　　（2）停止抓斗天车向下料斗进煤。

　　（3）排空下料斗皮带及斗提上的物料到窑头仓，待各皮带斗提物料全部排尽后，依次停止 1 号皮带到 5 号皮带的各皮带和斗提。

　　（4）停止破碎机后停破碎机润滑油系统。

　　（5）逐步减少干燥机进料量，密切监控和调整各参数，防止波动过大。

　　（6）待窑头仓物料排尽后，停止电子皮带秤，关闭旋转给料阀（窑头料位太高，无需排空）。

　　（7）干燥机继续运行，引风机维持运转，在此过程中密切监视尾气温度、氧含量、窑头负压，逐渐减少蒸汽量和热风量。

　　（8）待窑内煤排尽后，全关列管蒸汽，全关屋脊式冷却器冷却水，全关蒸汽加热器蒸汽。

　　（9）干燥机维持运转，待窑内温度低于 60℃ 时，逐步减小干燥机转速，再停电动机。

　　（10）停鼓风机、引风机，关闭风门。

　　（11）停除尘系统但仓泵须一直运行，直到大布袋内煤灰排空。

　　（12）停润滑油和冷却系统。

　　（13）待窑内物料排尽后依次停 6 号皮带到气化炉上煤皮带。

1.4.2　危险因素

　　（1）未及时联系下游岗位。

　　（2）物料还未排尽即停皮带和斗提。

　　（3）干燥机内物料未排尽，即停冷却水供应。

1.4.3　安全对策

　　（1）及时联系下游岗位。

　　（2）等物料排尽后再停止皮带及斗提。

　　（3）应在干燥机物料排尽后再停冷却水供应。

1.5　设备故障及异常情况处理作业（皮带松动、打滑及跑偏现象处理作业）

1.5.1　程序、内容

　　（1）两人以上到现场处理，设专人监护。

　　（2）查明故障原因，通过调整张紧装置或减小负荷解决故障。

1.5.2　危险因素

（1）未及时发现故障。

（2）单人处理作业，未设专人监护。

（3）处理故障时采用手推拉、脚踩、杠子压等方法。

1.5.3　安全对策

（1）做好平时的巡检工作。

（2）携带对讲机，两人以上到现场处理，设专人监护。

（3）处理故障时采用正确的方法。

2　安全须知

2.1　上岗时间

本岗位实行四班三运转倒班作业，按规定提前 15 分钟到达岗位进行交接班。

2.2　接受任务方式和要求

（1）承接上个班次的工作任务。

（2）参加班前会明确本班次工作任务。

（3）接受调度、作业区作业指令。

2.3　着装防护要求

（1）进入工作区按规定穿着工作服和劳保鞋，戴好安全帽和防尘口罩。

（2）为保证干燥机的安全运行，干燥机出口气体进行氧气分析，配备烟道气氧化锆分析仪。

（3）为防止火灾，本岗位配置干粉灭火器和消防栓，要求保持性能良好。

2.4　工具要求

岗位配备的对讲机、测温枪、现场操作工具等，使用前要认真检查，保持其性能良好。

2.5　岗位安全基本职责

（1）负责皮带、斗提、破碎机、干燥机及其附属设备的操作、检修及维护。

（2）严格执行备煤岗位的操作规程及安全规程，确保生产安全稳定，为气化岗位提供合格的入炉煤。

（3）熟悉掌握区域内各设备的技术状况，具备较强的操作技能及应急处理能力。

（4）与下游岗位和相关生产区做好配合，开停车作业时要通知相关岗位和调度，做好各岗位及生产区的协调，保证生产安全。

（5）严格执行交接班制度，做好区域内和操控室的卫生清洁，认真填写各项原始记录，做到信息传递及时准确。

2.6　协助互保要求

作业时每个班组全部员工实行联保，巡检时必须两人或两人以上协作，做好互保。

2.7　安全确认的方式和内容

2.7.1　开车确认

（1）褐煤储量在 7 天以上。

（2）确认各检修工作是否完毕，现场是否清理干净，人员是否离开，所有设备的安全隐患是否清除。

（3）联系计控检查计控设备，确认备煤系统的各检测仪器是否完好可用。

（4）联系电工检查电气设备，高低压配电室已送电，各电气仪表具备送电条件，DCS送电投用。

（5）仪表用气，蒸汽送到阀前待用。

（6）空分启动运行正常，氮气送到各用气点正常，各岗位人员就位，通讯设施正常，消防设施正常开车所需工具齐全，安全设施齐全。

（7）单体试车全部完成并验收合格（原始开车或大修后开车）。

（8）检查各皮带、斗提、破碎机、干燥机等设备及周围现场无杂物。

（9）各运转设备润滑正常，油箱油位正常。

（10）各电动机绝缘检测合格，各电气仪表指示开关灵敏正常，联锁保护正常。

（11）检查确认完毕，联系调度准备开车。

2.7.2　正常作业确认

（1）现场员工按时巡检，确认皮带没有跑偏、漏料、黏料、打滑、断裂等现象。

（2）现场员工巡检时，确认斗提没有擦壳异响、电动机温度高、堵料等现象。

（3）现场确认破碎机电动机齿轮无异响，轴承温度过高等现象。

（4）正常作业时确认干燥机出口气体成分、压力符合标准。

（5）确认各电动机、连接轴、轴承是否温度过高，振动过大。

（6）设备操作及检修、清扫时需要开具工作票的，在动作前必须确认已开据相应的工作票。

2.7.3　停车确认

（1）停车时确认各皮带、斗提、破碎机、干燥机、除尘系统等设备无积料。

（2）停车后对设备、皮带廊等进行清扫，确保环境清洁，无积料。

（3）停车后确认干燥机大布袋温度、压力、氧含量符合停车标准。

2.8　安全标准

（1）禁止跨越皮带。

（2）禁止触摸运转中的皮带、斗提。

（3）皮带、斗提运行中首轮、尾轮粘料时，禁止清扫。

（4）皮带运行时，禁止清扫皮带座架下的漏料。

（5）任何时候，严禁向皮带上乱丢杂物。

（6）正常运行时严禁触碰皮带、斗提拉绳联锁保护开关。

（7）运行中破碎机堵料、粘料时，严禁清理。

（8）运行中严禁调整齿辊间隙，如破碎机出料粒度不合格，必须停车、断电，并悬挂"禁止合闸"警示牌，方可进行破碎机齿辊间隙调整。

（9）运行中严禁打开或拆除破碎机防护罩。

（10）干煤机周围必须设置防护栏，防止人员被旋转干煤机机械伤害。

（11）整个干燥过程中，干煤机入口压力必须控制在微负压（-100~-50Pa）条件下操作。

（12）干煤机排放尾气氧浓度在正常启动时不得超过12%。

（13）干煤机排放尾气氧浓度在非正常停车后重新启动时不得超过8%。

（14）当干煤机开停车时，用空气作为载汽时，必须将氧浓度控制在 12% 以内；如检测到排放尾气氧浓度超过 12% 时，必须用氮气或蒸汽来稀释干燥载汽中的氧浓度，确保系统安全。

（15）干煤机系统正常运行时，排放尾气氧浓度不得超过 12%，如检测到排放尾气氧浓度超过 15% 时，必须用蒸汽来稀释干燥载汽中的氧浓度，确保系统安全。

（16）干煤机停车检修时，进入干煤机内作业必须将干煤机温度降至 45℃ 以下，必须申请办证，并得到批准。

（17）干煤机检修时，必须将与干煤机连接的其他系统进行安全隔绝，必须切断动力电，并使用安全灯具。

（18）干煤机检修时，必须进行置换、通风，必须按时间要求，进行安全分析（超过 30 分钟须重新分析）。

（19）干煤机检修时，必须有人在外部监护，并坚守岗位。

（20）备煤岗位凡需动火检修，必须开具操作票，并设专人监护。

2.9　精神状态

自我检查身体状态，保持良好的精神状态上岗。

3　环境因素识别及控制措施

3.1　本岗位安全作业对现场环境的要求

（1）各楼梯栏杆完好，楼层、楼梯、走廊无积灰杂物。

（2）皮带、斗提等设备下无堆料、积料。

（3）防护设施、器材干净有效，警示牌清晰，摆放整齐，定置管理。

（4）现场通风良好，粉尘含量低于国家标准。

（5）中夜班现场作业要有足够的照明。

3.2　本岗位安全作业对工器具、原材料的要求

（1）现场的各种操作工具必须齐全，灵活好用。

（2）现场的应急设施完好。

（3）原料褐煤的质量符合要求且其中无杂物。

3.3　本岗位安全作业对职工和生产工艺的要求

（1）岗位人员必须有强烈的责任心，无心脏病、恐高症等与岗位不适合的病症。

（2）岗位人员必须掌握本岗位的工艺流程、应急预案及隐患排查技能。

（3）成品煤的质量和产量达到气化炉生产的需求。

4　消防

（1）贯彻执行"防消结合、预防为主"的消防方针。

（2）学习消防安全知识，认真执行消防安全管理规定，熟练掌握工作岗位消防安全要求。

（3）坚守岗位，提高消防安全意识，发现火灾应立即报告，并积极参加扑救。

（4）班前、班后认真检查岗位上的消防安全情况，及时发现和消除火灾隐患，自己不能消除的应立即报告。

（5）爱护、保养好本岗位的消防设施、器材。

（6）积极参加消防安全教育、培训、演练，熟练掌握有关消防设施和器材的使用方法，熟知本岗位的火灾危险和防火措施，提高消防安全业务技能和处理事故的能力。

（7）熟悉安全疏散通道和设施，掌握逃生自救的方法。

（8）现场消防器材齐全可靠，取用方便。

（9）氧气瓶、油类、棉纱等易燃、易爆品应分别保管，仓库内严禁烟火。

（10）岗位用火炉必须符合生炉规定，并取得消防部门用火证方可使用。

（11）严禁使用汽油、易挥发溶剂擦洗设备、工具及地面等。

（12）严禁损坏作业区内各类消防设施。

（13）严禁在防火重点区域内吸烟、动用明火和使用非防爆电器。

（14）"七防"（防火、防雷电、防中毒、防暑降温、防尘、防爆、防洪）用品和设施不准挪用，并进行定期检查和维护。

（15）作业区动火，必须办理动火证，方可动火。

（16）作业区动火，必须做好安全防护措施，要与生产系统可靠隔绝。

（17）作业区动火，必须进行清洗，置换合格，并做动火分析。

（18）作业区动火，必须清除周围易燃物。

（19）作业区动火，必须做好消防措施，并有专人监护。

第 3 节　作 业 标 准

1　作业项目

1.1　启动前的准备

（1）褐煤储量在 7 天以上。

（2）确认各检修工作是否完毕，现场是否清理干净，人员是否离开，所有设备的安全隐患是否清除。

（3）联系计控检查计控设备，确认备煤系统的各检测仪器是否完好可用。

（4）联系电工检查电气设备，高低压配电室已送电，各电气仪表具备送电条件，DCS送电投用。

（5）仪表用气，蒸汽送到阀前待用。

（6）空分启动运行正常，氮气送到各用气点正常，各岗位人员就位，通讯设施正常，消防设施正常，开车所需工具齐全，安全设施齐全。

（7）单体试车全部完成并验收合格（原始开车或大修后开车）。

（8）检查各皮带、斗提、破碎机、干煤机等设备及周围现场无杂物。

（9）各运转设备润滑正常，油箱油位正常。

（10）各电动机绝缘检测合格，各电气仪表指示开关灵敏正常，联锁保护正常。

（11）检查确认完毕，联系调度准备开车。

1.2　备煤系统开车步骤

1.2.1　送电

给各除铁器送电，检查是否正常工作。从下游往上游逐一启动各皮带和斗提，检查是否已正常送电。

1.2.2　破碎机的启动

（1）启动破碎机润滑油泵，建立循环，检查油压是否正常，检查各供油点回油是否正常，如不正常停下检查、处理，直到正常。

（2）启动破碎机电动机，检查破碎机声音及各测点振动是否正常。

1.2.3　干煤机的启动

（1）启动循环水泵，建立冷却水循环。

（2）启动干煤机润滑油泵，建立油循环，检查油压是否正常，检查各供油点回油是否正常，如不正常停下检查、处理直到正常。

（3）将干煤机进料端的不凝汽排放阀手柄旋开 1～2 圈。

（4）开启各蒸汽管路疏水阀，打开干煤机加热蒸汽管道上调节阀组的小旁路截止阀，保持进入干煤机内的蒸汽压力为 0.3MPa 左右，干煤机运行两小时，在此期间检查干煤机系统所有设备。

（5）待不凝汽排放阀有蒸汽冒出时，关闭手柄。

（6）启动干煤机盘车电动机，运行 5 分钟正常后进入下一步。

（7）启动干煤机主电动机运行 5 分钟正常后停盘车电动机，以最低转速空转，检查运转各部位是否有摩擦和碰撞。在此条件下，干煤机运行 2h 暖泵。在此期间检查干煤机系统所有设备。

（8）检查的内容有：

1）检测干煤机主电动机、减速机温升情况，每一小时记录一次，如果电动机、减速机的温度上升过快，超过 90℃ 并没有稳定的迹象，则应检修电动机、减速机。

2）检查干煤机托轮、挡轮、传动系统轴承温升情况，如果轴承温度升到 80℃，则应及时对轴承、油系统、水系统进行检查。

3）检查干煤机滚圈、托轮、齿圈和小齿轮的润滑情况并进行响应的处理。

4）检查干煤机机身运转是否正常。

5）检查干煤机旋转接头及与其连接的金属软管，是否存在卡死、旋转接头外壳体随干煤机旋转、蒸汽泄漏及声音异常等现象。若存在，应立即关闭干煤机加热蒸汽管道上调节阀组的小旁通阀，切断干煤机主电动机电源，待故障处理后进入下一步。在检查旋转接头过程中特别注意防止蒸汽爆炸事件的发生，采取摄像头远程观察，避免意外事故发生。

6）检查干煤机机身滚圈与托轮的接触位置是否合适，如有接触不良应及时进行调整。

7）检查凝液罐液位显示、凝液压力和温度是否正常。

8）检查凝液罐安全阀是否正常。

（9）依次打开干煤机加热蒸汽管道上调节阀组的电动切断阀和电动调节阀，关闭对应的小旁通阀，缓慢开大各蒸汽管路进汽阀，提高压力，增大蒸汽进汽量，监视压力、温度在正常范围。

（10）打开凝液罐至闪蒸罐阀门，利用凝液泵自身压力送水给闪蒸罐。

（11）启动屋脊式冷却器的称重系统，并测试称重系统是否完好。

（12）依次启动引风机、鼓风机、循环风机，检查电动机电流、转速、振动是否正常。

（13）依次开启风机出口电动圆风门，风机入口调节挡板，干燥尾气电动调节阀。

（14）缓慢打开干煤机保护蒸汽管道上低点疏水阀组的旁路截止阀以及低点放水截止阀进行排水，确保干煤机保护蒸汽管道内无冷凝水后关闭这两个阀门。

（15）依次缓慢打开干煤机保护蒸汽电动切断阀和电动调节阀。

（16）缓慢打开空气加热器蒸汽低点疏水阀组的旁路截止阀以及低点放水截止阀进行排水，进行暖管，确保干煤机保护蒸汽管道内无冷凝水后关闭这两个阀门。

（17）缓慢打开加热器蒸汽电动调节阀。

（18）缓慢打开补充空气加热器蒸汽低点疏水阀组的旁路截止阀以及低点放水截止阀进行排水，进行暖管，确保干煤机保护蒸汽管道内无冷凝水后关闭这两个阀门。

（19）缓慢打开补充空气加热器蒸汽电动调节阀。

（20）缓慢打开循环空气加热器蒸汽低点疏水阀组的旁路截止阀以及低点放水截止阀进行排水，进行暖管，确保干煤机保护蒸汽管道内无冷凝水后关闭这两个阀门。

（21）缓慢打开循环空气加热器蒸汽电动调节阀。

（22）启动布袋出料螺旋及布袋旋转出料阀。

（23）启动粉尘称重料仓下料口旋转出料阀，称重系统设置自动控制。

（24）启动仓泵。

（25）启动旋转进料阀和干煤机进料螺旋，启动称重给煤系统。

（26）打开带式称重给煤机进料口电动插板阀。

（27）将屋脊式冷却器的冷却循环水调节阀设置为自控状态，并根据屋脊式冷却器出口褐煤温度调节循环水量。将干燥后的褐煤冷却到50℃以下，将屋脊式冷却器的称重系统设置为自动，并根据称重系统的反馈信号控制密闭出料皮带的转速。

（28）观察出料口是否出料，如出料，根据褐煤的进料量，手动给定蒸汽压力调节蒸汽的输入量，以控制褐煤干燥后的水含量达到合格。

（29）将干煤机出料温度联锁干煤机加湿水支管截止阀控制回路切换到自动，观察设备是否正常工作，若正常，则系统各设备进入自动联锁。

1.2.4　其他

（1）干煤机、破碎机、各皮带、斗提运转正常后，采用抓斗天车向下料斗进料，并开启下料斗振动给料机向皮带给料。

（2）对各取样点进行取样，分析是否合格。

（3）向成品仓通入氮气。

1.3　备煤系统正常操作

（1）正常运行时，监控、检查各电动机有无异常声音，油位是否正常，皮带有无跑偏，斗提有无卡塞的现象。定期清除除铁器上的吸附物。

（2）根据窑头仓料位，及时调整上料时间，使窑头仓保持合适料位。

（3）监视、检查破碎机的振动、油位、齿辊情况，分析破碎后煤的粒度。

（4）分析成品煤的粒度，如不符合要求，必要时停止破碎机，调整齿辊间距，保证成品煤粒度在6~8mm之间。

（5）干煤机控制参数由 DCS 自动控制，主控人员控制各参数在正常控制范围内，自动控制不能满足要求时，切换到手动调节。

（6）根据干煤机出口取样煤温度、水分的分析，及时调整进干煤机蒸汽流量大小，调整引风机风门开度大小，确保各参数保持在正常范围，要求进煤时蒸汽压力不小于 0.45MPa。

（7）密切监测尾气氧含量在正常范围（不超过12%），如尾气氧含量超过12%时，应通入氮气或蒸汽来控制氧含量。

（8）根据窑头负压，调整引风机电动机转速，使负压在 −100 ~ −50Pa。

（9）根据干燥机碎煤温度，调整屋脊式冷却器冷却水量，控制煤粉温度在50℃左右。

（10）根据成品仓料位，联系调度提高蒸汽压力，及时干煤，保证成品仓合适料位。

（11）根据下游气化炉用煤量通知，及时开启成品煤输送系列，开料腿给料机给气化输煤。每班调整下煤料腿，保证个料腿和系列上煤通畅。

（12）干燥机大布袋排灰时，注意扬尘，调整气泵输灰 N_2 压力。

（13）注意凝液罐和闪蒸罐液位，闪蒸罐液位过高，及时启动闪蒸泵排液。

（14）每班对窑头进料螺旋加油。

1.4　备煤系统停车步骤

（1）与气化炉联系，做好备煤系统停车准备工作。

（2）停止抓斗天车向下料斗进煤。

（3）排空下料斗皮带及斗提上的物料到窑头仓，待各皮带斗提物料全部排尽后，依次停止1号皮带到5号皮带的各皮带和斗提。

（4）停止破碎机后停破碎机润滑油系统。

（5）逐步减少干燥机进料量，密切监控和调整各参数，防止波动过大。

（6）待窑头仓物料排尽后，停止电子皮带秤，关闭旋转给料阀并停螺旋给料机（窑头料位高时无需排空）。

（7）干燥机继续运行，引风机维持运转，在此过程中密切监视尾气温度、氧含量、窑头负压，逐渐减少蒸汽量和热风量。

（8）待窑内煤排尽后，全关列管蒸汽，全关屋脊式冷却器冷却水，全关蒸汽加热器蒸汽。

（9）干燥机维持运转，待窑内温度低于60℃时，每小时盘车180°，直至温度降至常温。每班进行盘车。

（10）停鼓风机、引风机，关闭风门。

（11）排尽伴热管线、烟囱、凝液系统中的冷凝水。

（12）大布袋除尘器排完灰后，停除尘系统。

（13）停润滑油和冷却系统。

（14）待窑内物料排尽后依次停出料皮带到气化炉上煤皮带（9号皮带除尘器未投用）。

1.5　备煤系统紧急停车

（1）在皮带断裂，斗提卡死或断裂情况下，现场人员拉紧急停车拉绳开关，控制人员按紧急停车按钮，到现场检查确认后切换到另一运输系统运行。

（2）发现破碎机严重堵料卡死时，紧急停止振动给料机、破碎机之前皮带、斗提，停抓斗天车，切换到另一输送系统运行，对破碎机进行检查处理。

（3）干燥机引风机故障，加热蒸汽中断，蒸汽列管破裂严重，外供仪表气中断等情况，按以下步骤处理：

1）停干燥机进料系统。

2）停所有加热蒸汽，停鼓风机，向窑内通入氮气或蒸汽，对干燥机进行保护。

3）切断干煤机总电源，启动盘车电动机进行盘车。

4）其余按正常停车操作处理。

（4）现场做好巡检和必要监护，随即向上级和调度汇报，做好记录，尽快处理和恢复。

2　常见问题及处理办法

2.1　胶带运输机（表1-1）

表1-1　胶带运输机故障原因及处理方法

序号	故障现象	发生原因	处理方法
1	皮带跑偏	张紧装置未调节好	重新调节张紧装置
		自动张紧装置失灵	
2	皮带松动	张紧装置未调节好	重新调节张紧装置
		自动张紧装置失灵	
3	皮带打滑	皮带松动	重新调节张紧装置
		负荷过大	减小负荷
		皮带卡塞、摩擦	检查卡塞处，进行调整
4	电动机发热	负荷过大	减小负荷
		轴向窜动	调整轴向窜动
5	电动机突然停电	短路接地，接线盒放炮	检查线路
		电源发生故障	检查电源
		开关有问题	检查开关
		超负荷运行	减少负荷
		设备问题	检修

2.2　斗提（表1-2）

表1-2　斗提故障原因及处理方法

序号	故障现象	故障原因	处理方法
1	斗擦壳	张紧装置未调节好	重新调节张紧装置
		自动张紧装置失灵	
		链条磨损或长度不一	调整，更换
2	斗下集料	负荷过大	减小负荷
		给料不均匀	尽量保证给料均匀
		个别料斗损坏	更换
3	电动机发热	负荷过大	减小负荷
		轴向窜动	调整轴向窜动
4	电动机突然停电	短路接地，接线盒放炮	检查线路
		电源发生故障	检查电源
		开关有问题	检查开关
		超负荷运行	减少负荷
		设备问题	检修

2.3　破碎机（表1-3）

表1-3　破碎机故障原因及处理方法

序号	故障现象	故障原因	处理方法
1	卡　死	异物进入	停机清理异物
		堵料严重	停机清理物料
2	轴承温度高	润滑不到位	检查润滑系统油温油压是否正常，调整正常
		齿辊中心偏移	停机调整
		轴承磨损	停机更换
3	电动机发热	负荷过大	减小负荷
		轴向窜动	调整轴向窜动
4	电动机突然停电	短路接地，接线盒放炮	检查线路
		电源发生故障	检查电源
		开关有问题	检查开关
		超负荷运行	减少负荷
		设备问题	检修

2.4　干煤机（表1-4）

表1-4　干煤机故障原因及处理方法

序号	故障现象	故障原因	处理方法
1	尾气温度异常升高	窑内发生自燃着火	喷水，通入氮气或蒸汽
		列管破裂	停机损坏或更换堵塞的列管
		引风机引风量过大	核实窑头负压，调节风门开度
		蒸汽流量过大	调节空气加热器的蒸汽流量，调节列管蒸汽流量
2	出料温度过低	列管蒸汽流量不够	调节流量
		进料量过大，窑转速过快	调整进料量、转速
3	窑体发生异常振动，异常声音	窑体变形	停机检查处理
		底部托轮磨损不均	停机调整、更换
		润滑不到位	检查润滑油，更新合格润滑油
4	氧含量超标	煤的水分蒸发量较少	通入氮气或蒸汽
		加热空气氧含量高	增大循环风量
5	窑头负压异常过低（高）	引风机风门开度太小（大）	调节风门开度
		引风机转速过低（高）	调节转速
		窑内料过多（少）	调整给料量，调整干煤机转速及列管加热蒸汽量，调整热风量
		大布袋堵（脱落）	检查反吹氮气（检查布袋）
6	电动机发热	负荷过大	减小负荷
		轴向窜动	调整轴向窜动

序号	故障现象	故障原因	处理方法
7	电动机突然停电	短路接地，接线盒放炮	检查线路
		电源发生故障	检查电源
		开关有问题	检查开关
		超负荷运行	减少负荷
		设备问题	检修

2.5　引风机（表1-5）

表 1-5　引风机故障原因及处理方法

序号	故障现象	故障原因	处理方法
1	引风机异常振动及声音	地脚螺栓松动，轴承盖螺栓松动	紧固螺栓
		轴承磨损	停机调整，更换
		润滑不良	检查油位、油温是否正常，进行加油，增大冷却水量
		引风机入口堵料	停机清理
		叶轮磨损，粘料	停机清理粘料，做动、静平衡试验
2	引风机轴承温度升高	风机轴弯曲	停机更换
		冷却水量不足	检查冷却水量，增大流量
		轴承润滑不良	检查油位、油质是否正常，加油，换油
3	电动机发热	负荷过大	减小负荷
		轴向窜动	调整轴向窜动
4	电动机突然停电	短路接地，接线盒放炮	检查线路
		电源发生故障	检查电源
		开关有问题	检查开关
		超负荷运行	减少负荷
		设备问题	检修

2.6　鼓风机（表1-6）

表 1-6　鼓风机故障原因及处理方法

序号	故障现象	故障原因	处理方法
1	鼓风机异常振动及声音	地脚螺栓松动，轴承盖螺栓松动	紧固螺栓
		轴承磨损	停机调整，更换
		润滑不良	检查油位、油温是否正常，进行加油，增大冷却水量
		叶轮磨损，粘料	停机清理粘料，做动、静平衡试验

序号	故障现象	故障原因	处理方法
2	鼓风机轴承温度升高	风机轴弯曲	停机更换
		轴承润滑不良	检查油位、油质是否正常，加油，换油
3	电动机发热	负荷过大	减小负荷
		轴向窜动	调整轴向窜动
4	电动机突然停电	短路接地，接线盒放炮	检查线路
		电源发生故障	检查电源
		开关有问题	检查开关
		超负荷运行	减少负荷
		设备问题	检修

第 4 节　质量技术标准

1　备煤系统质量指标标准

原料煤粒度	≤200mm	成品煤灰分（w）	≤24.64%
原料煤水分（w）	≤35%	成品煤挥发分（w）	≥30.89%
成品煤粒度	≤8mm	成品煤热值（$Q_{gr.ad}$）	≥16.7MJ/kg
成品煤水分（w）	≤25%		

2　备煤系统技术指标标准

煤运输送能力	≤200t/h	干煤机处理能力	75.8t/h(台)
破碎机入煤粒度	≤300mm	干煤机出料温度	<80℃
破碎机处理能力	140t/h（台）	干煤机出料水分	<25%
破碎机出料粒度	≤8mm（根据成品煤粒度调整，其中 +6mm<10%，-0.15mm<10%）	干煤机窑头压力	-100Pa
		干煤机尾气氧含量	<12%
		热空气温度	120℃
		蒸汽管网	压力0.68MPa、温度270℃

第 5 节　设　　备

1　设备、槽罐（表 1-7）

表 1-7 设备、槽罐明细表

序号	设备名称	设备位号	规格型号	单位	数量
1	10t 抓斗起重机	S-1	$L_K = 28.5m$，$H = 20m$	台	2
2	1 号（A）胶带输送机	S-2/A	$B = 800$，$L = 1470$，$a = 0°$	条	1
3	1 号（B）胶带输送机	S-2/B	$B = 800$，$L = 1470$，$a = 0°$	条	1
4	ZG 型振动给料机	S-3	ZG-100，100t/h，	台	2
5	电磁除铁器	S-4	配套 800 宽皮带，励磁功率 4.0kW	台	4
6	MD1 型电动单梁葫芦	S-5	$G = 1t$，$H = 9m$	台	1
7	MD1 型电动单梁葫芦	S-6	$G = 2t$，$H = 9m$	台	5
8	2 号（A）胶带运输机	S-7/A	$B = 800$，$L = 50900$，$a = 0°$	条	1
9	2 号（B）胶带运输机	S-7/B	$B = 800$，$L = 48400$，$a = 0°$	条	1
10	1 号（A）板链斗式提升机	S-8/A	TB（NE100），$H = 16800$	台	1
11	2 号（B）板链斗式提升机	S-8/B	TB（NE100），$H = 16800$	台	1
12	3 号（A）胶带运输机	S-9/A	$B = 800$，$a = 9°$	条	1
13	3 号（B）胶带运输机	S-9/B	$B = 800$，$a = 9°$	条	1
14	皮带中部采样装置	S-10	TD75-8063	套	2
15	四辊破碎机	S-11	4PG-140，Q-140t/h	台	2
16	MD1 型电动单梁葫芦	S-12	$G = 5t$，$H = 9m$	台	3
17	4 号（A）胶带运输机	S-13/A	$B = 800$，$L = 8550$，$a = 0°$	条	1
18	4 号（B）胶带运输机	S-13/B	$B = 800$，$L = 8550$，$a = 0°$	条	1
19	2 号板链斗式提升机	S-14/A	TB（NE100），$H = 38800$	台	1
20	2 号板链斗式提升机	S-14/B	TB（EN100），$H = 38800$	台	1
21	5 号胶带运输机	S-15/A	$B = 800$，$a = 12°$	条	1
22	5 号胶带运输机	S-15/B	$B = 800$，$a = 12°$	条	1
23	电子皮带计量秤	S-16	$B = 1200$，$L = 3735$	条	1
24	手动双向螺旋插板阀	S-17	800×800	台	2
25	仓壁振动器	S-18	TZF-25，$N = 1.5kW$	台	2
26	PPCS32-4 气箱式脉冲袋式除尘器	S-19	$F = 128m^2$	台	2
27	4-72$N_0$4.5A 离心引风机	S-20	$Q = 9194m^3/h$，$H = 2036Pa$	台	2
28	3 号（A）钢丝芯胶带斗提机	S-21/A	TDG400，$H = 32600$	台	1
29	3 号（B）钢丝芯胶带斗提机	S-21/B	TDG400，$H = 32600$	台	1
30	6 号（A）胶带运输机	S-22/A	$B = 800$，$L = 29900$，$a = 0°$	条	1
31	6 号（B）胶带运输机	S-22/B	$B = 800$，$L = 29900$，$a = 0°$	条	1
32	PPCS32-3 气箱式脉冲袋式除尘器	S-23	$F = 96m^2$	台	2
33	4-72$N_0$4.5A 离心引风机	S-24	$Q = 5712m^3/h$，$H = 2554Pa$	台	1
34	锤式破碎机	—	MMD-100T	台	1
35	旋转给料机（成品仓下）	—	$D = 400$，输送量 75000kg，电机 5.5kW	台	2
36	手动双向螺旋插板阀	S-26	700×700	台	4
37	7 号（A）胶带输送机	S-27/A	$B = 800$，$L = 11500$，$a = 0°$	条	1

序号	设 备 名 称	设备位号	规 格 型 号	单位	数量
38	7 号（B）胶带输送机	S-27/B	$B=800$，$L=11500$，$a=0°$	条	1
39	4 号（A）钢芯胶带斗提机	S-28/A	TDG400，$H=33000$	台	1
40	4 号（B）钢芯胶带斗提机	S-28/B	TDG400，$H=33000$	台	1
41	5 号（A）钢芯胶带斗提机	S-29/A	$B=800$，$L=17500$，$a=0°$	条	1
42	5 号（B）钢芯胶带斗提机	S-29/B	$B=800$，$L=17500$，$a=0°$	条	1
43	5 号（A）钢芯胶带斗提机	S-30/A	TDG400，$H=52500$	台	1
44	5 号（B）钢芯胶带斗提机	S-30/B	TDG400，$H=52500$	台	1
45	蒸汽管回转干煤机	M-1101	HZG-3800，76t/h	台	2
46	脉冲布袋除尘器	D-1101	DCC-1600，$81000\sim97000Nm^3/h$	台	2
47	干煤机旋转进料阀	X-1101	ZRD650，$N=4.0kW$	台	2
48	布袋旋转卸料阀	X-1102	ZRD550，$N=2.2kW$	台	2
49	布袋旋转卸料阀	X-1103	ZRD550，$N=2.2kW$	台	2
50	空气加热器	E-1101	HRQ-300，$5000\sim18000m^3/h$	台	2
51	补充空气加热器	E-1102	HRQ-300，$10000\sim18000m^3/h$	台	2
52	循环空气加热器	E-1103	HRQ-300，$10000\sim30000m^3/h$	台	2
53	鼓风机	C-1101	M6-31-10D，$N=30kW$	台	2
54	引风机	C-1102	M5-4814.8D，$N=160kW$	台	2
55	循环风机	C-1103	M6-3012.8D，$N=55kW$	台	2
56	凝液罐	V-1103	$\phi1500mm\times3175mm$	台	2
57	凝液泵	P-1101	KL40-250，$N=22kW$	台	2
58	密闭皮带输送机	L-1103	$0\sim100t/h$，$N=7.5kW$	台	2
59	蒸汽喷射混合器	W-1101	WQL200，DN150	台	2
60	屋脊式换热器	V-1106	WJS-280，$Q=280m^2$	台	2
61	混合螺旋	L-1105	HHJ-400，$N=15kW$	台	2
62	仓 泵	—	NCP1.0HY	台	4

2 主要设备

2.1 胶带运输机

2.1.1 工作原理

胶带运输机是一种摩擦驱动以连续方式运输物料的机械，可以将物料在一定的输送线上，从最初的供料点到最终的卸料点间形成一种物料的输送流程。

2.1.2 设备的结构组成

包括皮带、托架、托轮、首轮、尾轮、减速机、电动机、拉绳开关、除铁器、拉紧装置等。

2.1.3　设备润滑标准（表1-8）

表1-8　设备润滑标准

润滑部位	润滑油	润滑方式	润滑周期
一级星形齿轮箱	VG150	油杯润滑	适当补充
二级星形齿轮箱	VG320	油杯润滑	适当补充

2.1.4　设备点检标准（表1-9）

表1-9　设备点检标准

项　目	内　容	标　准	方　法	周　期
皮　带	跑偏、磨损、打滑	无跑偏、磨损、打滑	看	2h
托　轮	转动情况	转动灵敏、无窜动	看	2h
首轮、尾轮	传动情况	无振动、异音、黏料	听、看	2h
除铁器	除铁效果	能吸附铁屑	看	2h
拉绳开关	是否可靠	安全联锁可靠	开车前试验	
拉紧装置	是否良好	可　靠	开车前试验	
电动机	电　流	正　常	看	2h
	温　度	<60℃	摸、测	2h
	声　音	无异音	听	2h
减速机	润　滑	良　好	看	2h
	声　音	无异音	听	2h
	油　位	油镜中间至顶部之间	看	2h
地　脚	螺　栓	紧固无松脱	摸、看	2h

2.1.5　设备维护标准

（1）清扫，见表1-10。

表1-10　清扫标准

部　位	标　准	工　具	周　期
减速机	见本色	水、破布	24h
电动机	见本色	破布	24h
设备及周围	无杂物	扫帚、水	每班

（2）开车前：检查润滑油量，测电动机绝缘。

（3）运行中：按点检标准检查。

（4）停车后：及时处理运行中存在的问题。

（5）润滑：减速机运转时第一次用油400h后更换，其后每两年更换一次。

（6）减速机长期停车时，大约每3个星期将减速机启动一次，停车时间超过6个月，要在里面添加保护剂。

2.1.6　设备完好标准

（1）基础稳固，无裂纹、倾斜。

（2）基础、支架坚固完整，连接牢固，无松动、断裂。

（3）内外各零部件没有损坏，不变形，材质、强度符合设计要求。

（4）运转正常，无跑、冒、滴、漏。

（5）各除铁器葫芦灵敏可靠。

（6）安全防护罩齐全完整。

（7）各托轮转动均匀。

（8）仪器、仪表和安全防护装置齐全、灵敏可靠。

2.2　斗提

2.2.1　工作原理

斗式提升机是一种垂直输送机，是通过设置的挠性料斗链来实现连续不断地向上输送物料的专用输送设备。

2.2.2　设备的结构组成

包括首轮、尾轮、链条、链斗、电动机、外壳等。

2.2.3　设备润滑标准（表1-8）

2.2.4　设备点检标准（表1-11）

表1-11　设备点检标准

项　目	内　容	标　准	方　法	周　期
首轮、尾轮	传动情况	无振动、无异音、无黏料	听、看	2h
链　条	链板、链轮、销轴磨损情况	磨损在正常范围	看	停车时检查
链　斗	磨损，牢固情况	无严重磨损，固定牢固	看	
外　壳	有无严重变形，摩擦	无变形，无摩擦	看	2h
减速机	润滑	良好	看	2h
	声音	无异音	听	2h
电动机	电流	正常	看	2h
	温度	<60℃	摸、测	2h
	声音	无异音	听	2h

2.2.5　设备维护标准

（1）清扫，见表1-10。

（2）开车前：检查润滑油量，测电动机绝缘。

（3）运行中：按点检标准检查。

（4）停车后：及时处理运行中存在的问题。

（5）润滑：减速机运转时第一次用油400h后更换，其后每两年更换一次。

（6）定期更换磨损严重的链板、销轴。

（7）定期紧固链斗螺栓。

（8）减速机长期停车时，大约每3个星期将减速机启动一次。

2.2.6　设备完好标准

（1）基础稳固，无裂纹、倾斜。

（2）基础、支架坚固完整，连接牢固，无松动、断裂。

（3）内外各零部件没有损坏，不变形，材质、强度符合设计要求。

（4）运转正常，无跑、冒、滴、漏。

（5）链斗固定牢固，无严重磨损。

（6）链条磨损在正常范围内，无松动情况。

（7）仪器、仪表和安全防护装置齐全、灵敏可靠。

（8）各部件紧固良好，运转平稳，无异常声音。

（9）安全防护罩齐全完整。

2.3 破碎机

2.3.1 工作原理

采用四齿辊式双级破碎原理，进料粒度不大于300mm，出料粒度不大于6mm。工作辊之间的破碎力经过计算设置闪退装置，当机内意外进入未处理干净的金属或物块等不可破碎时，电气和机械进行联动保护，工作辊瞬间退让，排除不可破碎物料（小于50mm）。当工作辊退让后仍不能卸除堵卡物时，过载负荷断开皮带箱，同时报警，电动机过载保护自动停机，重新装入破断箱，启动反转电钮，可反转卸出物料。破碎粒度大小可通过调节螺栓和拉杆对齿辊间距离进行调整，以满足不同粒度的要求。

2.3.2 设备的结构组成

包括电动机、自动润滑系统、齿辊、联轴器、检查仪表等。

2.3.3 设备润滑标准（表1-12）

表1-12 设备润滑标准

润滑部位	润滑方式	油	周　期	备　注
轴承体、联轴器	自动换油润滑	MoS$_2$-锂基润滑脂	适当补充	油脂润滑

2.3.4 设备点检标准（表1-13）

表1-13 设备点检标准

点检项目	部件	内　容	点检标准	点检方法	周期/h
本　体	密封	是否泄漏	无泄漏	看	2
	轴承	温度	夏季<80℃　冬季<60℃	摸、测	2
		润滑	油质、油量合格	看	2
		声音	无异常	听	2
		振动	位移≤0.5mm	测振仪	2
	紧固件	有无松动	无松动	测	2
	齿辊	磨损是否均匀	不圆度<2mm	测	停车检查
	齿板	是否有裂纹、磨损是否均匀	磨损均匀、无裂纹	看	
	地脚螺栓	紧固	齐全、牢固	看、测	2
电机	机体	温升	夏季<80℃　冬季<60℃	摸、测	2
		声音	无异常	听	2
	控制箱	电流	小于额定值，无波动	看	2
检测仪表		是否完好	完好	看	2
联锁保护		是否灵敏可靠	灵敏可靠	开、停车试验	

2.3.5　设备维护标准

（1）清扫，见表 1-14。

表 1-14　清扫标准

部　位	标　准	工　具	周　期
电动机	见本色	破布	24h
设备及周围	无杂物	扫帚、水	每班

（2）开车前：检查润滑油量，测电动机绝缘。

（3）运行中：按点检标准检查。

（4）停车后：及时处理运行中存在的问题。

（5）定期更换轴承。

（6）定期更换齿板。

2.3.6　设备完好标准

（1）基础稳固，无裂纹、倾斜。

（2）基础、支架坚固完整，连接牢固，无松动、断裂。

（3）内外各零部件没有损坏，不变形，材质、强度符合设计要求。

（4）运转正常，无跑、冒、滴、漏。

（5）破碎机润滑部分密封完好，无油脂渗漏现象。

（6）齿辊、齿板磨损在正常范围内，无裂纹情况。

（7）仪器、仪表和安全联锁防护装置齐全、灵敏可靠。

（8）各部紧固良好，运转平稳，无异常声音。

（9）安全防护罩齐全完整。

2.4　干煤机

2.4.1　工作原理

蒸汽列管回转干燥系统的主要作用是将来自粉煤计量分析单元的湿粉煤干燥，主要由旋转进料阀（X-1101）、蒸汽列管回转干煤机（M-1101）、螺旋输送机（L-1102）和旋转出料阀（X-1102）组成。来自粉煤计量分析单元的湿粉煤经过计量系统计量后，经由旋转进料阀（X-1101）均匀地加入到蒸汽列管回转干煤机内，湿粉煤在蒸汽列管回转干煤机进料螺旋的输送下进入蒸汽列管回转干煤机回转筒体内，在此煤粒与蒸汽列管回转干煤机内布置的通有过热蒸汽的蒸汽列管充分接触干燥，物料中的湿份被不断蒸发，物料从干煤机入口向出口方向运动。当物料到达蒸汽列管回转干煤机出口时，成为湿含量为 12% 左右的产品，产品从干煤机下料口经可逆螺旋输送机（L-1102）汇合后，再经过旋转出料阀（X-1102）输送至下一个系统。

干燥过程中产生的水蒸汽由来自空气预热单元的干燥载汽带出，干燥载汽是由干煤机物料入口进料螺旋处与物料并流进入干煤机，从干煤机出料箱顶部排出。为提高干煤机的干燥能力，防止干燥后的水分结露，干燥载气是经蒸汽加热器预热的热空气。

2.4.2　设备的结构组成

包括筒体、蒸汽加热列管、托轮、大齿圈、滚圈、减速机、旋转接头、润滑系统、联锁保护系统、检测仪表等。

2.4.3　设备润滑标准（表1-15）

表1-15　设备润滑标准

润滑部位	润滑方式	油名称	周　期	备　注
轴承体、减速机、托轮	油泵供油	N42（冬季）或 N46（夏季）	适当补充	ZPRH 系列智能润滑装置

2.4.4　设备点检标准（表1-16）

表1-16　设备点检标准

点检项目	部件	内　容	点检标准	点检方法	周期/h
干煤机主体	筒体	直线度	≤3mm	检测	停车检查
		圆柱度	≤3mm	检测	
	大齿圈	径向圆跳动量	≤2mm	检测	
		端面圆跳动量	≤3mm	检测	
		是否磨损严重	无严重磨损	看	
	滚圈	径向圆跳动量	≤2mm	检测	
		端面圆跳动量	≤2mm	检测	
	托轮	径向圆跳动量	≤0.5mm	检测	
		端面圆跳动量	≤1.0mm	检测	
		是否磨损严重	无严重磨损	看	
	进料密封面	径向圆跳动量	≤2mm	检测	
		端面圆跳动量	≤2mm	检测	
		密封是否完好	完好	看	
	出料密封面	径向圆跳动量	≤3mm	检测	
		端面圆跳动量	≤3mm	检测	
		密封是否完好	完好	看	
	蒸汽加热列管	是否严重变形	无严重变形	看	
		平直度	≤1.5mm/m	检测	
		是否严重泄漏	无严重泄漏	从运行参数变化情况判断	
	旋转接头	密封是否完好	完好	看	
	紧固件	有无松动	无松动	测	2
	地脚螺栓	紧　固	齐全、牢固	看、测	2
电动机	机体	温　升	夏季<70℃ 冬季<60℃	摸、测	2
		声　音	无异常	听	2
	控制箱	电　流	小于额定值，无波动	看	2
润滑系统	油箱	油温油压是否正常、是否渗漏	正常无泄漏	看	2
		油位指示是否正常、是否渗漏	指示正常、无渗漏	看	2
检测仪表		是否完好	完　好	看	2
联锁保护		是否灵敏可靠	灵敏可靠	开、停车试验	
减速机		润　滑	良　好	看	2
		声　音	无异音	听	2

2.4.5　设备维护标准

（1）清扫，见表 1-10。

（2）开车前：检查润滑油量，测电动机绝缘。

（3）运行中：按点检标准检查。

（4）停车后：及时处理运行中存在的问题。

（5）润滑：减速机运转时第一次用油 400h 后更换，其后每两年更换一次。

（6）定期调整托轮间隙。

（7）定期更换密封元件。

（8）减速机长期停车时，大约每 3 个星期将减速机启动一次。

2.4.6　设备完好标准

（1）基础稳固，无裂纹、倾斜。

（2）基础、支架坚固完整，连接牢固，无松动、断裂。

（3）内外各零部件没有损坏，不变形，材质、强度符合设计要求。

（4）运转正常，无跑、冒、滴、漏。

（5）各跳动量在正常范围内。

（6）托轮磨损在正常范围内。

（7）仪器、仪表和安全防护装置齐全、灵敏可靠。

（8）各部紧固良好，运转平稳，无异常声音。

（9）润滑系统油压、油温正常，无渗漏、泄漏现象。

（10）安全防护罩齐全完整。

2.5　行车

2.5.1　工作原理

　　行车是桥架在高架轨道上运行的一种桥架型起重机，又称天车。桥式起重机的桥架沿铺设在两侧高架上的轨道纵向运行，起重小车沿铺设在桥架上的轨道横向运行，构成一矩形的工作范围，就可以充分利用桥架下面的空间吊运物料，不受地面设备的阻碍。

2.5.2　设备的结构组成

　　（1）机架：由大梁、小车轨道、小车平台、驾驶室组成。

　　（2）提升机构：由抓斗、提升卷筒、开闭卷筒、钢丝绳组成。

　　（3）运行机构：由大车行走、小车行走及提升传动机构组成，分别包括电动机、减速机和抱闸制动机构。

　　（4）电气控制系统：由配电控制盘、鼓形控制及滑触线组成。

2.5.3　设备润滑标准（表 1-17）

表 1-17　设备润滑标准

序　号	零部件名称	润　滑　时　间	润滑材料
1	大车小车、卷扬减速机	每月加一次，24 个月换油一次	30 号机油
2	齿轮联轴器	3 个月加油一次	ZL-3 油脂
3	大小车轮及卷筒各轴承	每月加油一次	ZL-3 油脂
4	钢丝绳及绳轮、挡绳轮	每周加一次	ZL-3 油脂

2.5.4   设备点检标准

（1）各配电盘的接触器：两小时检查一次。

（2）大车行走轮轴承温度、电动机温度：两小时检查一次。

（3）小车行走轮轴承温度、电动机温度：两小时检查一次。

（4）提升、闭合两台大电动机：两小时检查一次。

（5）抓斗、吊钩、钢丝绳每班检查一次。

（6）大车、小车、滑线、滑块、线辫子每班检查一次。

（7）抱闸、抱闸皮每班检查一次。

（8）提升、闭合电动机减速机的齿轮联轴器，对轮及齿轮盘螺栓紧固，每班检查一次。

（9）每班操作者必须认真填写好设备运行记录。

（10）吊车操作人员必须经过培训、严格考核、执证上岗。

2.5.5   设备维护标准

2.5.5.1   维护保养内容

（1）检查各安全装置，限位开关是否齐全、可靠，抱闸松紧是否适宜。

（2）检查各减速机油位、油质是否正常，减速机声响是否正常。

（3）检查抓斗裂纹并及时处理，检查吊钩是否正常。

（4）检查钢丝绳磨损情况，若在一捻距内断股超过10%应立即组织更换，检查卷筒上钢丝绳是否在卷筒槽内，是否重叠缠绕，以及在筒上的紧固情况。

（5）天车工每班检查抱闸皮磨损程度，弹簧松紧情况，抱闸皮偏磨或磨损超过60%应及时调整和更换。

（6）检查所有螺栓、销子、键等紧固情况并及时处理。

（7）检查各部运转声音、振动及温升情况。大小车有无啃轨现象，运转是否平稳。

（8）检查大车轨道及小车轨道有无断痕、磨损及松动，走轮是否有裂痕，如发现有问题应及时组织处理。

2.5.5.2   重点保养内容

（1）重点检查钢丝绳磨损及断丝情况，钢丝绳在卷筒体上的固定情况和卡环松紧情况。

（2）减速机的油位、油质及齿轮磨损情况。

（3）抱闸及制动轮的磨损情况。

（4）卷筒有无变形和裂纹，起重吊钩有无裂痕。

（5）检查大小车轨道松动情况，接口处间隙情况，两轨高差情况，有问题都应及时调整和处理。

2.5.5.3   设备使用时应遵守的规则

（1）吊车开车前必须响电铃发出信号。

（2）提升或搬运吊物时，必须听从下边人员指挥，没有得到下面人员的指挥，严禁任意升降或搬运。

（3）抓斗起重机在抓运物体时，应看清下面物体堆放情况，严禁抓坏下面的建筑物。

（4）当大车在吊重物升降或运行时，严禁物下有人逗留或吊物从人头顶上通过，以免物件掉下伤人。如果因故做不到的，应暂停运行。

（5）吊物时必须垂直起吊，绝对禁止斜吊重物。

（6）吊车工在吊物时，必须做到三准（看准、听准、吊准），四稳（开稳、走稳、吊稳、停稳），六不吊（过负荷不吊、易燃物不吊、挂不牢不吊、绑不牢不吊、指挥不明不吊、麻绳捆绑不吊）。

（7）工作时，严禁两人操作吊车以免发生误会，造成事故。

（8）大车或小车当运行快到端头时，或两台吊车接近时，要用最低速度慢慢靠近。两台或两台以上吊车在同一条轨道上运行时，两车之间的距离不许少于2m，绝对禁止用一台吊车去顶碰另一台吊车。

（9）不许两台吊车共吊一件重物一起移动。

（10）当吊车以正常速度行进时，如果需要反向运行，必须先把车停稳后方能倒车（只有在危及生命或将要造成重大事故时例外）。

（11）吊起的重物不允许长时间吊在空中不放。

（12）卷扬抱闸失灵或抱闸皮与抱闸轮间隙过大吊重物抱不住时不许起吊，应及时调整或处理。

2.5.5.4   吊车在工作时，禁止进行的事项

（1）修理或清扫吊车。

（2）用手触动电气、机械各转动部位。

（3）绝对禁止其他非工作人员停留在吊车上。

2.5.6   设备完好标准

2.5.6.1   主梁

主梁下挠不超过规定值，并有记录可查。

2.5.6.2   操作系统

（1）各运行部位操作符合技术要求、灵敏可靠，各档变速齐全。

（2）按要求调整大、小车的滑行距离，使之达到工艺要求，符合安全操作规程。

2.5.6.3   行走系统及轨道

（1）轨道平直，接缝处两轨道位差不超过2mm，接头平整，压接牢固。

（2）减速器、传动轴、联轴器零部件完好、齐全，运转平稳，无异常窜动、冲击、震动、噪声、松动现象。

（3）制动装置安全可靠，性能良好，不应有异常响动与松动现象。

（4）闸瓦摩擦衬垫厚度磨损不大于2mm，且铆钉头不得外漏，制动轮磨损不大于2mm，小轴及新轴磨损不超过原直径的5%，制动轮与摩擦衬垫间隙要均匀，闸瓦开度应不大于1mm。

（5）车轮无严重啃道现象，与路轨有良好的接触。

2.5.6.4   起吊装置

（1）传动时无异常窜动、冲击、震动、噪声、松动现象。

（2）起吊时制动器在额定载荷时应制动灵活可靠，闸瓦摩擦衬垫厚度磨损不大于2mm，且铆钉头不得外漏，小轴及新轴磨损不超过原直径的5%，制动轮与摩擦衬垫间隙要均匀，闸瓦开度应不大于1mm。

2.5.6.5　电气与安全装置

（1）电气装置齐全、可靠。

（2）供电滑触线应平直，有鲜明的颜色和信号灯。

（3）电气主回路与操纵回路的对地绝缘电阻值不小于 0.5MΩ，轨道和行车任何一点的对地电阻不大于 4Ω，有保护接地或接零措施。

（4）操纵开关处应装切断电源的紧急开关，电扇、照明等电源回路不允许直接接地；操纵控制系统要有零位保护。

2.5.6.6　设备内外整洁，油漆良好，无锈蚀

2.6　风机

2.6.1　工作原理

离心风机是依靠输入的机械能，来提高气体压力并排送气体的机械，它是一种从动的流体机械。叶轮转动时叶片构成的流道内的空气受离心力作用，在叶轮中央产生真空度，因而从进风口轴向吸入空气，吸入的空气在叶轮入口处转折 90°后，在叶轮作用下获得动能和压力能。

2.6.2　设备的结构组成

包括叶轮、轴承座、联轴器、外壳、电动机、地脚螺栓、风门调节阀、风门等。

2.6.3　设备润滑标准（表 1-18）

表 1-18　设备润滑标准

给油脂部位	润滑方式	油脂名称	周　期	备　注
轴承体	手　注	3 号钙基脂	适当补充	油脂润滑
轴承体	手　注	N42（冬季）或 N46（夏季）	适当补充	稀油润滑

2.6.4　设备点检标准（表 1-19）

表 1-19　设备点检标准

点检项目	内　容	点　检　标　准	点检方法	周期/h
电动机	电　流	正常，不波动	看	2
	温　度	夏<80℃，冬<60℃	摸、测	2
	声　音	无异常	听	2
轴承座	振　动	无异常振动	摸、听、测	2
	温　度	<80℃	摸、测	2
	声　音	无异音	听	2
叶　轮	摩擦、异音	无摩擦、无异音	听	2
外　壳	形　状	无变形	看	2
地脚螺栓	紧　固	紧固、无松脱	听、摸、测	2
风门调节阀	有无卡塞	调节灵敏可靠	看	2

2.6.5　设备维护标准

（1）清扫，见表 1-20。

表 1-20　清扫标准

部 位	标 准	工 具	周 期
电动机	见本色	破 布	24h
设备及周围	无杂物	扫帚、水	每班

（2）开车前，检查润滑油量，测电动机绝缘。

（3）运行中，按点检标准检查。

（4）停车后，及时处理运行中存在的问题。

（5）润滑，减速机运转时第一次用油 400h 后更换，其后每两年更换一次。

（6）定期检查、紧固松动连接螺栓，更换断裂或有裂纹的联轴器连接螺栓。

（7）定期检查叶轮磨损情况，必要时做静、动平衡试验。

2.6.6　设备完好标准

（1）基础、支架坚固完整，连接牢固，无松动、断裂。

（2）内外各零部件没有损坏，不变形，材质、强度符合设计要求。

（3）各振动量在正常范围内。

（4）叶轮磨损在正常范围内。

（5）仪器、仪表和安全防护装置齐全、灵敏可靠。

（6）各部件紧固良好，运转平稳，无异常声音。

（7）润滑系统油压、油温正常，无渗漏、泄漏现象。

（8）安全防护罩齐全完整。

第 6 节　现场应急处置

1　着火事故应急处理

（1）发生着火后，岗位人员应立即报告生产区应急救援组（组长、副组长）报出着火地点，火势大小，是否有人员被困情况等，区应急救援组应根据情况报公司应急救援总指挥（电话：×××××××），组织消防队员到现场灭火，并派专人引导消防车到现场灭火。

（2）如果着火发生烧伤事故，区应急救援组副组长（党支部副书记）应迅速通知医疗救护组赶赴现场救人。

（3）区应急救援组副组长（党支部副书记）负责事故现场人员的撤离、布岗、疏散工作。

（4）由燃气制备区应急救援组根据着火的现场情况和施工抢险方案来决定是否需停车处理，并迅速做相应安排。

（5）使用沙子、专用灭火器、消防水等灭火，涉及或危及电器着火，应立即切断电源（如果电器设备初期着火，可用干粉灭火器扑灭）。

（6）煤气设施着火时，应逐渐降低煤气负荷，通入大量蒸汽和氮气，但要保证设施内正压。氧气设施着火时，应立即切断气源。

（7）未查明事故原因前和采取必要安全措施前，严禁恢复生产。

2　停电应急预案

（1）联系调度中心及电工，确定停电范围和了解恢复供电的时间。

（2）向作业区区长、副区长汇报生产状况。

（3）组织人员对各个系统全面检查，记录各设备停运后的状况以便检修，现场手动调整各设备、阀门，使各系统符合启动条件。

（4）联系调度中心及电工确定恢复供电的时间，确定生产恢复的条件。

（5）来电后，检查作业区所有设备、管道状况，确定各系统是否具备开车条件，并将检查结果上报公司调度中心。

（6）等待调度中心通知，按正常生产模式组织开车。

（7）停电期间保持值班室通讯畅通。

第2章　黑水处理与能量回收岗位作业标准

第1节　岗位概况

1　工作任务

向气化系统供应合格的压缩空气并将来自煤气洗涤的黑水，经过黑水系统处理后的灰水分两路。一路进入冷却塔冷却，冷却后进入回用水池，经回用水泵送到气化炉水洗塔循环使用。另一路以 36t/h 的流量进入软化沉淀器，软化沉淀后送往热电动力区使用。

2　工艺原理

气化系统水洗塔出来的黑水，经沉灰池沉淀去除大部分固体颗粒，再经一体化净水器净化处理后，一部分经软化水泵送热电动力区脱硫设施，一部分经凉水塔冷却后供气化系统水洗塔循环使用。

空气经自洁式空气过滤器过滤后进入空压机，在空压机内通过叶轮对气体做功，使气体受离心力的作用而产生压力。合格的压缩空气一部分送往气化炉，另一部分经冷却器冷却后供其他用气。分析合格的脱硫煤气经预热器预热后进入膨胀机，经过透平膨胀机膨胀做功降低压力，并由工作轮轴端给压缩机输出外功，能量回收后的煤气直接送往焙烧炉。当膨胀机出现故障时，脱硫煤气经减压装置减压后送往焙烧炉。

3　工艺流程

黑水自闪蒸塔出来后由配水管进入配水槽，由配水槽上部的配水方孔进入沉灰池沉降去除黑水中大量的灰渣、金属离子。经沉降后的黑水用提升泵送至一体化净水器（在一体化净水器的进水管中加入助凝剂（PAM））进行再一次的沉降处理。

一体化净水器处理后的灰水从顶部溢流出来分为两路：一部分进入冷却塔（塔前投加阻垢剂（沉积控制剂）），经冷却塔冷却回用。一部分进入到软化水池，由软化水泵送到热电动力区。

一体化净水器与软化器中的污泥排放至污泥池，污泥经污泥提升泵送入压滤机进行脱水处理，清液回至回用水池或软化水池送热电脱硫，滤饼脱至堆泥场。

黑水系统工艺流程如图 2-1 所示。

空气经过空气过滤器，除去 1μm 以上的杂质后进入空压机组，经过第一段压缩后，进入中间冷却器，冷却后进入第二段压缩后，一部分送往气化炉，另一部分经末端冷却器

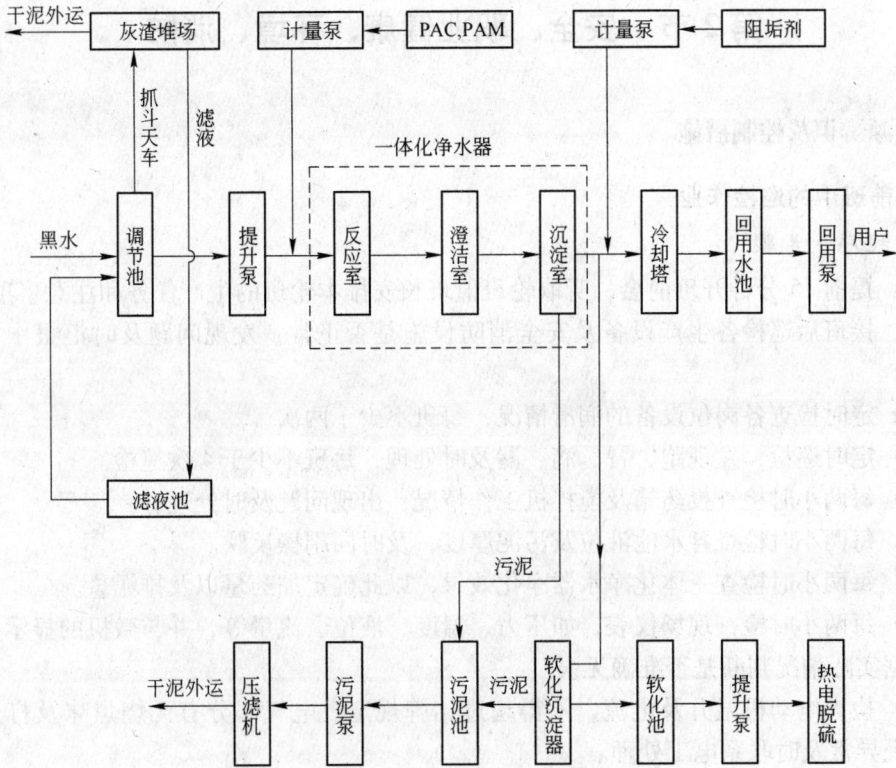

图 2-1　黑水系统工艺流程简图

冷却后供其他用气。

　　从脱硫来的煤气，经减压装置减压后，送往焙烧炉。

　　能量回收及空压机组系统工艺流程如图 2-2 所示。

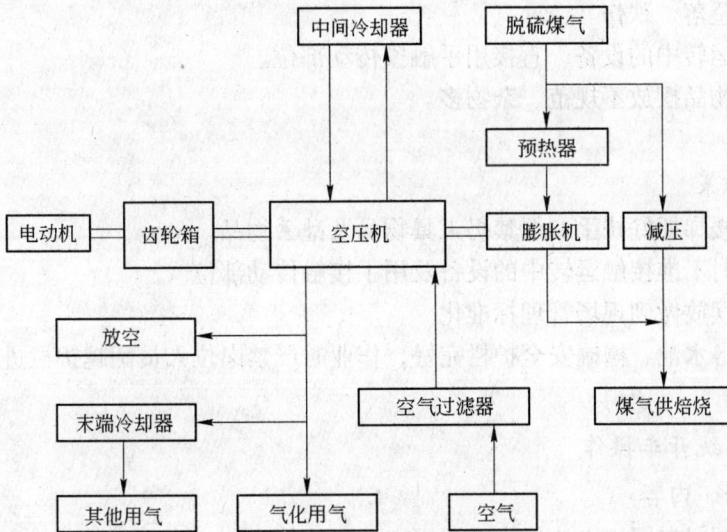

图 2-2　能量回收及空压机组系统工艺流程图

第 2 节　安全、职业健康、环境、消防

1　危险源辨识及控制措施

1.1　班前班中的巡检作业

1.1.1　程序、步骤

（1）提前 15 分钟开班前会，听取轮班值班长安排本轮班的生产任务和注意事项。

（2）接班后巡检各生产设备及安全消防设施是否正常，发现问题及时汇报中控或值班长。

（3）定时检查各岗位设备的润滑情况，每班不少于两次。

（4）定时巡检，发现跑、冒、滴、漏及时处理，每班不少于 4 次巡检。

（5）每两小时检查投药箱及搅拌机工作情况，出现问题及时处理。

（6）每两小时检查各水池液位及污泥厚度，及时向副操反映。

（7）每两小时检查一体化净水器净化效果，以此确定加药量以及排泥量。

（8）每两小时检查现场仪表，如压力、温度、液位、流量等，并与微机的显示数据核对，根据实际情况判断是否准确无误。

（9）检查电动机温升及电流，不得超过铭牌规定。电气部分有无烧焦味及打火等现象，发现异常及时联系电工处理。

（10）每两小时检查沉灰池及软化沉淀器沉淀效果并向副操反映，以便及时调整加药量。

（11）按时对各探测仪器进行清洗，保证仪表显示数据的准确性。

（12）检查设备及周围的环境卫生情况，保持环境卫生干净整洁。

1.1.2　危险因素

（1）高空坠落、跌伤。

（2）接近运转中的设备，直接用手触摸传动部位。

（3）现场物品摆放不规范、杂物多。

（4）溺水。

1.1.3　安全对策

（1）上下楼梯抓好扶手，严禁扔工具物品及乱丢物品。

（2）检查时不准接触运转中的设备及用手接触传动部位。

（3）定位摆放做到现场管理标准化。

（4）保证各水池、槽罐安全护栏完好，作业时严禁岗位人员翻越护栏进行作业。

1.2　开车操作

1.2.1　黑水系统开车操作

1.2.1.1　程序、内容

（1）打开阀门向回用水池加水至回用水池高液位。

（2）除回用水泵出口阀关闭外，气化洗涤塔至沉灰池的所有阀门处于开启状态。

（3）启动回用水泵，逐步开启回用水泵出口阀，将洗涤水送到气化系统。

（4）打开配水槽进水阀门，引黑水进配水槽。

（5）集水池水位到正常液位后，启用污水提升泵，送水至一体化净水器。

（6）根据沉灰池净化效果配制 PAM，启用搅拌机，计量泵计量后向一体化净水器加药。

（7）开启冷却塔风机，打开冷却塔、软化沉淀器进水阀。

（8）每小时一次定时打开电动排泥刀阀和排尽阀，排泥进入污泥池。

（9）根据软化沉淀器底部污泥厚度，打开电动排泥刀阀和放空阀，排泥进入污泥池。

（10）当污泥池进料时，开启污泥池搅拌风管。

（11）污泥池液位达到一定值后，启用污泥提升泵及压滤机。

（12）根据一体化净水器中水的水质及软化水池液位，适时开启阀门补水进入软化水池，根据软化水池液位开启软化水提升泵送水至热电站脱硫设施。

1.2.1.2　危险因素

（1）未做好相互间的联系确认。

（2）湿手进行电气操作。

1.2.1.3　安全对策

（1）做好相互间的联系确认。

（2）电气操作时保持手部干爽。

1.2.2　能量回收系统开车操作

1.2.2.1　程序、内容

（1）接到主控室开车指令后，做好联系确认。

（2）投用仪表气源，检查各变送器气源进口阀开，排污阀关，平衡阀关，检查各气动阀门气源阀开，检查各仪表控制点指示正确，检查各液位计上、下阀开启，观察液位指示正常。

（3）检查各电气、检测等仪表正常，指示状态与现场一致，DCS 紧停按钮均复位。

（4）建立冷却水系统。

（5）建立润滑油系统。

（6）启动空压机。

1.2.2.2　危险因素

（1）未做好相互间的联系确认。

（2）湿手进行电气操作。

1.2.2.3　安全对策

（1）做好相互间的联系确认。

（2）电气操作时保持手部干爽。

1.3　停车操作

1.3.1　黑水系统停车操作

1.3.1.1　程序、内容

（1）停回用水泵，根据回用水池液位，停污水提升泵。

（2）根据软化水池液位，停软化水提升泵。

（3）对各加药装置停止加药后，用清水加满槽子进行加药管道冲洗，直至将槽子里的清水打完为止，最后停加药泵。

（4）待污泥池中污泥排送完毕后，停污泥提升泵。

（5）停压滤机并卸除压滤机中的泥。

（6）停配药装置。

（7）停滤液提升泵。

1.3.1.2　危险因素

（1）劳保用品穿戴不正确。

（2）未做好相互间的联系确认。

（3）湿手进行电气操作。

1.3.1.3　安全对策

（1）正确穿戴劳保用品。

（2）做好相互间的联系确认。

（3）电气操作时保持手部干爽。

1.3.2　能量回收系统停车操作

1.3.2.1　程序、内容

（1）接到停车命令后，做好停车准备。

（2）将煤气切换到旁路减压装置管线，关闭膨胀机进出、口阀。

（3）用氮气对膨胀机进行吹扫，直至合格。

（4）逐步关小空压机入口导叶，开空压机出口放空阀。

（5）停空气压缩机的电动机。

（6）空压机停下之后，关闭压缩机气体管线上进口和出口阀。

（7）切断中间冷却器和末端冷却器的冷却水。

（8）油系统继续运行，以确保轴承的温度不至于超过 70℃，此后在轴承继续冷却时调整油冷却器使供油的温度为 35℃ 左右，此时可以停润滑油系统。

（9）在油泵已关闭后切断油冷却器的冷却水。

（10）机组停车 30 分钟后，关闭总上水和回水阀。

（11）关空压机组密封气。

（12）其他的附属设备、阀门恢复到开车前的状态后，空压机组停车完成。

1.3.2.2　危险因素

（1）劳保用品穿戴不正确。

（2）未做好相互间的联系确认。

（3）湿手进行电气操作。

1.3.2.3　安全对策

（1）正确穿戴劳保用品。

（2）做好相互间的联系确认。

（3）电气操作时保持手部干爽。

1.4　设备故障及异常情况处理作业

1.4.1　水泵异常处理作业

1.4.1.1　程序、内容

（1）报告主控室及当班值班长。

（2）进行倒泵操作，切换为备用泵。

（3）通知检修检查修理，修理完毕后检查切换泵正常使用。

1.4.1.2　危险因素

（1）巡检不到位，发现不及时。

（2）湿手进行电气操作。

（3）未联系主控室及值班长，私自处理解决。

1.4.1.3　安全对策

（1）做好巡检及记录，及时发现异常情况。

（2）电气操作时保持手部干爽。

（3）发现问题及时联系主控室及值班长，做好相应的处理。

1.4.2　空压机组轴温异常升高

1.4.2.1　程序、内容

（1）报告主控室及当班值班长。

（2）时刻监控轴温的变化，迅速查明轴温升高的原因。

（3）如能及时解决处理及时解决处理，如不能解决的采取停车操作并通知上下游工段及生产区。

1.4.2.2　危险因素

（1）巡检不到位，发现不及时。

（2）未联系主控室及值班长，私自处理解决。

1.4.2.3　安全对策

（1）做好巡检及记录，及时发现异常情况。

（2）发现问题及时联系主控室及值班长，做好相应的处理。

1.4.3　煤气发生泄漏、着火处理作业

1.4.3.1　程序、内容

（1）及时发现并报告主控室及值班长。

（2）将煤气切换到旁路减压装置管线，关闭膨胀机进出、口阀。

（3）检查并带好空气呼吸器，确认泄漏部位及范围，若着火用干粉灭火器将火扑灭。

（4）停车后对故障设备及泄漏管道进行处理，做好安全措施，确定事故原因，明确事故责任。

1.4.3.2　危险因素

（1）人员慌张，发生摔伤、碰伤等事故。

（2）没有戴好空气呼吸器，不会使用干粉灭火器。

1.4.3.3　安全对策

（1）由值班长统一指挥，做好协调，平时做好演练。

（2）戴好空气呼吸器，平时加强灭火技能的学习和训练。

2　安全须知

2.1　上岗时间

本岗位实行四班三运转倒班作业，按规定提前 15 分钟到达岗位进行交接班。

2.2　接受任务方式和要求

（1）承接上个班次的工作任务。

（2）参加班前会明确本班次工作任务。

（3）接受调度、作业区作业指令。

2.3　着装防护要求

（1）进入工作区按规定穿着工作服和劳保鞋，戴好安全帽及防护口罩。

（2）为防止煤气中毒，本岗位配置一氧化碳在线监测仪和空气呼吸器用于现场煤气监测，煤气浓度超标报警时使用。

（3）为防止火灾，本岗位须配置干粉灭火器，要求保持其性能良好。

（4）加药操作时戴好防护用品。

2.4　工具要求

岗位配备的对讲机、测温枪、便携式一氧化碳报警仪、现场操作工具等，使用前要认真检查，保持其性能良好。

2.5　岗位安全基本职责

（1）负责黑水及能量回收岗位所有设备的操作及维护。

（2）严格执行黑水及能量回收岗位的操作规程及安全规程，确保生产安全稳定。

（3）熟悉掌握区域内各设备的技术状况，具备较强的操作技能及应急处理能力。

（4）与下游岗位做好配合，开停车作业时要通知相关岗位，做好各岗位的协调，保证生产安全。

（5）严格执行交接班制度，做好区域内和操控室的卫生清洁，认真填写各项原始记录，做到信息传递及时、准确。

2.6　协助互保要求

作业时每个班组全部员工实行联保，巡检时必须两人或两人以上协作，做好互保。

2.7　安全确认的方式和内容

2.7.1　开车确认

2.7.1.1　黑水系统开车确认

（1）确认各检修工作是否完毕，现场是否清理干净，人员是否离开，所有设备的安全隐患是否清除。

（2）确认各检测仪器是否完好可用。

（3）联系电工检查电气设备，高低压配电室已送电，各电气仪表具备送电条件，DCS 送电投用。

（4）所有手动、电动阀门开关灵活，各调节阀需经调试校验合格。

（5）电动机绝缘检测合格，电气仪表指示开关灵敏正常，联锁保护正常。

（6）对各泵进行盘车检查，确认正常。

（7）各岗位人员就位，通讯设施正常，消防设施正常，开车所需工具齐全，安全设施齐全正常。

（8）确认加药系统可以随时正常加药。

（9）对压滤机进行启动前检查。

（10）检查系统中污泥是否全部清理。

（11）检查石灰乳是否送至阀前待用。

2.7.1.2　能量回收系统开车确认

（1）确认空压机组所属管道、机械、电气等设备各检修工作已经完毕，现场已经清理干净，所有设备的安全隐患已经清除。

（2）所有运转机械设备，如空压机、膨胀机、润滑油泵等均具备启动条件，有的应先进行单体试车，检查膨胀机喷嘴和叶轮具备启动条件，确认喷嘴关闭。

（3）确认所有安全阀调试完毕，并投入使用。

（4）确认所有手动、气动阀门开关灵活，各调节阀需经调试校验。

（5）确认所有机器、仪表性能良好，并具备使用条件。

（6）确认供电系统正常工作。

（7）确认供水系统畅通。

（8）确认润滑油系统畅通。

（9）确认煤气管路用氮气吹扫合格。

（10）用于开车的通讯器材、工具、消防和防毒器材准备就绪。

（11）核查各记录台账，确认各项工作准确无误。

2.7.2　正常作业确认

2.7.2.1　黑水系统正常作业确认

（1）现场员工按时巡检，确认各管道阀门、焊缝、法兰连接处及各泵无跑、冒、滴、漏现象。

（2）正常作业时确认各运转设备的轴温、振动以及各设备管道压力在正常范围内。

（3）设备管道操作及检修中需要开据工作票的，在动作前必须确认已开据相应的工作票。

2.7.2.2　能量回收系统正常作业确认

（1）现场员工按时巡检，确认各管道阀门、焊缝、法兰连接处，及各泵无跑、冒、滴、漏现象。

（2）正常作业时确认各运转设备的轴温、振动以及各设备管道压力、温度在正常范围内。

（3）设备管道操作及检修中需要开具工作票的，在动作前必须确认已开具相应的工作票。

2.7.3　停车确认

2.7.3.1　黑水系统停车确认

（1）确认各设备底部污泥已排除干净。

（2）停车后确认各阀门已打到相应的位置。

（3）停车后需进行高空作业或进入有限空间进行检查、维修时，必须开具相应的工作票。

2.7.3.2 能量回收系统停车确认

（1）停车后对设备及管道进行吹扫，经分析化验后，确认其达到要求。

（2）停车后确认各阀门已打到相应的位置。

（3）停车后需进行高空作业或进入有限空间进行检查、维修时，必须开具相应的工作票。

2.8 安全标准

（1）杜绝火星、火焰或其他可燃物质。

（2）槽、罐、池及其观察口周围必须有安全护栏。

（3）在加注润滑油或维护时必须在停机状态，且压缩机充分冷却后，才能进行。

（4）在机组内进行维修或清洁时，应断开所有电源。

（5）维护、操作压缩机时，应配有充足合适的灭火器。

（6）及时清除机组附近的油布、废纸等易燃物质。

（7）不准碰及联轴器、风扇等运转部件，不准正对排气口。

（8）当风扇、联轴器或其他部分护罩取掉后，不准运行压缩机或膨胀机。

（9）每次维修后，清除设备部件及地面上的油水污渍，运行前，应确保机旁无人。

（10）机组周围不应存在有毒、有腐蚀性的气体，作业区场所注意通风。

（11）机组检修时，应切断所有电源并设置醒目的检修警示标志或挂"禁止合闸"警示牌。

2.9 精神状态

自我检查身体状态，保持良好的精神状态上岗。

3 环境因素识别及控制措施

3.1 本岗位安全作业对现场环境的要求

（1）各楼梯栏杆完好，楼层、楼梯、走廊无积灰杂物。

（2）防护设施、消防器材干净有效，警示牌清晰，摆放整齐，定置管理。

（3）现场通风良好，煤气泄漏量及噪声低于国家标准。

（4）中夜班现场作业要有足够的照明。

3.2 本岗位安全作业对工器具、原材料的要求

（1）现场的各种操作工具必须齐全，灵活好用。

（2）现场的应急设施完好。

（3）处理煤气泄漏等故障时工具必须涂抹黄油或使用铜质工具。

3.3 本岗位安全作业对职工和生产工艺的要求

（1）岗位人员必须有强烈的责任心，无心脏病等与岗位不适合的职工队伍。

（2）岗位人员必须掌握本岗位的工艺流程及隐患排查技能。

（3）生产的压缩空气压力、温度和产量及处理后黑水水质达到生产使用要求。

4　消防

参见本篇第1章第2节4。

第3节　作业标准

1　作业项目

1.1　黑水系统操作标准

1.1.1　启动前的准备

（1）确认各检修工作是否完毕，现场是否清理干净，人员是否离开，所有设备的安全隐患是否清除。

（2）确认各检测仪器是否完好可用。

（3）联系电工检查电气设备，高低压配电室已送电，各电气仪表具备送电条件，DCS送电投用。

（4）所有手动、电动阀门开关灵活，各调节阀需经调试校验合格。

（5）电动机绝缘检测合格，电气仪表指示开关灵敏正常，联锁保护正常。

（6）各运转设备润滑正常，油箱油位正常。

（7）对各泵进行盘车检查，确认正常。

（8）各岗位人员就位，通讯设施正常，消防设施正常，开车所需工具齐全，安全设施齐全正常。

（9）加药系统是否可以随时正确供料。

（10）压滤机启动检查。

1）检查压滤机内物料是否排净。

2）检查各联动部件是否松动，各运动件（皮带等）是否卡阻、异常。

3）检查电气系统、控制系统是否正常。

4）检查是否有漏油现象，各轴承是否运转正常，如不正常应加润滑脂。

5）检查压滤机工艺状况是否正常，各控制阀是否处在正常工艺状态。

6）按下启动按钮，检查主、电动机运转方向是否符合指示方向，油缸压力、声音是否正常。

（11）检查系统中污泥是否全部清理。

（12）水结构筑物堰口、池壁是否清理完好。

1.1.2　黑水系统开车步骤

（1）接到值班长通知后，准备启动黑水系统。

（2）打开阀门向回用水池加水至吸水井有一定液位。

（3）除回用水泵出口阀关闭外，气化水洗塔至沉灰池的所有阀门处于开启状态。

（4）启动回用水泵，逐步开启回用水泵出口阀，将洗涤水送到气化系统。

（5）打开配水槽进水阀门，引黑水进配水槽。

（6）集水池水位到正常液位后，启用污水提升泵，送水至一体化净水器。

（7）根据沉灰池净化效果配制 PAC，启用搅拌机，计量泵计量后向一体化净水器加药。

（8）开启冷却塔风机。

（9）打开冷却塔，投用冷却塔并向回用水池中加入沉积控制剂。

（10）根据一体化净水器底部污泥厚度，打开电动排泥刀阀和排尽阀，排泥进入污泥池。

（11）当污泥池进料时，启用风管搅拌。

（12）污泥池液位达到一定值后，启用污泥提升泵，投用压滤机。

（13）根据一体化净水器中水的水质要求（氨氮含量≤500mg/L），适时开启阀门送水至软化水池，根据软化水池液位开启软化水泵送水至热电站烟气脱硫。

1.1.3　黑水系统的正常操作

（1）及时对各处水质进行检测，进行加药处理，以保证水质合格。

（2）对一体化净水器的排泥时间进行记录，按每次 1 小时定时对投用净水器进行排泥操作，且每台净水器按顺序依次对单个阀门进行排泥操作，避免排泥次数频繁或者间隔时间太长。

（3）查看一体化净水器的水位、水量变化，以便能达到最佳的处理效果。

（4）一体化净水器在每次排泥时密切关注污泥池内液位上升情况，避免排泥作业时产生的各种因素导致排泥刀阀关不死而造成污泥池溢流。

（5）保持回用水温度在 38℃以下。

（6）注意污泥池液位，决定是否开启污泥处理系统进行污泥脱水。

（7）查看污泥池表面是否出现清水，以便调整空气搅拌管线的位置及深度。

（8）做好区域内所有设备的点巡检，并做好各项原始记录。

1.1.4　黑水系统的正常停车

（1）停回用水泵，根据回用水池液位，停用污水提升泵。

（2）关闭软化水池进口阀。

（3）根据软化水池液位，停软化水提升泵。

（4）待所有加药装置、石灰乳管道药品输送完成后，用清水冲洗管道 1 小时，最后停止各加药泵。

（5）待污泥池中污泥排送完毕后，停污泥提升泵。

（6）进行压滤机的出泥。

1.2　能量回收系统操作标准

1.2.1　开车前具备的条件

（1）空压机组所属管道、机械、电气等设备各检修工作已经完毕，现场已经清理干净，所有设备的安全隐患已经清除。

（2）所有运转机械设备，如空压机、膨胀机、润滑油泵等均具备启动条件，有的应先进行单体试车，检查膨胀机喷嘴和叶轮具备启动条件，确认喷嘴关闭。

（3）所有安全阀调试完毕，并投入使用。

（4）所有手动、气动阀门开关灵活，各调节阀需经调试校验。

（5）所有机器、仪表性能良好，并具备使用条件。

（6）确认供电系统正常工作。

（7）确认供水系统畅通。

（8）确认润滑油系统畅通。

（9）煤气管路用氮气吹扫合格。

（10）汇报主控室检查及准备结果。

1.2.2 能量回收系统开车步骤

1.2.2.1 接到主控室开车指令后，做好联系确认。

1.2.2.2 投用仪表气源，检查各变送器气源进口阀开，排污阀关，平衡阀关，检查各气动阀门气源阀开。检查各仪表控制点指示正确，检查各液位计上、下阀开启，观察液位指示正常。

1.2.2.3 检查各电气、检测等仪表正常，指示状态与现场一致，DCS 紧停按钮均复位。

1.2.2.4 建立冷却水系统

（1）打开冷却水进、出水总阀。

（2）将中间冷却器、末端冷却器和润滑油冷却器的进、出水阀全开，各条冷却水管路接通。

（3）启动循环水泵。

（4）调节冷却水压力正常。

（5）调整冷却水量（测量各冷却器排水量）：中间冷却器 300t/h，油冷却器 55t/h。

1.2.2.5 建立润滑油系统

（1）启动密封气系统。

（2）确认油箱已加入合格的润滑油到正常液位。

（3）确认油系统所有排气、排污阀关闭。

（4）接通电加热器、给油箱内润滑油加热，使温度维持在 35℃ 左右。

（5）打开两台油泵进出口阀，回油箱旁路阀。

（6）确认油过滤器的切换阀在准备投用的那一侧，关闭两侧过滤器排气阀、排污阀。

（7）确认油箱温度达到 35℃ 左右启动主油泵，确认电动机转向正确。

（8）打开投用的油冷却器的油侧排气阀，待从回油视镜中看到有油流回油箱后关闭排气阀。

（9）打开油冷却器之间的连通阀，打开备用油冷却器油侧排气阀，直到回油视镜有油流回油箱后关闭排气阀及连通阀。

（10）打开投运的过滤器的排气阀、待回油管线视镜中有油流回油箱后，关闭排气阀。

（11）打开两路油过滤器之间的连通阀，打开备用过滤器的排气阀，待回油管线视镜中看到有油回流油箱后关闭排气阀及连通阀。

（12）打开润滑油调节阀，关旁路阀，确认调节阀能自动控制供油总管压力，如阀后压力与规定有偏差，则重新调整其整定值。

（13）缓慢打开高位油槽快速充油阀，待从回油管线有油溢流后关闭快速充油阀。

（14）检查压缩机各回油视镜中油流均匀、稳定，检查油箱油位是否下降，若低于最低工作液位应及时补油，调整油冷却器冷却水量，保证油温正常，检查油系统有无跑、冒、滴、漏现象。

1.2.2.6　启动空压机

（1）启动盘车电动机，盘车 15min，确认空压机振动、温度无异常。

（2）启动前的最后检查：

1）供水正常、密封气正常、供油正常和供电正常。

2）停盘车电动机，确认盘车电动机已停到位。

（3）确认现场以下各项满足启动联锁条件：

润滑油压力 0.25MPa，油温高于 35℃，冷却水正常，主电动机具备启动条件，入口导叶在开车位置为关闭状态，放空阀全开，机组无停机联锁信号。

（4）接通电源，启动主电动机。

（5）调节放空阀和进口导叶的开度使出口压力达所需的出口压力。

（6）合格煤气经减压装置送往焙烧炉。

（7）通入膨胀机密封气。

（8）打开煤气预热器蒸汽进出汽阀。

（9）待煤气供气系统稳定后，将煤气切到膨胀机管路。

（10）监控空压机组运行情况，并做相应的操作记录和运行记录。及时根据生产运行状况进行各运行参数的调整和优化。

1.2.3　能量回收系统的正常操作

（1）各仪表控制点指示在正常生产要求范围内。

（2）冷却水系统运行正常，回水温度和压力都在正常范围内。

（3）润滑油系统运行正常，油站油位、油温及油压正常。

（4）膨胀机运行条件满足各项技术指标。

（5）空压机运行条件满足各项技术指标。

（6）空压机组为气化系统提供的空气的温度、压力、流量满足生产条件。

（7）空压机组为焙烧炉提供的煤气，其温度、压力满足生产条件。

（8）做好区域内所有设备点巡检，并做好各项原始记录。

1.2.4　能量回收系统的正常停车

（1）接到停车命令后，做好停车准备。

（2）将煤气切换到旁路减压装置管线，关闭膨胀机进出、口阀。

（3）用氮气对膨胀机进行吹扫，直至合格。

（4）逐步关小空压机入口导叶，开空压机出口放空阀。

（5）停空气压缩机的电动机。

（6）空压机停下之后，关闭压缩机气体管线上进口和出口阀。

（7）切断中间冷却器和末端冷却器的冷却水。

（8）油系统继续运行，以确保轴承的温度不超过 70℃，此后在轴承继续冷却时调整油冷却器使供油的温度为 35℃左右，此时可以停润滑油系统。

（9）在油泵已关闭之后切断油冷却器的冷却水。

（10）机组停车 30 分钟后，关闭总上水和回水阀。

（11）关空压机组密封气。

（12）其他的附属设备、阀门恢复到开车前的状态后，空压机组停车完成。

2　常见问题及处理办法

2.1　冷却塔（表 2-1）

表 2-1　冷却塔故障原因及排除方法

故　障	原　因	排　除　方　法
布水器不旋转或转动太慢	进水管道有杂物	清理管道，清理布水器或喷头
	至喷淋口压力太低	提高水压力
配水不均匀（管道配水）	喷头出口有杂物	清理喷头出口
	喷头脱落	重装喷头
	喷头出口压力太低	提高水压力
出口温度过高	循环水量过多	调节水量
	风量不足	调整叶片安装角度，检查填料或收水器是否堵塞
风机有异常振动	安装螺栓松动	重新紧固
	风机叶片不平衡、轴弯曲	检查叶片安装角偏差是否在规定范围内，重新校正轴平衡，更换转动轴
变速器声音异常	齿轮磨损	调整齿轮
	轴承损坏	更换轴承
	齿轮箱缺油	补充润滑油
减速箱漏油	新塔磨合期内油封失效，油管接口渗漏	运行一周内属正常，运行一周后应更换新油，检查油封，决定是否更换接口密封
风机转动变慢（皮带传动）	皮带打滑	调整皮带
风机叶片声音异常	风机叶片卡风筒	调整风机位置
	紧固件、连接件松动	检查紧固
冷却塔漂水大	风量过大	调整风机
进水窗溅水	收水器损坏	检查收水系统，更换损坏件
	配水外溢	检查配水盘布水情况

2.2　空压机（表2-2）

表 2-2　空压机故障原因及处理措施

故　障	原　因	处 理 措 施
轴位移大	机组负荷过高	降负荷
	平衡盘或级间密封损坏	停车检查
	叶轮结垢	停车解体除垢
	轴承正推磨损	检查油质油量，更换轴瓦
	止推轴承油量过低	调整进轴承的油压
	油温太高	调整油冷却器进水量
	润滑油乳化变质	滤油或换油
	压缩机喘振	开大防喘振阀，消除喘振
	压缩空气带液	检查空压机中间冷却器
	仪表探头安装位置偏差	校正
轴承温度高	油温太高	调整油冷却器进水量
	润滑油压力太低	调整润滑油压力
	轴振动高、喘振等	消除喘振
	轴瓦磨损	更换轴瓦
	油质变坏，油中水分、杂质超标	过滤或更换
	轴承对中不良	重新找正对中
	轴位移高会引起止推轴承的温度升高	消除轴位移高的因素
	轴承检测的一次仪表温度探头导线损坏	检查测温元件
润滑油泵出口压力下降	泵入口滤网堵塞	切泵，隔离，清理过滤网
	备用泵出口止逆阀失灵，卡塞而不到位，油沿泵倒流	隔离备用泵，检修止逆阀
	油箱温度太高	检查油箱加热器，回油温度和油冷却器
	油箱液位太低	油箱加油
	泵内有空气或油质恶化	倒泵，盘车排气，更换润滑油
	油系统出现大的泄漏	全面检查油系统
	油泵机械故障	倒泵检修
	电动机转速下降或电动机接线反，引起反转	联系电气检查三相电流是否平衡，确认电网频率是否正常

第 4 节　质量技术标准

1　质量指标标准

空压机出口空气温度：197℃；压力：0.78MPa

膨胀机出口煤气温度：34℃；压力：0.038MPa

出水流量：850m³/h

出水压力：1.2MPa

出水温度：38℃

出水水质：见表 2-3

一体化净水器制水量：430m³/h，800m³/h

污泥输送泵输送能力：15～65m³/h

冷却塔处理能力：450m³/h

风机风量：380m³/h

回用水泵输送能力：320m³/h

表 2-3　出水水质质量指标标准　　　　　　　　　　　mg/L

序　号	检查项目	指　标	备　注
1	固体悬浮物	30	
2	总硬度（以 CaCO₃ 计）	450	仅外排 36t 石灰水，处理后小于 450mg/L，预留 810t 石灰水，降低设施的硬度
3	钙离子	200	根据实际情况加药处理

2　技术指标标准

2.1　自洁式空气过滤器指标标准

空气处理量：34000Nm³/h

压力损失：≤600Pa

过滤效率：<98%

2.2　空压机指标标准

（1）空气压缩机运行参数见表 2-4。

表 2-4　空气压缩机运行参数

序　号	名　称	单　位	数　值
1	进口流量	Nm³/min	254
2	进口压力	MPa	0.07
3	出口压力	MPa	0.78
4	进口温度	℃	常温
5	出口温度	℃	197
6	轴功率	kW	1896
7	工作转速	r/min	9634

（2）空气压缩机临界参数见表 2-5。

表 2-5　空气压缩机临界参数

项　目	参　数	反　应	项　目	参　数	反　应
轴向位移	≥0.5mm	报　警	轴承温度	≥115℃	停　机
	≥0.7mm	停　机	润滑油压	≥0.25MPa	满足启动条件
轴热运动	≥65μm	报　警		<0.15MPa	报　警
	≥77μm	停　机	油箱油温	≥33℃	满足启动油泵条件
轴承温度	≥105℃	报　警	循环水压力	≥0.25MPa	正　常

（3）机组的复位条件

1）润滑总额压力正常：≥0.25MPa。

2）密封气压差正常：0.15MPa。

2.3　膨胀机指标标准（表 2-6）

表 2-6　膨胀机指标标准

序　号	名　称	单　位	数　值
1	煤气流量	Nm^3/min	1089
2	进口温度	℃	110
3	出口温度	℃	34
4	进口压力	MPa	0.337
5	出口压力	MPa	0.12
6	联轴器端轴功率	kW	1900
7	额定转速	r/min	9500
8	润滑油耗油量	L/min	200
9	循环水供水温度	℃	32
10	循环水回水温度	℃	42
11	循环水供水压力	MPa	0.45
12	循环水回水压力	MPa	≥0.35

第 5 节　设　备

1　设备、槽罐明细表

1.1　黑水系统设备、槽罐（表 2-7）

表 2-7　黑水系统设备、槽罐明细表

序号	名　称	位号	型　号	数量
1	配水槽	Z0101		2 格
2	沉灰池	Z0102	钢筋混凝土 $L \times B \times H = 27m \times 13m \times 4m$	2 格
3	集水池	Z0103		2 格

续表2-7

序号	名　称	位号	型　号	数量
4	污水提升泵	P0101	250WQ600-15-45，$Q=420\sim720m^3/h$，$H=17.5\sim13m$，$N=45kW$，耦合器 GAK-250-40m	3 台
5	一体化净水器	U0101	YZJ-W430，$Q=430m^3/h$，钢混结构	2 座
			YZJ-800CC，钢结构	1 座
6	冷却塔	U0103	FGBLW-450，$Q=450m^3/h$ $L\times B\times H=6.0m\times6.0m\times5.75m$，$N=18.5kW$	2 台
7	回用水池	Z0105	钢筋混凝土 $L\times B\times H=27m\times6.6m\times4.0m$	1 座
8	回用水泵	P0104	DA1-200×2(段)，$Q=320m^3/h$，$H=123m$，$H=2950r/min$，$N=190kW$	4 台
9	软化沉淀器	U0102	SC-40 型，$Q=40m^3/h$	1 台
10	污泥池	Z0104	钢筋混凝土 $L\times B\times H=14m\times5m\times4m$	1 座
11	污泥提升泵	P0102	100ZCX-65×1.2×2.7 $Q=100m^3/h$，$H=75m$	2 台
12	软化水池	Z0107		1 座
13	软化水提升泵	P0103	65-JYMQ-40-17-1400-5.5，$Q=40m^3/h$，$H=12\sim17m$，$N=5.5kW$	2 台
14	搅拌机	J0101		3 台
15	计量泵	P0105	JXM-A170/0.7，$Q=170L/h$，$P=0.7MPa$，DN25mm，$N=0.37kW$	6 台
16	滤液池	Z0108	钢筋混凝土 $L\times B\times H=4m\times5m\times4m$	1 座
17	滤液泵	P0106	65-JYMQ-40-17-1400-5.5，$Q=40m^3/h$，$H=12\sim17m$，$N=5.5kW$	2 台
18	压滤机	—	XMZGF200/1250-V	2 台

1.2　能量回收及空压机组系统设备（表2-8）

表2-8　能量回收及空压机组系统设备明细表

序　号	设备名称	规格型号	单　位	数　量
1	自洁式空气过滤器	$Q=34000m^3/h$	台	1
2	2MCL528 离心压缩机	$Q=254.5Nm^3/min$，$P=0.7868MPa$，$N=1896kW$	台	2
	附变速机	$N=2500kW$	台	2
	附电动机	$N=2500kW$，$U=10kV$	台	2
	附膨胀机	$Q=1089.83Nm^3/min$，$N=2500kW$	台	1

序　号	设备名称	规　格　型　号	单　位	数　量
3	进气消音器	$Q = 17000\text{m}^3/\text{h}$ 消声量 $>30\text{dB}(\text{A})$	台	2
4	放空消音器	$Q = 17000\text{m}^3/\text{h}$ 消声量 $>50\text{dB}(\text{A})$	台	2
5	末端冷却器	$Q = 700\text{m}^3/\text{h}$ 气体温度 $= 40℃$	台	2
6	行　车	起重量 10t	台	1

2　主要设备

2.1　空压机（2MCL528）

2.1.1　工作原理

空气进入压缩机，通过叶轮对气体做功，使气体受离心力的作用而产生压力，与此同时速度和温度提高，然后进入扩压器，使得速度降低，压力提高，再经弯道和回流器导向，气体进入下一级继续压缩。由于气体在压缩过程中温度会升高，而气体在高温下压缩，消耗功将会增大。为了减少压缩功耗，故在压缩过程中采用中间冷却，即通过蜗室和气管路，把空气引到外面的冷却器进行冷却，冷却后的气体，再经过蜗室进入第二段压缩。最后，由末级出来的高压气体经出气管输出。这样气体经分段多级压缩后，气体压力逐渐提高到实际需要值。

膨胀机端是利用气体在流道中流动时速度的变化来进行能量转换，煤气在透平膨胀机的通流部分中膨胀，由工作轮轴端给压缩机输出外功，因而降低了膨胀机出口气体的压力和温度。

2.1.2　设备的结构组成

包括：电动机、齿轮箱、压缩机本体、百叶窗、过滤器、滤布箱、轴承座、内外格栅、防雨系统、传动装置、进气消音器、放空消音器、中间冷却器、末端冷却器、膨胀机等。

2.1.3　设备润滑标准（表2-9）

表2-9　设备润滑标准

部　位	润滑方式	润　滑　油	周　期
电动机	油泵加入	VG46 透平油	连　续
齿轮箱	油泵加入	VG46 透平油	连　续
压缩机本体	油泵加入	VG46 透平油	连　续
膨胀机	油泵加入	VG46 透平油	连　续

2.1.4　设备点检标准（表2-10）

表2-10　设备点检标准

项　目	内　容	标　准	方　法	周期/h
电动机	电流	正常	看	2
	温度	$<60℃$	摸、测	2
	声音	无异音	听	2

项　目	内　容	标　准	方　法	周期/h
压缩机本体	地脚螺栓	齐全、牢固	看	
	机　壳	清洁、无气体泄漏	看	2
	轴承温度	<60℃	摸、测	2
	叶轮声音	无异音	听	2
	各缸气压	正常，无异响	听、看	2
密封气	是否泄漏	无泄漏	听、看	2
冷却器	水温、水流是否正常	水温正常，水流畅通均匀	看	
膨胀机	轴承温度	夏季<70℃ 冬季<60℃	摸、测	
	轴承振动	无异常	看、测	
	机壳是否清洁、有无泄漏	清洁、无泄漏	看	
	机体振动	无异常	听、摸	
	叶轮声音	无异常	听	
	地脚螺栓	齐全、牢固	看	
各润滑点	是否良好	良好	看	
安全防护装置	是否完好	完好	看	
安全阀	是否正常	正常	看	2
仪　表	指示是否正常	完好、指示正常	看	2

2.1.5　设备维护标准

（1）操作、维修和保养空压机必须由具有资质的人员进行。

（2）空压机不可反转。初次启动或电控系统检修后，在空压机启动之前必须首先确认电动机旋转方向是否与规定转向一致。

（3）拆卸高温组件时，必须待温度冷却到环境温度后方可进行。

（4）推荐使用空压机专用油。不同牌号的润滑油不允许混用。

（5）没有得到制造厂的许可，不要对空压机作任何影响安全性、可靠性的改动或增加任何装置。

（6）空压机原装备件是专门设计、制造的，推荐使用正宗备件，以保证空压机工作的可靠性、安全性。

（7）运行过程中绝对不允许堵塞空压机吸气口。

（8）不能在超过规定压力、规定温度的情况下运行空压机。

（9）一旦发现空压机工作异常，应立即停车。

（10）用正确的工具保养、维修空压机。

（11）维修后、开机前确认所有安全装置都已重新安装，工具都已从空压机上移走。

（12）定期检查空压机安全阀的工作状态。

（13）检查各种控制和显示仪表，保证空压机的正常运行。

（14）经常检查机体的紧固情况，保证连接牢固可靠。

2.1.6　设备完好标准

（1）压缩机运转应平稳。

（2）基础、轴承座坚固完整，连接牢固，无松动、断裂、腐蚀、脱落现象。

（3）各零部件完整，没有损坏，材质、强度符合设计要求。

（4）轴承、轴、轴套、叶轮、护板等安装配合，磨损极限和密封性符合规定。

（5）机体整洁。

（6）安全防护装置齐全。

（7）运转正常，无明显跑、冒、滴、漏现象。

（8）电流表、阀门等装置完整无缺，动作准确，灵敏可靠。

2.2　冷却塔

2.2.1　工作原理

把所需冷却处理的水压至冷却塔上部，通过配水系统均匀地喷洒于填料上；热水从填料上部落下，同时不饱和空气从塔下部上升或由侧面进入淋水装置；在填料间隙的流动中，热水与不饱和空气进行冷热交换，空气把热量向外传递，变成热空气，再由风机抽出塔外，从而达到降低水温的效果。

2.2.2　设备的结构组成

包括：风机、电动机、配水系统、传动机构（有减速器、轴承、皮带）、收水器等。

2.2.3　设备润滑标准（表2-11）

表 2-11　设备润滑标准

润滑部位	润滑方式	油 名 称	周　期
电动机端盖	手　注	3 号钙基脂	1 年
减速器	手　注	工业齿轮油 20 号 ~ 50 号	经常
轴承座	手　注	润滑脂	每月

2.2.4　设备点检标准（表2-12）

表 2-12　设备点检标准

点检项目	内　容	点检标准	点检方法	周期/h
支　架	是否下沉、倾斜、变形	无下沉、无倾斜、无变形	看	2
外　壳	形　状	无变形	看	2
检测仪表	是否完好无损、清晰、准确	完好无损、清晰、准确	看	2
电动机	电　流	正　常	看	2
	温　度	<60℃	摸、测	2
	声　音	无异音	听	2

2.2.5　设备维护标准

（1）冷却塔进水必须干净清洁，严防安装时有残留的铁渣、污垢、杂物存在，以免卡住布水器，堵塞管道或喷头，影响配水效果及冲坏淋水装置，如有上述情况应及时清除，对损坏的布水管、喷头应予更换。

（2）循环水的悬浮物含量，一般控制在 50mg/h 以下，浑浊浓度增大时，应适当地添加少量漂白粉或其他水质处理器进行处理，严防长期运行后结垢生苔。

（3）风机系统如发现异常现象，应立即停机检查，排除故障，叶片应视实际冲刷磨损情况决定是否返修，保证冷却塔处于良好的运行状态。

（4）冷却塔在使用过程中，如发现水量损失过多，应及时采用手动补给装置来补充水，另外须检查收水器有无破损，及时修补。

（5）每年将塔体内外清洗一次，防止污物积聚影响进出水畅通。

（6）在启动冷却塔时先开动风机，然后再进水，以免造成电动机电流负荷过载引起损坏，冷却塔停运时先关闭热水，再停风机，如进入冬季冷却塔停止运行时应检修保养，并做好防潮措施。

（7）冷却塔停机后必须把集水池及管内水放空，如停机时间较长，应对整塔进行检修，确保下次运行安全正常。

（8）玻璃钢、填料等易燃，使用或维护时严禁与明火接触。

（9）冬季冰点温度下，塔易发生结冰现象，应注意填料、进风窗等结冰，采用相应措施，帮助化冰。

2.2.6 设备完好标准

（1）基础、支架坚固完整，连接牢固，无松动、断裂。

（2）机体整洁。

（3）电流表、阀门等装置完整无缺，动作准确，灵敏可靠。

（4）安全防护罩齐全完整。

（5）塔内外各零部件没有损坏，不变形，材质、强度符合设计要求。

2.3 离心泵

2.3.1 工作原理

当电动机带动转子高速旋转时，充满在泵体内的液体在离心力的作用下，从叶轮中心被抛向叶轮的边缘。在此过程中，液体就获得了能量，提高了静压能，同时增大了流速，一般可达 15~25m/s，即液体的动能也有所增加，液体离开叶轮进入泵壳。由于泵壳中流道逐渐加宽，液体的流速逐渐降低，将一部分动能转变为静压能，使泵出口处液体的压强进一步提高，于是液体便以较高的压强，从泵的排出口进入排出管路，输送至所需场所。同时，由于液体从叶轮中心被抛向外缘，它的中心处就形成了低压区，而贮槽液面上的压强大于泵吸入口处的压强，在压强差的作用下，液体经吸入管路连续地被吸入泵内，以补充被排出液体的位置。当叶轮不断地旋转时，液体就能不断地从叶轮中心吸入，并以一定的压强不断排出。

2.3.2 设备的结构组成

包括：电动机、联轴器、机械密封、泵头等。

2.3.3 设备润滑标准（表2-13）

表2-13 设备润滑标准

给油脂部位	润滑方式	油脂名称	周　期	备　注
轴承体	手　注	3号钙基脂	适当补充	油脂润滑

2.3.4　设备点检标准（表2-14）

表 2-14　设备点检标准

点检项目	部件	内容	点检标准	点检方法	周期/h
泵体	机械密封	是否泄漏	泄漏量 <4L/h	看	2
		冷却水	适量	看	2
	轴承及对轮	温度	夏季 <70℃ 冬季 <60℃	摸、测	2
		润滑	油质、油量合格	看	2
		声音	无异常	听	2
		振动	无异常	看、摸、测	2
	紧固件	有无松动	无松动	测	2
	泵壳	有无裂缝	无裂缝	看	2
		泄漏	无泄漏	看	2
		振动	无异常	摸	2
	叶轮	声音	无异常	听	2
		振动	无异常	看	2
	地脚螺栓	紧固	齐全、牢固	看、测	2
电动机	机体	温升	夏季 <70℃ 冬季 <60℃	摸、测	2
		声音	无异常	听	2
	控制箱	电流	小于额定值，无波动	看	2
法兰阀门			无漏料	看	2

2.3.5　设备维护标准

（1）备用泵应每周盘车一次，以使轴承均匀地启动，启动前应检查泵轴转动是否灵活，叶轮与护板间是否摩擦，叶轮与泵壳之间有无异物，还须检查轴承体润滑情况，脂润滑不得加脂过多，以免轴承发热。油润滑的油液面不得高于或低于油尺规定界限。

（2）泵必须在范围内运行，运行中应该掌握泵的运行情况，并用出口阀门作适当调节；运行中如发现不正常声音时，应检查原因，加以解决，轴承体的温度一般在60℃左右，不得超过75℃；开启前机械密封要通以冷却水，并控制水量，运转时，不允许使机封出现干磨现象。平时应经常检查润滑油是否含水，起沫及有无异物，保持润滑油清洁。

（3）停泵后应排除泵内积料并用清水清洗泵腔，以免杂质颗粒沉积堵泵，长期停用的泵，妥善保管，以免锈蚀。

（4）受静载荷及外部振动。

（5）经常检查泵的紧固情况，连接牢固可靠。

2.3.6　设备完好标准

（1）基础稳固、无裂纹、倾斜、腐蚀

1）基础、轴承座坚固完整，连接牢固，无松动、断裂、腐蚀、脱落现象。

2）机座倾斜小于 0.1mm/m。

（2）零部件完整无缺

1）各零部件无一缺少。

2）各零部件完整、没有损坏，材质、强度符合设计要求。

3）轴承、轴、轴套、叶轮、护板等安装配合，磨损极限和密封性符合检修规程规定。

4）机体整洁。

（3）运转正常，无明显渗油和跑、冒、滴、漏

1）润滑良好，油具齐全，油路畅通，油位、油温、油量、油质符合规定。

2）各部件调整、紧固良好，运转平稳，无异常响声，振动和窜动。

3）轴承温度不超过允许值。

4）无明显跑、冒、滴、漏。

5）电动机及其他电气设施运行正常。

（4）机器仪表和安全防护装置齐全，灵敏可靠

1）电流表，阀门等装置完整无缺，动作准确，灵敏可靠。

2）阀门等开关指示方向明确。

（5）泵的流量扬程应符合规定要求。

第6节　现场应急处置

1　着火事故应急处置

参见本篇第1章第6节1。

2　发生煤气大量泄漏应急处置

（1）当气化炉本体、煤气输送管道等发生煤气大量泄漏时，发现事故的岗位人员立即汇报生产区救援组（组长、副组长）。

（2）生产区应急救援组接到报告后，应立即报告公司应急总指挥，区救援组值班负责人组织相关人员采取应急措施。如：设置安全标识牌、警戒线，煤气事故现场的紧急疏散等。并根据现场煤气事故的严重程度，区救援组副组长（党支部副书记）应及时通知相关部门、联系、协调，对现场进行戒严和救护。

（3）燃气制备区应急救援组组织人员，弄清事故现场情况及事故原因，并采取有效措施，严防冒险抢救，扩大事故，抢救事故的所有人员都必须服从组长、副组长及各班组长统一领导和指挥。

（4）区应急救援组值班负责人对事故现场划出危险区域，并负责协调组织布置岗哨，阻止非抢救人员进入。进入煤气危险区域的抢救人员必须佩戴氧气呼吸器或空气呼吸器，严禁用纱布口罩或其他不适合防止煤气中毒的器具。救护人员必须在保障自身安全的前提下，镇静有序地抢救，不要慌乱和违章抢救。所有人员依据"逆风（煤气）而逃"的原则，迅速疏散到安全地带，防止中毒人员扩大。

3　煤气、纯氧爆炸事故应急处置

（1）发生煤气爆炸时，区救援应急组了解情况后应立即通知公司救援应急总指挥。

（2）如有人员受伤，区应急救援组副组长（党支部副书记）应迅速通知医疗救护组赶赴现场救人。

（3）区应急救援组副组长（党支部副书记）负责事故现场人员的撤离、布岗、疏散工作。

（4）发生煤气爆炸事故后，一般是煤气设备或煤气输送管道损坏，煤气泄漏或产生着火，因此煤气爆炸事故发生后，可能发生煤气中毒、着火事故，或者发生二次爆炸，区应急救援组副组长（生产副区长）应根据情况，组织人员立即采取措施：立即切断煤气来源，联系生产调度的同时通知后续工序，并迅速采用蒸汽和氮气进行吹扫。对事故地点严加警戒，禁止人员及车辆通行。

（5）在爆炸地点 40m 内禁止火源，以防事故的蔓延和重复发生，如果在下风侧，范围应适当扩大和延长。迅速查明爆炸原因，在未查明原因之前，不允许恢复生产。查明原因后，区应急救援组采取相应的措施，组织人员抢修，尽快恢复正常生产。

（6）当发生人员伤亡或受到伤害时，现场负责人员将伤亡、伤害情况及时报告给公司调度中心和安全环保部。接车人员迅速到路口接车，引领急救车从具备驶入条件的道路迅速到达现场进行救护。

4　煤气中毒的现场应急处置

（1）发生煤气轻微中毒事故，监护人员应立即报告当班班长，中毒者可自行或在监护人员帮助下尽快离开现场到空气新鲜处呼吸新鲜空气，将妨碍呼吸的腰带、领带、领扣等解开。喝红糖水和葡萄糖水，喝热浓茶或刺激性的饮料促进血液循环，并且用湿毛巾冷敷额头，使其清醒（目的是保护伤者的脑细胞），或在他人护送下到救护室进行吸氧。当班班长接到报告后，应立即组织人员参与抢救，清点中毒区域岗位人数。在做好轻度中毒人员救援后，班组长应安排人开氮气对泄漏区域的煤气进行稀释，然后用便携式 CO 报警仪确定煤气泄漏部位，通知生产区领导，由生产区领导负责安排设备泄漏点的处理。

煤气容器设备内检修作业时人员轻微煤气中毒。轻度中毒者应在他人保护下撤出煤气容器设备，到空气新鲜处或在他人护送下到救护室进行吸氧。在保护轻度中毒者撤出煤气容器设备的同时，其他参与作业的人员应同时撤出作业容器。由安全监护人员安排分析人员监测煤气一氧化碳浓度，确定是否需要重新进行置换处理和是否需要佩戴空气呼吸器、长管呼吸器重新投入作业。

（2）作业现场发生中、重度煤气中毒时，由作业现场监护人员立即报告当班班长和区应急救援组领导，同时迅速将中毒人员脱离作业现场至通风干燥处，注意给伤者保暖，由应急救援组副组长（工会主席）组织人员进行救护、通知公司医疗救护。

中毒者已停止呼吸，在公司医疗救护组赶到现场前，现场人员应及时给中毒人员做人工呼吸、胸外心脏按压。

中毒者未恢复知觉前，不得用急救车送往较远医院急救。就近送往医院时，在途中要保持伤者头低脚高的体位，禁食、禁水，由医务人员护送。并采取有效的急救措施，尽可能清出伤者口腔中的呕吐物及痰液,有活动假牙的要取出,并将伤者的头偏向一侧,以免呕吐物阻塞呼吸道引起窒息和吸入性肺炎。

5　停电应急预案

参见本篇第 1 章第 6 节 2。

6　汛期事故应急预案

(1) 遇大雨、暴雨时,救援小组人员应及时主动到位,随时准备进行抢险。

(2) 每到汛期对配电室、操作室加强巡检检查。

(3) 特大雷雨天气,要架设水泵防汛排洪,遇到困难时应及时向公司领导汇报,请求支援,共同抢险。

(4) 遇到突然停电,应及时向生产区和公司领导汇报,采取相应急救措施,计划停电应上报公司调度中心。

(5) 对事故及抢险过程中发生的人员伤害,要积极组织抢救,按照《伤亡、伤害应急响应预案》的规定,及时送往医院救治。

(6) 根据应急救援指挥部的命令,及时配送抢险救援物资。

(7) 事后恢复。对事故发生后的现场要及时进行清理,使生产尽快恢复,把损失减到最小程度。对发生事故的区域要加强巡视,防止事故再次发生。

第 3 章　空分岗位作业标准

第 1 节　岗 位 概 况

1　工作任务

对空气压缩机的进出口流量、空气冷却塔的工作情况、分子筛吸附器的切换周期、增压透平膨胀机对冷量的获取，以及分馏塔的各点压力、温度等进行观察。将通过观察得到的各种检测数据进行分析进而判断空分的运行情况，及时做出正确的处理，保证空分作业场所的正常运行，并得到合格的氧气和氮气。将分离出的合格氧气经过氧气压缩机输送至灰熔聚流化床气化炉使用，将分离出的合格的氮气经过氮气压缩机输送至燃气制备区各用气点，作为充压、输送和安全保护气体。

2　工艺原理

空气经过增压净化后，根据组分沸点不同分离出氧气、氮气，氧气和氮气增压后供给气化。

3　工艺流程

空气经自洁式空气过滤器除去机械杂质后进入压缩机压缩至 0.48 ~ 0.52MPa，送入空气冷却塔冷却至 15℃左右后送入纯化系统，除去空气中 H_2O 和 CO_2 以及少量碳氢化合物。空气一部分进入主换热器，与氧、氮、污氮进行换热，被冷却至 - 172℃左右入下塔，参加精馏，在下塔底部得到富氧液空，在下塔顶部得到纯液氮。另一部分空气经增压透平膨胀机增压冷却后进入主换热器与污氮、氮气、氧气分别换热，被冷却至 - 110℃左右进入膨胀机，膨胀后送入上塔。

自下塔底部抽出富氧液空，经过冷器送入上塔参加精馏，自冷凝蒸发器引出纯液氮，部分液氮作下塔回流液。另一部分液氮经过冷器过冷后送入上塔作为回流液。

液氧从上塔底部取出，液氮从液体量筒取出。污氮气从上塔上部抽出，一部分作再生气源，另一部分送入水冷塔冷却循环水。氧气从上塔底部抽出，氮气从上塔顶部，经主换热器复热后送出。氧、氮经加压后送往用气系统。

工艺流程如图 3-1 所示。

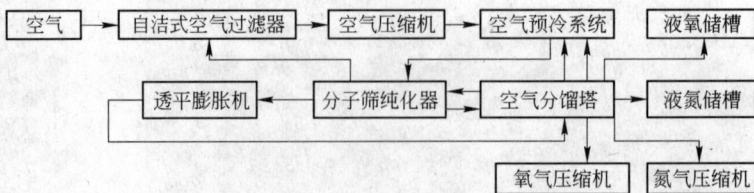

图 3-1　工艺流程简图

第 2 节　安全、职业健康、环境、消防

1　危险源辨识及控制措施

1.1　班前班中的巡检作业过程

1.1.1　程序、步骤

（1）提前 15 分钟开班前会，听取轮班值班长安排本轮班的生产任务和注意事项。

（2）接班后巡检各生产设备及安全消防设施是否正常，发现问题及时汇报中控或值班长。

（3）定时检查各岗位对设备的润滑情况，每班不少于两次。

（4）定时巡检，发现跑、冒、滴、漏及时处理，每班不少于两次巡检。

（5）每两小时核对现场与微机的显示数据，并根据实际情况判断是否准确无误。

（6）检查电动机温升及电流，不得超过铭牌规定。电气部分有无烧焦味及打火等现象，发现异常及时联系电工处理。

（7）按时对各探测仪器进行清洗，保证仪表显示数据的准确性。

（8）检查设备及周围的环境卫生情况，保持环境卫生干净整洁，地上不得积存油、水等杂物和其他障碍物。

1.1.2　危险因素

（1）高空坠物伤人、高空坠落、跌伤。

（2）噪声危害。

（3）氮气造成的窒息伤害。

（4）低温伤害。

（5）氧浓度过高。

（6）接近运转中的设备，直接用手触摸传动部位。

（7）现场物品摆放不规范、杂物多。

1.1.3　安全对策

（1）上下楼梯抓好扶手，严禁扔工具物品及乱丢物品。

（2）上岗巡检时戴好耳塞。

（3）穿戴好防冻用品、正确操作。

（4）危险区域挂好警示牌，上岗巡检时两人互保。

（5）保持通风设施良好，随身携带便携式氧气分析仪。

（6）检查时不准接触运转中的设备及用手接触传动部位。

（7）定位摆放做到现场管理标准化。

1.2　开车操作

1.2.1　程序、内容

（1）接到主控室开车指令后，做好联系确认。

（2）投用仪表气源，检查各变送器气源进口阀开，排污阀关，平衡阀关，检查各气动阀门气源阀开，检查各仪表控制点指示正确，检查各液位计上、下阀开启，观察液位指示正常。

（3）启动冷却水循环系统。

（4）启动空压机。

（5）启动预冷系统。

（6）启动分子筛纯化系统。

（7）分子筛正常运转后，开空气去仪表气阀 V1236，关闭外来仪表气截止阀 V1234，将外来仪表气切换为自身仪表气。

（8）空气导入分馏塔，启动增压透平膨胀机。

（9）冷却分馏塔系统并对积液进行调整。

（10）启动氮气压缩机。

（11）启动氧气压缩机并调节氧压机使其正常运行。

（12）启动液氧贮存系统和液氮贮存系统。

1.2.2 危险因素

（1）未做好相互间的联系确认。

（2）噪声伤害。

（3）湿手进行电气操作。

（4）低温伤害。

1.2.3 安全对策

（1）做好相互间的联系确认。

（2）戴好防护耳塞。

（3）电气操作时保持手部干爽。

（4）空气分馏塔和冷箱裸冷时，进入冷箱内时要做好防冻措施。

1.3 停车操作

1.3.1 程序、内容

（1）接到停车命令后，做好停车准备。

（2）把仪表空气系统切换到外来仪表管线上。

（3）停止氧压机。

（4）停止氮压机。

（5）开启产品管线上的放空阀。

（6）停止增压透平膨胀机。

（7）停止空气压缩机。

（8）停运预冷系统的水泵，空冷塔、水冷塔排水。

（9）停运分子筛纯化器的切换系统，停电加热器，置于手动强制关闭状态。

（10）关闭空气和产品管线，将氮气放空阀 V108 置于压力自动并逐渐降低设定压力。

（11）排放全部液体，静置两小时后准备加温。

（12）关闭所有阀门（不包括氮气放空阀 V108）。

（13）对各装置进行加温。

1.3.2 危险因素

（1）未做好相互间的联系确认。

（2）噪声伤害。

（3）湿手进行电气操作。

（4）低温伤害。

1.3.3　安全对策

（1）做好相互间的联系确认。

（2）戴好防护耳塞。

（3）电气操作时保持手部干爽。

（4）做好防冻措施。

1.4　设备故障及异常情况处理作业

1.4.1　空压机或氮压机轴温异常升高

1.4.1.1　程序、内容

（1）报告主控室及当班值班长。

（2）时刻监控轴温的变化，迅速查明轴温升高的原因。

（3）如能及时解决处理及时解决处理，如不能解决的采取停车操作并通知上下游工段及生产区。

1.4.1.2　危险因素

（1）巡检不到位，发现不及时。

（2）未联系主控室及值班长，私自处理解决。

1.4.1.3　安全对策

（1）做好巡检及记录，及时发现异常情况。

（2）发现问题及时联系主控室及值班长，做好相应的处理。

1.4.2　突然停电

1.4.2.1　程序、内容

（1）停电时，备用电源会及时给 DCS 系统供电，及时联系主控问明停电原因及恢复供电时间，如不能及时供电，应迅速启动紧急停车。

（2）通知下游岗位。

（3）开启压缩机组放空阀、分馏塔放空阀、纯化系统放空阀，关闭其他所有阀门，排放低温合格液体到贮存系统。

（4）对增压透平膨胀机加温。

1.4.2.2　危险因素

（1）停电造成人员慌张，发生摔伤、碰伤等事故。

（2）未联系主控室，造成误操作。

1.4.2.3　安全对策

（1）停电时值班长统一指挥，分工协作，平时加强演练。

（2）及时联系调度，问明原因，做好相应的处理。

2　安全须知

2.1　上岗时间

本岗位实行四班三运转倒班作业，按规定提前 15 分钟到达岗位进行交接班。

2.2　接受任务方式和要求

（1）承接上个班次的工作任务。

（2）参加班前会明确本班次工作任务。

（3）接受调度、作业区作业指令。

2.3　着装防护要求

（1）进入工作区按规定穿着工作服和劳保鞋，戴好安全帽。

（2）涉及低温作业时要穿戴好防冻用品。

（3）为防止噪声危害，进入空分生产区要戴好耳塞。

（4）添加除藻剂时要戴好防腐手套。

（5）为防止油类、电气火灾，本岗位配置消防沙、二氧化碳灭火器和干粉灭火器，要求保持性能良好。

2.4　工具要求

岗位配备的对讲机、测温枪、现场操作工具等，使用前要认真检查，保持其性能良好。

2.5　岗位安全基本职责

（1）负责空分岗位所有设备的操作及维护。

（2）严格执行空分岗位的操作规程及安全规程，确保生产安全稳定。

（3）熟悉掌握区域内各设备的运行状况，具备较强的操作技能及应急处理能力。

（4）与下游岗位做好配合，开停车作业时要通知相关岗位，做好各岗位之间的协调工作，保证生产安全。

（5）严格执行交接班制度，做好区域内和操控室的卫生清洁，认真填写各项原始记录，做到信息传递及时准确。

2.6　协助互保要求

作业时每个班组全部员工实行联保，巡检时必须两人或两人以上协作，做好互保。

2.7　安全确认的方式和内容

2.7.1　开车确认

（1）确认空分设备所属管道、机械、电气等检修安装完毕，校验合格。

（2）确认所有运转机械设备均具备启动条件，有的应先进行单机试车。

（3）确认所有安全阀调试、检查完毕，铅封完好并投入使用。

（4）确认所有手动、气动阀门开关灵活，各调节阀需经调试校验合格。

（5）确认所有机器、仪表性能良好，并具备使用条件。

（6）确认分子筛吸附器程序控制调试完毕，运转正常，具备使用条件。

（7）启动前应确认已对冷箱内的管道和容器进行彻底加温和吹刷，并经检测合格，对于低温下工作的各个部分都不能有液态水分和机械杂质存在。除分析仪表和计量仪表外，所有通向指示仪表的阀必须开启。

（8）确认除回流阀 V457、V458 打开外，空分设备所有工艺阀门应处于关闭状态，特别要检查膨胀机喷嘴阀门必须处于关闭状态。

（9）确认供电系统正常工作。

（10）确认供水系统正常工作。

（11）确认外来仪表空气正常。

（12）确认用于开车的通讯器材、工具、消防器材已准备就绪。

（13）核查各记录台账，确认各项工作准确无误。

2.7.2　正常作业确认

（1）现场员工按时巡检，确认各管道阀门、焊缝、法兰连接处及各泵无跑、冒、滴、漏现象。

（2）正常作业时确认各运转设备的轴温、振动以及各设备管道压力、温度在正常范围内。

（3）设备管道操作及检修中需要开具工作票的，在动作前必须确认已开具相应的工作票。

2.7.3　停车确认

（1）停车后对设备及管道进行吹扫，经分析化验后，确认其达到要求。

（2）停车后确认各阀门已打到相应的位置。

（3）停车后需进行高空作业或进入有限空间进行检查、维修时，必须开具相应的工作票。

2.8　安全标准

（1）会产生火花的作业，如电焊、气焊、砂轮磨利等，通常禁止在空分生产区进行，如需进行，则必须采取措施，确保氧气浓度不高，并要在专职安全人员的监督下才能进行。

（2）不得穿着带有铁钉或带有任何钢质件的鞋子，以避免产生火花，且不能采用易产生静电火花的质料作为工作服。

（3）严格忌油和油脂，所有和氧接触的部位和零件都要绝对无油，并采用碳氢氯化合物或碳氢氟化合物（如全氯乙烯）来进行脱脂清洗。

（4）现场人员的衣着必须无油和油脂，不得涂抹脂肪质的化妆品。

（5）装置的工作区内禁止贮存可燃物品，对于装置运行所必需的润滑剂和原材料必须由专人保管。

（6）谨防局部氧气和氮气浓度增高，如果发现某些区域氧气或氮气浓度已经增高或有可能增高，则必须作出标记，并加强通风。如需在这些区域内作业，必须经过当班班长的同意，化验空气组分合格后，在安全人员的监护下方可进入，期间不可以向这些区域进行任何排放操作。

（7）人员应尽量避免在氧气浓度高的区域内停留，如果停留过，则衣物须用空气彻底吹洗并置换。

（8）操作阀门时人应站在阀的侧面，操作时阀门的启闭要缓慢进行，避免快速操作，对加压氧气阀门的操作要特别注意。

（9）冷凝蒸发器液氧中的乙炔和碳氢化合物的浓度必须严格控制。

（10）在处理低温液化气体时，必须穿保护服，戴皮革手套，裤脚不得塞进靴子内，防止液体触及皮肤。

（11）空分保冷箱相关区段必须加温或做好防冻措施后，才能进入。

2.9　精神状态

自我检查身体状态，保持良好的精神状态上岗。

3　环境因素识别及控制措施

3.1　本岗位安全作业对现场环境的要求

（1）各楼梯栏杆完好，楼层、楼梯无积灰杂物。

（2）防护设施、消防器材干净有效，警示牌清晰，摆放整齐，定置管理。

（3）现场通风良好。

（4）中夜班现场作业要有足够的照明。

3.2　本岗位安全作业对工器具、原材料的要求

（1）现场的各种操作工具必须齐全，灵活好用。

（2）现场的应急设施完好。

3.3　本岗位安全作业对职工和生产工艺的要求

（1）岗位人员必须有强烈的责任心，无心脏病、恐高症等与岗位不适合的职工队伍。

（2）岗位人员必须掌握本岗位的工艺流程及隐患排查技能。

（3）生产的氧气及氮气压力和产量达到煤气生产使用要求。

4　消防

（1）会产生火花的作业，如电焊、气焊、砂轮磨利等，通常禁止在空分生产区进行，如需进行，则必须采取措施，确保氧气浓度不高，并要在专职安全人员的监督下才能进行。

（2）不得穿着带有铁钉或带有任何钢质件的鞋子，以避免产生火花，且不能采用易产生静电火花的质料作为工作服。

（3）严格忌油和油脂，所有和氧接触的部位和零件都要绝对无油，并采用碳氢氯化合物或碳氢氟化合物，如全氯乙烯来进行脱脂清洗。

（4）现场人员的衣着必须无油和油脂，不得涂抹脂肪质的化妆品。

（5）装置的工作区内禁止贮存可燃物品，对于装置运行所必需的润滑剂和原材料必须由专人保管。

（6）谨防局部氧气和氮气浓度增高，如果发现某些区域氧气或氮气浓度已经增高或有可能增高，则必须作出标记，并加强通风。如需在这些区域内作业，必须经过当班班长的同意，化验空气组分合格后，在安全人员的监护下方可进入，期间不可以向这些区域进行任何排放操作。

（7）人员应尽量避免在氧气浓度高的区域内停留，如果停留过，则衣物须用空气彻底吹洗并置换。

（8）操作阀门时人应站在阀的侧面，操作时阀门的启闭要缓慢进行，避免快速操作，对加压氧气阀门的操作要特别注意。

（9）冷凝蒸发器液氧中的乙炔和碳氢化合物的浓度必须严格控制。

（10）在处理低温液化气体时，必须穿保护服，戴皮革手套，裤脚不得塞进靴子内，防止液体触及皮肤。

（11）空分保冷箱相关区段必须加温或做好防冻措施后，才能进入。

第 3 节　作 业 标 准

1　作业项目

1.1　空分设备的开车

1.1.1　启动应具备的条件

（1）空分设备所属管道、机械、电器等安装完毕，校验合格。

（2）所有运转机械设备，如空压机、氧压机、氮压机、膨胀机、冷水机组、水泵、液氧泵、液氮泵等均具备启动条件，有的应先进行单机试车。

（3）所有安全阀调试、检查完毕，铅封完好并投入使用。

（4）所有手动、气动阀门开关灵活，各调节阀需经调试校验合格。

（5）所有机器、仪表性能良好，并具备使用条件。

（6）分子筛吸附器程序控制调试完毕，运转正常，具备使用条件。

（7）启动前应确认已对冷箱内的管道和容器进行彻底加温和吹刷（具体步骤参阅停车和加温），并经检测合格，对于低温下工作的各个部分都不能有液态水分和机械杂质存在。除分析仪表和计量仪表外，所有通向指示仪表的阀必须开启。

（8）除回流阀 V457、V458 打开外，空分设备所有工艺阀门应处于关闭状态，特别要检查膨胀机喷嘴阀门必须处于关闭状态。

（9）供电系统正常工作。

（10）供水系统正常工作。

（11）外来仪表空气正常。

1.1.2　启动冷却水循环系统

（1）开车前准备

1）水泵盘车灵活。

2）循环水池注满水。

3）空冷塔、水冷塔的控制室水位与就地水位一致。

4）电气设备检查完毕并确认合格，送电至控制柜。

（2）循环水系统的开车

1）开进口阀 V1171（或 V1172/V1173）、循环水返回阀 V1181（或 V1182、V1183）。

2）启动循环水泵 WP1105（或 WP1106/WP1107）。

3）开出口阀 V1177（或 V1178/V1179）。

4）启动凉水塔 WC1101（或 WC1102）。

5）开冷却水泵进口阀 V1121（或 V1122）。

6）启动冷却水泵 WP1101（或 WP1102）。

7）开冷却水泵出口阀 V1125（或 V1126）。

8）开空气冷却塔冷却水进水阀 V1106 向空冷塔注入 500mm 水作液封用。

9）关闭冷却水泵出口阀 V1125（或 V1126）。

10）停冷却水泵 WP1101（或 WP1102）。

11）关闭冷却水泵进口阀 V1121（或 V1122），V1106。

12）开阀门 V1141、V1142、进水冷塔截止阀 V1108、冷却水进水冷塔阀 V1111，向水冷塔注入 1500mm 水。

13）关闭冷却水进水冷塔阀 V1111。

1.1.3　启动空压机

（1）空压机启动前应具备的条件

1）检查空压机电动机。

2）检查压缩机各个仪表，校验合格。

3）检查压缩机各阀门开关是否灵活，调试校验合格。

4）清洗润滑油系统，保证油路供应正常。

5）供电系统正常。

6）检查压缩机冷却器，保证冷却器正常。

7）检查油泵，盘车灵活。

（2）建立润滑油系统

1）确认油箱已加入合格的润滑油到正常液位。

2）确认油系统所有排气、排污阀关闭。

3）接通电加热器，给油箱内润滑油加热，使温度维持在35℃左右。

4）打开主油泵进出口阀，回油箱旁路阀。

5）确认油过滤器的切换阀在准备投用的那一侧，关闭两侧过滤器排气阀、排污阀。

6）确认油箱温度达到35℃左右启动主油泵，确认电动机转向正确。

7）打开投用的油冷却器的油侧排气阀排气，待从回油视镜中看到有油流回油箱后关闭排气阀。

8）打开油冷却器之间的连通阀，打开备用油冷却器，油侧排气阀直到回油视镜有油流回油箱后关闭排气阀及连通阀。

9）打开投用的过滤器的排气阀、待回油管线视镜中有油流回油箱后，关闭排气阀。

10）打开两路油过滤器之间的连通阀，打开备用过滤器的排气阀，待回油管线视镜中看到有油流回油箱后关闭排气阀及连通阀。

11）打开润滑油调节阀，关旁路阀，确认调节阀能自动控制供油总管压力，如阀后压力与规定有偏差，则重新调整其整定值。

12）检查压缩机各回油视镜中油流均匀、稳定，检查油箱油位是否下降，若低于最低工作液位应及时补油，调整油冷却器冷却水量，保证油温正常，检查油系统有无跑、冒、滴、漏现象。

（3）启用排烟风机，确认运转正常。

（4）启动冷却水系统

1）将各级中间冷却器、油冷却器和电动机冷却器的排水阀全开，各条冷却水管路接通。

2）各冷却器通水。

3）调节冷却水压力（0.34MPa 以上）。

4) 调整冷却水量（测量各冷却器排水量），中间冷却器：300t/h；电动机冷却器：58t/h；油冷却器：55t/h。

（5）将进口导叶调节到启动位置（全闭即 0°）。

（6）启动前的最后检查

1) 供水正常、供油正常和供电正常。

2) 手动盘车，检查转子转动是否灵活。

3) 确认现场各项工艺满足启动联锁条件。

润滑油压力 0.2MPa，油温高于 35℃，冷却水正常，主电动机具备启动条件，入口导叶在开车位置为关闭状态，防喘振阀全开，放空阀全开，机组无停机联锁信号。

（7）联系电工送电到控制柜，启动空压机电动机。

（8）转速达到工作转速后，现场检查空压机运行状况。

（9）调节放空阀和进口导叶的开度使出口压力达到所需出口压力。

1.1.4 启动预冷系统

（1）向空气冷却塔通入空气，使空气冷却塔的压力大于 0.4MPa，并保持压力稳定。

（2）开冷却水泵进口阀 V1121（或 V1122），启动冷却水泵 WP1101（或 WP1102），待出口压力稳定时，开冷却水泵出口阀 V1125（或 V1126）、缓慢打开空气冷却塔冷却水进水阀 V1106 向空气冷却塔送水。

（3）开空气冷却塔出水调节阀 V1101，V1102，V1103，调节 V1102，控制空冷塔液面为 600～800mm。

（4）打开冷水机组进出口阀，开冷冻水泵进口阀 V1131（或 V1132），启动冷冻水泵 WP1103（或 WP1104），待出口压力稳定时，开冷冻水泵出口阀 V1135（或 V1136），缓慢打开空气冷却塔冷冻水进水阀 V1107，同时打开 V1111，控制水冷却塔液位在 1000mm。

（5）调节 V1102，待空冷塔和水冷塔液位稳定后，LICAS-1102 和 LICA-1111 打开至自动控制位置。

（6）启动冷水机组 RU1101、RU1102。

1.1.5 启动分子筛纯化器系统的切换程序

（1）接通切换阀，并检查切换程序。

（2）将除分析仪表以外的全部仪表投入。

1.1.6 启动分子筛纯化系统

（1）启动前准备

1) 仪控系统正常。

2) 切换阀门动作正常。

3) 电气设备正常。

4) 各仪表灵敏、零点准确。

（2）分子筛启动

1) 切换程序运行。

2) 检查、调节、确定各控制阀门阀位正常。

3) 开闭空气总管吹除阀 V1253 检查空气中是否夹游离水，若有水应多吹几次，直到无游离水为止，以后定期吹除游离水。

4）手动打开空气出口阀 V1203（或 V1204），开空气总管吹除阀 V1253，缓慢打开启动充气阀 V1231（或 V1232）后，缓慢关闭 V1253，缓慢向分子筛吸附器充气至压力与空冷塔平衡后，保持压力稳定。手动打开空气进口阀 V1201（或 V1202），关 V1231（或 V1232）。

5）手动打开未工作的分子筛吸附器再生气进口阀 V1205（或 V1206）、再生气出口阀 V1207（或 V1208）和再生气进电加热器出口阀 V1223（或 V1224）、再生气进电加热器进口阀 V1221（或 V1222）。

6）微开再生气体旁通阀 V1216，严格控制 PI-1216 压力小于 0.04MPa，FICS-1217 流量大于 20% 加工空气量。

7）注意导入再生气后，才能给加热器通电。

8）投入切换程序，调整均压时间、泄压时间。

9）开空气去其他系统阀 V1233、空气去过滤器反吹阀 V1235，接通过滤器反吹气。

10）分子筛吸附器（包括吸附和再生），至少正常运行一个周期后，才能向分馏塔送气。

11）各阶段工作时间见表 3-1。

表 3-1　各阶段工作时间

阶　段	时间/min	过　　程
预泄压	1	系统进入慢慢执行泄压过程
泄　压	18	通过泄压阀慢慢降低压力
预加热	2	系统进入慢慢执行加热过程
加　热	85	再生气体经加热器加热至175℃左右，然后进入纯化器，从下部引出放空
预冷却	1	系统进入慢慢执行加热过程
冷　却	110	当加温达到要求后，加热器停止，对再生分子筛进行冷吹，出纯化器的再生气温度降到规定温度，自动停止
预均压	1	系统进入慢慢执行均压过程
充　压	16	再生后的纯化器在切换以前，所有的进出口阀是关闭的。通过一只均衡阀充入空气，使纯化器的压力逐渐升高，待达到平衡压力时，自动切换空气流路，进行吸附
并　联	1	通过阀门接通两个纯化器，使再生后的纯化器压力达到正常工作值

1.1.7　分子筛正常运转后，开空气去仪表气阀 V1236，关闭外来仪表气截止阀 V1234，将外来仪表气切换为自身仪表气

1.1.8　吹刷空气管路及启动

吹刷的目的是除去杂质和灰尘等，并检查有没有水滴存在。吹刷用的气体是出分子筛吸附器的常温干燥空气。每一只吹除阀均打开进行吹除，一直到没有灰尘和水汽为止。

（1）空气导入空气管线操作

全开下塔吹除阀 V301，缓慢打开分子筛空气出口总阀 V1218 时，注意分子筛吸附器前后压差不超过 8kPa，阀门操作应缓慢，避免分子筛床层波动。

（2）接通各空气流程

1）第一流程：吹刷主换热器。

V1218→V101（V102、V103）→V301→大气

2）第二流程：吹刷下塔 C1 及启动管线。

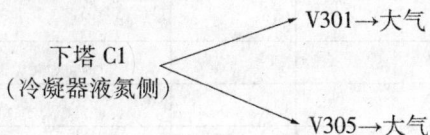

$$下塔 C1 \begin{cases} → V301→大气 \\ → V305→大气 \end{cases}$$
（冷凝器液氮侧）

3）第三流程：吹刷上塔 C2 及相应的管路，见图 3-2。

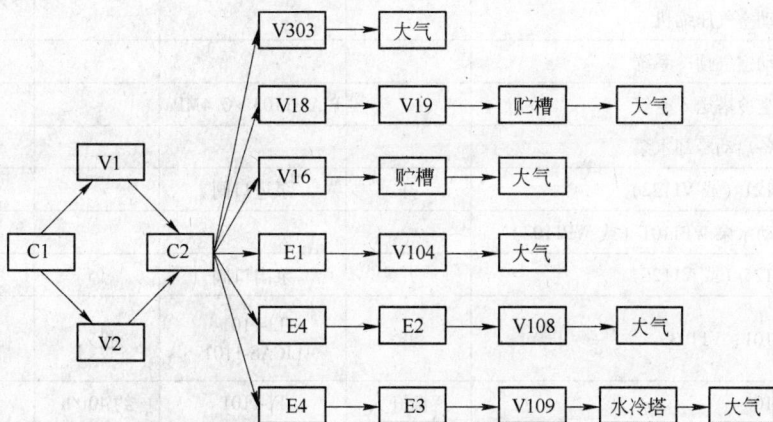

图 3-2　吹刷上塔 C2 及相应的管路

下塔 C1→V18→LT1→V19→贮槽→大气

（3）注意事项

1）用露点仪检查各吹除阀出口气体的含水量，当各吹除阀出口气体露点不大于 −65℃时，才能关闭吹除阀，转而吹扫其他管道。

2）在吹除各流路过程中，要逐渐开大空气进主换热器进口调节阀 V101、V102、V103，既要避免压力下降又要保证有足够量的吹刷用气。

3）严格控制上塔压力 PI-2 ＜0.05MPa，避免上塔超压。

4）在接通各系统时，必须先开吹除阀，再开入口阀，停止吹刷时应先关入口阀，再关出口阀。

5）在吹刷过程中，空压机采用手动控制保证压力。

（4）阀门状态和仪表检测见表 3-2。

表 3-2　阀门状态和仪表检测表

序号	项目及阀门代号	阀门状态	测量点	测量值	备　注
1	启动冷却水系统				
2	启动仪表空气系统				接通外来仪表气源
	将备用仪表空气接通：V1234	开			压力≥0.485MPa
	启动切换程序控制器				
	将除分析仪表以外的全部仪表投入				

序号	项目及阀门代号	阀门状态	测量点	测量值	备　注
3	启动空气压缩机				
	空气过滤器 AF1001 投入				
	启动空气压缩机				当空气压缩机出口压力到 0.40MPa 时才可启动空气预冷系统
	检查供油供水系统				
	做好电动机的启动准备				
	启动空气压缩机				
4	启动空气预冷系统				
	向空冷塔送入空气		PIAS-1103 >0.4MPa		
	准备启动冷却水泵				
	V1121（或 V1122）	开	泵进口阀		
	启动水泵 WP1101（或 WP1102）				
	V1125（或 V1126）	开	泵出口阀		
	V1101、V1103	开	LI-1101 LICAS-1101	投入	
	V1106	逐渐开大	FI-1101	约 40t/h	
	V1102	调节	LI-1101 LICAS-1102		
	准备启动冷冻水泵				
	V1131（或 V1132）	开	泵进口阀		
	启动冷冻水泵 WP1103（或 WP1104）				
	V1135（或 V1136）	开	泵出口阀		
	V1153	开-关吹除			观察水流情况
	V1107	逐渐开大	FI-1107	约 15t/h	
	V1102	调节	LI-1101 LICAS-1102		观察液面
	V1102	投自动	LI-1101 LICAS-1102	500～800mm	液面稳定
5	启动分子筛纯化系统				
	接通外来仪表空气				
	接通程序控制器				
	接通切换阀，并检查切换程序				
	将除分析仪表以外的全部仪表投入工作				
	启动电加热器 EH1201 或 EH1202，按电控要求，对电加热器通电按钮一按即看是否通电，然后应先送气体后通电，使其投入工作				

续表 3-2

序号	项目及阀门代号	阀门状态	测量点	测量值	备　注
5	V1221、V1223、V1208（或 V1207）、V1206（或 V1205）	开			
	V1216	手调	PI-1216 FIS-1217	0.015MPa 8000m³/h	
	使入纯化器前的空气压力和温度逐步达到要求，空气的压力和温度达不到要求，可将空气送入纯化器但暂不把空气送入分馏塔				
	纯化器的吸附和再生的切换由时间程序控制器自动控制				
	倒换使用纯化器时，空气压力不得波动过大				

1.1.9　空气导入分馏塔

（1）导气前的准备

1）阀门动作灵活，并与控制室状态一致。

2）仪表灵敏、零点准确。

（2）向分馏塔导气

1）当纯化后空气中 CO_2 含量小于 1×10^{-6} 时方可考虑向分馏塔导气。

2）稍开氮气放空阀 V108 和污氮气去水冷塔调节阀 V109、打开下塔吹除阀 V301 及上塔吹除阀 V303。

3）开空气进主换热器调节阀 V101、V102、V103。

4）稍开分子筛空气出口总阀 V1218，下塔压力不再增长时，待下塔压力与空气冷却塔压力一致时，全开 V1218，调节液空进上塔节流阀 V1、液氮进上塔节流阀 V2。

1.1.10　启动增压透平膨胀机

（1）开车前准备工作

1）仪表空气系统工作正常。

2）油箱油位正常。

3）所有阀门动作灵活。

4）密封气供应压力正常。

5）检查供油系统是否正常。

（2）建立润滑油系统

1）确认油箱已加入合格的润滑油到正常液位。

2）确认油系统所有排气、排污阀关闭。

3）接通电加热器、给油箱内润滑油加热，使温度维持在 35℃ 左右。

4）接通密封气，调节压力到 0.3MPa 左右。

5）打开油泵进出口阀，回油箱旁路阀。

6）确认油过滤器的切换阀在准备投用的那一侧，关闭两侧过滤器排气阀、排污阀。

7）确认油箱温度达到 35℃ 左右启动油泵，确认电动机转向正确。

8）打开润滑油调节阀，关旁路阀，确认供油总管压力，如阀后压力与规定有偏差，则重新调整其设定值。

9）检查机器各回油视镜中油流是否均匀、稳定，检查油箱油位是否下降，若低于最低工作液位应及时补油，调整油冷却器冷却水量，保证油温正常，检查油系统有无跑、冒、滴、漏现象。

（3）启动冷却水系统

1）将增压端后冷却器、油冷却器排水阀全开，各条冷却水管路接通。

2）各冷却器通水，关闭排水阀。

3）调整冷却水量。

（4）启动前的最后检查

1）供水正常、供油正常和供电正常。

2）确认现场各项工艺满足启动联锁条件。

润滑油压力 0.2MPa，油温大于 35℃，冷却水正常，入口喷嘴阀门在开车位置为关闭状态，回流阀 V457 和 V458 全开，机组无停机联锁信号。

（5）增压透平膨胀机的启动

1）依次打开膨胀机进口阀 V441（或 V442），膨胀机出口阀 V443（或 V444），增压机出口阀 V455（或 V456），氧气放空阀 V104，氮气放空阀 V108，开增压机进口阀 V451（或 V452）。

2）慢慢打开增压透平膨胀机的喷嘴阀 HC441A（或 HC441B），使其达到额定工况的 30%。

3）开紧急切断阀 V445（或 V446），增压透平膨胀机开始运转，开大喷嘴阀 HC441A（或 HC441B）使转速迅速达到 10000r/min。

4）逐步将回流阀 V457（或 V458）调小，使增压透平膨胀机达到额定工况。

5）短暂打开增压透平膨胀机和仪表的吹除阀，然后关闭。

6）检查内外轴承温度、间隙压力、油温油压和整机运行情况等是否正常。

7）启动期间，随着增压透平膨胀机进气温度下降，转速也会下降，要经常关小回流阀 V457（或 V458）来调节。

1.1.11　冷却分馏塔系统

冷却分馏塔的目的：是将正常生产时的低温部分从常温冷却到接近空气液化温度，为积累液体及氧、氮分离准备低温条件。

冷却开始时，压缩机排出的空气不能全部进入分馏塔，多余的压缩空气由放空阀排放入大气，并由此保持空压机排出压力不变。随着分馏塔各部分的温度逐步下降，吸入空气量会逐渐增加，可逐步关小放空阀来进行调节。

特别注意的是在冷却过程中保冷箱内各部分的温差不能太大，否则会导致热应力的产生。冷却过程应按顺序缓慢地进行，以确保各部分温度均匀。

（1）分馏塔冷却前必备条件

1）循环水系统已投入正常运行。

2）空压机已经投入正常运转。

3）预冷系统已投入正常运行。

4）分子筛纯化器已投入正常运行。

5）增压透平膨胀机已投入正常运行。

（2）冷却阶段增压透平膨胀机的控制

1）要相继启动两台膨胀机增加冷量。

2）膨胀机工作温度尽可能低，但不能带液。

3）当主换热器冷端空气已接近液化温度时，冷却阶段即结束。

（3）阀门状态

1）分馏塔阀门状态。分馏塔所有阀门全部处于冷却时所要求的开关状态（见表3-3）。

2）空气导入阀门状态。随着分馏塔内温度逐渐下降，需缓慢开大空气进主换热器调节阀 V101、V102、V103，并逐渐增加空气量。注意分子筛吸附器压差不能过大，同时要求进分馏塔前压力与下塔空气压力 PI-1 的压差不能太大，使下塔压力保持不变，并随着温度下降逐渐增加膨胀量以保持最大产冷量。

3）接通冷却流路。开氧气放空阀 V104，氮气放空阀 V108，污氮气去水冷却塔调节阀 V109。

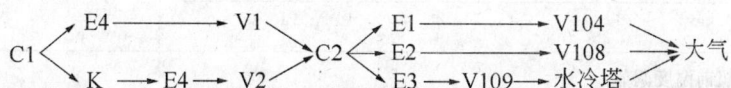

```
            E4 ──────→ V1              E1 ──────→ V104
       ↗                   ↘      ↗ E2 ──────→ V108  ──→ 大气
C1                          C2
       ↘                   ↗    E3 ──→ V109 ──→ 水冷塔
            K ──→ E4 ──→ V2
```

4）倒换分子筛吸附器再生气源。在空分设备启动时，分子筛的再生气体采用分子筛净化后的空气。当空分设备启动后，并有足够的再生气量时，改用污氮流路，作为分子筛再生气体，关再生空气旁通阀 V1216，开再生气调节阀 V1217。

5）启动冷箱充气系统。在空分设备冷却过程中，冷箱内温度逐渐降低，应及时启动冷箱充气系统，避免冷箱内出现负压。开冷箱充气阀 V201、V202。

6）阀门状态见表3-3。

表3-3 阀门状态表

序号	项目及阀门代号	阀门状态	备 注
1	冷却分馏塔系统		
	检查阀开状态		
	V303	稍开	
	V301	开	
2	空气导入		
	V108	稍开	
	V109	稍开	
	V101、V102、V103	缓慢打开	注意分子筛吸附器前后压差
3	启动增压透平膨胀机		
	启动增压透平膨胀机 B1-ET1（或 B2-ET2）		
	V443（或 V444）	开	检查各部分情况正常后逐渐开大
	V441（或 V442）	开	
	HC441A（或 HC441B）	开30%	

序号	项目及阀门代号	阀门状态	备　注
4	接通冷却流路		
	冷却下塔 C1、主冷 K、主换热器 E1 氧通道		
	V303	稍开	
	V104	开	
	冷却上塔 C2、过冷器 E4、主换热器 E2 氮通道、主换热器 E3 污氮通道		
	V108、V109	开	
	冷却液空、液氮流路		
	V1	开	
	V2	开	
	膨胀机前温度调节		
	倒换分子筛吸附器再生气源		
	V1216	关	
	V1217	开	
	向冷箱充气		
	V201、V202	开	

（4）冷却分馏塔注意事项

1）随着冷却流路的增加，空压机应不断增加空气量，空压机出口压力稳定在 0.52MPa，空压机控制方式应为手动控制。

2）在整个冷却过程中应控制各部分温度，不要使温差太大。

3）为加快冷却速度，应最大限度地发挥膨胀机的制冷能力，随塔内温度的降低逐渐增加膨胀量，调节膨胀工况，以膨胀机出口不产生液体为原则，尽量降低膨胀机出口温度。

4）在冷却阶段分馏系统阀门应处于手动控制状态。

5）当主冷底部（或下塔底部）出现液体，冷却阶段结束。

1.1.12　积液调整阶段

所有冷箱内设备被进一步冷却，空气开始液化，下塔（或冷凝蒸发器）出现液体，上、下塔精馏过程开始建立，待冷凝蒸发器建立液氧液面，可开始调节产品纯度，并将产品产量设定在设计产量的 50%～80%。

在液化阶段，膨胀机的出口温度尽可能保持较低，但以不进入液化区为宜。如果膨胀空气量过大，部分膨胀空气量可通过膨胀空气进污氮气管旁通阀 V450 进入污氮气管。

（1）阀门调节

所有阀门的调节应按步骤缓慢并逐一地进行，当前一个阀门的调节取得了预期的效果以后，方可开始下一个阀门的调节。

（2）温度的控制

主换热器冷端的温度应接近液化点 TI-1 约为 – 172℃，其他部分温度应调节到正常生产时的规定温度。

（3）液体的积累

1）稍开不凝气体排放阀 V305。

2）调节空压机的流量，以满足分馏塔吸入空气量的增加，并保持压缩机后的恒压，可用进口导叶和放空阀配合调节。

3）慢慢关闭各冷却管路。冷凝蒸发器有液氧液面时，要全关下塔吹除阀 V301、上塔吹除阀 V303，不凝气体排放阀 V305。

4）取样分析初始积累的液体。如发现液体中有杂质和 CO_2 固体等，则应将液体连续排放，直到纯净为止。由于空气中含有水分，在抽取液体样品时，水分会凝结进入液体，使液体变得混浊，因此，应把抽取液体的容器罩起来。

5）用液空进上塔节流阀 V1 调节下塔液空液面 LIC-1，并投入自动控制，LIC-1 设定为 600mm。

6）用液氮进上塔节流阀 V2 抽取液氮送入上塔，加速精馏过程的建立。

（4）精馏过程的调节

1）投入计量仪表，控制产品流量为设计值的 50% ~ 80%。

2）调整上塔和下塔的压力，使之达到正常值。

3）从阻力计上读数的上升，可知精馏过程已经开始建立。

4）当冷凝蒸发器液面上升至设计值 60% 以上时，初步建立下塔精馏工况。

5）根据下塔液位上升和纯氮纯度情况，调节液氮进上塔节流阀 V2。

6）调节出分馏塔的污氮气去水冷塔调节阀 V109，出分馏塔的出氮气放空阀 V108，及产品氧气放空阀 V104，使产品氧、氮纯度达到设计值。

7）从取样点取样，定期分析液空中乙炔含量，其值不得高于 0.01×10^{-6}。

8）当冷凝蒸发器液面达到最小规定值时，可有步骤地减少一台透平膨胀机的产冷量，如果空气压缩机的产量已经达到最大值，而下塔的压力仍有下降的趋势时，应提前减少膨胀机空气量，必要时可停一台膨胀机。

（5）精馏工况的调整

1）投入分析记录仪表。

2）按各个分析点数据，用液氮进上塔节流阀 V2 对精馏工况进行调整。

3）在调整时，产品取出量维持在设计值的 80% 左右。

4）当工况稳定后，可加大产品取出量到规定值，将气氮纯度维持在规定指标上。

5）产品的产量、纯度均达到指标时，此时可以启动氧气、氮气压缩机，即逐渐把产品从放空管路切换到产品输出管路上。

6）注意液氧液面，应保持稳定，不能下降，必要时可增加透平膨胀机的产冷量，过多的膨胀气量经膨胀空气进污氮气管旁通阀 V450 旁通入污氮管路。

7）阀门状态（见表 3-4）。

表 3-4　阀门状态表

序号	项目及阀门代号	阀门状态	测量点	测量值	备　注
1	主冷凝器彻底冷却后的流路调整				
	V301	关			
	V302				
	V303				
	V304				
2	膨胀机出口温度控制				
	V447	开大	TIR-449A TIR-449B	-170℃	
	V448	调节关小			
	V450	关小			
3	稳定空压机压力			0.52MPa	
4	液体的积累				
	V302	全开-全关	LIC-1	150mm	排尽最初产生的液体,取部分液空分析有无二氧化碳
	V1 V305	投自动稍开	LIC-1	600mm	排放不凝性气体
	V304	开-关	LI-2	100mm	排尽最初产生的液体
	AIRA-3	开-关	AE-3	$w(C_2H_2) \leqslant 0.01 \times 10^{-6}$	
	V2	调节	PdI-1 PdI-2 PdI-3 PdI-4	约15kPa 约6kPa	主冷液面不得下降
5	膨胀机减负荷				
	V448	开	TI-448	-117℃	
	V447	关	TIR-449A TIR-449B	-170℃	根据液面上升情况可停一台膨胀机
6	调整上、下塔压力及液面高度				
			PI-1 PI-2 LIC-1 LI-2	0.468MPa 40kPa 600mm 2800mm	
7	调整上、下塔纯度				
	调节下塔纯度		A-1	38%O_2	
	V2	调节	A-2	$\leqslant 10 \times 10^{-6}O_2$	
	调节上塔纯度		A-4	99.6%O_2	
	V104	开大-调节	FIQC-104	6000m^3/h O_2	

序号	项目及阀门代号	阀门状态	测量点	测量值	备　注
7	V108	开大-调节	FIC-107	约 9000m³/h N₂	
	V109	调节	PIC-109	约 13kPa	
			AI-5	0.2% O₂	
	V105	开			送产品氧
	V106	开			送产品氮
	V104	关			
	V108	关			
	V107、V109	开			氮气、污氮气去水冷塔
	V305	开-关			排除不凝性气体
	V19	渐开	LI-18	约 1000mm	向贮槽输送

1.1.13　氮气压缩机的启动

（1）氮气压机启动前应具备的条件

1）检查氮气压缩机电动机。

2）检查氮气压缩机各个仪表，校验合格。

3）检查氮气压缩机各阀门开关是否灵活，调试校验合格。

4）清洗润滑油系统，保证油路供应正常。

5）氮气供应正常，质量合格。

6）供电系统正常。

7）检查氮气压缩机中间冷却器和油冷却器，保证冷却器正常。

8）检查油泵。

（2）建立润滑油系统

1）启用控制面板的仪表气，压力为 0.4~0.7MPa。

2）接通密封气，调节压力，最小值为 40kPa。

3）确认油箱已加入合格的润滑油到正常液位。

4）确认油系统所有排气、排污阀关闭。

5）接通电加热器、给油箱内润滑油加热，使温度维持在 35℃左右。

6）确认油过滤器的切换阀在准备投用的那一侧，关闭两侧过滤器排气阀、排污阀。

7）确认油箱温度达到 35℃左右，按下电源按钮，启动副油泵。

8）打开润滑油调节阀，关旁路阀，确认供油总管压力，调整至 0.21MPa，如阀后压力与规定有偏差，则重新调整其设定值。

9）检查机器各回油视镜中油流均匀、稳定，检查油箱油位是否下降，若低于最低工作液位应及时补油，调整油冷却器冷却水量，保证油温正常，检查油系统有无跑、冒、滴、漏现象。

（3）启动冷却水系统

1）冷却器通水。

2）调整冷却水量。

（4）启动前的最后检查

1）供水正常、供油正常和供电正常。

2）手动盘车，检查转子转动是否灵活。

3）确认现场各项工艺满足启动联锁条件。

润滑油压力大于 0.2MPa，油温大于 35℃，冷却水正常，吸入阀全关，放空阀全开，进气阀全关，进口导叶全关，机组无停机联锁信号。

（5）开产品氮气调节阀 V106，启动氮压机主电动机。

（6）调节氮气放空阀和进气阀以及氮气进口导叶。

（7）调节氮压机放空阀，使其出口压力达到 0.8MPa。

1.1.14　氧气压缩机的启动

（1）氧气压缩机启动前应具备的条件

1）检查氧气压缩机电动机。

2）检查氧气压缩机各个仪表，校验合格。

3）检查氧气压缩机各阀门开关是否灵活，调试校验合格。

4）排烟风机和油雾过滤器正常。

5）清洗润滑油系统，保证油路供应正常。

6）氧气供应正常，质量合格。

7）供电系统正常。

8）检查氧气压缩机中间冷却器和油冷却器，保证冷却器正常。

9）检查油泵，保证正常。

10）试车及保证氮气压力在 0.5MPa 以上。

11）密封氮气减压后压力在 0.2MPa 以上。

12）氧气压缩机阀门状态：吸入阀 V3301 全关，旁通阀 V3303 全开，高压放空阀 V3304 全关，出口阀 V3306 全关，混合气体压力控制阀 V3309 全开，氮气充入阀 V3315 全关，氮气入口阀 V3316 全开，氮气入口压力调节阀 V3317 启动位置。

（2）启动排烟风机或油雾分离器

（3）开氧透密封气调节阀 V113，启用氧压机氮气密封，开密封氮气充入阀 V3310、密封氮气调节阀 V3311、V3312、V3313。

（4）建立润滑油系统

1）确认油箱已加入合格的润滑油到正常液位。

2）确认油系统所有排气、排污阀关闭。

3）启动油泵，接通电加热器，给油箱内润滑油加热，使温度维持在 35℃ 左右。

4）打开油泵进出口阀。

5）确认油过滤器的切换阀在准备投用的那一侧，关闭两侧过滤器排气阀、排污阀。

6）确认油箱温度达到 35℃ 左右。

7）打开润滑油调节阀，关旁路阀，确认供油总管压力 0.35MPa。

8）检查机器各回油视镜中油流均匀、稳定，检查油箱油位是否正常，若低于最低工作液位应及时补油，调整油冷却器冷却水量，保证油温正常，检查油系统有无跑、冒、滴、漏现象。

（5）启动冷却水系统

1）将中间冷却器、油冷却器排水阀全开，各条冷却水管路接通。

2）各冷却器通水。

3）调整冷却水量。

（6）启动前的最后检查

1）供水正常、供油正常和供电正常。

2）手动盘车，检查转子转动是否灵活。

3）确认现场各项工艺满足启动联锁条件。

润滑油压力 0.35MPa，油温大于 35℃，冷却水流量大于 200t/h，防喘振阀 V3303 全开，进口导叶启动位置为 30°，机组无停机联锁信号。

（7）"允许启动"信号显示后，机旁盘上"手动-自动"置换开关置于自动位置，软开关由"停止"状态切换到"准备"状态。

（8）软开关由"准备"切换到"启动"，10 秒后联锁自动解除，氧气压缩机启动。

（9）氧压机启动 3 分钟后，旁通阀 V3303 投自动，氧压机放空阀 V3304 投自动。

（10）开产品氧气调节阀 V105。

（11）手动打开氧气进口阀 V3301，同时混合气体排放阀 V3309 投自动。

（12）氧气进口阀打开 20 秒后，保安氮气阀 V3316 全关，氮进气压力控制阀 V3317 全关，进口导叶投自动。

（13）保安氮气阀 V3316 全关后，泄漏气体排放阀 V3318 全开。

（14）保安氮气阀 V3316 全关 10 秒后，进口压力联锁 PICS3302 投入。

（15）出氧前手动投入轴封差压联锁 PdAS3303 和 PdAS3304。

（16）确认排出的氧气纯度达到规定值后，手动打开氧气出口阀 V3306，氧压机投入正常的氧气压送运转。

1.1.15　氧压机运行中的正常调节

（1）入口导叶控制

1）启动时，导叶位于启动位置（现场定，一般为 30°）。

2）开始升压后，应增加排气压力 Pd 对入口导叶最小开度的控制，如果当前排气压力小于或等于 1/3Pd 设计值时，导叶开度不小于 30°，如果当前排气压力大于 1/3Pd 设计值时，导叶开度（1 + 当前排气压力/Pd 设计值）不小于 30°。

3）当进气压力小于进气压力导叶动作值时，入口导叶开度开始减小，使机组送气量减小，实现平衡气量；当进气压力大于正常值时，将空气中的多余部分放空，减少机组进气量，实现平衡。

（2）旁通阀的控制

当前进气压力小于或等于旁通阀动作值时，导叶开度已至最小，此时高压旁通阀打开，旁通部分流量使进气压力提高，最终提高排气压力，实现平衡。

（3）放空阀的控制

当前排气压力大于 105% 设计值时，放空阀打开，降低排气压力，实现排气压力恒定。

1.1.16　液氧贮存系统启动

（1）启动应具备的条件

1）贮槽洁净。

2）分馏塔液氧充足，液氧纯度达到 99.6%。

（2）启动

1）开液氧产品送出阀 V16，以及贮槽的排气阀，观测 PIA-1701 和 LIA-1701，达到生产要求即可关闭 V16 以及排气阀。

2）开残液排放阀 V1711，排放残液。

3）生产所需氧气不足时启动液氧泵 OP1701 和汽化器 LV1701。

4）打开相应的阀门，依次为泵前进口阀和氧气送出阀 V1703。

5）适当打开液氧泵前气体返回阀 V1705，泵前排气。

6）适当排气后，关闭排气阀。

1.1.17　液氮贮存系统启动

（1）启动应具备的条件

1）贮槽洁净。

2）分馏塔液氮充足，液氮纯度达到不大于 $10 \times 10^{-6} O_2$。

（2）启动

1）开产品液氮阀 V19，以及贮槽的排气阀，观测 PIA-1801 和 LIA-1801，达到生产要求即可关闭 V19，以及排气阀。

2）开残液排放阀 V1811，排放残液。

3）生产所需氮气不足时启动液氮泵 NP1801 和汽化器 LV1801 或 LV1802。

4）打开相应的阀门，依次为泵前进口阀和氮气送出阀 V1803。

5）适当打开液氮泵前气体返回阀 V1805，泵前排气。

6）适当排气后，关闭排气阀。

1.1.18　运行设备和备用设备的切换

（1）循环水系统

循环水泵主要有 WP1105/1106/1107，两开一备，水泵 WP1105/1106 在工作，WP1107备用。

1）开进口阀 V1173，启动 WP1107 电动机，开出口阀 V1179。

2）WP1107 正常运行后，关出口阀 V1178 或 V1177，停 WP1105 或 WP1106 电动机，观察总管压力是否正常，关进口阀 V1172 或 V1171。

3）其他水泵相互切换时，依此类推。

（2）冷却水系统

冷却水泵 WP1101/1102、冷冻水泵 WP1103/1104。WP1101 工作，WP1102 备用；WP1103 工作，WP1104 备用。

1）开冷却水泵进口阀 V1122/冷冻水泵进口阀 V1132，启动 WP1102 电动机/WP1104电动机，开冷却水泵出口阀 V1126/冷冻水泵出口阀 V1136。

2）WP1102 电动机/WP1104 正常运行后，关冷却水泵出口阀 V1125 和冷冻水泵出口阀 V1135，停 WP1101 电动机/WP1103 电动机，关冷却水泵进口阀 V1121 和冷冻水泵进口阀 V1131。

（3）增压透平膨胀机切换

B1-ET1 工作，B2-ET2 备用。

1）接通密封气。

2）启动增压透平膨胀机 B2-ET2 水冷却系统。

3）启动 B2-ET2 供油系统。

4）开相应阀门，依次为紧急切断阀 V446，膨胀机进口阀 V442，增压机出口阀 V456，增压机进口阀 V452。

5）如果回流阀 V458 没有全开，则将其调至开度 100%，开 HC441B。

6）逐步将回流阀 V458 开度调小，达到工作转速。

7）停增压透平膨胀机 B1-ET1。

8）关冷却水进 WE441 的进口阀 V461、出口阀 V463。

9）等增压透平膨胀机 B1-ET1 完全停止运转后，对 B1-ET1 进行加温。

10）加温结束后，停供油系统，油系统停止 15 分钟后切断封气。

1.2　空分停车与再启动

在一般情况下，有计划的短期停车或因故障短期停车。停车时间在 24 小时内，可不排液体，但若主冷液面低于 500mm 时，无论何种原因，则必须排除塔内所有液体。

1.2.1　正常停车步骤

（1）把仪表空气系统切换到备用仪表管线上。

（2）氧压机停车

1）软开关由"启动"切换到"准备"，放空阀 V3304 全开后，再全开旁通阀 V3303 和混合气体排放阀 V3309，轴封差压联锁 PdAS3303、PdAS3304 解除，进口压力联锁 PICS3302 解除。

2）上述动作完成后，软开关由"准备"切换到"停车"，此时自动进行以下动作：

①开关切换至"停车"后，氧压机停车，同时氧气出口阀全关。

②氧压机停车两分钟后，氧气进口阀 V3301 全关，氧压机停车 5 分钟后，放空阀 V3304，进口导叶 GV3301 回启动位置，此时机组已停止送氧。

③氧压机停车 20 分钟后，油泵及排烟风机或油雾过滤器手动停止运转。

（3）氮压机停车

1）将氮气压缩机的放空阀打开。

2）按下"压缩机停止"键，停掉压缩机。

3）压缩机停止后，前润滑油泵会继续运行 20～30 分钟，停油泵。

4）停冷却水。

5）切断仪表气。

（4）开启产品管线上的放空阀。

（5）停止增压透平膨胀机

1）开增压透平膨胀机回流阀 V457（或 V458）。

2）关紧急切断阀 V445（或 V446）。

3）关喷嘴阀 HC441（或 HC442）。

4）关膨胀机进、出口阀 V441（或 V442），V443（或 V444）。

5）慢关空气进主换热器进口调节阀 V101、V102、V103。

（6）停止空气压缩机

1）开启空压机空气管路放空阀。

2）把进口导叶调节器关闭到启动位置。

3）停主电动机。

4）关冷却水阀门。

5）主电动机停止20分钟后，停油泵。

6）油泵停止后停排烟风机。

（7）停运预冷系统的水泵，空冷塔、水冷塔排水。

（8）停运分子筛纯化器的切换系统，停电加热器，置于手动强制关闭状态。

（9）关闭空气和产品管线，将氮气放空阀V108置于压力自动并逐渐降低设定压力。

（10）排放全部液体，静置两小时后准备加温。

（11）关闭所有阀门（不包括氮气放空阀V108）。

（12）对各装置进行加温。

（13）正常停车阀门状态见表3-5。

表3-5　正常停车阀门状态表

项目及阀门代号	阀门状态	备　注
正常停车		
产品气体压缩机	停运	
V104、V108	开	降压后用V108稳压，关V104
仪表空气切换到备用气源		
V441（或V442）	关	停膨胀机
V443（或V444）	关	
V445（或V446）	关	
空压机放空阀	开	
空压机停运		
WP1101（或WP1102）		停　运
WP1103（或WP1104）		
关闭水泵进出口阀门		
分子筛纯化器切换系统停车		
V101、V102、V103	关	空　气
V106、V107	关	纯　氮
V108		自动稳压10kPa
V104、V105	关	纯　氮
V109	关	污　氮
V1214	关	污氮进消音器
V1217	关	污氮作再生气
V1213	关	污氮进分子筛
V1212	关	污氮进预热器
V2	关	液氮去上塔
V1	开	液空尽可能打到上塔，其余排空

1.2.2 临时停车

短时间停车则按 1.2.1 中 1.2.1(1) ~ 1.2.1(9) 步骤执行。如果室外温度低于 0℃，停车后需把容器和管道内的水排尽，以免冻结。

1.2.3 临时停车再启动

(1) 启动空气压缩机。

(2) 启动空气预冷系统（水泵和冷水机组）。

(3) 启动分子筛纯化系统。

(4) 慢慢向分馏塔送气、加压。液空进上塔节流阀 V1 投入自动，此时不开液氮进上塔节流阀 V2，等到下塔压力恢复正常，阻力在 10kPa 时，逐渐开大 V2，直至氮纯度开始下降，关小 1% 为当前最佳。

(5) 打开膨胀机前吹除阀，当主换热器中部温度达到 −100℃ 以上时，启动和调整膨胀机。

(6) 调整精馏系统。

(7) 调整产品产量和纯度达到规定指标。

1.2.4 全面加温分馏塔

空分装置经过长期运转，在分馏塔系统的低温容器和管道可能产生冰、干冰或机械粉末的沉积，阻力逐步增大。因此，运转两年后一般应对分馏塔进行加温解冻以去除这些沉积物。

如果在运转过程中发生热交换器的阻力和精馏塔的阻力增加现象，以致在产量和纯度上达不到规定指标，就要提前对分馏塔进行加温解冻。这种情况往往是频繁停车由外部吸入湿空气所致，也可能是纯化系统工作不正常，或是增压机后冷却器漏水。总之，不正常的工况容易引起不良后果，停车之后再冷开车往往达不到以前的效果，经过一次大加温，又能恢复正常。

加热气体为经过分子筛纯化器吸附后的干燥空气。加热时，应尽量做到各部分温度缓慢而均匀回升，以免由于温差过大造成应力，损坏设备或管道。加温时所有的测量、分析等检测管线亦必须加温和吹除。

1.2.5 阀的加温

所有低温阀门由于泄漏，会造成冻结，这往往是填料函封不严所致。对于已经冻结的阀门不能用强力开关，以免损坏阀门。可用热气或蒸汽直接吹阀门的结冰部位，但在使用蒸汽时应注意不要让水分进入填料。阀门解冻后应找出泄漏部位，并加以处理。

1.2.6 透平膨胀机的加温

(1) 停运透平膨胀机，关闭所有阀门（注意：密封气和润滑油均应正常提供）。

(2) 启动空气透平压缩机、空气预冷系统，分子筛纯化器（加热空气量为总的空气量的 30% ~ 60%）。

(3) 全开喷嘴，并打开加温阀，加热紧急切断阀、喷嘴、机壳及出口管道。

(4) 当所有出口的加温气体温度接近进口温度时，加温结束。

(5) 关闭加温气体入口阀和其他所有阀门。

1.2.7 精馏塔系统的加温

(1) 排放所有液体，关闭全部阀门。

（2）按加温流路开启各阀。

（3）当各加温气出口的气体温度升至0℃以上时，加温管道上的检测管线。

（4）当加温气体的进出口温度基本相同时，加温结束。

（5）停止空气透平压缩机，空气预冷系统，分子筛纯化器的工作，关闭所有阀门。

（6）精馏塔全面加温阀门状态和仪表检测见表3-6。

表3-6　精馏塔全面加温阀门状态和仪表检测表

序号	项目及阀门代号	阀门状态	测量点	测量值	备　注
1	透平膨胀机的加温				
	B1-ET1（或 B2-ET2）	停车			油泵不能停，密封气正常提供
	V441（或 V442）	关			
	HC441A（或 HC441B）	关			
	V433（或 V434）	全开			
	V457（或 V458）	开			
	加温吹除检测管线				
			TR-449A TR-449B	常温	加温结束
	V431（或 V432）	关			
	HC441A（或 HC441B）	关			
	V433（或 V434）	关			
	关闭检测管线				
	B1-ET1 加温结束，可待使用				
	B2-ET2 加温步骤与 B1-ET1 加温步骤一样				
2	分馏塔的加温				
	排放液体				
	V16、V304	开-关			排放主冷液氧
	V302	开-关			排放下塔液空
	空压机				
	空气预冷系统		继续运转		
	分子筛纯化系统				
	V1216	开	PI-1216	0.015MPa	空　气
	V1216	调节	FICS-1217	约8000m³/h	作分子筛再生气源
	V301	开			加温主换热器
	V101、V102、V103	渐开	PI-1	约0.48MPa	
	V305	开			
	V303	开			
	V1	开			
	V2	开			
	V108、V109	开			加温过冷器、上塔

续表 3-6

序号	项目及阀门代号	阀门状态	测量点	测量值	备　注
	V303	开			
	V108	开			
	V109	开			
	V104	开			
2	待出口气露点与进分馏塔空气基本一致时加温结束				
	关闭分馏塔所有阀门				
	空压机				
	空气预冷系统		停止运行		
	分子筛纯化系统				

1.2.8　加温气的提供

本装置的局部加温或全面加温用气都是从空气压缩机来的空气，它经过空气预冷系统并经分子筛纯化器干燥而成。

1.2.9　装置安全操作措施

（1）安全液氧的排放

在正常生产时，安全液氧的排放是冷凝蒸发器防爆的一个有力措施，不能忽视。液氧排量（折气态）约占氧气产量的 1%。当本装置提取液氧时，上述安全液氧不需排放。

（2）碳氢化合物的控制

冷凝蒸发器中液氧的碳氢化合物必须严格控制，每隔 8 小时化验一次，测定结果必须记录，乙炔和碳氢化合物在液氧中的含量极值规定见表 3-7。

表 3-7　液氧中乙炔及碳氢化合物的含量

化合物名称	正　常　值	报　警　值	停　车　值
乙　炔	0.01×10^{-6}	0.1×10^{-6}	1×10^{-6}
碳氢化合物		30mg/L 液氧（按碳计）	100mg/L 液氧（按碳计）

当液氧中乙炔或碳氢化合物含量过高时，应采取下列措施：

1）多测定，尽快地查明含量增高的原因，进行消除。

2）增加液氧排放量。

3）检查分子筛吸附器的工作情况是否正常。

4）如果采取措施后，乙炔或碳氢化合物含量仍然增长，已达停车极限值时，则应立即停车，排除液体，对设备进行加温解冻。

（3）冷箱的充气

为防止潮湿空气渗入冷箱和危险气体在冷箱内浓缩，冷箱内需充入污氮气，经冷箱充气阀 V201、V202 充入冷箱内。

在一般情况下，如气封气量过大，引起冷箱内压力的升高，可通过冷箱顶上的平衡盒渗出，以维持一定的压力，对冷箱平衡盒应定期检查，不要放置任何物件在上面，同时要防止平衡盒被冰雪冻结。

（4）空气预冷系统的循环冷却水在添加软化剂和除藻剂时，应该严格控制用药量，不要使水起泡过多，否则容易造成空冷塔带水事故，影响分子筛吸附器的正常工作。

（5）在启动时或停车后再启动时，应检查分子筛吸附器的进出口阀开关位置是否正确，否则应予调正。阀门的开关动作要缓慢地进行，不要对分子筛吸附床层造成冲击。

（6）在空分装置冷开车停车排放后开始进行全面加温时，必须注意加温气量要少，速度要慢，切不可一开始就用大气量加温。加温气体为常温干燥空气。

（7）氧压机机壳及密封气温度异常上升时动作

1）氧压机自动停车，进口压力 PICS3302 解除，轴封差压联锁 PdAS3303、PdAS3304 解除，氧气出口阀 V3306 全关，泄漏气体排放阀 V3318 全关，旁通阀 V3303 全开，放空阀 V3304 全开，混合气体排放阀 V3309 全开，同时保安氮气阀 V3315、V3316 打开，紧急喷氮 1 分钟后，两阀自动全关。

2）保安氮气阀 V3315、V3316 全关后，泄漏气体排放阀 V3318 全开，保安氮气阀 V3315、V3316 全关 4 分钟后，放空阀 V3304 全关，进口导叶 GV3301 回启动位置，然后软开关自动由"启动"切换到"准备"，再由"准备"切换到"停车"。

3）氧压机停车后，油泵立即停止运转，停车 20 分钟后，排烟风机或油雾过滤器手动停止。

2　常见问题及处理办法

2.1　空压机（表3-8）

表 3-8　空压机故障原因及处理措施

序号	故障名称	原因分析	处理措施
1	轴位移大	机组负荷过高	降负荷
		平衡盘或级间密封损坏	停车检查
		平衡管堵管	停车疏通
		叶轮结垢	停车解体除垢
		轴承正推磨损	检查油质油量，更换轴瓦
		止推轴承油量过低	调整进轴承的油压
		油温太高	调整油冷却器进水量
		润滑油乳化变质	滤油或换油
		压缩机喘振	开大防喘振阀，消除喘振
		压缩空气带液	检查空压机中间冷却器
		修后安装有问题，仪表探头安装位置偏差	校正
2	轴承温度高	油温太高	调整油冷却器进水量
		润滑油压力太低	调整润滑油压力
		轴振动高、喘振等	消除喘振
		轴瓦磨损	更换轴瓦
		油质变坏，油中水分、杂质超标	过滤或更换

续表 3-8

序号	故障名称	原 因 分 析	处 理 措 施
2	轴承温度高	机械对中不良	重新找正对中
		轴位移高会引起止推轴承的温度升高	消除轴位移高的因素
		轴承检测的一次仪表温度探头导线损坏	检查测温元件
3	润滑油泵出口压力下降	泵入口滤网堵塞	切泵，隔离，清理过滤网
		备用泵出口止逆阀失灵，卡涩而不到位，油沿泵倒流	隔离备用泵，检修止逆阀
		油箱温度太高	检查油箱加热器，回油温度和油冷却器
		油箱液位太低	油箱加油
		泵内有空气或油质恶化	倒泵，盘车排气，更换润滑油
		油系统出现大的泄漏	全面检查油系统
		油泵机械故障	倒泵检修
		电动机转速下降或电动机接线反引起反转	联系电气检查三相电流是否平衡，确认电网频率是否正常

2.2　氮气压缩机（表 3-9）

表 3-9　氮气压缩机故障原因及处理措施

故障名称	原 因 分 析	处 理 措 施
启动失败	重起故障和连锁控制系统失败	故障或连锁清除
	电动机就地控制板或启动装置（透平压缩机）无电压	检查控制板或启动装置给定电压，检查变压器
	电缆松弛或腐蚀	检查电缆，清理，收紧，如有必要进行更换
	电动机启动装置或启动系统故障	查找电动机启动装置故障（联系客服）
	无密封气	提供密封气
润滑油泵故障	油泵未运行	检测油泵连接器和超温保护。检查是否提供合适电压
	润滑油泵溢流阀设置不合适	调整溢流阀以获得要求压力油压值
	润滑电动机停止	检查或更换电动机或电动机泵
	油泵故障	检查或更换油泵
高油温	无冷却水或油冷却器的冷却水流量不够	恢复合适的冷却水流量
	冷却水水温高	降低水温
	温度设置不合适	设置合适温度
	有污垢或油冷却器水冷侧阻塞	清理冷却器管道。如有必要提供水过滤器（更多细节联系客服）

故障名称	原 因 分 析	处 理 措 施
低油压	油控制阀设置不合适	调整阀门开度控制油压
	油路漏油或狭窄	修理或更换油管
	油过滤器污垢多	更换油过滤器壳
	主油泵故障	修理或更换主油泵
	油箱油位低	加油
气体温度高	无冷却水或冷却水流量不足够	恢复冷却水流量
	温度设置不合适	执行设备校准
	气体冷却器水冷侧污垢多或阻塞	清理冷却水管路。如有必要提供水过滤器网（联系客服）
密封气压力低	设备密封气压力低	参考"设备密封气压力"
	密封气压力调节器设置不当	调整调节器开度以获得合适密封气
	密封泄漏	更换密封气（联系客服）
设备密封气压力低	没有提供气体压力	建立气体设备供应压力
	气路切断或泄漏	修理或更换气路管线
	气体调节器设置不合适	调整调节器以获得合适备气压
压缩机震动高	油温低	给油加温
	连接器故障或供油不足	连接油连接器或更换连接器
	转子不平衡	联系客服
	电动机感应震动	联系客服
压缩机不能达到额定负载	操作模式选择空载位	转换开关到需要的操作模式
	压力控制器设置点过低	选择合适的操作压力
	旁通阀未全关或进口阀未全开	检查气体是否泄漏或系统供气阀门（电信号和设备气体）
系统排气压力低	压缩机未接负载	参考上栏
	进口气体过滤器杂质多或阻塞	更换过滤器芯或清理（如果过滤器可以再次清理）
	压力值过低压缩机发生喘振	参考"连续喘振"
	压缩机流路或管线气路泄漏，压缩气体压力高于要求压力	修理整个系统的泄漏点，关闭不必要的设备
连续喘振	排气管线关闭	打开切断阀
	气体过滤器污垢多或泄漏	更换过滤器部件
	防喘振点设置不合适	调整防喘振极限点
	中间气体温度过高	检查进冷却器的水流量
	冷却水温比期望的高	降低水温
	流程部件损坏	联系客服
耗电量过大	环境温度过低	减少压缩机负载，联系客服
	供电电压过低	在配电室检查供电电网电压
	电动机效率下降	联系电动机制造商

2.3　氧气压缩机（表 3-10）

表 3-10　氧气压缩机故障原因及处理措施

故障名称	原 因 分 析	处 理 措 施
吸气温度过高	吸气阀故障，阀片弹簧损坏，阀片关闭不严，排气阀倒流吸气管造成吸气温度上升	检修吸气阀
	冷却器供水不足	加大冷却水量
排气温度过高	排气阀故障，排气阀泄漏不能正常开启	检修排气阀
	气缸冷却不足	加大冷却水量
	冷却器积垢	清洗冷却器
油温过高	油量不足	检查油系统
	油泵回油阀泄漏	检查回油阀
	滤油器堵塞	清洗粗滤油器
	油压太低	调整油压
	润滑油变质，质量不符合要求	更换符合要求的润滑油
	油冷却器进水量不足	检查油冷却器水路是否畅通，加大冷却水量
	油冷却器积垢	清洗冷却器
润滑油压力低	油过滤器、油泵吸入底阀堵塞	清洗或更换滤芯
	管道泄漏	处理或焊接
	轴承温度突然升高	停机检查巴氏合金表面
	油箱油位低	添加润滑油
	油温过高	查找油温过高的原因
轴承温度升高	油量、油压和油温不正常	进行调整
	润滑油变质	调换润滑油
噪声、振动	压缩机喘振	根据运行曲线，改变操作点
	齿轮传动不正常或叶轮与机壳擦碰	停机检修
	油量、油压和油温不正常	调整供油系统
流量降低	进口导叶及定位器位置不合适	调整进口导叶和定位器
	防喘振传感器及放空阀不正常	校正装置，使之工作平稳
	气体过滤器堵塞	清洗过滤器
增速机及压缩机漏油	油密封气压力过高	调整密封气压力
	油箱的排烟管线有污物积聚	清洗油箱的排烟管线

第 4 节　质量技术标准

1　空分系统质量指标标准

产品氧气纯度：99.6%　　　　　　　　　产品氮气纯度：$\leqslant 10 \times 10^{-6} O_2$

2　空分系统技术指标标准

2.1　自洁式空气过滤器

空气处理量：72000Nm³/h　　　　　　　　　过滤效率：≥98%

相对湿度：<80%

2.2　空气压缩机

2.2.1　空气压缩机运行参数（表3-11）

表 3-11　空气压缩机运行参数

名　称	单　位	数　值
进口流量	Nm³/h	34000
进口压力	MPa（A）	0.093
出口压力	MPa（A）	0.62
进口温度	℃	32
出口温度	℃	<100
低速轴	r/min	9766
高速轴	r/min	12020
原动机功率	kW	3600

2.2.2　空气压缩机临界参数（表3-12）

表 3-12　空气压缩机临界参数

项　目	参　数	反　应	参　数	反　应
高速轴振动	≥63.4μm	报　警	≥79.4μm	停　机
低速轴振动	≥68.9μm	报　警	≥86.1μm	停　机
轴承温度	≥80℃	报　警	≥90℃	停　机
润滑油温	≥35℃	满足启动条件		
润滑油压	<0.15MPa	报　警		
油箱油温	≥35℃	满足启动油泵条件		
循环水压力	≥0.25MPa			
空压机排气压力	0.50MPa	正　常	≥0.54MPa	自动放空

2.2.3　机组的复位条件

润滑总额压力正常：≥0.25MPa　　　　　　　密封气压差正常：0.15MPa

2.3　空气冷却塔

冷却空气量：34000m³/h　　　　　　　　　　空气出塔温度：9~12℃

工作压力：0.52MPa　　　　　　　　　　　　进空冷塔冷却水流量：40t/h

空气入塔温度：<100℃　　　　　　　　　　　进空冷塔冷冻水流量：15t/h

循环水温度：≤30℃

冷水机组出水温度：7～10℃

循环水压力：0.3MPa

空气出空冷塔压力：

  正常值　　0.49MPa

  报警值　　≤0.40MPa

水泵停车值　　≤0.35MPa

空冷塔液面：

  正常值　　800mm

  报警值　　<500mm 或 >1200mm

  紧急排放值　　>1400mm

2.4 水冷却塔

水冷塔液面：

  正常值　　　　1000mm

  报警值　　　　<600mm 或 >1400mm

污氮进水冷塔压力：0.013MPa

冷却水量：50m³/h

进水温度：30℃

冷冻水温度：7～10℃

2.5 分子筛吸附器

空气气量：30000～34000m³/h

空气压力：0.45～0.52MPa

进气温度：<15℃

出口 CO_2 含量：<1×10^{-6}

再生污氮气量：8000～10000m³/h

空气通过时阻力：5.5kPa

返流污氮通过时阻力：12kPa

2.6 增压透平膨胀机

加工气量：3500～6000m³/h

膨胀机进口温度：-117℃

膨胀机出口温度：-170℃

膨胀机进口压力：0.702MPa

膨胀机出口压力：38kPa

增压机进气压力：0.4～0.5MPa

增压机出气压力：0.65～0.75MPa

冷却水进水温度：7～10℃

冷却器出水温度：≤18℃

冷却水量：6～8m³/h

2.7 分馏塔

冷凝蒸发器液氧 C_2H_2 含量：

  正常值　　≤0.01×10^{-6}

  报警值　　≥0.1×10^{-6}

  停车值　　≥1×10^{-6}

下塔液空氧含量：36%～39%

下塔氮纯度含量：99.99%

上塔氮纯度含量：≤0.001%

产品氮气流量：9000m³/h

下塔液上塔底部氧气含量：99.6%

产品氧气流量：6000m³/h

空液面控制：600mm

主冷液氧液面控制：2800mm

下塔压力：15kPa

上塔下部压力：3kPa

上塔上部压力：2kPa

上塔压力：5kPa

下塔压力：0.468MPa

上塔下部压力：35kPa 左右

污氮出分馏塔压力：0.013MPa

氮气出分馏塔压力：0.012MPa

氧气出分馏塔压力：0.020MPa

空气进下塔温度：-173.2℃

空气进冷箱温度：24℃

出冷箱氮气温度：21℃

出冷箱污氮气温度：21℃

出冷箱氧气温度：21℃

进冷箱增压空气温度：21℃

进冷箱空气流量：28000m³/h

产品氧气流量：6000m³/h

产品氮气流量：9000m³/h

产品氧气纯度：99.6%

产品氮气纯度：≤$10 \times 10^{-6} O_2$

2.8　氧气压缩机

进口压力：0.03MPa　　　　　　　　　　　气量：6000Nm³/h

出口压力：0.6MPa

2.9　氮气压缩机

进口压力：0.03MPa　　　　　　　　　　　气量：9000Nm³/h

出口压力：0.8MPa

第 5 节　设　　备

1　设备、槽罐（表3-13）

表 3-13　设备、槽罐明细表

序号	设备名称及位号	规 格 型 号		台数
1	MS1201/1202 分子筛吸附器	型式：立式双层		2
		外形尺寸：ϕ3200mm×7630mm		
		分子筛吸附剂：13X		
		活性氧化铝：ϕ2~5mm		
2	EH1201/1202 电加热器	设计压力：0.08MPa		2
		功率：504kW		
		外形尺寸：ϕ800mm×3950mm		
3	SL1201 污氮放空消音器	外形尺寸：ϕ800mm×2900mm		1
4	B1/2、ET1/2 增压透平膨胀组	膨胀机流量及调节范围：6000Nm³/h（±20%）		2
		膨胀机进排气压力：0.71/0.04MPa（A）		
		膨胀机进气温度：−110℃		
		增压机流量：6000Nm³/h（±20%）		
		增压机进/排气压 0.485/0.74MPa（A）		
		增压机进气温度：17℃		
5	WE441/442 增压机后冷却器	换热面积：53m²		2
		设计压力：0.76MPa		
		设计温度：管程150℃，壳程95℃		
		介质：管程（空气）；壳程（水）		
		外形尺寸：ϕ500mm×4504mm		

序号	设备名称及位号	规 格 型 号	台数
6	C1/2 分馏塔系统	加工空气量：31500Nm³/h 氧气产量及纯度指标 氧气产量：6000Nm³/h 氧气纯度：99.6% 液氧纯度：99.6% 分馏塔系统包括：主换热器，上塔，下塔，主冷凝蒸发器，过冷器板式单元	1
7	SL101 氧气放空消音器	设计压力：常压 设计温度：40℃ 外形尺寸：φ800mm×2060mm	1
8	SL102 氮气放空消音器	设计压力：常压 设计温度：40℃ 外形尺寸：φ800mm×2060mm	1
9	SV1701 液氧贮槽	型式：立式 设计压力：0.8MPa 容积：100m³ 外形尺寸：φ3324mm×11600mm	1
10	LV1701；LV1702 空浴式汽化器	KQ6000；KQ4500 流量：6000m³/h；4500m³/h 压力：1.76MPa；3.3MPa	各1
11	AT1101 空气冷却塔	工作压力：0.6MPa 空气进塔温度：<100℃，设计温度：120℃ 空气出塔温度：12~15℃ 外形尺寸：φ1800mm×22740mm	1
12	WT1101 水冷却塔	设计压力：0.03MPa，设计温度：20℃ 外形尺寸：φ1700mm×17850mm	1
13	WP1101/1102 冷却水泵	流量：80m³/h 扬程：42.5m 点机功率：30kW	2
14	WP1103/1104 冷冻水泵	流量：60m³/h 扬程：81m 电动机功率：30kW	2
15	AF1101 自洁式空气过滤器	处理气量：72000m³/h 结构型式：立式 粒度：2μm 过滤效率：99% 过滤初阻力：<200Pa 正常运行阻力：450~650Pa	1

序号	设备名称及位号	规　格　型　号	台数
16	AC1001 空气压缩机	型式：离心透平压缩机	1
		排气量：34000Nm³/h	
		吸/排气压力 0.0845MPa(A)/0.62MPa(A)	
		相对湿度：80%	
		轴功率：3600kW	
	气体冷却器	型式：卧式	3
		设备外形尺寸：φ1600mm×4105mm	
		换热面积：2249m²	
		设计压力：（管程/壳程）0.6MPa/1.0MPa	
		设计温度：（管程/壳程）50℃/200℃	
		介质：（管程/壳程）水/空气	
	配套装置	润滑油箱容量：3500L	1
		高位油箱容量：600L	1
		空气放空消音器外形尺寸：φ1400mm×3400mm	1
17	C70MX4N2 离心式氮气压缩机	排气量：9000Nm³/h	1
		进气温度：常温	
		排气温度：<45℃	
		额定排气压力：1.2MPa(g)	
	配套电动机	额定功率：1305.5kW（1750 马力）	1
		电压/频率：10000V/50Hz	
18	SV1801 液氮贮槽	型式：立式	1
		设计压力：0.8MPa，设计温度：40℃	
		容积：100m³	
		外形尺寸：φ3000/3500mm×17040mm	
19	3TYS72 氧气压缩机组	型式：透平	1
		流量：6000Nm³/h	
		吸/排气压力：0.02MPa/0.6MPa	
		吸气温度/排气温度：25℃/≤45℃	
		轴功率：~1000kW	
20	PV1701 氧气出口缓冲罐	型式：立式	1
		设计压力：0.8MPa	
		容积：10m³	
		外形尺寸：φ1600mm×6135mm	
21	单级双吸离心泵	型号：KQSN	3
		流量：750m³/h	
		扬程：55m	

序号	设备名称及位号	规 格 型 号		台数
21	配套电动机	转速：900r/min		3
		电压：10kV		
		功率：710kW		
22	凉水塔	流量：1000m³/h		1
		直径：9140mm		
		叶片数：8		
	配套电动机	转速：960r/min		3
		电压：36kV		
		功率：22kW		
23	NF1101 无阀过滤器	型号：GWL-100		1

2　主要设备

2.1　自洁式空气过滤器

2.1.1　工作原理

自洁式空气过滤器的净气室出口与空压机入口连接，在负压的作用下，从大气中吸入加工空气。空气经过滤筒，灰尘被滤料阻挡，过滤后的空气经文氏管再到出口集管送出。小颗粒粉尘在滤料的迎风表面形成一层尘膜。尘膜可使过滤效果有所提高，同时也使气流阻力增大。当阻力增至 600Pa 时，由压差变送器将阻力信号传给脉冲控制仪中的电脑，电脑发出指令，自洁系统开始工作。电磁阀接到指令后，按程序控制、驱动隔膜阀，隔膜阀瞬间释放出压缩空气，其压力为 600～800kPa，经喷嘴整流后入文氏管引流，自滤筒内部反吹滤筒，将滤料外表面的粉尘吹落，阻力随之下降。当阻力达到滤料的初始阻力（约250Pa）时，自洁系统停止工作。

自洁式过滤器的滤筒分成多组，每组包括多个滤筒，每组都设置一个隔膜阀。某一个阀门动作，只反吹它涉及的那组滤筒，其余各组照常工作，因此自洁系统不影响过滤器的连续工作。

2.1.2　设备的结构组成

自洁式空气过滤器的主要部件包括空气滤筒、文氏管、脉冲反吹系统、净气室、框架、控制系统。反吹系统由气动隔膜阀、电磁阀、专用喷嘴及压缩空气管路组成。控制系统主要由脉冲控制仪、差压变送器、控制电路等组成。

2.1.3　设备点检标准（表3-14）

表3-14　设备点检标准

点检项目	内　容	点检标准	点检方法	周期/h
防护罩	完　好	完好、无破损	看	2
压缩空气管	压　力	正　常	看	2
	完　好	无泄漏	听	2

续表 3-14

点检项目	内　容	点检标准	点检方法	周期/h
地脚螺栓	紧　固	紧固、无松脱	看	2
滤　筒	完　好	无破损	看	2
控制面板	设定值	正　常	看	2

2.1.4　设备维护标准

（1）每天注意周围环境，保持清洁，无杂物堆放。

（2）滤筒的使用寿命为 18～24 个月，当滤筒阻力经反吹居高不下，并升至报警值（800Pa）时，表示滤筒需要更换。

2.1.5　设备完好标准

（1）基础稳固，无裂纹、倾斜、腐蚀。

（2）各零部件完整无缺。

（3）内外各零、部件没有损坏，不变形，材质、强度符合设计要求。

（4）仪器、仪表和安全防护装置齐全、灵敏可靠。

2.2　空气压缩机

2.2.1　工作原理

空气进入压缩机后，通过叶轮对气体做功，使气体受离心力的作用而产生压力，与此同时速度和温度提高，然后进入扩压器，使得速度降低，压力提高，再经弯道和回流器导向，气体流进入下一级继续压缩。由于气体在压缩过程中温度会升高，而气体在高温下压缩，消耗功将会增大。为了减少压缩功耗，故在压缩过程中采用中间冷却，即前一级出口的气体，不直接进入下一级，而是通过蜗室和气管路，引到外面的冷却器进行冷却，冷却后的气体，再经过吸气室进入进行压缩。最后，由末级出来的高压气体经出气管输出。

2.2.2　设备的结构组成

空气压缩机主要由电动机、转子、定子、壳体、冷却水系统、油系统组成。

2.2.3　设备润滑标准与点检标准（表 3-15、表 3-16）

表 3-15　设备润滑标准

润滑部位	润滑方式	润　滑　油	周　期
齿轮箱	油池润滑	采用 N46 号透平油（原为 30 号透平油 GB 11120—89） 油温 <35℃，应在开车前将润滑油预热至 35℃ 以上	连　续
轴　承	油孔润滑	采用 N46 号透平油（原为 30 号透平油 GB 11120—89）	连　续
电动机	油孔润滑	采用 N46 号透平油（原为 30 号透平油 GB 11120—89）	连　续
联轴器	油池润滑	采用 30 号齿轮油	连　续
叶片调节器	油池润滑	黄甘油	连　续

表 3-16　设备点检标准

点检项目	内　容	点检标准	点检方法	周期/h
电动机	电　流	正常，不波动	看	2
	温　度	夏 <70℃，冬 <60℃	摸、测	2
	声　音	无异常	听	2

点检项目	内容	点检标准	点检方法	周期/h
油泵	电流	正常, 不波动	看	2
	声音	无异常	听	2
	温度	夏<70℃, 冬<60℃	摸、测	2
轴承	润滑	油质、油量合格	看	2
	温度	<60℃	摸、测	2
	声音	无异常	听	2
	振动	正常	听、摸、测	2
油箱	油位	正常	看	2
	油温	35~65℃	看	2
	油压	正常	看	2
地脚螺栓	紧固	紧固、无松脱	听、摸、测	2

2.2.4 设备维护标准

（1）严密监视机组振动值，轴位移变化。

（2）检查机组系统运行情况，如轴承油压，回油情况，油冷却后油温，各轴承油温等参数变化。

（3）压缩机各段进、出口压力，温度变化，通过调整段间空冷器冷却水量，控制各空冷器出口气体温度在 40℃左右。

2.2.5 设备完好标准

（1）基础稳固，无裂纹、倾斜、腐蚀。

（2）各零部件完整无缺。

（3）机体整洁。

（4）运转正常，无明显渗滴和跑、冒、滴、漏。

（5）润滑系统完整，油路畅通，油压、油位、油温、油量、油质符合规定。

（6）冷却系统完善，效果良好。

（7）各部紧固良好，运转平稳，无异常声音。

（8）运转温度、压力、流量正常，符合规定。

（9）电动机及其他电气设施运转正常。

（10）仪器、仪表和安全防护装置齐全，灵敏可靠。

（11）各联锁装置、指示仪表、控制装置动作灵敏、准确可靠。

2.3 分子筛纯化器

2.3.1 工作原理

在低温高压下，空气通过分子筛时由于分子筛吸附剂的吸附特性，将水、CO_2 和乙炔等吸附在表面，纯净的空气进行下一工艺流程。随着吸附的进行，分子筛的吸附能力逐渐下降，到一定阶段水和 CO_2 就会穿过分子筛，在这种情况到来之前分子筛需进行再生，在高温低压下，污氮气反向进行，对分子筛进行再生，再生后的分子筛可重新使用。为保证生产的连续性，需要两台分子筛吸附器交替使用，一台工作时，另一台进行再生。

2.3.2　设备的结构组成

分子筛吸附器由立式圆筒，支承床架，分子筛吸附剂组成。

2.3.3　设备点检标准（表3-17）

表3-17　设备点检标准

点检项目	内　容	点检标准	点检方法	周期/h
分子筛	进分子筛温度	小于15℃	看	2
	再生温度	175℃	看	2
	再生气流量	8000Nm³/h	看	2
	切换周期	4h	看	2
	均　压	0.5MPa	看	2
	泄　压	0.1MPa	看	2
	出分子筛流量	34000Nm³/h	看	2
	CO_2含量	1×10^{-6}	看	2

2.3.4　设备维护标准

（1）每星期需对纯化器检查一次，看再生和冷却期间是否达到规定的温度，切换时间是否符合规定，如有异常，应进行调整。

（2）吸附器使用两年后，要测定分子筛颗粒破碎情况。必要时，需全部取出过筛，除去微粒，一定要仔细地吹刷过筛，以清除沉积在上面的微粒和粉末。

（3）要按规定加添或更换分子筛，不得选用未经鉴定的分子筛，并且要确保吸附层达到规定厚度。

2.3.5　设备完好标准

（1）基础稳固，无裂纹、倾斜、腐蚀。

（2）零部件完整无缺。

（3）各部件调整、紧固良好，运转平稳，无异常响声、振动和窜动。

（4）闸阀、考克开闭灵活，工作可靠。

（5）各部配合间隙符合调整范围。

（6）电气设施运行正常。

（7）机器仪表灵敏可靠。

（8）阀门等装置完整无缺，动作准确，灵敏可靠。

（9）阀门等开关指示方向明确。

2.4　膨胀机

2.4.1　工作原理

工作介质由进口管进入蜗壳，经可调喷嘴再进入工作轮做功，然后经扩压室、排气管排出。在这过程中，空气先进入增压端增加压力，出来的高压空气经过绝热膨胀，温度降低，可以获取空分中所需的大部分冷量，以维持分馏塔的冷量平衡，保证精馏过程的进行。

2.4.2　设备的结构组成

膨胀机主要由转子、增压端、膨胀端、增压后冷却器、油系统组成。

2.4.3　设备润滑标准（表 3-18）

表 3-18　设备润滑标准

润滑部位	润滑方式	润 滑 油	周 期
齿轮箱	油池润滑	采用 N32 号汽轮机油（GB 11120—89） 油温 <35℃，应在开车前将润滑油预热至 35℃以上	连 续
轴承	油孔润滑	N32 号汽轮机油（GB 11120—89）	连 续

2.4.4　设备点检标准（表 3-19）

表 3-19　设备点检标准

点检项目	内 容	点 检 标 准	点 检 方 法	周期/h
油 箱	油 位	正 常	看	2
	油 温	正 常	看	2
	油 压	正 常	看	2
轴 承	润 滑	油质、油量合格	看	2
	温 度	<60℃	摸、测	2
	声 音	无异常	听	2
	振 动	正 常	听、摸、测	2
地脚螺栓	紧 固	紧固、无松脱	听、摸、测	2

2.4.5　设备维护标准

（1）喷嘴：喷嘴叶片磨蚀，效率明显下降，更换喷嘴叶片。

（2）膨胀机叶轮：叶片进口边磨蚀，更换工作轮。

（3）轴密封套：轴密封的径向间隙为 0～0.04mm，当增大到 0.1mm 时，应予以调换。

（4）增压机叶轮：膨胀机叶轮、增压机叶轮或其他零部件需要更换时，必须更换整个转子而不能单独更换叶轮或其他零部件。

（5）油冷却器：一年进行一次清洗。如果冷却水不干净，清洗次数要增加。

（6）油过滤器：过滤器阻力明显增加，就应进行清洗或更换滤芯。

（7）增压机后冷却器：一年清洗一次，如发生窜漏，阻力突然增大，换热效果变差，则应立即检查原因并加以修整。

2.4.6　设备完好标准

（1）基础稳固，无裂纹、倾斜、腐蚀。

（2）零部件完整无缺。

（3）各部位轴承、齿轮、轴等安装配合，磨损极限和密封性符合检修规程质量标准规定。

（4）机体整洁。

（5）运转正常，无明显泄漏。

（6）润滑良好，油具齐全，油量、油质符合规定。

（7）各部调整、紧固良好，运转平稳，无不正常振动声响。

（8）电动机及电气设备运转正常。

（9）仪器仪表灵敏可靠。

2.5　分馏塔

2.5.1　工作原理

分馏塔为圆筒型，分为下塔和上塔，下塔内装有多层环流筛板，筛板上设置两只溢流装置，上塔内装规整填料及液体分布器。下塔精馏过程中液体自上而下逐一流过每块板，由于溢流堰的作用，使塔板上有一定的液层高度，当气体由下而上穿过筛板小孔时与液体接触，产生鼓泡，从而增加气液的接触面积，使热交换过程高效进行。低沸点组分逐渐蒸发，高沸点组分逐渐液化，至塔顶就获得纯氮，在塔底获得高沸点的富氧液空。上塔精馏过程中，气体穿过分布器沿填料盘上升，液体自上而下通过分布器均匀地分布在填料盘上，在填料表面，气、液充分接触进行热交换。上升气体中低沸点组分含量不断提高，高沸点组分被洗涤下来，形成回流液，最后在塔顶获得纯氮气，塔底获得氧气和纯液氧。

2.5.2　设备的结构组成

分馏塔主要结构包括：外围冷箱，内部下塔、上塔，冷凝蒸发器，主换热器，热虹换热器，液体量筒及绝热材料。

2.5.3　设备点检标准（表3-20）

表3-20　设备点检标准

点检项目	内　　容	点检标准	点检方法	周期/h
上　塔	压　力	35kPa	看	2
	温　度	$-193℃$	看	2
	液氧液位	2800mm	看	2
	阻　力	5kPa	看	2
	碳氢化合物	$<0.01×10^{-6}$	看	2
下　塔	压　力	0.45MPa	看	2
	温　度	$-173℃$	看	2
	液空液位	600mm	看	2
	阻　力	15kPa	看	2
	碳氢化合物	$<0.01×10^{-6}$	看	2

2.5.4　设备维护标准

（1）每周对所有测量管线吹刷一次，吹刷前应关掉管线控制器，检查并在必要时重新校正仪表零位，检查切换装置和控制仪器的功能是否正常。

（2）通过分析热交换器进出口的组分有无差异，判断热交换器有无渗漏。

（3）每天分析冷凝蒸发器中液氧的乙炔含量，液氧中乙炔的含量应低于 $0.01×10^{-6}$，不能超过 $0.1×10^{-6}$。如果乙炔含量过高，尽可能多地加大排液量，同时需加大膨胀量以保持液面，并对冷凝蒸发器中液氧不断进行分析。

（4）精馏塔阻力减小时，表明有渗漏或者塔板上液面太低，必须查明原因。如果阻力增大，通过加温精馏塔消除。阻力明显增大时，表明塔板淹没，需排放液体，重新调整。

（5）垫片、密封环、低温阀门和氧气管线上的阀门必须无油和油脂。如果与油或油脂接触过，则应进行脱脂处理。保持阀杆可见表面的清洁和检查阀门的渗漏情况，阀杆的表面要定期涂上合适的润滑剂。

（6）测量管线应加特别维护，确保没有渗漏。测量管线堵塞，应通过加温和吹除加以排除。仪表管线有堵塞，可以用氮气瓶反向往塔内进行吹除。

2.5.5　设备完好标准

（1）基础稳固，无裂纹、倾斜。

（2）运转正常，无跑、冒、滴、漏。

（3）各法兰、人孔、观察孔密封良好，无泄漏。

（4）进出料管道畅通，阀门开关灵活。

（5）仪器、仪表和安全防护装置齐全、灵敏可靠。

2.6　氧气压缩机

2.6.1　工作原理

氧气进入压缩机后，通过叶轮对气体做功，使气体受离心力的作用而产生压力，同时速度和温度提高。然后进入扩压器，使得速度降低，压力提高，再经弯道和回流器导向，气体流入下一级继续压缩。由于气体在压缩过程中温度会升高，而气体在高温下压缩，消耗功将会增大。为了减少压缩功耗，故在压缩过程中采用中间冷却，即前一级出口的气体，不直接进入下一级，而是通过蜗室和气管路，引到外面的冷却器进行冷却，冷却后的气体，再经过吸气室进入进行压缩。最后，由末级出来的高压气体经出气管输出。氧压缩机设有轴封装置，用来防止氧气外漏及空气润滑油通过间隙漏入机壳内。另外，机组还设有温度、压力、轴振动、位移等自动监控装置，保证机组的稳定运行。

2.6.2　设备的结构组成

氧气压缩机系统由转子、定子、增速机、电动机、油站等设备组成。

2.6.3　设备润滑标准（表3-21）

表3-21　设备润滑标准

润滑部位	润滑方式	润　滑　油	周　期
齿轮箱	油池润滑	采用 L-TSA32 汽轮机油（GB 11120—89） 油温＜35℃，应在开车前将润滑油预热至35℃以上	连　续
轴　承	油孔润滑	采用 L-TSA32 汽轮机油（GB 11120—89）	连　续
电动机	油孔润滑	采用 L-TSA32 汽轮机油（GB 11120—89）	连　续

2.6.4　设备点检标准（表3-22）

表3-22　设备点检标准

点检项目	内　容	点　检　标　准	点　检　方　法	周期/h
电动机	电　流	正常，不波动	看	2
	温　度	夏＜70℃，冬＜60℃	摸、测	2
	声　音	无异常	听	2

点检项目	内容	点检标准	点检方法	周期/h
油泵	电流	正常，不波动	看	2
	声音	无异常	听	2
	温度	夏＜70℃，冬＜60℃	摸、测	2
轴承	润滑	油质、油量合格	看	2
	温度	＜60℃	摸、测	2
	声音	无异常	听	2
	振动	正常	听、摸、测	2
油箱	油位	正常	看	2
	油温	35～65℃	看	2
	油压	正常	看	2
地脚螺栓	紧固	紧固、无松脱	听、摸、测	2

2.6.5　设备维护标准

（1）每天检查机组各部分是否有异常声响，轴承、油泵是否有异常振动，油箱油位、供油温度、供油压力是否正常，有无泄漏现象，氧气各级进、出口压力、温度及过滤器阻力是否有异常，冷却水压力、温度及水质情况，各振动、位移检测点的数值是否正常，有无不良趋势和异常数值变动。

（2）每星期检查油系统过滤器的阻力情况。

（3）每月检查润滑油混浊度，机器连地螺栓的紧固性。

（4）每年抽样检查润滑油变质情况，齿轮工作表面磨损情况和尺寸间隙，齿轮副接触情况，电动机、增速机及透平压缩机的轴线不直度是否在允许范围内。

（5）保持通风机的正常运行，应定期监测厂房内氧气浓度的变化，以防氧气的泄漏。

2.6.6　设备完好标准

（1）基础稳固、无裂纹、倾斜、腐蚀。

（2）零部件完整无缺。

（3）轴承、轴、轴套、叶轮、护板等安装配合，磨损极限和密封性符合检修规程规定。

（4）机体整洁。

（5）各部件调整、紧固良好，运转平稳，无异常响声、振动和窜动。

（6）无明显跑、冒、滴、漏。

（7）电动机及其他电气设施运行正常。

（8）机器仪表和安全防护装置齐全。

（9）阀门完整无缺，动作准确。

（10）阀门等开关指示方向明确。

2.7　氮气压缩机

2.7.1　工作原理

气体通过入口控制阀进入压缩机并流入初级叶轮，给气体做功，压力升高，然后进入扩压器，气体将速度转换成气体的压力。内置的中间冷却器带走压缩产生的热量，可以提高压缩机组的效率。气体在低速区通过不锈钢气液分离器带走冷凝水。当气体进入下一级的时候，冷凝水就被移除出去。气体在随后的每一级进行这种连续重复压缩，直到压缩机出口压力达到要求。

CENTAC 型压缩机靠电动机驱动，它们直接连接在共同底座上。压缩机和驱动装置通过联轴器直接连接在一起。整机装在一般的钢结构底座上，整机自带润滑系统，控制系统和辅助系统。

2.7.2 设备的结构组成

氮气压缩机主要由电动机、变速箱、压缩机、冷却水系统、油系统等组成。

2.7.3 设备润滑标准（表 3-23）

表 3-23 设备润滑标准

润滑部位	润滑方式	润 滑 油	周期
大齿轮 小齿轮	油池润滑	采用 TechtroGold Ⅲ "Energy Optimized" 合成润滑油类型润滑油	连续
上部轴承 下部轴承	油池润滑	采用 TechtroGold Ⅲ "Energy Optimized" 合成润滑油类型润滑油	连续
电动机	油孔润滑	采用 TechtroGold Ⅲ "Energy Optimized" 合成润滑油类型润滑油	连续

2.7.4 设备点检标准（表 3-24）

表 3-24 设备点检标准

点检项目	内 容	点 检 标 准	点 检 方 法	周期/h
电动机	电 流	正常，不波动	看	2
	温 度	夏 <70℃ 冬 <60℃	摸、测	2
	声 音	无异常	听	2
油 泵	电 流	正常，不波动	看	2
	声 音	无异常	听	2
	温 度	夏 <70℃ 冬 <60℃	摸、测	2
轴 承	润 滑	油质、油量合格	看	2
	温 度	<60℃	摸、测	2
	声 音	无异常	听	2
	振 动	正 常	听、摸、测	2
油 箱	油 位	正 常	看	2
	油 温	35～65℃	看	2
	油 压	正 常	看	2
地脚螺栓	紧 固	紧固、无松脱	听、摸、测	2

2.7.5 设备维护标准

（1）每三个月检查一次的项目

1）检查出口阀和旁通阀。

2）观察气体入口过滤器，清洁污垢，有必要的话更换其所需元件。

3）检查除雾器、更新 U 型管，清洁内部，如果元件受潮，更换。

4）检查清洁仪表气过滤器，有必要的话更换滤芯。

5）检查空气过滤器的内部，调整间隙，以保证密封性。

（2）半年检查一次的项目

1）检查出口止回阀。

2）检查冷凝液收集器的情况，有冷凝物进行处理。

3）观察润滑油电动机的联轴器。

4）更换油过滤器元件，如果用的不是高品质的油，检查须三个月进行一次。

（3）每年检查一次的项目

1）检查电动机。

2）转动轴观察大小齿轮磨损情况。

3）观察并清洁油箱的透视窗，观察油冷却器的管道，清洁管架和油冷却器的管侧。

4）校准控制和保护装置。

5）检查入口节流阀、旁通阀。

6）检查润滑油的物理和化学性质，如果与所需的值不一致，则应该更换。

7）进行转子的振动分析。

2.7.6　设备完好标准

（1）基础稳固，无裂纹、倾斜、腐蚀。

（2）零部件完整无缺。

（3）轴承、轴、轴套、叶轮、护板等安装配合，磨损极限和密封性符合检修规程规定。

（4）机体整洁。

（5）运转正常，无明显跑、冒、滴、漏。

（6）各部件调整、紧固良好，运转平稳，无异常响声、振动和窜动。

（7）电动机及其他电气设施运行正常。

（8）机器仪表灵敏可靠。

（9）阀门完整无缺，动作准确。

（10）阀门等开关指示方向明确。

第 6 节　现场应急处置

1　纯氧爆炸事故应急处理

（1）发生纯氧爆炸时，区救援应急组了解情况后应立即通知值班长及作业区救援应急总指挥或当班领导。

（2）如有人员受伤，应迅速通知医疗救护组赶赴现场救人。

（3）区应急救援组副组长（党支部副书记）负责事故现场人员的撤离、布岗、疏散工作。

（4）发生纯氧爆炸事故后，氧气设施及周围设施损坏，会有氧气泄漏，容易引起燃烧或二次爆炸，应立即切断氧气气源，并打开保护氮气对设施及周围环境进行稀释，降低氧含量。

（5）在爆炸地点 40m 内禁止火源，以防事故的蔓延和重复发生，如果在下风侧，范围应适当扩大和延长。迅速查明爆炸原因，在未查明原因之前，不允许恢复生产。查明原因后，区应急救援组采取相应的措施，组织人员抢修，尽快恢复正常生产。

（6）当发生人员伤亡或受到伤害时，现场负责人员将伤亡、伤害情况及时报告给公司调度中心和安全环保部。接车人员迅速到路口接车，引领急救车从具备驶入条件的道路迅速到达现场进行救护。

2　停电应急预案

参见本篇第 1 章第 6 节 2。

3　着火事故应急处理

参见本篇第 1 章第 6 节 1。

第 4 章　气化岗位作业标准

第 1 节　岗 位 概 况

1　工作任务

气化炉采用 0.4MPa 灰熔聚流化床粉煤气化技术，通过备煤来的合格入炉煤（粒径 ≤6mm、全水≤20%）经进煤单元升压后连续给气化炉进料，之后气化炉所产生的粗煤气经一、二旋除尘后再通过余热锅炉的换热冷却、洗涤单元的洗涤后将合格煤气（热值 ≥1400kcal/Nm³）送入下游的脱硫系统。在气化炉操作中，通过控制进煤量、三路进气量来控制气化炉温度和负荷，使炉况稳定，从而产出合格煤气。余热锅炉通过脱氧水与高温煤气换热所产生的过热蒸汽供气化炉使用，多余蒸汽并入蒸汽管网。

2　工艺原理

灰熔聚流化床粉煤气化以碎煤为原料（不大于 6mm），以空气/氧气、水蒸气为气化剂。在适当的气速下，使进入床层中的粉煤沸腾，在气流的作用下床中物料强烈返混，气固两相充分混合，温度均一，在部分燃烧产生的高温（850～1000℃）下进行煤的气化。煤在床内一次实现破粘、脱挥发分、气化、灰团聚及分离、焦油及酚类的裂解等过程。独特的气体分布器和灰团聚分离装置使灰渣团聚长大，借助重量差异与半焦分离，连续有选择地排出低碳含量的灰渣。

3　工艺流程

3.1　供气系统

3.1.1　空气系统

在烘炉前打开空气总管手阀，自系统送来的热压缩空气，进入压缩空气分气缸，通过控制压缩空气总管线上的压力调节阀来稳定空气分气缸的压力。打开计划开车的气化炉所对应的分布板空气、中心管空气、环管空气、开工空气和气化炉二次风口所对应管路上的全部手阀至全开，由相应的流量调节阀控制空气流量（注意：要根据实际压力情况对流量进行校正），保证烘炉和投料初期的用气。

3.1.2　蒸汽系统

原始开工时来自蒸汽管网的 0.7MPaG 的过热蒸汽进入蒸汽分气缸。在气化系统正常运行时，余热锅炉将自产蒸汽（1.0MPaG）供气化用，若自产蒸汽过剩，可送入公用蒸汽管网。

自蒸汽分气缸引出若干路蒸汽管线，分别为：

分布板蒸汽：气化炉气化用。

环管蒸汽：气化炉气化用。

中心管蒸汽：气化炉气化用。

进煤吹送蒸汽：用于进煤吹送。

返料吹送蒸汽：用于一旋料腿返料吹送。

气化炉炉顶喷嘴降温蒸汽：用于炉顶喷嘴保护的雾化蒸汽。

上渣斗雾化降温喷嘴蒸汽：用于上渣斗喷嘴保护的雾化蒸汽。

3.1.3 氧气系统

由空分系统送来的氧气经过手阀和氧气切断阀后进入稳压管。在投料后，打开计划开车的气化炉所对应的进气管和气化炉中心管（必要时开二次风）的氧气手动阀（旁路关闭），用相应的氧气调节阀分别控制进入气化炉中心管和二次风的氧气流量。与氧气进气管连接的氮气管线通过手阀控制，一般用于开停车阶段氧气管道和系统的吹扫。

3.1.4 氮气系统

由系统送来的压力为 0.8MPa 的氮气在总管分成三路：一路去氧气管线，由手阀控制，用于停车时置换、吹扫；一路去氮气分气缸，从氮气分气缸引出四路管线，分别用作进煤输送气、飞灰输送系统用气、过滤器反吹氮气和松动氮气等；一路经由氮气稳压罐缓冲稳压后，分别用作平衡斗、进煤斗、下渣斗、下飞灰罐的充压气、中心管氮气和各压力（差）点的反吹用气。

3.1.5 烘炉燃料（柴油）

自柴油罐来的柴油经流量调节阀控制，送入气化炉柴油烧嘴，用于气化炉启动时烘炉用。

3.2 进煤单元

储存在受煤斗中的原料煤分两路分别加入到两套平衡煤斗，在平衡煤斗中用氮气充压至进煤斗压力后，原料煤依靠重力落入进煤斗，进煤斗中的煤通过星型给料器连续稳定、定量的落入进煤斜管，经进煤吹送气吹送进入气化炉下部。

进料单元工艺流程如图 4-1 所示。

3.3 气化与飞灰循环单元

气化剂为氧气、空气和蒸汽，通过分气缸分为几路并进行流量计量和控制后，去往分布板、中心管、环管、一料腿吹送、进煤吹送和二次风等气化炉进气点。其中分布板、中心管、环管三路的蒸汽、空气或氧气经计量后，在管道中合并，混合进入气化炉底部。一料腿吹送蒸汽将循环飞灰吹送进入气化炉，进煤吹送气将原料煤吹入气化炉。二次风的投入原则是根据气化炉出口煤气温度以及洗涤煤气和循环水焦油含量决定（循环水中焦油含量高于 10mg/L）。

在气化炉内，原料煤中的碳与气化剂（氧气、空气、蒸汽）进行充分混合，并在高温下进行反应，一次性实现煤的热解、气化、焦油及酚类的裂解、灰团聚及分离等过程，生成的高温粗煤气夹带着大量飞灰经气化炉顶部的冷却水降温至 900℃ 从气化炉顶部出口排出。

从气化炉顶部出来的高温粗煤气中的飞灰大部分被一级旋风分离器捕集进入一料腿，

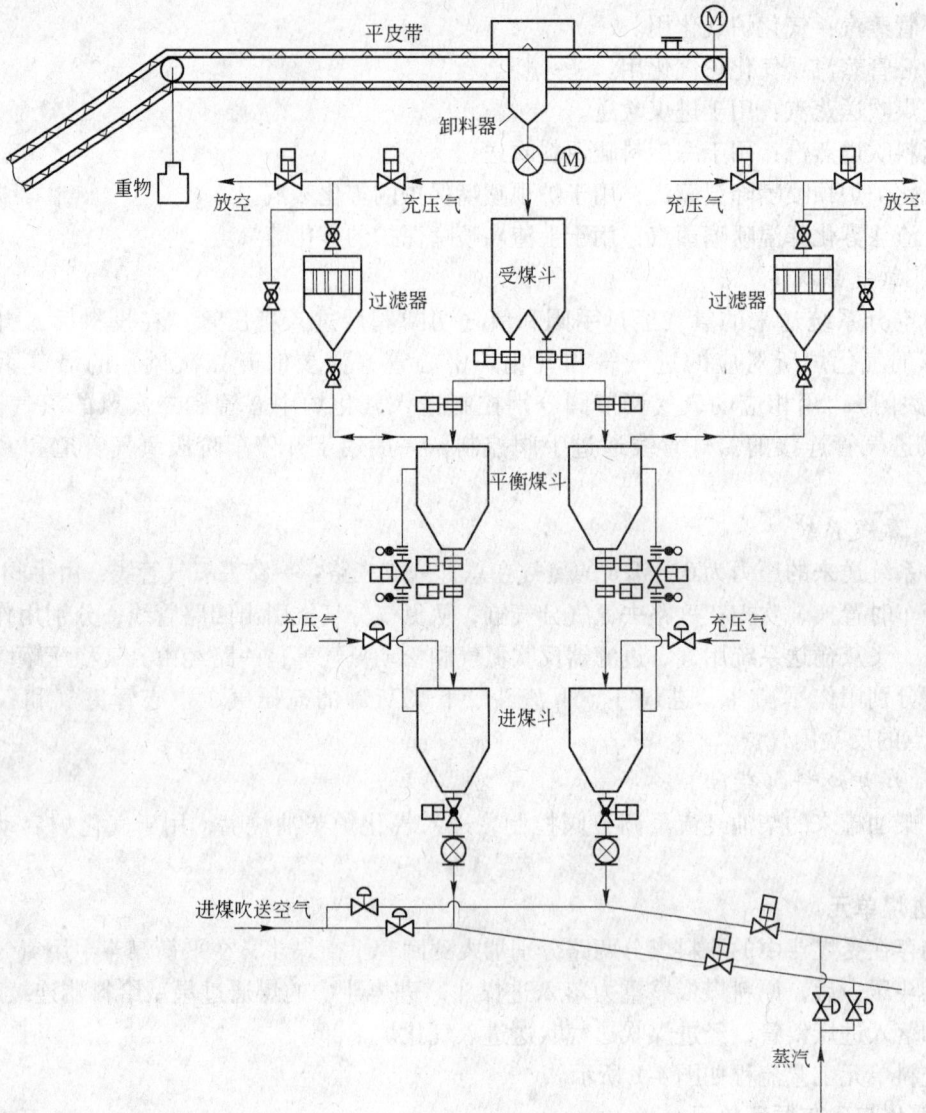

图 4-1　进料单元工艺流程简图

由高温返料阀门控制，并被一料腿吹送气吹送返回气化炉底部循环气化。

　　原料煤在气化炉内气化后的灰渣与炉内的半焦分离后通过气化炉下部的排渣管连续落入排渣单元。

　　气化与飞灰循环单元工艺流程如图 4-2 所示。

3.4　排渣单元

　　高温灰渣经水激冷降温后落入上渣斗，通过对下渣斗的间歇性充压、卸压操作将灰渣排入下渣斗、缓冲渣斗，缓冲渣斗内的灰渣经冷渣机冷却至要求的温度，再经输送机送出气化装置。

　　排渣单元工艺流程如图 4-3 所示。

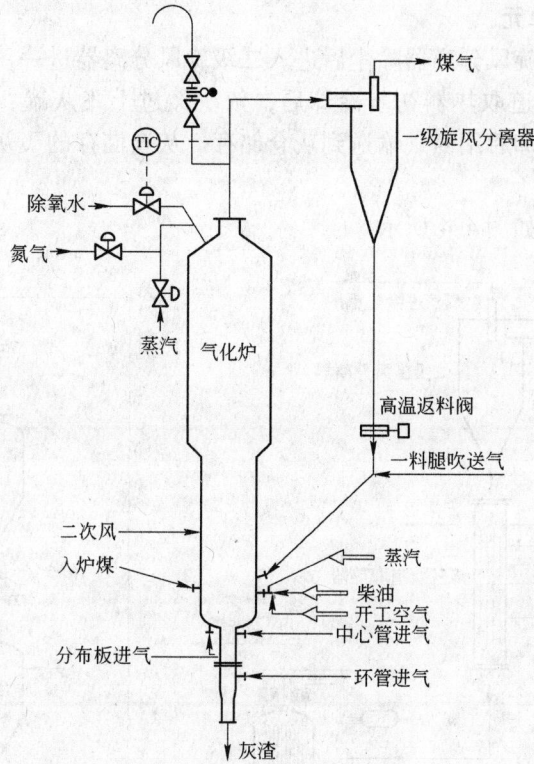

图 4-2　气化与飞灰循环单元工艺流程简图

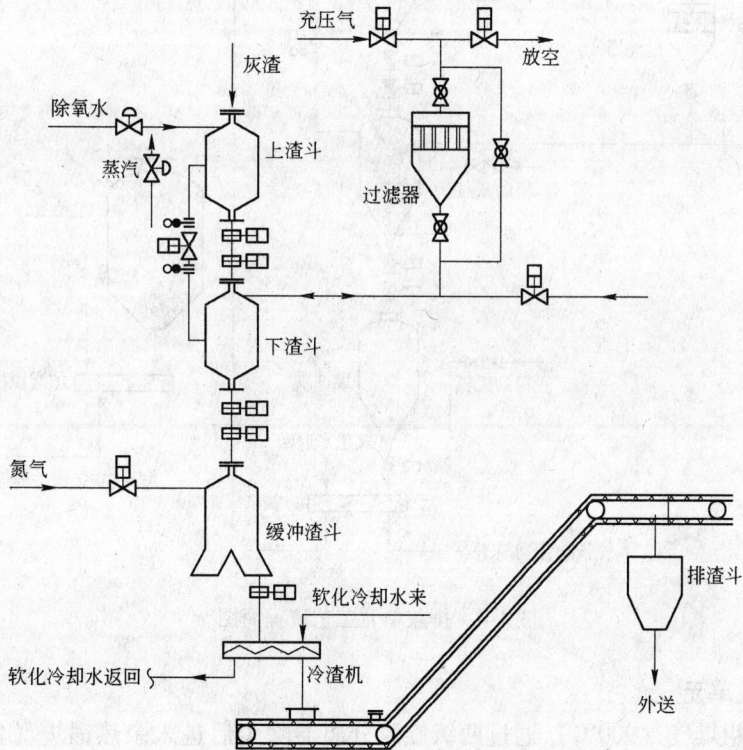

图 4-3　排渣单元工艺流程简图

3.5　排灰与飞灰输送单元

高温煤气经过一级旋风分离器除尘后进入二级旋风分离器进一步除尘。二级旋风分离器捕集的飞灰经煤灰管道取热器初步冷却后，依次经过上飞灰罐、下飞灰罐、飞灰缓冲罐，经冷灰机进一步冷却后用氮气输送到灰仓储存。灰仓储存的飞灰定期用加湿搅拌机加湿后排出送往界外。

排灰单元工艺流程如图4-4所示。

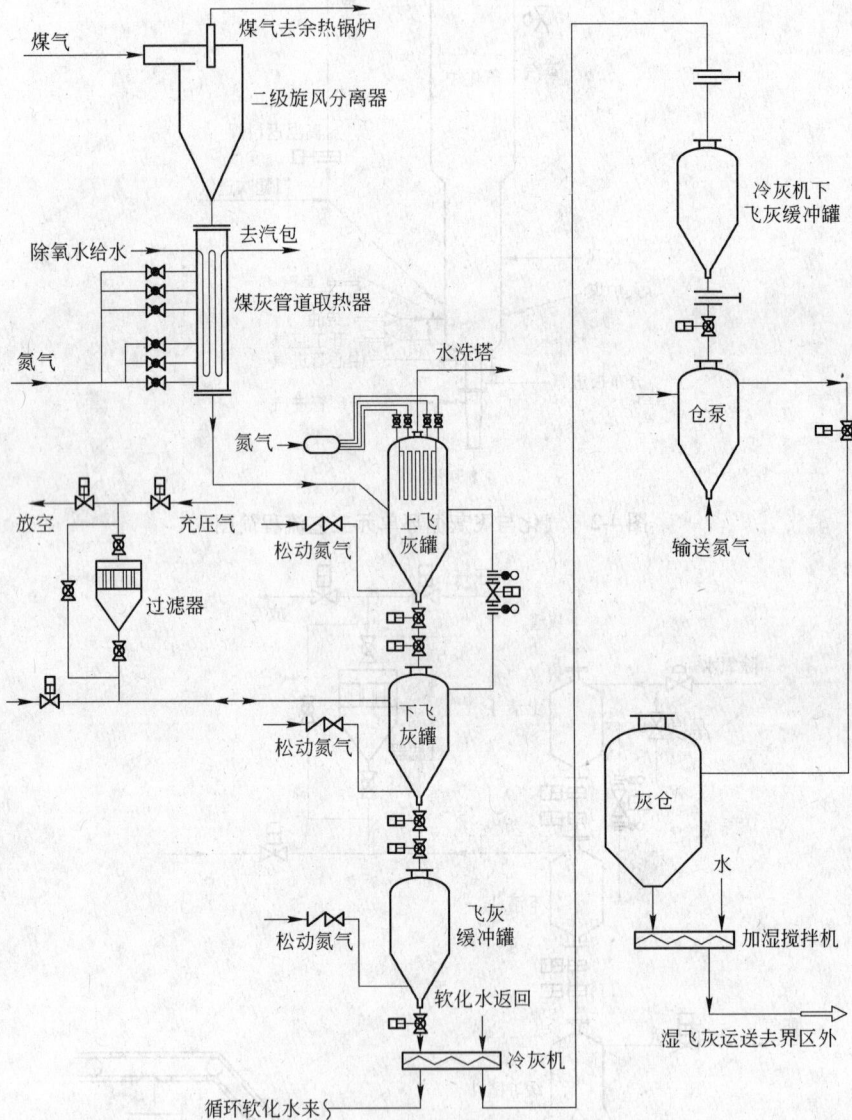

图4-4　排灰单元工艺流程简图

3.6　余热回收单元

高温含尘粗煤气（900℃）通过两级旋风分离器除尘后进入余热锅炉（包括高温蒸发段、过热器、低温蒸发段、汽包和省煤器）与脱氧水换热，使煤气温度由900℃降到

200℃，汽包出来的饱和蒸汽经过热器过热到 300℃，大部分去蒸汽分气缸供气化炉使用，剩余部分并入厂区低压蒸汽管网。

余热回收单元工艺流程如图 4-5 所示。

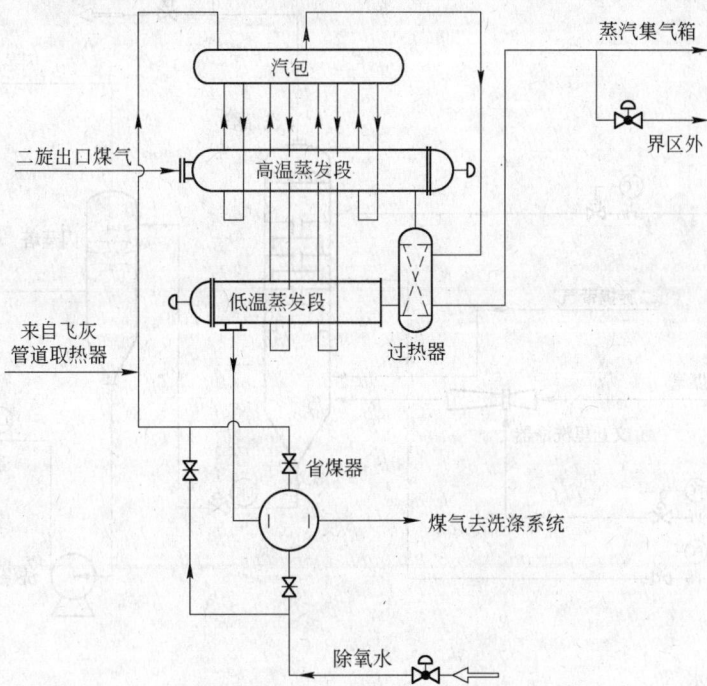

图 4-5　余热回收单元工艺流程简图

3.7　煤气洗涤单元

从省煤器出来的煤气，经文丘里洗涤器水润湿后，进入洗涤塔下部，煤气自下向上与水洗塔上部和中部进入的洗涤水逆流接触洗涤，经过洗涤塔洗涤后煤气中的蒸汽和粉尘被脱除，洗涤后的煤气温度降至 38℃左右，排出后送至脱硫系统。

经洗涤塔底部排出的黑水进入闪蒸塔减压，从闪蒸塔顶部排出的闪蒸汽去脱硫系统处理。从闪蒸塔底部排出的黑水去黑水系统处理后回用。

煤气洗涤单元工艺流程如图 4-6 所示。

第 2 节　安全、职业健康、环境、消防

1　危险源辨识及控制措施

1.1　班前班中的巡检作业

1.1.1　程序、步骤

（1）提前 15 分钟开班前会，听取轮班值班长安排本轮班的生产任务和注意事项。

（2）接班后分工巡检各楼层生产设备及安全消防设施是否正常，发现问题及时汇报中控或值班长。

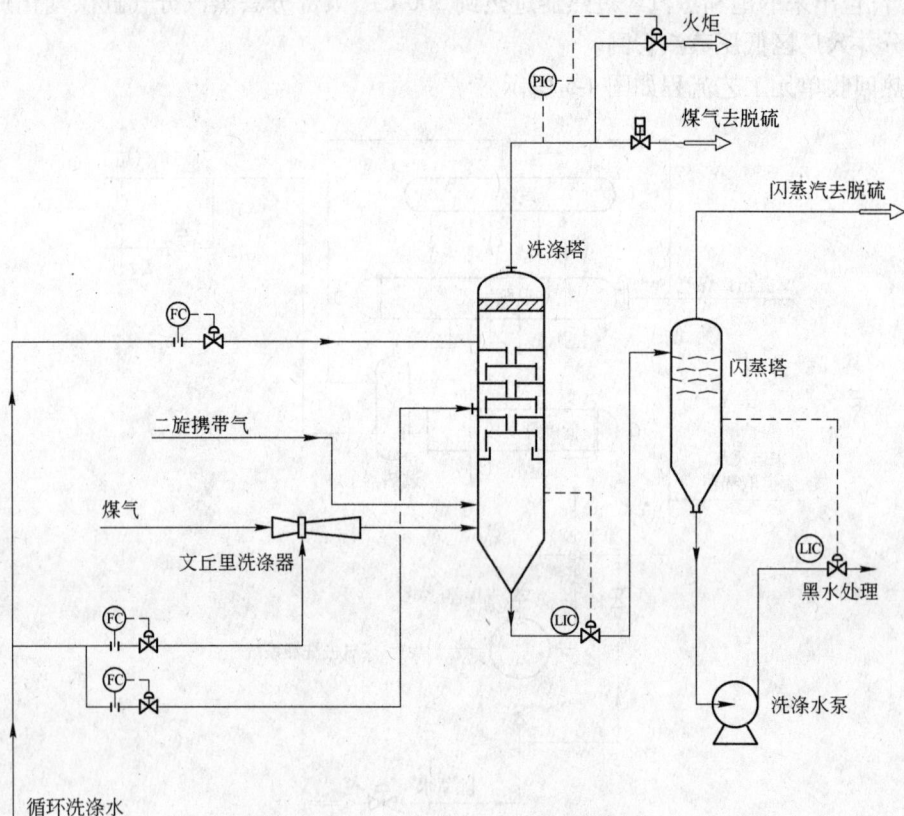

图 4-6　煤气洗涤单元工艺流程简图

（3）查看气化炉反应区各温度、炉顶温度压力信号，是否有报警信号。

（4）检查进煤、排渣、排灰是否正常，检查法兰垫子有无刺料、漏料现象。

（5）检查汽包，洗涤塔，闪蒸塔液位是否正常。

（6）接班后检查水系统附属泵类轴承油箱油位是否正常，有无变质。

（7）查看各泵上料是否正常，进出料、管道是否畅通。

（8）检查各泵阀门、垫子、法兰有无漏料现象。

（9）检查平衡煤斗、进煤斗料位计指示是否正常。

（10）检查星型给料器工作是否正常。

（11）检查输送皮带运行是否正常。

（12）检查备煤的入炉煤粒径是否符合生产技术标准。

（13）巡检完毕后回操作室填写点检记录、润滑记录等。

1.1.2　危险因素

（1）高空坠物伤人，高空坠落、跌伤。

（2）煤气浓度超标，一氧化碳中毒。

（3）接触高温设备或蒸汽造成烫伤。

（4）接近运转中的设备，直接用手触摸传动部位。

（5）电动机、引风机未停机加油。

（6）现场物品摆放不规范、杂物多。

1.1.3 安全对策

（1）上下楼梯抓好扶手，严禁扔工具物品及向气化框架下乱丢物品。

（2）上岗巡检时随身携带便携式一氧化碳报警仪。

（3）禁止靠近、接触高温设备或物品。

（4）检查时不准接触运转中的设备及用手接触传动部位。

（5）及时为电动机、引风机停机加油。

（6）定位摆放做到现场管理标准化。

1.2 气化炉点火升温、投料操作

1.2.1 程序、内容

（1）建立汽包液位。

（2）打开炉顶放空，手动点火时打开点火孔盲板，打开相应的阀门对排渣系统及排灰系统进行预热。

（3）打开一料腿返料阀，系统压力调节阀置于放空状态，使气化炉系统处于自然通风状态。

（4）空气、烘炉柴油、氮气及蒸汽都已就位，处于备用状态。

（5）在点火前，给炉顶降温喷嘴通入氮气，给下渣斗降温喷嘴通入蒸汽（氮气），以保护喷嘴，这里可以根据喷嘴的要求当温度达到一定值后再通入保护气。

（6）点火前用空气吹扫系统10分钟，分析合格后通入少量雾化空气和烘炉空气，开启点火枪，微开柴油流量计阀门，火焰稳定以后，根据衬里材料要求的升温曲线适当开大柴油流量和空气流量。主控应密切注意气化炉炉底温度变化。如果火焰熄灭，关闭柴油调节阀，开大空气调节阀，吹扫并分析检测合格后，重新点火。

（7）初次烘炉和检修后开车烘炉的升温曲线由耐火材料制作单位确定。

（8）为防止进煤斜管蒸汽冷凝，通过进煤斜管切断阀的旁通手阀向两个进煤斜管中同时通入适量氮气。

（9）当气化炉底部温度升到800℃以上时，炉内燃烧稳定，关闭炉顶放空手阀（加装盲板）和下渣斗排渣阀组，同时根据炉内温度，调节分布板、开工空气、柴油喷嘴流量调节阀，维持炉温稳定上升。稳定后，堵炉顶放空管线盲板。

（10）在烘炉过程中，应通过适当开启连接在排渣、排灰管道上的旁通管上的手阀，以加热渣斗、灰斗。

（11）升温后期，在洗涤塔入口温度（省煤器出口温度）超过90℃，给水洗塔通入洗涤水，建立水洗塔和闪蒸塔液位，保证水洗塔温度在操作温度之内。

（12）投用进煤单元、排灰单元、排渣单元阀位联锁。主控操作人员严密监视各阀门开关时序及阀位指示正确。

（13）调整烘炉柴油流量、空气、蒸汽量，达到规定气量、氧浓度和炉温。通过调节洗涤塔后放空管线上的压力调节阀，保持一定气化炉压力（根据燃烧柴油、空气压力确定），准备进煤。

（14）开启进煤斜管切断阀（在开启进煤时要调节好进煤斗和气化炉的压差），同时调节进煤吹送气调节阀，控制进煤吹送气气量（300Nm³/h）。启动星型给料器电动机，以

最低转速运转，开启给料器上部阀门。

（15）投料前开启一料腿吹送蒸汽，控制蒸汽流量在 200kg/h 左右，准备建立飞灰循环。

（16）进煤后，关闭一料腿高温返料阀，料腿开始收集细粉，并逐渐建立循环。

（17）将氧气进气管线上的切断阀和其前后手阀打开，氧气进入氧气稳压管，准备投用氧气。

（18）在床层压降达 3kPa 以上，气化炉温度 850℃后，按顺序逐渐减小中心管的空气，同时及时稳妥地通过中心管氧气调节阀调整氧气的量。待气化炉空气和氧气调整完毕后，逐渐地将气化炉底部的温度升到要求温度，同时将进煤量适当提高。

1.2.2　危险因素

（1）当进行人工点火时，脸部正对点火孔，造成面部灼伤。

（2）点火失败熄火时，吹扫不彻底或未吹扫，造成二次点火爆燃。

（3）烘炉时未严格按照升温曲线进行烘炉，致使系统内水分排不尽以及衬里损伤。

（4）投料时，进煤斗压力低于气化炉压力，导致烘炉气体反窜至进煤斜管，造成进煤不畅或停炉。

（5）未及时开启进煤、排灰、排渣单元阀位联锁。

（6）烘炉时未及时向喷嘴通入保护气，使喷嘴损伤。

（7）点火时，煤灰取热器内未通入除氧水，造成列管管震。

（8）点火后，未通入压差测点保护性氮气，造成床层测点堵塞。

（9）按煤后，未关闭点火枪、开空气根部手阀，造成热气反窜甚至爆炸。

1.2.3　安全对策

（1）上、下楼梯抓好扶手，严禁扔工具物品及乱丢物品。

（2）人工点火时面部进行安全防护并远离点火孔。

（3）炉内熄火时，及时进行吹扫并分析合格后才能再次点火。

（4）烘炉时严格按照升温曲线进行烘炉。

（5）投料时，严格控制进煤斗与气化炉之间压差为 0.03MPa。

（6）及时开启进煤、排灰、排渣单元阀位联锁。

（7）及时向各个喷嘴通入保护气。

1.3　气化炉升压、并网操作

1.3.1　程序、内容

（1）气化炉建立床层稳定运行后，通过调整后系统压力调节阀，逐步缓慢升压至设定压力。

（2）在升压过程中，要密切注意气化炉温度、床层的变化，并逐渐提高进煤量，及时调整气化炉各路进气量、进气速度及氧浓度。

（3）气化炉达到设定压力，并稳定运行后，可根据实际情况，缓慢地调整气化炉温度至设定温度，并同时适当提高进煤量，调整气化炉各路的气体流量。定时进行煤气分析。

（4）确认渣斗在初始状态，启动排渣锁斗程序。

（5）确认飞灰系统初始状态，启动飞灰收集程序。

（6）气化炉压力上升过程中调节洗涤塔上水量；调节炉顶降温冷却水的流量和雾化蒸

汽的流量；调节冷渣机冷却水流量；调节冷灰机冷却水流量。

（7）通知仪表岗位人员启动在线分析仪。

（8）当洗涤塔后煤气压力达到设定值，且煤气取样分析合格后，即可进行并网操作。

（9）通知脱硫系统，并得到送气指令后，开启洗涤塔后系统控压阀，同时关小放空调节阀的开度，整个过程要维持气化炉和水洗塔的压力稳定，直到放空调节阀完全关闭。

（10）逐渐将气化负荷缓慢提高到设定值。增加负荷时，主控人员应密切注意炉温、系统压力和水洗塔液位变化情况。同时调整水系统与负荷相匹配，以维持工况稳定。

1.3.2　危险因素

（1）并网前未及时通知下游岗位。

（2）煤气取样分析未合格，氧气含量没有达到标准即并网。

（3）系统并网时，系统压力调节阀操作过快，致使气化炉压力大幅度波动，造成炉况恶劣。

（4）各设备及管道安全阀失效。

1.3.3　安全对策

（1）及时通知下游岗位做好并网准备。

（2）煤气取样不合格不能并网，直到其合格为止。

（3）系统并网时，操作系统压力调节阀应尽量缓慢稳定进行。

（4）做好安全阀的检查维护。

1.4　正常操作

1.4.1　程序、内容

（1）根据 DCS 显示数据及操作周期要求，及时对气化炉执行进煤、排灰、排渣操作。

（2）主控操作人员要经常仔细检查屏幕上各检测控制点的工艺参数，包括流量、温度、压力、液位、电流、分析等，发现问题及时调整。

（3）根据灰渣含碳量，判断碳转化率的高低，并对气化炉的运行状况进行调整。

（4）及时对汽包进行排污操作。

（5）通过仓泵、灰仓和排渣斗操作，按时将灰、渣排出系统。

1.4.2　危险因素

（1）未经作业区领导同意，私自解除联锁。

（2）操作中氧煤比过高，使气化炉出现飞温现象，最终导致气化炉内大面积结渣。

（3）气化炉出口温度大于 900℃，致使后系统过热，严重时导致气化炉停车。

（4）汽包给水故障及排污操作不当，造成满水及缺水事故。

（5）灰仓、排渣斗卸料时粉尘过大，操作人员指挥不当造成人员或设备损伤。

1.4.3　安全对策

（1）未经作业区领导同意，不能解除联锁。

（2）操作中严格控制氧煤比。

（3）严格控制气化炉出口温度。

（4）给水及排污时密切监视汽包液位。

（5）灰仓、排渣斗卸料时操作人员按要求佩戴防尘口罩，灰渣外排及灰渣外运人员相互之间做好沟通协调工作。

1.5　停车操作

1.5.1　程序、内容

（1）在停车前，应通知有关方面做好准备，各个岗位有顺序地进行停车前的准备。

（2）煤气切换至放空后，气化炉通过减小空气、氧气量进行降温。

（3）逐渐减少进煤量。

（4）逐步打开系统放空调节阀，降低气化炉压力，降压过程中保证分布板气速大于0.7m/s。

（5）通过调节环管气量，逐渐排出炉料，在停环管停止进气后，排出一旋细粉。

（6）气化炉压力降到常压后，氧气管道通入氮气。

（7）蒸汽吹扫，降温。

（8）氮气吹扫。

（9）空气吹扫。

1.5.2　危险因素

（1）未及时通知上、下游岗位和相关区域。

（2）降压过程中未能保证分布板气速大于0.7m/s，导致停车后气化炉内严重结渣。

（3）氮气吹扫后，未进行气体分析或分析不合格，即通入空气进行吹扫，造成炉内气体爆燃，对气化炉及管道造成损坏。

1.5.3　安全对策

（1）停车前及时通知上、下游岗位和相关区域做好准备。

（2）降压过程中通过增加蒸汽或氮气量，保证分布板气速大于0.7m/s。

（3）氮气吹扫后，在水洗塔出口取样分析（$CO + H_2$）含量小于0.5%，氮气置换分析合格，再进行空气吹扫。

1.6　设备故障及异常情况处理作业

1.6.1　气化炉突然停电处理作业

（1）程序、内容

1）停电时，备用电源会及时给DCS系统供电，及时联系调度问明停电原因及恢复供电时间，如不能及时供电，应迅速启动紧急停车。

2）通知下游工段。

3）迅速切断氧气总阀门和中心管、二次风氧气调节阀，关闭各路空气调节阀，空气总管放空。

4）迅速开启洗涤塔顶放空调节阀的开度，同时关闭后系统切断阀；整个过程要维持气化炉和洗涤塔的压力稳定，注意维持系统压力不要波动过大。

5）切断星型给料器上部阀门。

6）切断进煤吹送气和夹套吹送蒸汽，关闭进煤斜管上的切断阀。

7）将一料腿调节阀调节至关闭状态，切断料腿吹送蒸汽。

8）根据气化炉压力状况，减小环管蒸汽量，逐渐减小分布板和中心管的蒸汽量。在仪表气压力不够的情况下，应手动调节。

9）在保持系统压力相对稳定并逐渐卸压的情况下，逐渐降低系统压力，在仪表气压力不够的情况下，应手动调节继续逐渐卸压。

10）应时刻注意汽包压力和液位，在汽包蒸汽出口调节阀无法调节的情况下，通过手动调节阀门控制汽包压力，同时及时关闭汽包排污阀门。

（2）危险因素

1）停电造成人员慌张，发生摔伤、碰伤等事故。

2）未联系调度，造成误操作。

3）总电源没关，来电后设备自行启动伤人。

（3）安全对策

1）停电时值班长统一指挥，分工协作，平时加强演练。

2）及时联系调度，问明原因，做好相应的处理。

3）停电后及时关闭总电源。

1.6.2 气化炉煤气发生泄漏、着火处理作业

（1）程序、内容

1）由值班长报告调度，立即断开煤气网络。

2）启动紧急停炉程序，保证气化炉压力。

3）检查并带好空气呼吸器，确认泄漏部位及范围，若着火用干粉灭火器将火扑灭。

4）停炉后气化炉做检修处理，做好安全措施，确定事故原因及事故责任。

（2）危险因素

1）人员慌张，发生摔伤、碰伤等事故。

2）没有戴好空气呼吸器，不会使用干粉灭火器。

3）停炉操作不到位，造成事故扩大。

（3）安全对策

1）由值班长统一指挥，做好协调，平时做好演练。

2）戴好空气呼吸器，平时加强灭火技能的学习和训练。

3）加强操作技能的培训。

2 安全须知

2.1 上岗时间

本岗位实行四班三运转倒班作业，按规定提前15分钟到达岗位进行交接班。

2.2 接受任务方式和要求

（1）承接上个班次的工作任务。

（2）参加班前会明确本班次工作任务。

（3）接受调度、作业区作业指令。

2.3 着装防护要求

（1）进入工作区按规定穿着防静电工作服和劳保鞋、戴好安全帽和防尘口罩。

（2）为防止煤气中毒，本岗位配置一氧化碳在线监测仪和空气呼吸器用于现场煤气监测，煤气浓度超标报警时使用。

（3）为防止煤气、电气火灾，本岗位配置二氧化碳灭火器和干粉灭火器，要求保持性能良好。

2.4　工具要求

岗位配备的对讲机、测温枪、便携式一氧化碳报警仪、现场操作工具等，使用前要认真检查，保持其性能良好。

2.5　岗位安全基本职责

（1）负责气化炉及其附属设备的操作、检修及维护。

（2）严格执行气化岗位的操作规程及安全规程，确保气化安全稳定生产。

（3）熟悉掌握区域内各设备的技术状况，具备较强的操作技能及应急处理能力。

（4）与上、下游岗位和生产区做好配合，开停车作业时要通知相关岗位和调度，做好各岗位及生产区的协调，保证生产安全。

（5）严格执行交接班制度，做好区域内和操控室的卫生清洁，认真填写各项原始记录，做到信息传递及时准确。

2.6　协助互保要求

作业时每个班组全部员工实行联保，巡检时必须两人或两人以上协作，做好互保。

2.7　安全确认的方式和内容

2.7.1　开车确认

（1）所有设备、管道和阀门都已安装完毕，并作过强度试验，吹扫、清洗和气密性试验合格。

（2）所有程控阀调试完毕，动作准确，报警和联锁整定完成。

（3）电气、仪表检查合格。

（4）单体试车、联动试车完毕。下游用气系统、火炬系统达到安全使用条件。

（5）水（新鲜水、软化水、除氧水、循环水等）、电、气（仪表气、压缩空气、氧气、氮气、烘炉柴油）、蒸汽及原料输送等公用设施准备就绪，并能正常供应。

（6）生产现场清理干净，特别是易燃易爆物品不得留在现场。

（7）检查盲板情况，凡是临时盲板均已拆除，操作盲板也已就位。

（8）设备、管道膨胀节出厂时的固定件已按要求拆除，设备弹簧支座的定位销也按要求拆除。

（9）用于开车的通讯器材、工具、消防和防毒器材已准备就绪。

（10）界区内所有工艺阀门确认关闭。

（11）核查各记录台账，确认各项工作准确无误。

2.7.2　正常作业确认

（1）现场员工按时巡检，确认各管道阀门、焊缝、法兰连接处、膨胀节、皮带及各泵无跑、冒、滴、漏现象。

（2）正常作业时确认气化炉炉体、高温蒸发段、低温蒸发段等设备及管道无超温现象。

（3）设备管道操作及检修中需要开具工作票的，在动作前必须确认已开具相应的工作票。

2.7.3　停车确认

（1）停车后对设备及管道进行吹扫，经分析化验后，确认其达到要求。

（2）停车后确认各阀门、盲板已打到相应的位置。

（3）停车后需进行高空作业或进入有限空间进行检查、维修时，必须开具相应的工作票。

2.8 安全标准

（1）气化系统的安全阀、监测仪表、联锁保护等安全装置应齐全、完好、灵敏可靠。

（2）气化炉炉体周围必须设置防护栏，防止人员发生烫伤事故。

（3）在适当的位置设置足够的风向标。

（4）煤气危险区域宜设置一氧化碳浓度在线实时监测报警装置。正常作业环境一氧化碳浓度最高允许浓度为 $30mg/m^3$ 即 24.4×10^{-6}。

（5）检修前，落实安全防护措施，办理有限空间作业证并得到批准，作业前必须用空气进行置换，进行安全分析合格后方可进行检修工作，超过 30 分钟重新进行分析。

（6）点火前，用空气对气化炉系统进行气体置换，分析合格后（可燃气体成分小于0.5%）方可进行点火操作。

（7）气化炉停炉泄压后，用氮气（或蒸汽）吹扫降温，温度降到 300℃ 以下再用空气吹扫，取样分析水洗塔出口气体（直至可燃气体成分小于 0.5%）。

（8）开车前，必须通过气密性试验检查人孔、法兰、焊缝等是否有泄漏，存在漏点未处理不得开车。

（9）开车运行中，必须要严格根据巡检内容进行检查，如有发现泄漏或外壁超温应联系上报，对此作出及时处理，处理不了的应做好停车准备。

（10）进行气密性试验时应认真检查余热锅炉各设备、管道、法兰、膨胀节、焊缝是否有泄漏，漏点处理完毕方可开车。

（11）开车巡检时注意汽包现场液位计、压力表显示与中控是否吻合，发现问题及时处理。

（12）运转设备周围必须设置防护栏，防止人员触碰设备而造成安全事故。

（13）安全防护罩必须牢固、可靠，达到安全标准。

（14）巡检时检查运转设备电动机定子、轴承温度，有超温则应及时处理。

（15）巡检时检查运转设备的轴承温度、旋转接头密封情况是否正常，观察、细听有无异常。

2.9 精神状态

自我检查身体状态，保持良好的精神状态上岗。

3 环境因素识别及控制措施

3.1 本岗位安全作业对现场环境的要求

（1）各区域楼梯栏杆完好，楼层、楼梯、走廊无积灰杂物。

（2）防护设施、消防器材干净有效，警示牌清晰，摆放整齐，定置管理。

（3）现场通风良好，煤气泄漏量低于国家标准。

（4）中夜班现场作业要有足够的照明。

3.2 本岗位安全作业对工器具、原材料的要求

（1）现场的各种操作工具必须齐全，灵活好用。

（2）现场的应急设施完好。

（3）处理煤气泄漏等故障时工具必须涂抹黄油或使用铜质工具。

3.3　本岗位安全作业对职工和生产工艺的要求

（1）岗位人员必须有强烈的责任心，无心脏病、恐高症等与岗位不适合的职工队伍。

（2）岗位人员必须掌握本岗位的工艺流程，应急预案及隐患排查技能。

（3）生产的硫黄及脱硫后的煤气符合生产工艺要求。

4　消防

参见本篇第 1 章第 2 节 4。

第 3 节　作 业 标 准

1　作业项目

1.1　正常启动

1.1.1　开车条件（初次开车）

（1）所有设备、管道和阀门都已安装完毕，并作过强度试验，吹扫、清洗和气密性试验合格。

（2）所有程控阀调试完毕，动作准确，报警和联锁整定完成。

（3）电气、仪表检查合格。

（4）单体试车、联动试车完毕。下游用气系统、火炬系统达到安全使用条件。

（5）水（新鲜水、软化水、除氧水、循环水等）、电、气（仪表气、压缩空气、氧气、氮气、烘炉柴油）、蒸汽及原料输送等公用设施准备就绪，并能正常供应。

（6）生产现场清理干净，特别是易燃易爆物品不得留在现场。

（7）检查盲板情况，凡是临时盲板均已拆除，操作盲板也已就位。

（8）设备、管道膨胀节出厂时的固定件已按要求拆除，设备弹簧支座的定位销也按要求拆除。

（9）用于开车的通讯器材、工具、消防和防毒器材已准备就绪。

（10）界区内所有工艺阀门确认关闭。

（11）核查各记录台账，确认各项工作准确无误后，准备开车。

1.1.2　开车准备

（1）开车前，将进界区水（包括新鲜水、除盐水、脱氧水、灰水等）的入口总阀打开引入界区，且压力、温度等指标符合设计要求，并送至各用水单元最后一道阀前待用。

（2）压缩空气、仪表气、氧气、氮气、蒸汽已从界外送至界区备用。

（3）烘炉用柴油可保证开车烘炉要求。

（4）余热锅炉加药装置及其药品齐全完好。

（5）备煤系统已开车稳定，生产出合格的入炉煤贮存在成品仓中。

（6）所有仪表投入运行，确认其灵敏、指示准确。

（7）所有调节阀的前后手动阀关闭，调节阀校对合格，旁路阀及导淋阀关闭，用时再开。

（8）气化炉安全联锁系统整定合格。

1.1.3　气化炉烘炉

（1）建立汽包液位

路线：除氧器→锅炉给水泵→省煤器旁路→汽包→汽包液位正常。

1）上水时，适当打开汽包放空，使空气能顺利排出，汽包不至于憋压。

2）上水期间，密切注意上水流量和汽包压力。

3）上水完毕后，关闭上水气动阀，停锅炉给水泵。

4）上水完毕后，可适当对高低蒸发段排污。

（2）打开气化炉上渣斗、下渣斗阀门，适当开缓冲渣斗阀门，预热排渣系统。

（3）打开上飞灰罐、下飞灰罐和飞灰缓冲罐之间的阀门，开插板阀以及斜管，拆除冷渣机入口短节，使细粉收集系统处于自然通风状态并防止冷凝水进入冷灰机。

（4）打开一料腿返料阀，打开系统压力调节阀置于放空状态，使气化炉系统处于自然通风状态。

（5）将进行烘炉的气化炉对应的分布板空气管线、中心管空气管线、环管空气管线、二次风空气管线及开工空气管线上的盲板倒到"通"，并打开对应管线上除旁路阀外的所有手阀，包括流量调节阀前后手阀。打开准备进行烘炉的气化炉对应空气分气缸进气管线上的手阀，送空气进入空气分气缸。

（6）烘炉柴油

将柴油管道上的盲板倒到"通"，将管线上的手阀打开，打油循环。

（7）氮气

打开氮气总管手阀，将氮气送入氮气分气缸和氮气稳压罐，氮气进入分气缸和稳压罐待用。

（8）蒸汽

将气化界区外合格的过热蒸汽引入蒸汽分气缸，送入时应先打开管道上的导淋排出冷凝液之后缓慢开启阀门，导入蒸汽完毕后关闭导淋。

（9）给炉顶、窥视镜、进煤斜管、二次风、高温返料返通入氮气，给一料腿通入空气，通入保护氮气，确认高温返料阀全开。

（10）热空气通过分布板烘炉过程中，待温度达到130℃左右，给气化炉（包括进煤单元及排灰、排渣单元）进行打压式测漏，压力为0.45MPa。打压前，向气化炉通入压力测点，反吹氮气。

（11）分析合格后通入少量雾化空气和烘炉空气，开启点火枪，快开柴油流量计阀门（针形阀），火焰稳定以后，逐渐关小针形阀，根据衬里材料要求的升温曲线调节柴油流量和空气流量。主控应密切注意气化炉炉底温度变化。如果火焰熄灭，关闭柴油调节阀，开大空气调节阀，吹扫并分析检测合格后，重新点火。

（12）点火成功后确认各临时放空管线都已关闭（气化炉顶、缓冲渣斗），打开缓冲渣斗到冷渣机的插板阀。

1.1.4　气化炉升温

（1）初次烘炉和检修后开车烘炉的升温曲线由耐火材料制作单位确定。

（2）气化炉升温期间，给排渣排灰系统打循环，确保其没有冷凝水并气流通畅。

（3）当气化炉底部温度升到800℃以上时，炉内燃烧稳定，同时根据温度调节柴油量、分布板、开工空气流量调节阀，维持炉温稳定。

（4）给水洗塔通入洗涤水，建立水洗塔和闪蒸塔液位，建立水循环。保证水洗塔温度在操作温度之内。

液位建立程序：确认循环水压力正常，打开水洗塔上、中部进水阀，待水洗塔液位达到30%，把水导入闪蒸塔，待闪蒸塔液位达到60%时，启动洗涤水泵，闪蒸塔液位稳定在50%后把LV1601打成自动调节。通过LV1501把水洗塔液位调节至50%，稳定后把LV1501打成自动调节。控制进水量在120t/h（上部20t/h，中部100t/h）。

（5）具备进煤的条件：气化炉底部温度800~900℃，气化炉顶部温度大于600℃，省煤器的煤气出口温度大于150℃，一旋料腿下段温度大于500℃，最高不大于650℃，缓冲渣斗温度大于150℃，飞灰缓冲罐温度大于150℃，洗涤系统已建立循环，各路气已达到进料要求。

1.1.5 气化炉投料前的准备

（1）按照加煤程序，进煤系统投用

调整进煤斗压差（大于30kPa）和进煤气吹送气量（300Nm³/h）（在开启进煤斜管阀门后，再加吹送气），启动星型给料机试运转。

（2）按照排渣程序，使用氮气对上、下渣斗和缓冲渣斗进行吹扫，冷渣机送入除盐水，启动冷渣系统。

（3）按照细粉输送程序，二旋料腿飞灰管道取热器根据实际温度送入蒸汽或除盐水（在投料后，根据实际温度进行及时调整），冷灰机通入除盐水并启动，仓泵能正常运行。二旋飞灰夹带气去洗涤塔的球阀缓慢打开。

（4）气化炉炉顶除氧水投用

气化炉出口温度达到900℃，打开炉顶降温喷嘴的除氧水调节阀前后手阀和入炉控制手阀，根据气化炉出口温度通过降温喷嘴水量调节阀调节冷却水水量。同时根据水量大小，按照3%的比例通入雾化蒸汽（初次使用时可适当加大一些雾化蒸汽的量，以确保达到雾化效果，详细参看喷嘴使用说明）。

余热锅炉通过上水阀建立连续上水，除氧水走省煤器。

（5）蒸汽系统投用

打开分布板蒸汽、中心管蒸汽、环管蒸汽、一料腿蒸汽调节阀前后手阀，调整分布板蒸汽、中心管蒸汽、环管蒸汽、进煤斜管夹套蒸汽流量调节阀，校对流量计并控制各路的蒸汽流量。

1.1.6 投料和床层建立

（1）投用进煤单元、排灰单元、排渣单元阀位联锁。主控操作人员严密监视各阀门开关时序及阀位指示正确。

（2）调整烘炉柴油流量，空气、蒸汽量，达到规定气量、氧浓度和炉温。通过调节水洗塔后放空管线上的压力调节阀，保持一定气化炉压力（根据燃烧柴油、空气压力确定正常为0.15MPa），准备进煤。

（3）开启进煤斜管切断阀（在开启进煤时要调节好进煤斗和气化炉的压差），同时调节进煤吹送气调节阀,控制进煤吹送气气量(300Nm³/h)。启动星型给料机,以最低转速(正常为3Hz)运转,开启给料器上部阀门。

进煤后,气化炉温度会短时下降,然后逐渐稳定并升高,此时可适当加大进煤量,同时按照一定的比例向气化炉通入空气、蒸汽,空气和蒸汽量由主控岗位根据温度的高低和进煤量的大小调节。气化炉投料着火后,保证分布板气速大于0.7m/s。

煤点燃后,炉温迅速上升,根据温度的上升情况及稳定程度,把开工柴油量逐步减少直至全部关闭。切断柴油,关闭管线上的手阀,关闭柴油流量调节阀前后手阀。切断开工空气,关闭管线上的手阀,关闭烘炉空气流量调节阀前后手阀。待床层温度稳定,将开工柴油管线和空气管线打"8"字盲板,同时给喷嘴通入保护气。随后炉内温度的升降由分布板、中心射流管、环管的空气和蒸汽流量调节进行控制。

进煤后,保持温度稳定,通过调节环管气量,控制排渣量,逐渐建立床层。控制洗涤塔后压力调节阀,稳定到一定压力值(压力值根据空气压力确定)。

(4)排渣单元打循环,检查缓冲渣斗是否有渣排出,保证冷渣机入口畅通。

(5)排灰单元打循环,检查冷灰机入口上部是否有灰排出,当有灰排出后,将飞回缓冲罐下部斜管关闭,恢复冷渣机入口短节将灰切至冷灰机并保证灰仓运行正常。

(6)投料前开启一料腿吹送蒸汽,控制蒸汽流量在200kg/h左右,准备建立飞灰循环。

(7)进煤后,关闭一料腿高温返料阀,料腿开始收集细粉,并逐渐建立循环。

一料腿细粉循环操作原则:一料腿返料阀的开度应根据料腿温度和料腿压差的变化情况(即无料时压差为0,有料时压差有数值。还可参考料腿温度,正常时上高下低)调节。一旋料腿的运转应以上部压差为主要控制点,来调节一料腿调节阀门的开度。当料腿有料时,压差就会发生变化;当上部压差从0开始有数值变化时,可增加料腿调节阀门的开度,加大料腿细粉循环量,以防止旋风分离器效率降低;当下部压差较小或者恢复到0时,应立即关闭或减小调节阀门的开度,以防止煤气反窜至料腿。在正常操作过程中,上部压差应为0或较小的数值。这里要说明严格防止气体反窜造成含碳飞灰在料腿内燃烧。

(8)氧气:将氧气进气管线上的切断阀和其前后手阀打开,氧气进入氧气稳压管,进煤后根据床层及气化炉温度投用氧气。

(9)在床层压降达3kPa以上,气化炉温度850℃后,按顺序逐渐减小中心管的空气,同时及时稳妥地通过中心管氧气调节阀调整氧气的量。待气化炉空气和氧气调整完毕后,逐渐地将气化炉底部的温度升到要求温度,同时将进煤量适当提高。

(10)注意事项及说明

1)在烘炉过程中,严禁洗涤塔等设备人孔开启作业,严禁将后系统调压阀切换至火炬系统。

2)在烘炉升温期间,一定注意及时开启炉顶、上渣斗、二次风雾化蒸汽(氮气)以保护喷嘴。

3)烘炉、投料期间,保证后系统释放气的安全排出。

4)点火时,一旦熄火,立即关闭柴油,空气吹扫并检测合格后,重新点火。

1.1.7 气化炉升压并网

(1)气化炉建立床层稳定运行后,通过调整后系统压力调节阀,逐步缓慢升压至设定压力。

（2）在升压过程中，要密切注意气化炉温度、床层的变化，并逐渐提高进煤量，及时调整气化炉各路进气量。

（3）气化炉达到设定压力，并稳定运行后，可根据实际情况，缓慢地调整气化炉温度至设定温度，并同时适当提高进煤量，调整气化炉各路的气体流量。定时进行煤气分析。

（4）气化炉压力上升过程中：调节洗涤塔上水量；调节炉顶降温冷却水的流量和雾化蒸汽的流量；调节冷渣机冷却水流量；调节冷灰机冷却水流量。

（5）通知仪表岗位人员启动在线分析仪。

（6）煤气进入脱硫系统。

当洗涤塔后煤气压力达到设定值，煤气取样分析和洗涤塔去脱硫的煤气管道用氮气置换合格后，即可进行并网操作。

操作步骤：

通知脱硫系统，并得到送气指令后，注意系统压力，之后缓慢开启系统控压阀 HV1501，关小放空调节阀的开度，整个过程要维持气化炉和洗涤塔的压力稳定，直到放空调节阀完全关闭。

之后气化单元进入正常运行，可以按照正常运行的操作法操作气化单元。注意：切换中保持系统压力稳定。

（7）逐渐将气化负荷缓慢提高到设定值。增加负荷时，主控人员应密切注意炉温、系统压力和洗涤塔液位变化情况。同时调整水系统与负荷相匹配，以维持工况稳定。

1.2　正常操作

1.2.1　进煤单元

（1）进煤单元的设备及作用

平衡煤斗：将来自常压受煤斗中的原料煤加压后加入进煤斗。

进煤斗：为气化炉储存足够的加压原料煤。

星型给料器：将进煤斗中的原料煤连续、稳定、定量地送入气化炉。

（2）进煤单元的工作原理

储存在常压受煤斗中的原料煤经过平衡煤斗加压至进煤斗压力，依靠重力落入进煤斗，进煤斗中的煤通过星型给料器连续定量地落入进煤斜管，经空气、蒸汽吹送进入气化炉下部。

本套气化工艺中设计了两套进煤系统（A/B），使其处以一开一备或两开互备的状态。其作用在于当其中一套进煤系统出故障时可更替另一套进煤系统进行加料，使气化炉连续运行更加可靠。

（3）进煤单元主要操作变量的操作方法

1）气化炉进煤量控制

作用/目的：通过星型给料机转速调节气化炉的负荷。

操作过程中的可能现象：一料腿、气体调节正常情况下，气化炉温度波动。

可能的原因：进煤斗架桥、气化炉压力波动、给料器故障。

参数的调整：增加或减少进煤量，当气化炉温度升高时可适当增加进煤量，观察炉温的变化，查找原因。

2）进煤斗和气化炉的压差控制

作用/目的：保证进煤量稳定，防止炉内高温气体倒窜。

操作过程中的可能现象：压差减小。

可能的原因：气化炉压力增大、充压气源压力低。

参数的调整：适当降低气化炉压力，查找原因。

3）进煤吹送空气流量和蒸汽流量控制

作用/目的：促进入炉煤在斜管内流动和出口分散。

操作过程中的可能现象：流量变小。

可能的原因：分气缸压力波动、气化炉压力波动，进煤斜管堵塞。

参数的调整：适当加大吹送气的流量。

4）进煤斗加料过程顺序控制

作用/目的：保证进煤斗料位不低于正常操作允许的下限。

操作过程中的可能现象：进煤斗料位低。

可能的原因：加料不及时。

参数的调整：注意料位计的变化，查找原因。

（4）受煤斗加煤操作

在气化炉处于正常运转状态时，受煤斗里应始终保持有足够的煤量，以保证可以及时给平衡煤斗加足煤。平时应定期清理除尘器捕集下来的煤粉。

在受煤斗的高料位没有报警时，应始终维持受煤斗处于加煤状态，只有在受煤斗的高料位报警时，才可以停止加煤。在停止卸料器系统一段时间或者受煤斗低料位报警时，应及时启动卸料器系统，给受煤斗加煤。

在气化炉正常运行时，受煤斗提煤皮带应始终处于运转状态。受煤斗内应时刻存有一定量的煤，以保证随时可以给平衡煤斗加满煤。

（5）进煤单元的开车

在气化炉投料前，应向进料单元 A/B 系列加满煤。如 A 系列的加煤程序如下：

1）关闭星型给料器上部的阀门，打开平衡煤斗放空阀，打开平衡煤斗和进煤斗的平衡阀。

2）打开进煤斗的上、下进煤阀，打开平衡煤斗的上、下进煤阀（注意：一定要先开下阀，再开上阀，且在开上阀时下阀一定要开到位），受煤斗中的煤靠重力落入平衡煤斗和进煤斗。

3）当进煤斗上料位报警后关闭进煤斗的上、下进煤阀（注意：一定要先关上阀，再关下阀，且在关下阀时上阀一定要关到位），关闭平衡煤斗和进煤斗的平衡阀。

4）继续加煤，当平衡煤斗的上料位报警后，停止向平衡煤斗加煤，关闭平衡煤斗的上、下进煤阀（注意：一定要先关上阀，再关下阀，且在关下阀时上阀一定要关到位）和放空阀。

5）按以上操作同步给进煤单元 B 系列加满煤。

（6）进煤斗加煤操作程序

在气化系统处于正常运转状态时，整个系统处于加压操作状态，进煤斗下部出料阀也处于开启状态，因此，进煤单元必须严格按照操作程序进行操作。

进煤单元采用两级煤锁斗，大约每 30 分钟（根据料位计显示情况）通过平衡煤斗给进煤斗加煤一次。当进煤斗低料位报警时，应及时启动进煤斗加煤程序。

进煤斗加煤过程如下（此时平衡煤斗中应充满煤，平衡煤斗上、下进煤阀和放空阀处于关闭状态，平衡煤斗压力高于进煤斗 20kPa，且平衡阀处于关闭状态）：

1）打开进煤斗的上、下进煤阀（注意：一定要先开下阀门，再开上阀门，且在开上阀时下阀一定要开到位），使平衡煤斗与进煤斗联通，开始给进煤斗加煤，然后开启平衡阀。

2）平衡煤斗下料位空报警或进煤斗上料位满报警时，关闭进煤斗的上、下进煤阀（注意：一定要先关上阀门，再关下阀门，且在关下阀时上阀一定要关到位），关闭平衡煤斗与进煤斗的平衡阀，确认阀位。

3）打开平衡煤斗放空阀，等待平衡煤斗卸压至常压（小于 0.02MPa 即可），并确认压力。

在平衡煤斗放空过程中，应注意进煤斗的压力变化，压力没有变化则进行下步操作。如果出现压力大幅度下降现象，及时关闭平衡煤斗放空阀，恢复平衡煤斗压力并与进煤斗压力保持一致，检查进煤斗进煤上阀和进煤下阀。再重复放空过程，确保进煤斗压力保持不变。如无法在短时间内解决，应及时切换到备用系列或做好停炉处理。

4）打开平衡煤斗的上、下进煤阀（注意：一定要先开下阀门，再开上阀门，且在开上阀时下阀一定要开到位），开始给平衡煤斗加煤。

5）当平衡煤斗上料位报警时，停止向平衡煤斗加煤，关闭平衡煤斗的上、下进煤阀（注意：一定要先关上阀门，再关下阀门，且在关下阀时上阀一定要关到位）和放空阀，并确认阀位。

6）打开平衡煤斗充压阀，等待平衡煤斗压力高于进煤斗压力 0.02MPa（在 0.015 ~ 0.025MPa 之间即可），关闭平衡煤斗充压阀，并确认阀位。

7）观测平衡煤斗压力是否保持不变，在没有漏气情况下，等待进行下一个操作循环。如出现较大的卸压现象，应及时检查平衡煤斗进煤阀和放空阀。如无法在短时间内解决，应及时做好切换备用系列或停炉处理。

（7）进煤单元的注意事项

1）在给平衡煤斗加煤进行一段时间后，仍不见平衡煤斗料位报警或发现受煤斗没有下煤，则应检查平衡煤斗的上、下进煤阀和放空阀是否正常开启，以及对应的受煤斗锥体是否出现了堵塞或架桥情况，并及时通知相关人员进行处理。若不见效，则应采取其他措施，或及时做好切换备用系列或停炉处理。

2）在给进煤斗加煤时，不见进煤斗连续料位升高、料位满报警或平衡煤斗没有下煤，则应检查进煤斗的上、下进煤阀是否正常开启，检查平衡煤斗的锥体是否出现了堵塞或架桥情况，并及时通知相关人员进行处理，应及时做好切换备用系列或停炉处理。

3）在气化系统处于正常运转时，应时刻注意进煤斗的下煤情况，在发现进煤斗下煤不正常时，应迅速检查进煤斗的锥体是否出现了堵塞或架桥情况，并通知相关人员迅速进行处理，若不见效，则应尽快采取其他措施，应及时做好切换备用系列或停炉处理。

4）在气化系统处于正常运转时，两个进煤系列可处于一开一备或两开互备的状态；当运行的系列 A 或 B 出现故障时，应及时切换到另一进料系列，以保证气化炉的正常运行，并及时对故障的进料系列进行相应的检修（注意：检修时一定要切断故障进料系列所对应的给料器与气化炉之间的所用阀门，使故障进料系列与气化炉和受煤斗处于隔断状态）。在故障进煤系列恢复正常后，再恢复到一开一备或两开互备的状态。

5）在气化系统处于正常运转时，应注意及时清理布袋除尘器除下的细粉，以保证布袋除尘器的正常工作。

（8）进料系统联锁设置

在正常操作时，进煤斗加煤程序的联锁设置如下：

1）开启平衡煤斗充压阀门时，放空阀、平衡煤斗与进煤斗之间的平衡阀、平衡煤斗的上、下进煤阀必须处于关闭状态。

2）开启进煤斗的上、下进煤阀时，平衡煤斗压力应高于进煤斗压力，且平衡煤斗的充压阀门处于关闭状态。

3）开启进煤斗的进煤上阀时，进煤斗的进煤下阀必须处于开启状态。

4）打开平衡煤斗与进煤斗的平衡阀时，进煤斗的上、下进煤阀必须处于开启状态。

5）关闭进煤斗进煤下阀时，进煤上阀必须处于关闭状态。

6）开启平衡煤斗的放空阀时，平衡煤斗的充压阀门必须处于关闭状态，进煤斗的上、下进煤阀必须处于关闭状态，平衡煤斗与进煤斗的平衡阀必须处于关闭状态。

7）开启平衡煤斗的进煤下阀时，平衡煤斗压力应小于 0.02MPa，且平衡煤斗的放空阀门处于开启状态。

8）开启平衡煤斗的进煤上阀时，进煤下阀必须处于开启状态。

9）关闭平衡煤斗的进煤下阀时，进煤上阀必须处于关闭状态。

1.2.2　气化与飞灰循环单元

（1）气化与飞灰循环单元主要设备及作用

气化炉：使原料煤与气化剂反应产生粗煤气。

雾化降温喷嘴：将气化炉出口的粗煤气温度控制在不大于 900℃。

一级旋风分离器：捕集粗煤气中夹带的大部分飞灰。

一级旋风料腿：将一级旋风分离器捕集的飞灰返回气化炉进一步气化。

排渣管：灰团分离与排渣量的控制。

（2）气化与飞灰循环单元的工作原理

采用气固流态化技术，使原料煤在气化剂（空气、氧气、蒸汽）适当的气速作用下沸腾流化，原料煤中的碳在部分燃烧产生的高温下与气化剂产生气化反应，生成煤气。随煤气带出气化炉的大部分飞灰通过一级旋风分离器捕集经一旋料腿返回气化炉内进一步气化。

在炉内中心射流形成的局部高温区（1100~1200℃），促使原料煤中的灰渣团聚成球，借助重量的差异达到灰团与半焦的分离，在非结渣情况下有选择地连续排出低碳含量的灰渣。

在气化炉底部高温区主要进行煤的部分燃烧反应，提供煤气化反应所需热量：

$$C + O_2 \Longrightarrow CO_2 \qquad +394.1kJ/mol$$

$$C + \frac{1}{2}O_2 \Longrightarrow CO \qquad +110.4kJ/mol$$

在气化炉内高温区以外，主要进行下列气化反应：

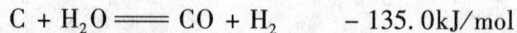

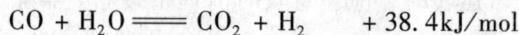

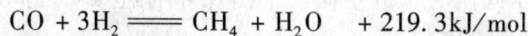

$$C + H_2O \Longrightarrow CO + H_2 \qquad -135.0kJ/mol$$

$$CO + H_2O \Longrightarrow CO_2 + H_2 \qquad +38.4kJ/mol$$

$$C + CO_2 \Longrightarrow 2CO \qquad -173.3kJ/mol$$

$$C + 2H_2 \Longrightarrow CH_4 \qquad +84.3kJ/mol$$

$$CO + 3H_2 \Longrightarrow CH_4 + H_2O \qquad +219.3kJ/mol$$

（3）主要操作变量的操作法

1）气化炉进煤量控制

作用/目的：调节气化炉的负荷。

操作过程中的可能现象：气化炉温度波动。

参数的调整：根据负荷要求改变给料器转速。

2）环管空气、过热蒸汽流量控制

作用/目的：调节气化炉排渣量、床层，参与气化反应。

操作过程中的可能现象：排渣管温度、排渣量波动。

可能的原因：渣斗周期操作，气化炉温度波动、分气缸压力波动。

参数的调整：根据气化炉排渣量的大小及床层适当调整。

3）中心管氧气、空气、过热蒸汽流量控制

作用/目的：维持气化温度，形成中心射流高温区。

操作过程中的可能现象：片渣生成。

可能的原因：中心管氧浓度偏高。

参数的调整：降低中心管氧气浓度。

4）分布板管空气、过热蒸汽流量控制

作用/目的：保证炉内流态化状态，维持气化温度。

操作过程中的可能现象：排渣中有小渣团。

可能的原因：气化温度偏高，分布板氧气浓度偏高。

参数的调整：在维持分布板气速的前提下降低分布板氧气浓度。

5）一旋吹送过热蒸汽流量控制

作用/目的：保证一旋补集的飞灰返回气化炉。

操作过程中的现象：流量减少。

可能的原因：蒸汽分汽缸压力降低，气化炉压力上升，返料斜管堵塞。

参数的调整：增大蒸汽量。

6）煤气降温喷嘴冷却水流量控制

作用/目的：气化炉出口煤气降温。

操作过程中的可能现象：出口煤气温度偏高或偏低。

可能的原因：喷嘴堵塞，入口煤气温度提高或降低，煤气量增加或减少。

参数的调整：加大或减少冷却水流量。

7）煤气降温喷嘴保护蒸汽流量控制

作用/目的：（烘炉阶段没有氮气时）保护煤气降温喷嘴，雾化降温冷却水。

操作过程中的现象：不符合雾化冷却水所需的比例。

可能的原因：蒸汽分汽缸压力波动、气化炉压力波动。

参数的调整：气化炉出口煤气温度不低于150℃时加入，按降温冷却水的固定比例（3%）调节。

（4）正常操作要点

1）主控操作人员要经常仔细检查屏幕上各检测控制点的工艺参数，包括流量、温度、压力、液位、电流、分析等，发现问题及时调整。

2）在正常运行时，气化炉应以较慢的速率增减负荷。

3）调节空气量和氧气量控制气化炉温度。

4）主控操作人员应经常注意气体成分的变化、气化炉压差和渣斗温度的变化趋势，判断气化炉的生产状况及炉温变化，及时做出调整。

5）主控操作人员对控制点的参数变化作出判断，如属仪表问题，应联系仪表工检查、检修，及时消除故障。

6）根据分析数据（灰渣的粒度分布及灰分、灰熔点）及时调整相应参数。

7）根据排渣和飞灰的含碳量，判断碳转化率的高低，并对气化炉的运行状况进行调整。

（5）正常操作原则

气化系统操作条件的控制是很重要的，这是由于煤质不可能完全不变。最佳的气化条件尽量满足以下几种情况：

1）转化率达到设计要求（渣中含碳量和飞灰排出量）。

2）床内完全流化（达到气化炉床层合适密度值）。

3）燃料气 CO、H_2 达到设计要求。

4）气化炉产气量达到设计要求。

5）空气、氧气和蒸汽的消耗量达到设计要求。

6）出现温度迅速上升等情况，首先降低中心管氧气，然后降低空气量，增加蒸汽量，及时将温度控制到小于900℃，再查找原因进行处理。

调节应该基于以下几个条件：

1）气化炉温度。

2）气化炉压力及床层。

3）煤气组成。

4）渣和飞灰产率。

5）渣和飞灰中的碳含量。

为了掌握如何调整气化参数，需要掌握以下知识：

1）空气消耗量对以上参数的影响。

2）氧气消耗量对以上参数的影响。

3）蒸汽消耗量对以上参数的影响。

4）气化炉负荷对以上参数的影响。

5）煤和渣、灰组成对以上参数的影响。

1.2.3　排渣单元

（1）排渣单元的主要设备及作用

上渣斗：将气化炉排出的灰渣部分降温并临时储存。

下渣斗：间歇性将上渣斗高温灰渣减压，排入缓冲渣斗。

缓冲渣斗：储存下渣斗排入的高温灰渣，并连续排入冷渣机。

冷渣机：将排出的高温灰渣降温。

输送机：输送经冷渣机冷却后的灰渣至排渣斗。

排渣斗：临时储存灰渣。

（2）排渣单元的工作原理

气化炉排出的高温灰渣经过上渣斗降温、下渣斗减压到常压后排入缓冲渣斗，再通过冷渣机将温度降到一定温度（80℃）排出。

（3）主要操作变量的操作法

1）上渣斗冷却水流量

作用/目的：调节上渣斗内操作温度。

操作过程中的可能现象：上渣斗温度偏高。

可能的原因：气化炉排渣量变化，冷却水上水压力变化。

参数的调整：根据上渣斗温度调节水量。

2）上渣斗雾化蒸汽流量

作用/目的：（烘炉阶段）保护降温喷嘴，雾化上渣斗冷却水。

操作过程中的现象：不符合雾化冷却水所需的比例。

可能的原因：蒸汽分汽缸压力波动、气化炉压力波动。

参数的调整：（起保护作用）渣斗温度不小于150℃时加入，按照与降温冷却水的比例调整雾化蒸汽流量。

3）冷渣机循环软水回水温度

作用/目的：监控冷渣机循环软水流量是否满足。

操作过程中的现象：回水温度超温。

可能的原因：循环软水流量不足。

参数的调整：增加冷渣机循环软水流量。

（4）排渣单元操作程序

排渣单元按照预定的时间间隔（30～60分钟一次）或渣斗料位启动，排渣程序如下（此时，下渣斗应处于加压状态，上渣斗间的排料阀处于开启状态，下渣斗排料上阀、排料下阀和放空阀、充压阀均处于关闭的状态）：

1）关闭上渣斗的排料上阀和排料下阀（注意：一定要先关上阀，再关下阀，且在关闭下阀时上阀必须已经关到位），并确认阀位。

2）打开下渣斗放空阀门，等待下渣斗压力降至常压（小于 0.02MPa 即可），并确认压力。在下渣斗放空过程中，应时刻注意气化炉压力是否有明显降低变化。如明显变化，则迅速关闭放空阀门，并恢复下渣斗压力，检查上渣斗的排料上阀和排料下阀。再重复放空过程，确保气化炉压力保持不变。如无法在短时间内解决，应及时做好停车处理。

3）打开下渣斗排料下阀和排料上阀（注意：一定要先开下阀，再开上阀，且在开上阀时下阀必须已经开到位），等待下渣斗内的灰渣全部排入缓冲渣斗。在气化炉正常运行时，缓冲渣斗内的灰渣连续的排入冷渣机，冷渣机冷却后的灰渣经输送机送往排渣斗。

4）关闭下渣斗的排料上阀和排料下阀（注意：一定要先关上阀，再关下阀，且在关闭下阀时上阀必须已经关到位），并确认阀位。

5）关闭下渣斗放空阀门，打开下渣斗充压阀门，等待下渣斗充压至约等于上渣斗压力（下、上渣斗压差小于 0.02MPa），并确认压力不变。

6）打开上渣斗排料下阀和排料上阀（注意：一定要先开下阀，再开上阀，且在开上阀时下阀必须已经开到位），使上渣斗和下渣斗处于串通状态，等待上渣斗的灰渣全部排入下渣斗。在上渣斗排渣不畅的情况下，可以短时打开上渣斗和下渣斗之间的平衡阀，等待进入下一个操作循环。

（5）排渣单元注意事项

1）在气化炉正常运行时，冷渣机和输送机始终处于稳定运行状态，并保证冷渣机的供水量。只有在气化炉进行开停车时，冷渣机才会进行相应的启动操作和停止操作。

2）在正常进行排渣过程中，应注意以下事项：冷渣机和输送机的启动和停止操作必须满足无负荷操作原则，即每次停止时，必须排净冷渣机里的灰渣和输送机上的灰渣。

（6）排渣单元的安全联锁

在正常操作时，排渣程序的联锁设置如下：

1）关闭上渣斗排料下阀时，上渣斗排料上阀必须处于关闭状态。

2）打开下渣斗放空阀门时，下渣斗充压阀门必须处于关闭状态，上渣斗排料下阀和排料上阀以及上、下渣斗的平衡阀必须处于关闭状态。

3）打开下渣斗排料下阀时，下渣斗压力必须小于 0.02MPa，下渣斗放空阀门必须处于开启状态。

4）打开下渣斗排料上阀时，下渣斗排料下阀必须处于开启状态。

5）关闭下渣斗排料下阀时，下渣斗排料上阀必须处于关闭状态。

6）打开下渣斗充压阀门时，下渣斗排料上阀、排料下阀、放空阀门必须处于关闭状态，上渣斗排料上阀和排料下阀以及上、下渣斗的平衡阀必须处于关闭状态。

7）打开上渣斗排料下阀时，下渣斗压力应约等于上渣斗压力（下、上渣斗压差小于 0.02MPa）。

8）打开上渣斗排料上阀时，上渣斗排料下阀必须处于开启状态。

1.2.4　排灰与飞灰输送单元

（1）排灰与飞灰输送单元的主要设备及作用

二级旋风分离器：捕集和降低煤气中夹带的飞灰。

飞灰管道取热器：降低二级旋风分离器捕集下来的飞灰温度。

上飞灰罐：下飞灰罐在排飞灰时临时储存飞灰。

下飞灰罐：将飞灰减压后排入飞灰缓冲罐。

飞灰缓冲罐：储存下飞灰罐排入的飞灰，并连续排入冷灰机。

冷灰机：降低飞灰温度。

冷灰机下飞灰缓冲罐：收集冷灰机冷却后的飞灰，为仓泵提供飞灰。

仓泵：输送飞灰至指定地点。

飞灰收集罐：储存飞灰。

加湿搅拌器：使飞灰加湿以后运送去界区外处理。

（2）排灰与飞灰输送单元的工作原理

气化炉排灰系统采用多级锁斗。气化炉正常运行时，二级旋风分离器捕集的飞灰经飞灰管道取热器降温到一定温度后，通过上飞灰罐进入下飞灰罐。同时，为了提高二级旋风分离器的效率，在上飞灰罐顶部抽出一股气体去往水洗塔。排灰时，经过下飞灰罐减压，飞灰排入飞灰缓冲罐，再经冷灰机冷却到一定温度后，进入冷灰机下飞灰缓冲罐，然后通过仓泵输送到灰仓，最后经加湿搅拌器加湿后外排。

在气化系统处于正常运转状态时，整个系统处于加压操作状态，因此，二旋飞灰收集系统必须严格按照操作规程进行操作。

（3）主要操作变量的操作法

1）飞灰管道取热器脱氧水流量/出口水温度

作用/目的：冷却二级旋风分离器捕集下的飞灰。

操作过程中的可能现象：飞灰出口温度、水出口温度波动。

可能的原因：飞灰量变化，冷却水量波动。

参数的调整：增加或减少冷却水量。

2）冷灰机冷却软水回水温度

作用/目的：冷却经过冷灰机的飞灰。

操作过程中的可能现象：回水温度波动。

可能的原因：水压力波动，飞灰量变化。

参数的调整：增加或减少冷却水量。

（4）排灰操作程序

排灰程序按照预定的时间间隔（约 10～15 分钟一次，根据煤质情况来确定）执行。排灰程序启动时，上飞灰罐和下飞灰罐处于贯通状态，二级旋风分离器捕集的飞灰经过飞灰管道取热器初步降温后，经过上飞灰罐进入下飞灰罐。排灰操作过程如下：

1）关闭上飞灰罐的排料上阀和排料下阀（注意：一定要先关上阀，再关下阀，且在关闭下阀时上阀必须已经关到位），并确认阀位。

2）打开下飞灰罐的放空阀门，等待下飞灰罐的压力降至常压（小于 0.02MPa 即可），并确认压力。在下飞灰罐放空过程中，应时刻注意气化炉压力和下飞灰罐内的温度是否有明显降低变化。如明显变化，则迅速关闭放空阀门，并恢复下飞灰罐压力，检查上飞灰罐的排料上阀和排料下阀。再重复放空过程，如无法在短时间内解决，应及时做好停车处理。

3）打开下飞灰罐的排料下阀和排料上阀（注意：一定要先开下阀，再开上阀，且在开启上阀时下阀必须已经开到位），确认阀位，并等待下飞灰罐内的飞灰全部落入飞灰缓冲罐。

4）在下飞灰罐内的飞灰全部排入飞灰缓冲罐后，关闭下飞灰罐的排料上阀和排料下阀（注意：一定要先关排料上阀，再关排料下阀，且在关闭排料下阀时排料上阀已经关闭到位），关闭下飞灰罐的放空阀门，并确认阀位。

5）打开下飞灰罐的充压阀门，等待下飞灰罐充压至低于上飞灰罐压力约 0.03MPa，关闭下飞灰罐的充压阀门，并确认阀位。

6）打开上飞灰罐的排料下阀和排料上阀（注意：一定要先开下阀，再开上阀，且在开启下阀时上阀必须已经开到位），贯通上飞灰罐和下飞灰罐，把上飞灰罐内临时积存的飞灰排入下飞灰罐，并等待进入下一个操作循环。在上飞灰罐排出飞灰不畅时，可以打开上飞灰罐和下飞灰罐之间的平衡阀。

在气化系统处于正常运转状态时，飞灰缓冲罐的排料阀门始终处于开启状态，冷灰机处于稳定运行状态，冷灰机下的飞灰缓冲罐的进料阀门处于开启状态，冷灰机下飞灰缓冲罐的排料阀门根据仓泵的要求进行开关，冷灰机的供水量维持稳定并保证回水温度不超温。只有在气化炉进行开停车时，冷灰机才会进行相应的启动和停止操作。

（5）排灰与飞灰输送单元注意事项

1）在打开下飞灰罐的排料下阀和上阀，等待飞灰排入飞灰缓冲罐时，发现飞灰没有下落，则应检查下飞灰罐的锥体部分是否堵塞或架桥，并应及时通知相关人员进行处理。若不见效，则应采取其他措施。

2）在运行过程中发现飞灰缓冲罐内的飞灰没有落入冷灰机时，应及时检查飞灰缓冲罐和冷灰机是否处于正常工作状态。若发现飞灰缓冲罐的锥体部分出现堵塞或架桥情况，应及时通知相关人员进行处理。若非下飞灰罐的原因，应尽快检查冷灰机是否出现故障，并采取相应措施。

3）在运行过程中，发现上飞灰罐内临时积存的飞灰不能排入下飞灰罐，且上飞灰罐和下飞灰罐之间的平衡阀门已经打开时，应检查上飞灰罐的锥体部分是否堵塞或架桥，并应及时通知相关人员进行处理。若不见效，则应采取其他措施。

4）冷灰机的启动和停止操作必须满足无负荷操作原则，即每次停止时，必须排净螺旋冷灰机里的飞灰。

（6）排灰与飞灰输送单元的安全联锁

在正常操作时，排灰程序的联锁设置如下：

1）关闭上飞灰罐的排料下阀时，上飞灰罐的排料上阀必须处于关闭状态。

2）打开下飞灰罐的放空阀门时，上飞灰罐的排料上阀和排料下阀必须处于关闭状态，下飞灰罐的充压阀门必须处于关闭状态。

3）打开下飞灰罐的排料下阀时，下飞灰罐的压力应小于 0.02MPa。

4）打开下飞灰罐的排料上阀时，下飞灰罐的排料下阀必须处于开启状态。

5）关闭下飞灰罐的排料下阀时，下飞灰罐的排料上阀必须处于关闭状态。

6）在打开下飞灰罐的充压阀门时，下飞灰罐的放空阀、排料上阀和排料下阀必须处于关闭状态，上飞灰罐的排料上阀和排料下阀必须处于关闭状态。

7）打开上飞灰罐的排料下阀时，上飞灰罐的压力应等于下飞灰罐的压力（二者压差小于 0.03MPa）。

8）打开上飞灰罐的排料上阀时，上飞灰罐的排料下阀必须处于开启状态。

1.2.5　余热回收单元

（1）余热回收单元的主要设备及作用

高温蒸发段：将气化炉高温煤气从 900℃ 降到 442℃，产生蒸汽。

过热器：将汽包的饱和蒸汽过热到 369℃。

低温蒸发段：将过热器出口煤气降到 274℃，产生蒸汽。

省煤器：将煤气从 274℃ 降到 200℃，预热除氧水。

汽包：产生 1.0MPaG 饱和蒸汽。

（2）余热回收单元的工作原理

气化炉高温含尘粗煤气（900℃）通过两级旋风分离器除尘后进入余热锅炉，在蒸发段、过热段和省煤器段与水、饱和蒸汽换热后降到要求的温度，然后去往后续洗涤单元。

进入气化框架的除氧水首先在省煤器段和煤气换热，然后去往汽包。汽包内的水通过在蒸发段内与煤气换热后，一部分转化为蒸汽，汽水混合物循环回汽包，在汽包内汽水分离。饱和蒸汽自汽包去往过热段，过热到 300℃，然后去往分气缸，过量蒸汽送往厂区蒸汽管网。

（3）主要操作变量的操作法

1）过热器蒸汽出口温度控制

作用/目的：调节过热蒸汽温度。

操作过程中的现象：过热蒸汽温度波动。

可能的原因：煤气量变化。

参数的调整：调节高温蒸发段内部旁路调节阀的开度，控制过热蒸汽温度。

2）省煤器出口煤气温度控制

作用/目的：保持省煤器出口煤气温度稳定。

可能的原因：煤气量变化。

参数的调整：调节低温蒸发段内部旁路调节阀的开度，控制省煤器出口煤气温度。

3）汽包液位控制

作用/目的：保持汽包液位稳定。

操作过程中的现象：汽包液位波动。

可能的原因：蒸汽负荷变化。

参数的调整：调节汽包上水调节阀开度，控制汽包液位。

4）汽包压力控制

作用/目的：保持汽包压力稳定。

操作过程中的现象：汽包压力波动。

可能的原因：蒸汽负荷变化。

参数的调整：调节蒸汽出口调节阀开度，控制汽包压力。

（4）余热回收单元的正常开车

正常开车原则：确认除氧水箱有足够的除氧水，且在气化炉开车前建立汽包液位，同时测试各处调节阀的开/关调节灵活性，配合气化炉的升温、升压，通过调节蒸发段旁路调节阀来控制过热器出口蒸汽温度和省煤器出口煤气温度，通过汽包上水调节阀控制汽包液位正常。

1）通知热电送除盐水，向除氧器送水。

2）向除氧器加热蒸汽管线通入蒸汽进行暖管。

3）缓慢向除氧器通入加热蒸汽，使压力、温度缓慢上升，达到除氧效果。

4）通过蒸汽调节阀、除盐水调节阀控制好除氧器的压力和液位。

5）启动锅炉给水泵。

①开启锅炉给水泵入口阀。

②微开锅炉给水泵自循环管路手阀。

③启动锅炉给水泵，压力正常后，缓慢全开出口阀。

6）建立汽包液位。

7）余热锅炉通过上水阀建立连续上水，打开汽包连续排污手阀（此步骤可在投料后操作）。

8）气化炉升压及正常运行期间，通过调节余热锅炉补水调节阀来控制汽包在正常液位。

9）当气化炉正常操作后，通过调节低温蒸发段旁路调节阀来控制省煤器出口煤气温度大约在200℃。

10）当气化炉正常操作后，通过调节高温蒸发段旁路调节阀来控制过热器出口蒸汽温度在300℃，通过调节蒸汽压力调节阀来控制过热蒸汽压力在1.0MPa。

（5）余热回收单元的停车

在气化炉停车后炉内温度处于低温（低于500℃）状态时，可对余热回收单元进行以下步骤的停车处理：

1）缓慢降低汽包压力，同时减少汽包上水量。

2）在汽包压力降到一定值（0.7MPa）后，开起汽包放空阀。

3）待汽包压力降至常压、温度比较低时，关闭汽包脱氧水上水阀。

4）关闭余热锅炉连续排污手阀。

5）关闭蒸汽取样手阀。

6）如果需要排掉余热锅炉系统内的水，可以通过各排污阀排空。

7）关闭除氧器加热蒸汽管路，关闭除氧器进水阀。

（6）余热回收单元的注意事项

1）现场巡检人员在巡检时应注意汽包现场液位与主控液位是否一致，若不一致，则迅速上报，并作一定处理。

2）现场巡检人员在巡检时应注意汽包、蒸汽集气箱的安全阀是否正常。

3）现场巡检人员在巡检时应注意余热锅炉外壁是否有局部超温现象，特别是高温蒸发段、过热器、低温蒸发段及其工艺连接管道，如有异常超温现象，则迅速上报，并作一定处理。

4）现场巡检人员在巡检时应注意余热回收单元的各设备法兰盘、管道连接法兰是否存在泄漏，如有泄漏现象，则迅速上报，并作一定处理。

5）现场巡检人员在巡检时应注意锅炉给水泵是否存在异常震动及噪音，如有异常现象，则应尽快切换到备用泵进行补水。

1.2.6　煤气洗涤单元

（1）煤气洗涤单元的主要设备及作用

文丘里洗涤器：煤气的第一级洗涤。

水洗塔：煤气的第二级洗涤。

闪蒸塔：脱出洗涤水所溶解的大部分 H_2S 和 CO_2。

洗涤水泵：将脱除大部分 H_2S 和 CO_2 的洗涤水送到黑水处理系统。

（2）煤气洗涤单元的工作原理

煤气洗涤单元采用两级水洗除去煤气中的大部分固体颗粒和盐分，洗涤废水闪蒸除去大部分 H_2S 和 CO_2 后送到黑水处理系统。

1）煤气的一级洗涤

通过文丘里洗涤器实现。其原理是带细粉的粗煤气进入文丘里收缩管后，气速逐渐增加，循环洗涤水喷入喉管，受高速气流冲击而雾化成为极小颗粒，这许多水雾滴与粗煤气中的细粉相接触，将细粉湿润并聚结起来。在扩散段内，气体流程降低，细粉聚结成更大颗粒，最后在水洗塔中与气体分离，达到洗涤目的。

2）煤气二级洗涤

通过洗涤塔实现，离开文丘里洗涤器的气液混合物进入水洗塔下部的进料管，引入塔底部的液层下面，所携带的液体大部分进入液相，其中所捕集的固体颗粒和溶解的盐分也随之进入液相。煤气在液层中鼓泡也起到一定的洗涤作用。煤气自下向上流动与从上部自流而下的洗涤水在筛板塔盘上逆流接触，实现煤气的二级洗涤。

3）洗涤水闪蒸

离开洗涤塔底的洗涤水溶有相当数量的 H_2S、CO_2 等气体，为避免洗涤水在水处理过程中逸出污染环境，在送出前先经减压并在闪蒸塔内闪蒸出大部分溶解气体。闪蒸塔内设有挡板，增加洗涤水的停留时间和气体脱逸气液界面。

（3）主要操作变量的操作法

1）文丘里洗涤器的洗涤水流量

作用/目的：调节文丘里洗涤器的洗涤效果。

操作过程中的现象：流量波动。

可能的原因：上游泵的压力波动、水洗塔压力波动。

参数的调整：当水洗塔顶分析煤气中固体含量较高时可适当增加洗涤水量。

2）洗涤塔顶洗涤水注入流量

作用/目的：与水洗塔中部注水量和水洗塔底液位共同影响洗涤塔的洗涤效果。

操作过程中的可能现象：进水流量波动，出口煤气温度波动，出水温度波动。

可能原因：上游洗涤水泵压力波动，洗涤塔压力波动，洗涤水量不合适。

参数的调整：当水洗塔顶分析煤气中固体含量较高时可适当增加顶部洗涤水量，同时按比例减少中部洗涤水的注入量，根据出口煤气温度、出水温度增加或减少水量。

由于上游来的煤气量不可控，需要与中部注水量同时考虑，总洗涤水量不可超过设计值的 120%，避免水洗塔的液泛。如出现液泛，首先降低顶部注水量，再降低中部注水量。

液泛消除后，应分析引起液泛的原因，确认问题排除后将注水量恢复到正常值。在处理过程中，进入下游的煤气固体含量和温度会增高，应及时通知脱硫系统。

3）洗涤塔中部洗涤水注入流量

作用/目的：与水洗塔顶部注水量和水洗塔底液位共同影响水洗塔的洗涤效果。

操作过程中的现象：洗涤水流量波动，出口煤气温度波动，出水温度波动。

可能的原因：上游洗涤水泵压力波动、洗涤塔压力波动，洗涤水量不合适。

参数的调整：当水洗塔顶分析煤气中固体含量较高时可适当增加顶部洗涤水量，同时按比例减少中部洗涤水的注入量，根据出口煤气温度、出水温度增加或减少水量。

由于上游来的煤气量不可控，需要与顶部注水量同时考虑，总洗涤水量不可超过设计值的120%，避免水洗塔的液泛。如出现液泛，首先降低顶部注水量，再降低中部注水量。液泛消除后，应分析引起液泛的原因，确认问题排除后将注水量恢复到正常值。在处理过程中，进入下游的煤气固体含量和温度会增高，应及时通知脱硫工序。

4）洗涤塔顶压力

作用/目的：控制整个气化系统的压力。

操作过程中的现象：水洗塔顶压力波动（水洗塔顶压力的波动会造成气化炉的压力波动），同时塔顶压力的波动会引起塔底液位的波动。

引起压力降低的原因：可能是上游来自气化炉的煤气数量减少，或是下游需要的气体量增加，还可能是系统的泄漏。当塔顶压力降低时，应及时分析压力降低的原因。

引起压力增高原因：可能是下游需要的气体量减少，或上游来自气化炉的煤气数量增加，应及时分析压力增高的原因。

参数的调整：当水洗塔顶压力低于正常值时，自动控制系统会首先减小煤气放空调节阀的开度，直至完全关闭。如果关闭后塔顶压力仍达不到正常值，自动控制系统会关闭煤气送往下游的切断调节阀。当水洗塔顶压力高于正常值时，自动控制系统会首先开大煤气送到下游的切断调节阀，如果完全打开后塔顶压力仍高过正常值，需要开启煤气放空调节阀，并调节到适当的开度。需要提醒的是，塔顶压力的波动会引起塔底液位的波动，当压力降低很多时应提防洗涤塔的液泛。

5）洗涤塔底液位的控制

作用/目的：与洗涤塔顶、中部注水量共同影响洗涤塔的洗涤效果；防止煤气进入黑水处理系统。

操作过程中的可能现象：塔底液位波动。

可能的原因：塔顶压力的波动，上水量的变化，洗涤水从塔底到闪蒸塔管线的堵塞和泄漏。

参数的调整：在自动控制状态，根据液位的增高或降低自控系统会自动调节液位控制阀的开度，在紧急情况下手动调节调节阀。

6）洗涤塔顶温度的控制

作用/目的：控制离开气化系统的煤气温度。

操作过程中的现象：洗涤塔顶温度出现波动。

可能的原因：上游来自气化炉的煤气数量、温度的变化，来自黑水处理系统洗涤水量、温度的变化。

参数的调整：当正常操作时洗涤塔顶温度的调节范围很小，根据温度的高低，可以适当增加或减少进入洗涤塔顶部和中部的洗涤水量，但不能超过设计总量的120%，以防止水洗塔的液泛。实际上只要余热锅炉的操作正常，洗涤塔顶温度波动的可能性不大。

7）离开洗涤塔顶煤气的固体含量。

作用/目的：控制离开气化系统的煤气固体含量。

操作过程中的现象：离开气化系统的煤气固体含量波动。

可能的原因：上游来自气化炉的煤气数量、温度的变化，来自黑水处理系统洗涤水量的变化和洗涤塔低液位过低都会导致离开水洗塔顶的煤气中固体含量波动。

参数的调整：离开洗涤塔的煤气固体含量增高时首先观察洗涤塔液位，调节其在正常范围内，而后增加进入文丘里洗涤器的洗涤水量，但不能超过设计值的120%。如果固含量仍不能达到正常值，可适当增加进入洗涤塔顶部和中部的洗涤水量，但其总量不得超过设计总量的120%。还可以适当改变水洗塔顶部和中部注入水量的比例，增加顶部注水量。

8）闪蒸塔底液位的控制

作用/目的：维持塔底有一定的液位，为塔的正常操作和洗涤水泵的正常操作提供基础。

操作过程中的现象：塔底液位波动。

可能的原因：塔顶压力的波动，进水量的变化、洗涤水回水泵的运行情况（如不上水、突然停泵），下游管线的堵塞或泄漏。

参数的调整：在自动控制状态，根据液位的增高或降低自控系统会自动调节液位控制阀的开度，在紧急情况下手动调节调节阀。

（4）煤气洗涤单元的正常操作

正常开车原则：在气化炉开车前测试各处调节阀的开/关调节灵活性；在洗涤塔出口温度达到40℃时，给洗涤塔通入洗涤水，建立水洗塔和闪蒸塔液位，保证水洗塔温度在操作温度之内；气化炉投运后引入煤气，各处液位控制正常后，配合气化炉的升压，提升压力达到正常操作时的设计值。

1）按照如下流程建立洗涤水的循环：洗涤水自黑水处理系统回用水泵→流量调节阀→洗涤塔中部/顶部→液位调节阀→闪蒸塔→洗涤水泵→液位调节阀→送到黑水处理系统。

2）气相流程。关闭水洗塔顶煤气去下游装置的切断阀，全开塔顶煤气放空调节阀，洗涤塔顶压力在此阶段不控制，需要保证放空管线的畅通，保证能及时将洗涤塔的压力泄放。全开闪蒸塔顶放空管线上的手动截止阀，保证闪蒸塔顶气体能顺利排放，闪蒸塔顶压力不控制。

3）建立洗涤塔和闪蒸塔液位。调整流量控制阀，控制流量达到正常操作时的设计值，通过调节液位控制阀控制洗涤塔液位在设计范围内，通过调节液位控制阀控制闪蒸塔液位在设计范围内。

4）引入煤气。建立并控制好洗涤塔和闪蒸塔液位后，同时气化系统其他各部分达到运行要求时，气化炉开始投料，此时煤气顺序进入文丘里洗涤器、洗涤塔、通过洗涤塔顶放空调节阀排放。引入煤气后，由于煤气温度较高并含有一定数量的水蒸气，会对洗涤塔液位产生影响，通过调节水洗塔液位控制阀，将液位控制在设计范围内。此过程的操作核心是控制水洗塔底液位，同时维持洗涤水进水洗塔流量在设计范围内。随着煤气的引入，不断会有气体溶解到洗涤水中并带入闪蒸塔，此时会在塔内闪蒸出一定数量的气相通过塔顶管线排放。洗涤水闪蒸出气相可能会导致闪蒸塔底液位的波动，应注意液位变化情况，通过调节液位控制阀的开度控制液位在设计范围内。此阶段闪蒸塔的控制关键是控制塔底液位。

5）洗涤塔操作压力的提升。目的：根据气化炉操作的情况和升压要求，通过调节洗涤塔顶放空调节阀的开度，提高气化系统的操作压力。气化系统在低压下操作正常后，根据总体开车要求，可以开始提升气化炉的操作压力，此压力的提升是通过提升洗涤塔的压力实现的。按照气化炉的升压速率要求，逐步关闭洗涤塔顶放空调节阀的开度，洗涤塔的操作压力随之提高，放空调节阀开度减小的调节过程一定要缓慢，不得超过气化炉的升压速度要求。严禁压控的阀门开度的迅速变化，导致气化系统操作压力的剧烈波动。提压过程会导致洗涤塔和闪蒸塔的液位波动，需要严格控制两塔的塔底液位在正常范围内。升压达到设计值后，稳定气化系统的操作。

6）煤气并网。气化系统达到操作压力并稳定运行一段时间后，分析塔顶煤气的成分，达到设计指标后，可以向脱硫系统送气。逐步开启洗涤塔顶后系统切断阀，同时关小放空调节阀的开度，整个过程要维持洗涤塔的压力稳定，直到放空调节阀完全关闭。之后气化系统进入正常运行，可以按照正常运行的操作法操作。

（5）煤气洗涤单元的停车

煤气洗涤单元的停车与开车过程正好相反，首先降压，再停煤气，最后停洗涤水循环。

1）做好正常停车前的准备工作，包括公用工程、设备、仪表等一些工具的准备。

2）切换洗涤塔顶煤气进入放空系统。逐步关闭煤气去脱硫系统的切断调节阀，同时开启煤气放空调节阀，在此过程中需要维持洗涤塔压力的稳定。后系统切断阀完全关闭后切换过程完成。

3）降低洗涤塔操作压力到常压。根据气化炉的降压要求和降压速度，逐渐加大煤气放空调节阀的开度，直至完全开启。此过程要伴随气化炉的降压、减量同时进行，如果只减压不减量，会造成水洗塔的液泛。降压过程维持洗涤水的循环，严格控制洗涤塔和闪蒸塔的液位稳定。

4）停煤气进料。气化系统降压到常压操作后，开始停气化炉，进入煤气水洗部分的煤气量逐渐减少到停止。此过程仍维持洗涤水系统循环并控制洗涤塔和闪蒸塔的液位在正常范围内。

5）停洗涤水循环并排放。气化炉停车并且温度降低到安全范围后，可以停洗涤水循环。关闭洗涤水进水调节阀和进水管线上的切断阀，切断洗涤水进水，排放水洗塔底的洗涤水直到基本排净。排放闪蒸塔底洗涤水直到基本排净，停洗涤水泵，至此煤气洗涤单元结束停车，进入正常的停车吹扫程序。

6）停车排放、吹扫。按照正常的停车步序排放系统内的液体、对管线和设备进行吹扫。结束后可以切断进出单元的盲板，停车过程结束。

1.3　气化炉正常停车

1.3.1　停车前准备

（1）联系调度，通知空分及相关工序。

（2）切换煤气至放空管线。

（3）调节洗涤塔后调压阀，保持系统压力稳定。

（4）逐渐降低气化温度，减小进煤量，调整蒸汽、氧气量和空气量。

1.3.2　停车原则

（1）气化炉减小空气、切除氧气量进行降温。

（2）逐渐减少进煤量。

（3）逐步打开系统放空调节阀，降低气化炉压力，降压过程中保证分布板气速大于 0.7m/s。

（4）通过调节环管气量，逐渐排出炉料，在环管停止进气后，排出一旋细粉。

（5）气化炉压力降到常压后，氧气管线切换氮气。

（6）蒸汽吹扫，降温。

（7）氮气吹扫。

1.3.3　气化炉停车标准

（1）在停车前，应通知有关方面做好准备，各个岗位有顺序地进行停车前的准备。

（2）煤气切换至放空后，通过减少中心管、环管、分布板空气和氧气量（直至关闭），增加蒸汽量，在保持分布板气速大于 0.7m/s 条件下降低气化炉温度。

（3）根据炉顶温度，逐渐关闭气化炉炉顶除氧水量和雾化蒸汽量，直至关闭炉顶喷水。雾化蒸汽应一直保持通入（待炉顶温度低于 150℃ 时关闭）。

（4）逐步打开洗涤塔后系统压力调节阀进行卸压。注意洗涤塔和闪蒸塔液位，必要时调整进水流量。

（5）随着系统压力和温度的降低，逐渐降低进煤量，直至停止进煤。在停止进煤后，关闭进煤吹送气（包括空气和夹套蒸汽），关闭进煤斜管切断阀，同时关闭一料腿的返料阀和返料吹送蒸汽，一料腿的飞灰停止循环。

（6）关闭进入气化炉的环管、中心管、分布板的空气和氧气后，关闭氧气总管切断阀（可提前关闭氧气总管切断阀）。

（7）氧气管线的置换：打开氮气去往氧气总管的手阀（注意：氮气分气缸压力高于或等于氧气总管压力），氮气进入氧气总管，然后打开进入中心管的调节阀，调节氮气气量进入气化炉。

（8）减少环管的气量，将炉料慢慢地排出。同时维持分布板和中心管的蒸汽量，保持炉料流动。

（9）待炉料排尽后，可适当关小通入气化炉的氮气，然后打开一料腿返料阀，将一料腿里的细粉通过气化炉的排渣系统，排出气化炉。同时将二料腿里的飞灰也排尽。

（10）进行蒸汽吹扫，气化炉温度降到 500℃ 后停蒸汽。

（11）进行氮气吹扫。

（12）置换 15 分钟后，在洗涤塔出口取样分析（CO + H$_2$）含量小于 0.5%，氮气置换分析合格，分别关闭气化炉氧气管线和氮气管线手动阀，打开氮气分气缸排放阀卸压（或通过氧气管线排放至气化炉内）。

（13）进行空气吹扫。

1.3.4　辅助系统停车（根据具体情况）

（1）关闭文丘里洗涤器、洗涤塔的洗涤上水。

（2）排净洗涤塔、闪蒸塔的循环水后，关闭洗涤塔的液位调节阀，关闭闪蒸塔的液位调节阀。根据情况决定，是否从低位导淋阀排出设备、管道内污水。

（3）关闭二旋飞灰管道取热器的除氧水。

（4）在炉内炉料排净时，停上渣斗激冷水，待上渣斗温度低于150℃时停蒸汽。

（5）在上、下渣斗及缓冲渣斗中没有灰渣时，且冷渣机内灰渣已经排净时关闭冷渣机的冷却水，在飞灰罐内没有飞灰时，关闭冷灰机的冷却水。

（6）缓慢降低汽包压力，在汽包压力降到常压后，关闭汽包除氧水上水阀，关闭余热锅炉连续排污手阀，关闭蒸汽取样手阀。如果需要排净余热锅炉系统内的水，可以通过各排污阀排空，此时气化炉内温度处于低温（小于500℃）状态。

（7）视进煤斗和气化炉压差和气化炉内压力的具体情况，及时调整进煤斗压差，直至关闭进煤斗充压气体。

注意：在停车过程中，炉顶喷嘴雾化蒸汽应一直处于通入状态，保护炉顶喷嘴。直到气化炉顶部温度降到150℃以下，方可停止。

1.4　气化炉紧急停车

（1）由下列因素之一造成的气化炉停车，属紧急停车：

1）气化炉系统过热、泄漏。

2）蒸汽分气缸压力低（低于0.5MPa）。

3）汽包液位低于安全值。

4）两台星型给料器跳停不能及时恢复。

5）系统停水。

6）系统停电。

7）仪表空气压力低。

（2）无论是人为停车还是安全系统触发器自动停车，其停车后的动作都是相同的。在启动非停电因素造成的紧急停车时，应迅速启动以下步骤：

1）通知下游工序。

2）切断氧气总阀门，关闭中心管、二次风氧气调节阀，关闭各路空气调节阀，空气总管放空。

3）逐步开启洗涤塔顶放空调节阀的开度，同时关闭后系统切断阀，整个过程要维持气化炉和水洗塔的压力稳定。

4）切断星型给料器上部的进煤阀，停止给星型给料器进煤。

5）切断进煤吹送气和夹套吹送蒸汽，关闭进煤斜管上的切断阀。

6）打开一料腿返料阀，切断料腿吹送蒸汽。

7）根据气化炉压力状况，减小环管蒸汽量，逐渐减小分布板和中心管的蒸汽量。

8）在保持系统压力相对稳定并逐渐卸压的情况下，逐渐开启洗涤塔顶放空调节阀，直至系统压力降到常压。

9）在降压过程中，及时调整洗涤塔的上水及回水流量。

10）注意及时调整炉顶喷水量和雾化蒸汽量。

11）其他事项可见正常停车过程。

（3）停电时，备用电源会及时给 DCS 系统供电，此时应迅速启动紧急停车，步骤如下：

1）通知下游工段。

2）迅速切断氧气总阀门和中心管、二次风氧气调节阀，关闭各路空气调节阀，空气总管放空。

3）迅速开启洗涤塔顶放空调节阀的开度，同时关闭后系统切断阀，整个过程要维持气化炉和水洗塔的压力稳定，注意维持系统压力不要波动过大。

4）切断星型给料器上部阀门。

5）切断进煤吹送气和夹套吹送蒸汽，关闭进煤斜管上的切断阀。

6）将一料腿调节阀打开，切断料腿吹送蒸汽。

7）根据气化炉压力状况，减小环管蒸汽量，逐渐减小分布板和中心管的蒸汽量。在仪表气压力不够的情况下，应手动调节。

8）在保持系统压力相对稳定并逐渐卸压的情况下，逐渐降低系统压力，在仪表气压力不够的情况下，应手动调节继续卸压。

9）应时刻注意汽包压力和液位，在汽包蒸汽出口调节阀无法调节的情况下，通过手动调节阀门控制汽包压力，同时及时关闭汽包排污阀门。

1.5　气化系统安全联锁系统

1.5.1　与气化炉安全系统相关的阀门

进煤斜管切断阀：HS0501/0601。

高温返料阀：HIC0701。

氧气切断阀：UV1001。

氧气流量调节：FIC1001/0705。

后系统放空阀：PV1501。

压缩空气放空阀：PV0951。

1.5.2　与气化炉安全系统相关的仪表

气化炉出口温度：TI0701B。

气化炉压力：PI0701。

氮气总管压力：PI0901/0902。

蒸汽总管流量：FT1002B。

压缩空气总管流量：FT0951B。

汽包液位。

进煤斗和气化炉压差：PDT0503/0603。

DCS 主处理器故障。

电源电压。

1.5.3　气化炉紧急停车阀门状态

任何一个紧急停车条件满足，气化炉启动紧急停车，动作如下：

氧气总管切断阀 UV1001：开→关。

氧气流量调节阀 FIC1001/0705：开→关。

进煤切断阀 UV0502/0602：开→关。

星型给料器 HS0502/0602：开→关。

进煤斜管切断阀 HV0501/0601：开→关。

氮气进氧气总管切断阀门 UV0701/0702：关→开。

高温返料阀 HIC0701：开→关。

燃料气出口阀 HV1501：开→关。

燃料气后系统放空阀 PV1501：关→开。

2　常见问题及处理办法（表 4-1）

表 4-1　常见问题及处理办法

现　象	原　因	处　理　方　法
进料量少	星型给料机工作不正常，给料机或管线堵塞	控制炉温；检查星型给料器；启动备用的进煤系列
	进煤压差偏小	调整压差
	进煤斗料位计故障	检查进煤斗料位计
	料腿管道出现部分堵塞	检查、加大吹送气量；必要时停车
氧气流量不正常	氧气压力不正常	联系调度；通知空分工段
	系统压力高	检查下游操作情况；调节氧煤比
	调节阀故障	检查调节阀
气化炉出口温度偏高	冷却水水量不足	检查冷却水压力
	雾化蒸汽量	检查蒸汽压力、管线，按比例调节
	喷嘴问题	减负荷；若必要，停车处理
	管线堵	检查，停车后清洗管线
水洗塔液位不正常	上水量不正常	检查水泵、阀门等
	系统压力波动	调整气化炉操作工况
	回水管线或阀门堵	检查相应管线、阀门
	水洗塔液泛	调节上水量，减小气化负荷
水洗塔液泛（水洗塔液位迅速增高）	煤气量过大	联系主控适当降低气化炉负荷
	水洗塔水量过大	调节水洗塔上水量，适当降低进水量
	塔内介质发泡	调节黑水水质
		如果持续液泛不可控制，进入气化系统正常停车程序
洗涤水供水中断或上水量减少	上游给水泵运行异常；上水管线堵塞	联系黑水处理系统迅速恢复洗涤水的供应；如果洗涤水的供应不能迅速恢复，进入气化系统正常停工程序
料腿架桥	料腿管道出现部分堵塞现象	检查吹送气量，加大气量；若必要，停车

现　象	原　因	处 理 方 法
气化炉压差高	气化炉进煤量大或排渣管堵	检查进煤量、排渣量；调整
	气化操作恶化	停车
气化炉温度上升	空气、氧气量偏高	检查氧气压力，减少氧气流量
	进煤量少	增加进煤量
	蒸汽量小	调节蒸汽流量
	一料腿循环量减少或串气	调节一料腿循环
气化炉炉壁温度高	操作温度过高	降低炉温
	耐火材料问题	视情况停车处理
煤气出水洗塔压力不稳	水洗塔实际液位过高	检查上水量，水洗塔液位
	进水流量波动大	稳定水洗塔进出水量
	水洗塔塔板损坏，除雾器堵塞或损坏	视情况停车处理
氮气分气缸压力低	空分送气压力低	查找原因，尽量恢复
	充压集中	各炉充压错开

第4节　质量技术标准

1　备煤系统质量指标标准

1.1　产品煤气及副产品

（1）出水洗塔煤气：压力0.3~0.35MPaG、温度38℃、粉尘含量（标态）<20mg/m³、NH₃含量（标态）<20mg/m³。

（2）煤气热值（标态）≥5861.5kJ/m³。

（3）副产过热蒸汽：压力1.0MPaG、温度300℃。

1.2　固体产物规格

（1）气化炉底部排渣：碳含量10%、温度80℃。

（2）二旋飞灰：碳含量26.0%。

2　备煤系统技术指标标准

2.1　进煤单元

2.1.1　进煤单元主要操作条件

（1）受煤斗

温度/℃　　　　　　　常温

压力/MPaG　　　　　　常压

（2）平衡煤斗

温度/℃　　　　　　　常温

压力/MPaG　　　　　　常压/0.45

（3）进煤斗

温度/℃　　　　　　常温

压力/MPaG　　　　　0.43

（4）星型给料机

温度/℃　　　　　　常温

压力/MPaG　　　　　0.43

2.1.2　进煤单元主要控制参数及要求

单台气化炉进量，TSI-0503/TSI-0603　　　　　　　18.4t/h

进煤斗和气化炉差，PDIC-0503/PDIC-0603　　　　　0.03MPa

进煤斜管空气吹送量，FIC-0501/FIC-0601　　　　　300m³/h（标准状态）

进煤斜管蒸汽吹送量，FIC-0703/FIC-0704　　　　　200kg/h

进煤斗加料过程顺序控制　　　　　　　　　　　　　根据料位情况每 30 分钟一次

2.2　气化与飞灰循环单元

2.2.1　主要操作条件

（1）气化炉

温度/℃　　　　　　850~1000

压力/MPaG　　　　　0.4

（2）雾化降温喷嘴

温度/℃　　　　　　850~900

压力/MPaG　　　　　0.4

（3）一级旋风分离器

温度/℃　　　　　　850~900

压力/MPaG　　　　　0.4

（4）一级旋风料腿

温度/℃　　　　　　600~900

压力/MPaG　　　　　0.4

（5）排渣管

温度/℃　　　　　　300~800

压力/MPaG　　　　　0.4

2.2.2　主要操作参数的控制要求（表4-2）

表 4-2　主要操作参数的控制要求

设备	操作参数	单位	设计值	操作值初始值
气化炉	单台气化炉进煤量	kg/h	18400	
	进煤吹送气（标态）	m³/h	300	
	气化炉操作压力	MPaG	0.35~0.4	
	气化炉操作温度	℃	850~1000	
	床层压差	kPa	6~8	
	炉顶煤气出口温度	℃	900	
	炉顶冷却水流量	kg/h		根据预实验调整

设备	操作参数	单位	设计值	操作值初始值
氧气	氧气分气缸压力	MPaG	0.6	
	中心管氧气量（标态）	m³/h	300	根据预实验调整
	二次风氧气量（标态）	m³/h	300	根据预实验调整
蒸汽	蒸汽分气缸压力	MPaG	0.8	
	分布板蒸汽流量	kg/h	2530～4000	根据预实验调整
	中心管蒸汽流量	kg/h	1000～2300	根据预实验调整
	环管蒸汽流量	kg/h	1260	根据预实验调整
	一料腿吹送蒸汽流量	kg/h	200	根据预实验调整
空气	空气分气缸压力	MPaG	0.6	
	分布板空气量（标态）	m³/h	1025～7200	根据预实验调整
	中心管空气量（标态）	m³/h	980～3000	根据预实验调整
	环管空气量（标态）	m³/h	2540	根据预实验调整
	二次风空气量（标态）	m³/h	2000	根据预实验调整

2.3　排渣单元

2.3.1　主要操作条件

（1）上渣斗

温度/℃　　　　　　　　　　　　　　　　< 600

压力/MPaG　　　　　　　　　　　　0.40

（2）下渣斗

温度/℃　　　　　　　　　　　　　　　　< 600

压力/MPaG　　　　　　　　　　　　常压/0.40

（3）缓冲渣斗

温度/℃　　　　　　　　　　　　　　　　< 600

压力/MPaG　　　　　　　　　　　　常压

（4）冷渣机

出口温度/℃　　　　　　　　　　　　< 80

压力/MPaG　　　　　　　　　　　　常压

2.3.2　主要操作变量和控制要求

上渣斗冷却水流量，FIC-1101　　　　　　　　　　参考仪表数据表

上渣斗冷却水雾化蒸汽流量，FIC-1102　　　　　　参考仪表数据表

冷渣机循环软水回水温度，TIA-1152A/B、TIA-1153A/B　　参考仪表数据表

排渣过程顺序控制　　　　　　　　　　　　　　　每30分钟一次

2.4　排灰与飞灰输送单元

2.4.1　主要操作条件

（1）煤灰管道取热器

出灰温度/℃　　　　　　　　　　　　< 300

出水温度/℃　　　　　　　　　　　　< 120

压力/MPaG　　　　　　　　　0.4

（2）上飞灰罐

温度/℃　　　　　　　　　　<300

压力/MPaG　　　　　　　　　0.4

（3）下飞灰罐

温度/℃　　　　　　　　　　<300

压力/MPaG　　　　　　　　　常压/0.4

（4）飞灰缓冲罐

温度/℃　　　　　　　　　　<300

压力/MPaG　　　　　　　　　常压/0.4

（5）冷灰机

出口温度/℃　　　　　　　　<150，应为80或参考设备说明书

压力/MPaG　　　　　　　　　常压

（6）冷灰机下飞灰缓冲罐

温度/℃　　　　　　　　　　<150，应为80

压力/MPaG　　　　　　　　　常压

2.4.2　主要控制参数及要求

煤灰管道取热器除氧水流量/出口水温度　　　参考设备说明书

冷灰机冷却软水回水温度　　　　　　　　　参考设备说明书

排灰过程顺序控制　　　　　　　　　　　　每60分钟一次

2.5　余热回收单元

2.5.1　主要操作条件

（1）高温蒸发段

煤气温度/℃　　　　　　　　900

水汽温度/℃　　　　　　　　200

煤气压力/MPaG　　　　　　　0.4

水汽压力/MPaG　　　　　　　1.0

（2）过热器

煤气温度/℃　　　　　　　　600

水汽温度/℃　　　　　　　　300

煤气压力/MPaG　　　　　　　0.4

水汽压力/MPaG　　　　　　　1.0

（3）低温蒸发段

煤气温度/℃　　　　　　　　400

水汽温度/℃　　　　　　　　200

煤气压力/MPaG　　　　　　　0.4

水汽压力/MPaG　　　　　　　1.0

（4）汽包

温度/℃　　　　　　　　　　200

压力/MPaG　　　　　　　　　1.0

2.5.2　主要控制参数及要求

过热器蒸汽出口温度/℃	300
省煤器煤气出口温度/℃	200
汽包液位/%	60
汽包压力/MPaG	0.95

2.6　煤气洗涤单元

2.6.1　主要操作条件

（1）洗涤塔

塔顶温度/℃	38
塔顶压力/MPaG	0.3 ~ 0.35

（2）闪蒸塔

塔底温度/℃	50
塔顶压力/MPaG	0.01

（3）文丘里混合器

入口温度/℃	200

2.6.2　洗涤水加入量

文丘里混合器/t·h^{-1}	参考仪表数据表
洗涤塔顶部/t·h^{-1}	70
洗涤塔中部/t·h^{-1}	360

2.6.3　主要控制参数及要求

进入文丘里混合器的洗涤水量	按照仪表数据表的数据控制
进入水洗塔顶的洗涤水量/t·h^{-1}	70
进入水洗塔中部的洗涤水量/t·h^{-1}	360
洗涤塔顶压力/MPaG	按照仪表数据表的数据控制
洗涤塔顶温度/℃	按照仪表数据表的数据控制
洗涤塔底液位	仪表量程的50% ~70%，具体按照仪表数据表控制
闪蒸塔底液位	仪表量程的50% ~70%，具体按照仪表数据表控制
洗涤塔顶取样分析合成气中的固体含量	

第5节　设　备

1　设备、槽罐（表4-3）

表4-3　设备、槽罐明细表

序号	设备名称	操作温度/℃	操作压力/MPa	型号/技术规格	单位	数量
1	余热锅炉	300/900	1.0/0.40	CG-Q40/900-18-1.0/300 6000×5000×4700 重量：80t	台	3

续表 4-3

序号	设备名称	操作温度/℃	操作压力/MPa	型号/技术规格	单位	数量
2	省煤器	200～300	0.40	$\phi800\times4000$	台	3
3	HR 型星型给料器	室温	0.43	HRC250DCQODE	台	6
4	冷渣机	850/80	常压	MFGTL-1000 $Q=7.34t/h$	台	6
5	冷灰机	500/80	常压	LHJ1000×4000 $Q=2.98t/h$	台	3
6	加湿搅拌机	<150	常压	100t/h	台	1
7	循环水泵	30	0.5	$H=85m$，100t/h	台	2
8	气化炉	850～1000	0.4	$\phi2900/4000\times18000$	台	3
9	洗涤塔	200	0.4	$\phi3000\times14000$	台	3
10	进煤斗	室温	0.43	$\phi2600\times8355$	台	6
11	上渣斗	450/150	0.42	$\phi1600\times4274$	台	3
12	下渣斗	450/150	0.42	$\phi2000\times4906$	台	3
13	缓冲渣斗	400/150	常压	$\phi2000\times4906$	台	3
14	一级旋风分离器	900～1000	0.4	$\phi1950\times9900$	台	3
15	二级旋风分离器	900～1000	0.4	$\phi1950\times9700$	台	3
16	煤灰取热器	900～1000	0.4		台	3
17	飞灰缓冲罐	1000	常压	$\phi1700\times5187$	台	3
18	仓 泵	<150	0.4	$\phi1400\times3800$	台	3
19	灰 仓	室温	常压	$\phi3000\times7558$	台	1
20	空气分气缸	200	0.6	$\phi600\times2700$	台	3
21	蒸汽分气缸	300	0.8	$\phi600\times2000$	台	3
22	氮气分气缸	常温	0.8	$\phi600\times2100$	台	3
23	氮气稳压罐	常温	0.8	$\phi3000\times7000$	台	1
24	文丘里混合器	200	0.4	$\phi550\times2000$	台	3
25	冷却水凉水塔	38	常压	6000×6000×7960	台	1
26	飞灰收尘袋式除尘器	70～90	0.006	HMC-80	台	3
27	冷渣收尘袋式除尘器	70～90	0.006	LCPM-32-5	台	3
28	受煤斗袋式除尘器	70～90	0.006	HMC-Z-48	台	3
29	脉冲式布袋除尘器	85～95	0.006	DCC-1600	台	2
30	平衡煤斗过滤器	设计温度 90	设计压力 1.48	ZG-1500-L	台	6
31	下渣斗滤芯过滤器	设计温度 480	设计压力 1.48	ZG-1200-L	台	3
32	下飞灰罐滤芯过滤器	设计温度 470	设计压力 1.48	ZG600-G	台	3
33	除氧器	104	0.12		台	1

2　主要设备

2.1　气化炉

2.1.1　工作原理

灰熔聚流化床粉煤气化以碎煤为原料（不大于6mm），以空气、富氧或氧气为氧化剂，水蒸气或二氧化碳为气化剂。在适当的气速下，使床层中粉煤沸腾，床中物料强烈返混，气固两相充分混合，温度均一，在部分燃烧产生的高温（850～1000℃）下进行煤的气化及酚类的裂解等过程。独特的气体分布器和灰团聚分离装置使灰渣团聚长大。煤在床内一次实现破粘、脱挥发分、气化、灰团聚及分离、焦油团聚成球，借助重量差异与半焦分离，连续有选择地排出低碳含量的灰渣，提高了床内碳含量和操作温度。

2.1.2　设备的结构组成

气化炉炉体主要由三路进气管线（中心管、分布板、环管），炉底高温氧化区，炉中部气化还原区，炉顶雾化冷却区等组成，其中在炉底高温氧化区中还有两路进煤管线入口、一路一料腿返料管线入口、开车点火装置。

2.1.3　设备点检标准（表4-4）

表4-4　设备点检标准

项　目	内　容	标　准	方　法	周　期
气化炉外壁	超温、发红	无超温、不发红	看、测温仪查看	2h
炉顶雾化装置	泄漏	无泄漏	听、看	2h
炉体接管法兰	泄漏	无泄漏	听、看	2h
检测仪表	是否完好、准确	完好、准确	看	2h
气化炉内	结疤	无结疤	看	停炉检修
	耐火衬里	无脱落、无裂纹	看	停炉检修
	测温探头	无结疤、完好	看	停炉检修
	测压点	无堵塞	看	停炉检修
	分布板	气孔无结疤、堵塞	看	停炉检修
	中心管	管壁无结疤、无烧损	看	停炉检修
	雾化喷嘴	无烧损	看	停炉检修
	开车点火孔	无烧损	看	停炉检修
	环管气孔	无结疤	看	停炉检修
	分布板布风室	无堵塞、无残渣	捅、看	停炉检修

2.1.4　设备维护标准

（1）清扫，见表4-5。

表4-5　清扫标准

部　位	标　准	工　具	周　期
设备本体	见本色	水、破布、扫帚	24h
测量仪表	数据清晰	破布、水	24h
窥视镜	镜面清晰	破布、水	24h
设备周围	无杂物	扫帚、水	每班

（2）开车前，通过气密试验检查炉体连接管线法兰、人孔、手孔、检修焊缝无泄漏。

（3）运行中，按点检标准检查。

（4）停车后，及时处理运行中存在的问题。

2.1.5　设备完好标准

（1）气化炉运行正常，各连接法兰和焊缝无跑、冒、滴、漏现象。

（2）气化炉内耐火衬里无脱落、无裂纹。

（3）气化炉内测温探头完好，测压点无杂物，DCS 界面显示正常。

（4）气化炉炉顶雾化装置完好。

（5）气化炉进煤管线无堵塞、结疤现象。

（6）分布板气孔无堵塞、布风室无残渣。

（7）中心管完好，无烧损现象。

2.2　余热锅炉

2.2.1　工作原理

气化炉高温含尘粗煤气（900℃）通过两级旋风分离器除尘后进入余热锅炉，在蒸发段、过热段和省煤器段分别与水、饱和蒸汽换热后降低到要求温度，然后去往后续洗涤单元。来自进入气化框架的脱氧水首先在省煤器段和煤气换热，然后去往汽包。汽包内的水通过循环在蒸发段内与煤气换热后，一部分转化为蒸汽，汽水混合物循环回汽包，在汽包内汽水分离。饱和蒸汽自汽包去往过热段，过热到 300℃，然后去往蒸汽分气缸供气化炉自用，过量蒸汽送往厂区蒸汽管网。

2.2.2　设备的结构组成

余热锅炉主要结构包括高温蒸发段、低温蒸发段、省煤器、过热器、汽包、蒸汽集气箱等。

2.2.3　设备点检标准（表4-6）

表 4-6　设备点检标准

点检项目	部件	内容	点检标准	点检方法	周期/h
汽包	安全阀	是否泄漏、完好	完好、无泄漏	看	2
	放空手阀	是否泄漏	无泄漏	看	2
	现场液位计	显示是否清晰准确	显示清晰准确	看	2
	压力表	显示是否清晰准确	显示清晰准确	看	2
	整体	是否有较大位移	无明显位移	看	2
	DCS 连接管线	是否完好	完好	看	2
高、低温蒸发段	人孔法兰	超温	无超温	看、测	2
		泄漏	无泄漏	听、看	2
	进、出口外壁	超温	无超温	看、测	2
过热器	人孔法兰	超温	无超温	看、测	2
		泄漏	无泄漏	听、看	2
	进、出口外壁	超温	无超温	看、测	2
省煤器	进水、回水管线、阀门	泄漏、是否完好	无泄漏、完好	看	2

点检项目	部　件	内　容	点检标准	点检方法	周期/h
蒸汽集气箱	安全阀	是否泄漏、完好	完好、无泄漏	看	2
	压力表	显示是否清晰准确	显示清晰准确	看	2
	各支管管线、阀门	泄漏、是否完好	无泄漏、完好	看	2
膨胀节	焊　缝	泄　漏	无泄漏	看	2
	波　纹	泄　漏	无泄漏	看	2

2.2.4　设备维护标准

（1）清扫，见表4-7。

表4-7　清扫标准

部　　位	标　准	工　具	周　期
汽　包	见本色	水、破布、扫帚	24h
高、低温蒸发段	见本色	水、破布、扫帚	24h
过热器	见本色	水、破布、扫帚	24h
省煤器	见本色	水、破布、扫帚	24h
蒸汽集气箱	见本色	水、破布	24h
设备及周围	无积料、无堆料	扫帚、水	每　班

（2）开车前，通过打压检查余热锅炉中各检修部位的焊缝、人孔、法兰、膨胀节是否泄漏。

（3）运行中，按点检标准检查。

（4）停车后，拆除对应法兰、人孔，及时处理运行中存在的问题。

2.2.5　设备完好标准

（1）基础稳固，无裂纹、倾斜。

（2）各设备基础稳固，无位移、倾斜。

（3）正常开车期间，各设备、管线以及膨胀节无跑、冒、滴、漏现象。

（4）正常开车期间，高、低温蒸发段、过热器进出口封头、人孔无超温现象。

（5）仪器、仪表和安全联锁防护装置齐全、灵敏可靠。

（6）汽包、蒸汽集气箱安全阀完好、可靠。

（7）余热锅炉各设备、管线保温设施齐全完整。

2.3　冷渣机

2.3.1　工作原理

冷渣机滚筒由驱动系统的电动机带动旋转，从进渣装置进入的高温灰渣通过冷渣机滚筒螺旋片的旋转输送，与逆流方向进入的冷却水换热冷却到一定温度后排到输送装置。冷却后的渣温一般不大于80℃，最高不宜超过150℃。

2.3.2　设备的结构组成

冷渣机主要结构包括进渣装置、筒体组件、冷却水系统、驱动系统、支撑系统、出渣装置和电控装置等。

2.3.3　设备润滑标准（表 4-8）

表 4-8　设备润滑标准

润滑部位	润滑方式	油名称	周期	备注
减速箱	手注	N42（冬季）或 N46（夏季）	适当补充	稀油润滑
轴承体、传动链条	手注	3 号钙基脂	适当补充	油脂润滑

2.3.4　设备点检标准（表 4-9）

表 4-9　设备点检标准

点检项目	内　容	点 检 标 准	点检方法	周期/h
电动机	电流	正常，无波动	看	2
	温度	夏 <70℃，冬 <60℃	摸、测	2
	声音	无异常	听	2
轴承座	振动	无异常振动	摸、听、测	2
	温度	<80℃	摸、测	2
	声音	无异音	听	2
传动链条	松动、打滑	紧固、无打滑	听、看	2
外　壳	形状	无变形	看	2
地脚螺栓	紧　固	无松动	听、摸、测	2
减速箱	油　位	正　常	看	2
出渣口	堵　塞	无堵塞	看	2

2.3.5　设备维护标准

（1）清扫，见表 4-10。

表 4-10　清扫标准

部　位	标　准	工　具	周　期
电动机	见本色	破布	24h
本　体	见本色	扫帚、破布	24h
设备及周围	无杂物	扫帚、水	每班

（2）开车前：检查润滑油量，测电动机绝缘，查看出渣口无杂物堵塞，电动机开关是否正常。

（3）运行中：按点检标准检查。

（4）给排冷却水的旋转接头密封填料，需适时调节其压紧度，以维持每分钟漏水不多于一滴为宜。

（5）当填料失效则及时更换。旋转接头外端的壳腔内有填料密封，该填料密封是隔离给排冷却水的，若密封失效，则会使给排水在此短路，从而使冷渣机的冷却性能下降（此时排水温度也明显下降）。检查维护与更换填料和轴承时需拆卸其端盖。

（6）填料密封件是磨损件，失常后需要调节、更换冷渣机进渣密封结构中的进渣管、封口、封环等都是易损件，磨损失常时则需焊补或更换。

（7）在进渣装置筒壳内的进渣管上部有连接不锈钢螺栓，若需要对进渣管焊补或者更换，首先将进渣管的支撑板打开，然后卸掉上部的不锈钢连接螺栓，最后把进渣管取出即可。

（8）设备运行一年后应检查水套内结垢情况，应根据水质结垢情况定期除垢，除垢方法为用稀释的盐酸或硫酸加入筒体（断开水循环），运转 20～30 分钟排出，然后再冲洗，一般 2～3 次即可。

（9）运行每月做"断水自动停车报警"试验一次，运行每半年校验安全阀一次。

2.3.6　设备完好标准

（1）基础、支架坚固完整，连接牢固，无松动、无断裂。
（2）内外各零部件没有损坏，不变形，材质、强度符合设计要求。
（3）电动机转动正常，各振动量在正常范围内。
（4）筒体转动平稳，无异常响声。
（5）传动链条无松动、打滑现象，达润滑标准。
（6）各部件紧固良好，运转平稳，无异常声音。
（7）润滑系统油压、油温正常，无渗漏、泄漏现象。

2.4　冷灰机

2.4.1　工作原理

螺旋冷灰机通过间壁式换热使壳体夹套内的冷却水与高温物料进行热交换，通过驱动机构带动轴及轴上螺旋叶片的旋转，实现物料的输送。本设备可通过调节螺旋轴的转速来调节物料的输送量和出料温度，整机设备密封运行，利于设备现场环保运行。回收炉灰余热，保持飞灰的活性和提高其经济价值。

2.4.2　设备的结构组成

冷灰机主要结构包括进灰装置、筒体组件、冷却水系统、驱动系统、支撑系统、出灰装置和电控装置等。

2.4.3　设备润滑标准（表 4-11）

表 4-11　设备润滑标准

润滑部位	润滑方式	油名称	周期	备注
减速箱	手注	N42（冬季）或 N46（夏季）	适当补充	稀油润滑
传动链条	手注	大黄油	3月	油脂润滑
轴承体	手注	极压锂基润滑脂	适当补充	油脂润滑

2.4.4　设备点检标准（表 4-12）

表 4-12　设备点检标准

点检项目	内容	点检标准	点检方法	周期/h
电动机	电流	正常，无波动	看	2
	温度	夏 <80℃，冬 <60℃	摸、测	2
	声音	无异常	听	2

点检项目	内　容	点检标准	点检方法	周期/h
轴承座	振　动	无异常振动	摸、听、测	2
	温　度	<80℃	摸、测	2
	声　音	无异音	听	2
传动链条	松动、打滑	紧固、无打滑	听、看	2
外　壳	形　状	无变形	看	2
地脚螺栓	紧　固	无松动	听、摸、测	2
减速箱	油　位	正　常	看	2
出灰口	堵　塞	无堵塞	看	2

2.4.5　设备维护标准

（1）清扫，见表4-13。

表4-13　清扫标准

部　位	标　准	工　具	周　期
电动机	见本色	破布	24h
本　体	见本色	扫帚、破布	24h
设备及周围	无积料、堆料	扫帚、水	每　班

（2）开车前，检查润滑油量，测电动机绝缘，查看出灰口有无杂物堵塞，电动机开关是否正常。

（3）运行中，按点检标准检查。

（4）链条与链轮的啮合要可靠

当链条或链轮因磨损而使其周节增大到一定程度，将会出现啮合失常，甚至出现爬链和掉链事故，应及时张紧链条或更换链条。

（5）壳体水夹套除垢处理。

冷却水在壳体夹套内部宜结成水垢。水垢的形成会增加热阻，降低整机的换热效率。同时，水垢结成处壳体的电、化学腐蚀增强，导致壳体强度减弱，降低整机的使用寿命，因此宜定期作除垢处理。

冷却用水可分为软化水或非软化水。用软化水作冷却水，壳体水夹套内结垢情况轻微，起初可3年左右进行一次除垢处理，如果用非软化水作冷却水，可当设备运行一年后进行除垢处理。除垢方法为用稀释的盐酸（体积分数5%）或硫酸（体积分数5%）加进壳体内部（断开水循环），运转15～30分钟，排出，然后再用清水冲洗，冲洗2～3次即可。

（6）轴承、链条、电动机、减速机等传动件的润滑。

半年或一年轴承所处空间内更换润滑脂，润滑脂可为极压锂基润滑脂（GB 7323—1994），填充空间可到整个空腔的3/4，链轮与链条的润滑可三个月一更换，润滑脂可为大黄油等。

（7）螺旋轴及螺旋叶片的磨损

每月可通过壳体上部观察孔检查螺旋轴及附着在其上的叶片的运转和磨损情况，查看轴运行是否稳定。如果叶片外端已磨损成薄片或者已超过 1/4 的叶片已脱落，标明该叶片需要更换，一般螺旋轴的使用寿命为 3 年。

（8）运行每半年作"断水自动停车报警"试验一次。

（9）运行每半年作"关闭气源自动停车报警"试验一次。

2.4.6　设备完好标准

（1）基础、支架坚固完整，连接牢固，无松动、断裂。

（2）内外各零部件没有损坏，不变形，材质、强度符合设计要求。

（3）电动机转动正常，各振动量在正常范围内。

（4）筒体转动平稳、无异常响声。

（5）传动链条无松动、打滑现象，达润滑标准。

（6）各部件紧固良好，运转平稳，无异常声音。

（7）润滑系统油压、油温正常，无渗漏、泄漏现象。

2.5　除氧器

2.5.1　工作原理

旋膜除氧器采用热力除氧的方法，即用蒸汽来加热给水，提高水的温度，且使水面上蒸汽的分压力逐渐增大，而溶解气体的分压力则渐渐降低，溶解于水中的气体就不断逸出，当水被加热至相应压力下的饱和温度时，水面上全部是水蒸气，溶解气体的分压力为零，水不再具有溶解气体的能力，即溶解于水中的气体，包括氧气均可被除去。

2.5.2　设备的结构组成

旋膜除氧器主要结构包括除氧头、除氧水箱、汽水分离器、喷淋装置、蒸汽加热装置、安全阀、汽水调节阀、检测仪表等。

2.5.3　设备点检标准（表4-14）

表4-14　设备点检标准

点检项目	内　容	点检标准	点检方法	周　期
检测仪表	数据显示	正常，清晰、可靠	看	2h
除氧水箱	是否泄漏	无泄漏	看	2h
	温　度	正　常	测	2h
	液　位	正　常	看	2h
安全阀	是否泄漏、可靠	可靠、无泄漏	看	2h
汽水分离器	是否完好	完　好	看	停车检查
喷淋装置	是否完好	完　好	看	停车检查
汽水调节阀	是否灵敏	调节灵敏	测	开车前检查

2.5.4　设备维护标准

（1）清扫，见表4-15。

表 4-15　清扫标准

部　位	标　准	工　具	周　期
除氧水箱	见本色	破布	24h
汽水调节阀	见本色	破布	24h
检查仪表	显示清晰	破布	24h
设备及周围	无杂物	扫帚、水	每　班

（2）开车前，清除除氧水箱内部的杂物，查看进出管线是否畅通。

（3）运行中，按点检标准检查。

（4）停车后，及时处理运行中存在的问题。

2.5.5　设备完好标准

（1）基础、支架坚固完整，连接牢固，无松动、断裂。

（2）除氧水箱内外各零部件没有损坏，不变形，材质、强度符合设计要求。

（3）运转正常，设备及管道无跑、冒、滴、漏现象。

（4）水位跳动量在正常范围内。

（5）仪器、仪表和安全防护装置齐全，灵敏可靠。

（6）各部件紧固良好，运转平稳，无异常声音。

（7）安全防护罩齐全完整。

2.6　洗涤塔

2.6.1　工作原理

离开文丘里混合器的气液混合物进入水洗塔下部的进料管，引入塔底部的液层下面，所携带的液体大部分进入液相，其中所捕集的固体颗粒和溶解的盐分也随之进入液相。煤气在液层中鼓泡也起到一定的洗涤作用。煤气自下向上流动与从上部自流而下的洗涤水在筛板塔盘上逆流接触，实现煤气的二次洗涤。

2.6.2　设备的结构组成

洗涤塔主要结构包括塔体、塔板、液体分布器、除沫器、液位计、安全阀、支撑装置等。

2.6.3　设备点检标准（表 4-16）

表 4-16　设备点检标准

点检项目	内　容	点检标准	点检方法	周　期
连接法兰	泄　漏	无泄漏	看	2h
液位计	液位显示	清晰、准确	看	2h
安全阀	是否泄漏、可靠	无泄漏、可靠	看	2h
液体分布器	是否完好	完　好	看	停车检查
塔　板	气孔	畅通、无堵塞	看	停车检查
人孔法兰	是否泄漏	无泄漏	看	2h
除沫器	是否完好	完　好	看	停车检查

2.6.4　设备维护标准

（1）清扫，见表4-17。

表 4-17　清扫标准

部　位	标　准	工　具	周　期
塔　体	见本色	水、破布	24h
设备及周围	无杂物	扫帚、水	每　班

（2）开车前：检查塔体内塔板是否完好，人孔法兰螺栓紧固是否完好，进出水洗塔管线是否畅通。

（3）运行中：按点检标准检查。

（4）停车后：及时处理运行中存在的问题。

2.6.5　设备完好标准

（1）基础、支架坚固完整，连接牢固，无松动、断裂。

（2）水洗塔内外各零部件没有损坏，不变形，材质、强度符合设计要求。

（3）运转正常，设备及管道无跑、冒、滴、漏现象。

（4）水位跳动量在正常范围内。

（5）仪器、仪表和安全防护装置齐全，灵敏可靠。

（6）安全防护罩齐全完整。

2.7　闪蒸塔

2.7.1　工作原理

离开洗涤塔底的黑水溶有相当数量的 H_2S、CO_2 等气体，为避免洗涤水在水处理过程中逸出污染环境，在送出前利用各种溶解性气体在水中的溶解度与压力的正比关系，经减压在闪蒸塔内闪蒸出大部分溶解气体。闪蒸塔内设有挡板，增加洗涤水的停留时间和气体的脱逸气液界面。

2.7.2　设备的结构组成

闪蒸塔主要结构包括塔体、塔板、支撑装置、液体分布器、液位计、安全阀等。

2.7.3　设备点检标准（表4-18）

表 4-18　设备点检标准

点检项目	内　容	点检标准	点检方法	周　期
连接法兰	是否泄漏	无泄漏	看	2h
液位计	液位显示	清晰、准确	看	2h
安全阀	是否泄漏、可靠	无泄漏、可靠	看	2h
液体分布器	是否完好	完　好	看	停车检查
挡　板	是否完好	完　好	看	停车检查
人孔法兰	是否泄漏	无泄漏	看	2h

2.7.4　设备维护标准

（1）清扫，见表4-17。

（2）开车前，检查人孔法兰螺栓紧固是否完好，进出水洗塔管线是否畅通。

（3）运行中，按点检标准检查。

（4）停车后，及时处理运行中存在的问题。

2.7.5　设备完好标准

（1）基础、支架坚固完整，连接牢固，无松动、断裂。

（2）水洗塔内外各零部件没有损坏，不变形，材质、强度符合设计要求。

（3）运转正常，设备及管道无跑、冒、滴、漏现象。

（4）水位跳动量在正常范围内。

（5）仪器、仪表和安全防护装置齐全，灵敏可靠。

（6）安全防护罩齐全完整。

2.8　电梯

2.8.1　工作原理

曳引绳两端分别连着轿厢和对重，缠绕在曳引轮和导向轮上，曳引电动机通过减速器变速后带动曳引轮转动，靠曳引绳与曳引轮摩擦产生的牵引力，实现轿厢和对重的升降运动，达到运输目的。固定在轿厢上的导靴可以沿着安装在建筑物井道墙体上的固定导轨往复升降运动，防止轿厢在运行中偏斜或摆动。常闭块式制动器在电动机工作时松闸，使电梯运转，在失电情况下制动，使轿厢停止升降，并在指定层站上维持其静止状态，供人员和货物出入。轿厢是运载乘客或其他载荷的箱体部件，对重用来平衡轿厢载荷、减少电动机功率。补偿装置用来补偿曳引绳运动中的张力和重量变化，使曳引电动机负载稳定，轿厢得以准确停靠。电气系统实现对电梯运动的控制，同时完成选层、平层、测速、照明工作。指示呼叫系统随时显示轿厢的运动方向和所在楼层位置。安全装置保证电梯运行安全。

2.8.2　设备的结构组成

电梯结构包括曳引系统（曳引钢丝绳、导向轮、反绳轮等）、导向系统（导轨、导靴、导轨架）、轿厢（轿厢架、轿厢体等）、门系统（轿厢门、层门、开门机、门锁装置等）、重量平衡系统（对重、重量补偿装置等）、电力拖动系统（曳引电动机、供电系统、速度反馈装置、电动机调速装置等）、电气控制系统（操纵装置、位置显示装置、控制屏（柜）、平层装置、选层器等）、安全保护系统等。

2.8.3　设备润滑标准

电梯应当至少每15日进行一次清洁、润滑、调整和检查。电梯设备中需要润滑的部位较多，主要有曳引齿轮箱、钢丝绳、导轨、液压缓冲器和轿门门机等部件。

齿曳引机的减速齿轮箱用油通常选择黏度为 VG320 和 VG460 的涡轮蜗杆齿轮油。钢丝绳的润滑一般需用专门的钢缆油或钢丝绳专用油脂。导轨润滑剂一般常用 32 号、68 号导轨油或 46 号、68 号机油。电动机轴承和其他轴承的润滑目前多选用极压复合锂基润滑脂。电梯液压缓冲器一般都选择 L-HM 抗磨液压油。

2.8.4　设备点检标准

（1）日检

1）目测外观有无异常。

2）电器控制、报警状况是否异常。

3）电子门锁、机械锁是否灵活好用。

4）安全装置检查是否完好。

5）曳引装置检查是否正常。

6）安全门安全窗检查是否完好。

7）润滑系统检查是否正常。

8）轿厢内外是否清洁。

（2）周检

检查厅外及操作盘各按钮、开关、指示灯，电梯上下运行性能、舒适感、平层精度，层门、轿门、自动门机构、安全触板、门锁装置、机房减速机运转平稳，无振动、杂音；轴承温升不高于 60℃，润滑油温不高于 85℃，渗漏油不超过 15cm²/h；制动器动作灵活，机房照明正常，门窗、灭火器完好，无漏雨渗水，室温在 5～40℃ 之间，彻底清洁机房各部卫生。

（3）月检

制动器制动时制动轮与制动瓦抱合紧密，松闸时两侧间隙一致且不超过 0.7mm；线圈温升不超过 60℃，制动轮、制动弹簧无裂纹，各紧固连接螺钉无松动，曳引电动机贮油槽油位、油色正常，用皮风箱吹净电动机内部积尘；轴承温度不高于 80℃，限速器无异常声响，清除夹绳钳上异物，安全钳拉杆工作正常，安全钳楔块与导轨间隙 2～3mm，动作灵活无锈蚀，检查导轨导靴衬磨损情况，曳引绳张力一致，绳头组合装置无异常，电气设备工作正常，无异常声响、气味；清洁接触器、继电器等各电气元件上的灰尘；检查接触器触头，机械联锁装置动作可靠。

（4）季检

检查电动机轴与蜗杆连接的不同心度，刚性联接 0.02mm，弹性联接 0.1mm，制动轮径向跳动不超过 1/3000，蜗杆推力轴承磨损，紧固曳引机各部位连接件，制动器制动带磨损不允许超过 1/4 厚度或铆钉无露出，直流电动机炭刷压力保持在 0.15～0.25kg/cm²，层门、轿门下端面与地坎间隙不小于 4mm；检查门导靴，清洁门电动机内炭屑并检查炭刷和换向器工作状况，检查轿门联门牵引装置，门锁和安全触板接触状况；检查曳引绳断丝情况（均匀或集中断丝），选层器传动钢带无断齿、裂痕，各连接螺栓无松动，触头接触可靠；缓冲器弹簧无锈蚀、裂纹、变形；油压缓冲器柱塞涂油防锈，紧固件无松动、过热，井道内管线、电缆无异常；清洁底坑卫生。

（5）年检

清洗曳引机轴承，加注钙基脂；减速箱油质变稀更换，并用煤油清洗，检查曳引机绝缘电阻应大于 0.5MΩ；曳引轮绳槽磨损状况，当绳与轮槽底边的间隙不大于 1mm 时绳轮槽须重车；轿厢门和层门进行全面检查，校正变形的层轿门，更换磨损严重的吊门滚轮，清洗润滑门连动装置的轴承，修整门锁开关，检查调整自动门机构，更换门电动机电刷，修整门限位开关，缓速开关；检查导轨架、导轨压板、导轨连接板，紧固连接螺栓；检查对重装置、平衡支架坚固无松动，紧固对重轮轴卡板螺栓及各部位连接螺栓；电气设备进行全面详细检查，更换寿命到期的各种接触器、继电器、开关等电气元件；检查电气设备绝缘耐压必须大于 1000V，动力线路不小于 0.5MΩ，其他电路 0.25MΩ，电路电压在 25V 以下除外，检查电气设备外壳接地接零装置，接地电阻应小于 4Ω。

2.8.5　设备维护标准

（1）每天对电梯及机房进行清理、整顿，使之卫生洁净，无脏物、杂物堆放在机房和轿厢内。

（2）对电梯的安全装置（安全钳、限速器、缓冲器和极限装置）必须做到每天检查，一有问题务必修复，如自己无能力修理，应及时通知检修部门修理。

（3）每周对机房的电梯曳引器进行一次检查（导向轮、减速器和钢丝绳或液压系统）发现问题立即停机检查、修复，杜绝"带病"作业。对润滑系统必须在开机前认真检查，各部位机油、黄油是否缺量。

（4）每周应对电梯提升至层门自动停止时的高低差是否在规定范围内作详细检查。

（5）每天对电梯门机械锁和电子锁进行检查（即双保险是否都自动启用）。

（6）每天对电器的保护装置，信号系统，报警系统进行一次检查。

（7）驾驶员对日常维护工作应作好记录。

2.8.6　设备完好标准

（1）起重能力

1）电梯起重能力应能达到设计要求。

2）每年按要求进行一次静、动、超负荷试验并有记录资料。

（2）平层准确度

轿厢的平层准确度确定应符合下列规定。

交流电梯：额定速度为 1.00m/s，平层准确度不大于 ±30mm。

（3）安全装置

安全装置齐全，必须有以下安全装置：

1）超速保护装置。

2）撞底缓冲装置。

3）超越上下极限位置的保护装置。

4）厅门锁与轿厢门电器连锁装置。

5）对三相交流电源应设断电保护装置。

6）遇停电或电气系统故障时，应有轿厢慢速移动的措施。

7）各安全装置均处于正常工作状态，限速器安全钳、电器连锁装置及超程极限保护装置应有试验记录可查。

8）门电气的速度、减速和停止符合机械要求，安全触板等保护装置灵敏可靠。

（4）操纵系统

1）电梯运行时轿箱内无剧烈振动和冲击。

2）电梯升降速度符合使用说明书要求。

3）指令、召唤、选层定向、程序转换、开车、截车、停车、平层等功能准确无误，声光信号显示清晰准确。

（5）主要零部件

1）曳引机。曳引机运行平稳，无异常振动和噪音，润滑良好，温升正常。制动装置安全可靠，主要零部件无严重磨损。松闸时两侧闸瓦应同时离开制动轮表面，其间隙不大于 0.7mm。闸瓦与转动轮的松紧应以轿厢静载试验无溜车，电梯起、制动时轿厢无冲击为宜。电梯运行时，制动器动作应灵敏可靠，闸瓦与制动轮不应摩擦，线圈的温升不超过60℃。

2）曳引绳和绳头组合。钢丝绳内不应有交错和折弯的钢丝。钢丝表面也不应有凹陷、锈蚀、压扁、碰伤或切伤等缺陷。钢丝绳检验和报废按照 GB 5972—86《起重机械用钢丝绳检验和报废实用规定》执行。钢丝绳的股不应塌入或凸起，绳内钢丝或股均应松紧一致，各钢丝或股间允许有均匀的间隙，主钢丝绳在曳引轮槽中高低误差不大于1mm。绳头组合的拉伸强度不应低于钢丝绳的拉伸强度，绳头在锥套中应牢固，无松动、脱出现象。绳头弹簧应保证其机械性能，无疲劳或断裂现象。

3）安全钳。在达到限速器动作速度时，安全钳应能夹紧导轨而使装有额定载荷的轿厢制停并保证静止。轿厢两边安全钳应同时发生作用，在载荷均匀分布的情况下，安全钳作业时轿厢地板的倾斜不应超过其正常位置的5%，限速器动作速度整定后，可调部位应有铅封。安全钳楔块面与导轨工作表面间隙为 2～3mm，而且两面均匀。

4）导轨。每根轿厢导轨工作面对铅垂线的偏差，每5m 不应超过0.7mm，相互偏差在整个高度上不应超过1mm，在导轨工作表面的接头处应当平整，若有台阶，不能大于0.05mm。导轨应支撑坚固，一切紧固螺钉应无松动脱落现象，表面毛糙或安全钳作用的损伤均应修光。

5）其他主要零部件。其他主要零部件包括：

①电梯的轿厢和轿厢门、厅门和门锁，对重装置等部件均应灵活可靠、润滑良好，符合相应技术要求。

②电气系统。所有开关、按钮、调节旋钮应标明其操作位置或调节方向。轿箱内或轿厢顶的检修开关和非自动复位急停开关工作正常。电气设备的一切金属外壳必须采取保护性接地，并符合电气设备接地装置的有关规定和要求。电气系统绝缘电阻大于0.5MΩ。

（6）电气装置齐全可靠，接触器、继电器等应符合电梯连续工作起、制动频繁的要求，轿厢内及轿厢顶的电器和电子装置应能承受 2.5g 的冲击加速度。

第 6 节　现场应急处置

参见本篇第 2 章第 6 节。

第 5 章　脱硫岗位作业标准

第 1 节　岗 位 概 况

1　工作任务

采用栲胶脱硫工艺脱出粗煤气中的 H_2S 等。合格煤气经能量回收及空压机组系统降压后送往焙烧炉使用。将脱硫过程中分离出的单质硫送往熔硫釜，制成硫产品。

2　工艺原理

栲胶法脱硫是我国特有的脱硫技术。栲胶是由植物的皮果、叶和干的水淬液熬制而成，其主要成分为丹宁，丹宁是化学结构十分复杂的含酚化合物组成的混合物，由于来源的不同，丹宁的组份也不一样，但都是由多羟基芳烃化合物组成，具有酚式或醌式结构，其主要反应如下：

碱性水溶液吸收气体中的 H_2S 和 CO_2。

$$Na_2CO_3 + H_2S \Longrightarrow NaHCO_3 + NaHS$$
$$CO_2 + Na_2CO_3 + H_2O \Longrightarrow 2NaHCO_3$$

五价钒氧化 HS^- 析出硫黄，五价钒被还原成四价钒。

$$2V^{5+} + HS^- \Longrightarrow 2V^{4+} + S + H^+$$

同时醌态栲胶氧化 HS^- 析出硫黄，醌态栲胶被还原成酚态栲胶。

$$TQ + HS^- \Longrightarrow THQ + S$$

醌态栲胶氧化四价钒，使钒获得再生。

$$TQ + V^{4+} + 2H_2O \Longrightarrow V^{5+} + THQ + OH^-$$

空气中的氧氧化酚态栲胶，使栲胶获得再生，同时生成 H_2O_2。

$$2THQ + O_2 \Longrightarrow 2TQ + H_2O_2$$

H_2O_2 氧化 HS^-。

$$H_2O_2 + HS^- \Longrightarrow S + H_2O + OH^-$$

3　工艺流程

煤气进入水洗塔进一步除尘后进入吸收塔 I 粗脱硫，再进入吸收塔 II 吸收脱硫，经过净化气分离器后进入后系统。

吸收了硫化氢的富液由吸收塔 I 和吸收塔 II 底部出来，由富液泵送入再生槽上部，富液与自吸进入的空气氧化再生，再生后的贫液从再生槽上部溢流进入贫液槽，由贫液泵送入吸收塔 I、II 循环使用。

再生槽内析出的单质硫悬浮于再生槽顶部的环形槽内，并溢流进入硫泡沫槽，再由硫泡沫泵送入熔硫釜，间歇性从底部排除硫黄，清液从上部流出去地下槽。

闪蒸汽进入闪蒸汽吸收塔脱硫，再经闪蒸气液分离器后放空，吸收了硫化氢的富液由闪蒸富液泵送入再生槽再生。

脱硫系统工艺流程，如图 5-1 所示。

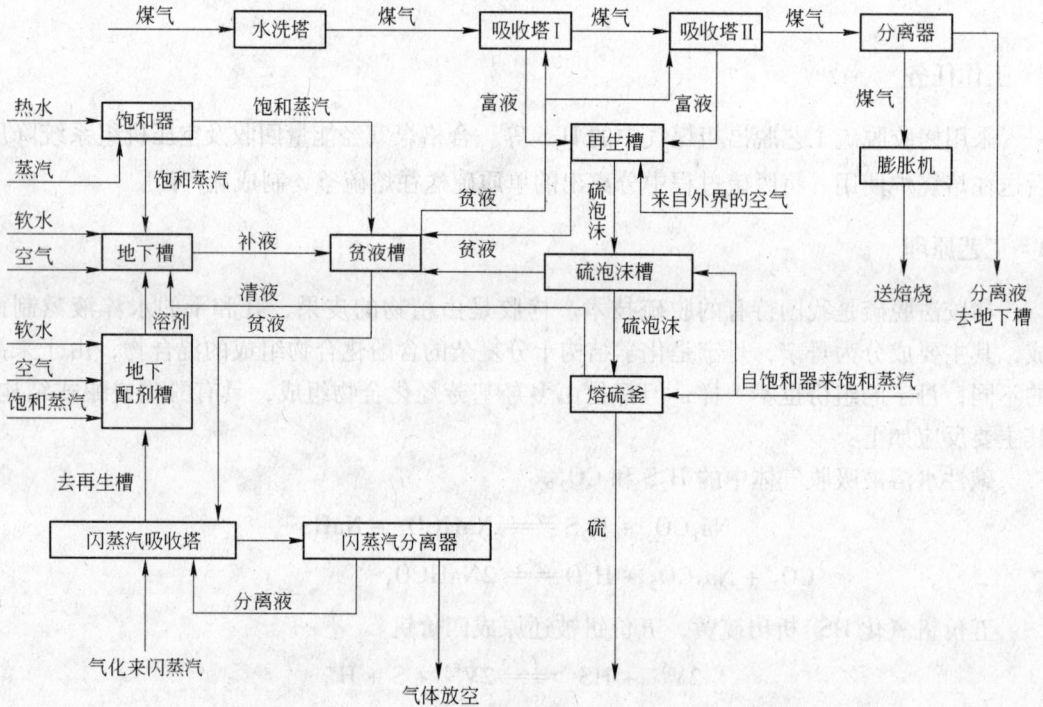

图 5-1　脱硫系统工艺流程简图

第 2 节　安全、职业健康、环境、消防

1　危险源辨识及控制措施

1.1　班前班中的巡检作业

1.1.1　程序、步骤

（1）提前 15 分钟开班前会，听取轮班值班长安排本轮班的生产任务和注意事项。

（2）接班后分工巡检生产区内生产设备及安全消防设施是否正常，发现问题及时汇报中控或值班长。

（3）检查各设备、管道是否有跑、冒、滴、漏现象，有不正常情况加强巡回检查。

（4）检查各泵出口压力、轴温、油箱的油位，发现油变质，应立即更换，对电动机的升温、电流、电压进行检查，确保在指标范围内。

（5）检查煤气温度及循环水的流量。

（6）查看再生槽、贫液槽、富液槽、地下槽、硫泡沫槽的现场液位。

（7）查看脱硫液循环量，根据硫泡沫溢流情况与中控进行联系调节。

（8）备用运转设备按时间表盘车，保持备用完好状态。

1.1.2　危险因素

（1）高空坠物伤人，高空坠落、跌伤。

（2）煤气浓度超标，一氧化碳、硫化氢中毒。

（3）接触高温设备或蒸汽造成烫伤。

（4）接近运转中的设备，直接用手触摸传动部位。

（5）电动机未停机加油。

（6）现场物品摆放不规范、杂物多。

1.1.3　安全对策

（1）上下楼梯抓好扶手，严禁扔工具物品及乱丢物品。

（2）上岗巡检时随身携带便携式一氧化碳报警仪、便携式硫化氢报警仪。

（3）禁止靠近、接触高温设备或物品。

（4）检查时不准接触运转中的设备及用手接触传动部位。

（5）及时为电动机停机加油。

（6）定位摆放做到现场管理标准化。

1.2　开车操作

1.2.1　程序、内容

（1）接到主控室开车指令后，做好联系确认。

（2）栲胶脱硫液配制结束后，建立溶液循环系统，打开贫液槽蒸汽加热盘管阀门，使脱硫溶液温度在40℃，并调节溶液流量。

（3）使用氮气（或蒸汽）对煤气管道及水洗塔、吸收塔进行吹扫，并取样分析合格。

（4）将粗煤气导入脱硫水洗塔，升至一定压力后，打开净化气阀，开始气量调至设计值的25%，待平稳后再慢慢加量，每次加量为10%左右，至生产要求。

（5）同时分析吸收塔Ⅰ出口气体和净化气中硫化氢的含量，达到要求后，脱硫系统即正常操作。

1.2.2　危险因素

（1）未做好相互间的联系确认。

（2）湿手进行电气操作。

（3）煤气管道及水洗塔、吸收塔进行吹扫不合格即导入煤气。

1.2.3　安全对策

（1）做好相互间的联系确认。

（2）电气操作时保持手部干爽。

（3）确认管道及水洗塔、吸收塔进行吹扫并分析合格才能导入煤气。

1.3　停车操作

1.3.1　程序、内容

（1）接到停车通知后，联系有关岗位，停止送气后，关闭脱硫系统进、出口阀，吸收塔保压，栲胶脱硫循环液、余气循环 4～8 小时，其循环量为设计值的 50%～60%。若塔内压力不足以维持溶液循环时，可用氮气补压。

（2）加大溶液过滤量，将溶液中悬浮硫过滤干净，待悬浮硫泡沫处理完后，逐次处理贫液槽、再生槽及脱硫吸收塔底的沉降硫泥。将贫液槽上部清液用泵打入再生槽中，设备置换合格后，打开人孔，人员进入设备清理沉积硫泥，待贫液槽清理干净后，将再生槽中上部清液放入贫液槽，按上述方法依次清理再生槽、吸收塔、地下槽等设备。

（3）所有溶液管线用蒸汽吹扫，吹扫出管道内存积的硫黄。

（4）如长期停车需将塔设备重新防腐，填料卸出，系统清理干净，重新填装。

（5）停止往过滤机料槽内放料，打开排液阀放出剩余悬浮液，用脱盐水冲洗滤布和机身。

（6）熔硫釜内用蒸汽吹扫或热水蒸煮，消除釜内杂质后，关死蒸汽阀，放净蒸汽管道内的冷凝水。

（7）动力设备加润滑油，并做好设备及现场的清洗卫生工作。

1.3.2　危险因素

（1）劳保穿戴不正确。

（2）未做好相互间的联系确认。

（3）湿手进行电气操作。

1.3.3　安全对策

（1）正确穿戴劳保用品。

（2）做好相互间的联系确认。

（3）电气操作时保持手部干爽。

1.4　设备故障及异常情况处理作业

1.4.1　吸收塔及其连接管线严重泄漏处理作业

（1）程序、内容

1）首先联系值班长，关进出系统阀。停贫液泵，将吸收塔内栲胶脱硫液视具体情况全部或部分排至再生槽，然后卸压。若要动火，必须将与动火处有关管线、系统加盲板断开，然后用氮气置换，取样分析合格，直至系统氮气含量大于97%。

2）利用保压氮气置换贫液进塔管线、导淋及辅助管线。

3）联系值班长送空气，同时打开脱硫吸收塔出口放空，用空气置换各设备及管线。

4）通知取样分析，直到系统氧气含量达到20%，此时停止置换，交付检修。

（2）危险因素

1）巡检不到位，发现不及时。

2）未联系主控室及值班长，私自处理解决。

（3）安全对策

1）做好巡检及记录，及时发现异常情况。

2）发现问题及时联系主控室及值班长，做好相应的处理。

1.4.2　再生槽或与其连接管线泄漏处理作业

（1）程序、内容

1）联系值班长，接停气通知后，关进出系统阀。

2）将再生槽的溶液放入贫液槽，停贫液泵，必要时再将再生槽底及管线内的脱硫液排至地下槽。

3）若需动火，视情况加盲板与有关系统断开，用氮气（或蒸汽）置换，清除塔内壁硫黄，取样分析合格，方可交付检修。

（2）危险因素

1）未做好巡检及记录，未及时发现异常情况。

2）发现问题及时联系主控室及值班长，做好相应的处理。

（3）安全对策

1）做好巡检及记录，及时发现异常情况。

2）发现问题及时联系主控室及值班长，做好相应的处理。

1.4.3　突然停电处理作业

（1）程序、内容

1）及时联系主控室及值班长。

2）迅速关闭吸收塔液位调节阀，注意保持吸收塔液位。

3）及时到现场将各设备的操作开关打到关位。

4）关贫液泵及富液泵出口阀。

5）与值班长联系，并做好开泵等准备工作。

（2）危险因素

1）停电造成人员慌张，发生摔伤、碰伤等事故。

2）未联系主控及值班长，造成误操作。

3）总电源没关，来电后设备自行启动伤人。

（3）安全对策

1）停电时值班长统一指挥，分工协作，平时加强演练。

2）及时联系调度，问明原因，做好相应的处理。

3）停电后及时关闭总电源。

1.4.4　煤气发生泄漏、着火处理作业

（1）程序、内容

1）及时发现并报告主控室及值班长。

2）启动紧急停车程序。

3）检查并带好空气呼吸器，确认泄漏部位及范围，若着火用干粉灭火器将火扑灭。

4）停车后对设备管道做检修处理，做好安全措施，确定事故原因，明确事故责任。

（2）危险因素

1）人员慌张，发生摔伤、碰伤等事故。

2）没有戴好空气呼吸器，不会使用干粉灭火器。

（3）安全对策

1）由值班长统一指挥，做好协调，平时做好演练。

2）戴好空气呼吸器，平时加强灭火技能的学习和训练。

1.4.5　煤气发生泄漏、着火处理作业

（1）程序、内容

1）报告主控室及当班值班长。

2）进行倒泵操作，切换为备用泵。

3）通知检修人员检查修理，修理完毕后检查切换泵能否正常使用。

（2）危险因素

1）巡检不到位，发现不及时。

2）湿手进行电气操作。

3）未联系主控室及值班长，私自处理解决。

（3）安全对策

1）做好巡检及记录，及时发现异常情况。

2）电气操作时保持手部干爽。

3）发现问题及时联系主控室及值班长，做好相应的处理。

2 安全须知

2.1 上岗时间

本岗位实行四班三运转倒班作业，按规定提前 15 分钟到达岗位进行交接班。

2.2 接受任务方式和要求

（1）承接上个班次的工作任务。

（2）参加班前会明确本班次工作任务。

（3）接受调度、作业区作业指令。

2.3 着装防护要求

（1）进入工作区按规定穿着防静电工作服和劳保鞋、戴好安全帽和防尘口罩。

（2）进行溶液配制及原料储存时，必须穿着相应劳保用品。

（3）为防止煤气中毒，本岗位配置一氧化碳在线监测仪和空气呼吸器用于现场煤气监测，煤气浓度超标报警时使用。

（4）为防止煤气、电气火灾，本岗位配置二氧化碳灭火器和干粉灭火器，要求保持性能良好。

2.4 工具要求

岗位配备的对讲机、测温枪、便携式一氧化碳报警仪、便携式硫化氢报警仪、现场操作工具等，使用前要认真检查，保持其性能良好。

2.5 岗位安全基本职责

（1）负责脱硫岗位所有设备的操作及维护。

（2）严格执行脱硫岗位的操作规程及安全规程，确保脱硫系统安全稳定生产。

（3）熟悉掌握区域内各设备的技术状况，具备较强的操作技能及应急处理能力。

（4）与上、下游岗位做好配合，开停车作业时要通知相关岗位，做好各岗位的协调，保证生产安全。

（5）严格执行交接班制度，做好区域内和操控室的卫生清洁，认真填写各项原始记录，做到信息传递及时准确。

2.6 协助互保要求

作业时每个班组全部员工实行联保，巡检时必须两人或两人以上协作，做好互保。

2.7　安全确认的方式和内容

2.7.1　开车确认

（1）确认所有设备、管道、阀门等都齐全好用，水、电、气、汽都已送至本岗位。

（2）检查各流量计、温度计、压力表、液位计、自动分析、自控调节等仪表是否准确灵敏好用。

（3）准备好记录本、报表和各项安全防护用品。

（4）确认水、气、汽联动试车完毕。

（5）确认设备已进行清洗。

（6）确认脱硫溶液已配制完毕。

2.7.2　正常作业确认

（1）现场员工按时巡检，确认各管道阀门、焊缝、法兰连接处及各泵无跑、冒、滴、漏现象。

（2）正常作业时确认各设备的压力、温度、液位在正常范围内且主控液位与现场液位一致。

（3）栲胶脱硫液成分在工艺指标范围内，并保证有充足的脱硫液。

（4）设备管道操作及检修中需要开具工作票的，在动作前必须确认已开具相应的工作票。

2.7.3　停车确认

（1）停车后对设备及管道进行吹扫，经分析化验后，确认其达到要求。

（2）停车后确认各阀门已打到相应的位置。

（3）停车后需进行高空作业或进入有限空间进行检查、维修时，必须开具相应的工作票。

2.8　安全标准

（1）根据工艺要求，精心调整操作参数，使脱硫后的硫化物控制在指标范围内。注意再生槽、硫泡沫槽液位，防止液位过高硫泡沫溢出。

（2）及时回收泵滴漏的脱硫液。

（3）开启熔硫釜放料阀时，要缓慢打开，以免喷溅伤人及污染环境。

（4）经熔硫釜干燥后的硫黄一定要及时送回硫黄库。

（5）开、停车按操作规程进行，同时控制好液位、流量，避免含硫气体窜出系统，溶液溢出系统，引起污染。

（6）开车时，加量需要缓慢进行，防止气体加量太大，引起气体夹带液体和净化物超标。

（7）检修时，一定要将检修的管道和设备中煤气、栲胶脱硫液和硫黄清除干净后，方可进行置换，经化验分析合格，做好安全措施并办理相关手续后方可进行检修工作。

2.9　精神状态

自我检查身体状态，保持良好的精神状态上岗。

3　环境因素识别及控制措施

3.1　本岗位安全作业对现场环境的要求

（1）各区域栏杆完好，无积灰杂物。

（2）防护设施、消防器材干净有效，警示牌清晰，摆放整齐，定置管理。

（3）现场通风良好，煤气泄漏量低于国家标准。

（4）中夜班现场作业要有足够的照明。

3.2　本岗位安全作业对工器具、原材料的要求

（1）现场的各种操作工具必须齐全，灵活好用。

（2）现场的应急设施完好。

（3）处理煤气泄漏等故障时工具必须涂抹黄油或使用铜质工具。

3.3　本岗位安全作业对职工和生产工艺的要求

（1）岗位人员必须有强烈的责任心，无心脏病、恐高症等与岗位不适合的职工队伍。

（2）岗位人员必须掌握本岗位的工艺流程，应急预案及隐患排查技能。

（3）生产的硫黄及脱硫后的煤气符合生产工艺要求。

4　消防

参见本篇第 1 章第 2 节 4。

第 3 节　作业标准

1　作业项目

1.1　开车准备

（1）设备、管道、阀门等都齐全好用，水、电、气、汽都已送至本岗位。

（2）通知仪表检查各流量计、温度计、压力表、液位计、自动分析、自控调节等仪表是否准确、灵敏、好用。

（3）准备好记录本、报表和各项安全防护用品。

（4）水、气、汽联动试车。

1.2　联动试车

（1）联动试车的目的

1）在单体试车的基础上，继续考核静置设备、动力设备和管道工程的安装质量。

2）考核全工程各工艺环节是否畅通平衡，有无故障存在及各操作点互相有无影响。

3）考核主要指示仪表和控制仪表的安装、调试质量。

（2）联动试车应具备的条件

1）填料冲洗干净并装入系统，工程安装应全部完毕，现场清理干净，无杂物堆放。

2）单体试车合格，处于备用状态。

3）系统设备和管道清理，吹洗合格，系统试压试漏合格。

4）指示、控制仪表的安装、调试基本完毕，所有的电源电器验收合格。

5）水、气、汽及仪表气源已送往本系统。

6）各消防器材、安全措施均完备，现场照明充足。

（3）联动试车的准备工作

1）查看系统清理、吹洗、试压、单体试车是否合格，在这中间发现的问题是否已

解决。

2）查看各管道及阀门的连接是否有错位，试压时的盲板是否已拆除，并将法兰复原上紧。

3）查看所有动力设备的润滑油、冷却水、电源等是否处于正常状态，设备本身是否处于可应用的良好状态。

4）与仪表人员联系，在试车中哪些仪表能启用，哪些仪表不能启用，不能启用的仪表要挂上"禁止投用"的牌子并加以保护。

（4）联动试车操作步骤

1）清扫、吹扫

①清扫。凡是能够进人的设备都应该进行清扫。系统安装完毕后，对水洗塔、脱硫吸收塔、再生槽和各容器设备的内壁进行清洗和打扫，除去设备内壁沙子、铁屑、焊渣、木棒、水垢等杂物。同时检查设备内壁的防腐材料如加衬环氧玻璃布或加涂环氧树脂是否完好，缺损的地方要重新加衬环氧玻璃布或加涂环氧树脂。

②吹扫。凡是不能进人的设备和管道应该进行吹扫，这一项工作可以与试压、试漏工作同时进行。

2）试压、试漏。设备和管道安装完毕后，必须进行试压、试漏工作。具体为：

①试压。用试压泵将水注入吸收系统，压力维持在 0.2MPa，保持 20～30 分钟。全面对设备、管道进行检查有无裂纹和漏水、渗漏等现象，若无上述现象且压力表指针不下降则试压合格。

②试漏。用压缩空气加压到 0.2MPa，然后检查设备管道的密闭性。24 小时泄漏量小于 0.2%，则试漏合格。

3）单体试车。水洗泵、贫液泵、富液泵、补液泵、硫泡沫泵等应按各泵的操作规程进行单体试车，先进行空负荷运转，然后加到满负荷运转。

4）水、气、汽联动试车。水洗塔、脱硫吸收塔充压至 0.45MPa，开启水阀向水洗塔注水建立水洗塔液位，开启水洗泵建立系统水循环，把地下槽内注满水，启动补液泵，建立贫液槽液位。然后启动贫液泵建立脱硫吸收塔液位，开启富液泵，将脱硫吸收塔内的水送至再生槽，如此建立系统水循环。水从再生槽上部溢流进入硫泡沫槽，由硫泡沫泵打入熔硫釜排出。在循环过程中应检查仪表是否灵敏、准确。并开启贫液槽蒸汽加热盘管阀门，将水加热至 60℃，温度达到后，可以视情况边排放边循环，有旁路的地方应倒换几次，直至排放的水清洁为止，一般需 48 小时左右。

1.3　设备清洗

在开车前必须进行设备和管道的清洗，以除油、除锈，并除去其他使溶液起泡沫的物质，尽量保持脱硫系统干净，防止溶液污染，减少溶液起泡，这对生产稳定和保持正常的操作都是很重要的。

（1）水洗

水洗的目的是清洗掉设备内大的杂质和铁锈。水洗一般与水、气、汽联动试车同时进行。

1）冷水单塔冲洗

首先清洗地下槽和贫液槽，然后用水洗泵贫液泵将脱盐水打至水洗塔吸收塔Ⅰ、吸收塔Ⅱ，进行冲洗，洗涤废水由塔底导淋排放。

脱硫吸收塔冲洗完后，脱盐水送至再生槽，开启喷射器进口阀，喷射器倒换清洗，脱盐水从喷射器进入再生槽底部，洗涤水从再生槽底部导淋排放。然后脱盐水从再生槽上部进入贫液槽，洗涤水由贫液槽导淋排放。提高再生槽液位使脱盐水溢流进入硫泡沫槽，冲洗硫泡沫槽，洗涤水由槽底导淋排放。再由硫泡沫泵将脱盐水打入熔硫釜，洗涤水从熔硫釜的放硫阀排放。

在冲洗时，清洁水必须不断补充，不断排放，并经常清理泵的进口过滤网。在冲洗过程中，根据流程特点，同时对管道和分离器单独进行冲洗。

冷水冲洗时间不定，直至排出的污水与新补充的水无区别为止。

水洗时应注意：

①管线上的孔板、测温元件、仪表、调节阀等应在水洗前拆除，水洗合格后复位。

②泵入口无粗滤器的，应加装临时粗滤器。

③循环水洗完成后，相应的设备，如水洗塔、脱硫吸收塔、再生槽、贫液槽、地下槽等应打开进行检查并人工清除可能沉淀在内的固体杂物。

2）热水清洗

冷水清洗结束后，系统中的水不要排放，建立水循环流程为正常的循环流程，补充脱盐水，维持两塔液位稳定。然后开启贫液槽的蒸汽加热盘管加热循环水使水温提至 60℃，进行热水循环清洗。

热水循环清洗应控制好温度，在热水温度稳定下，采用连续排污的方法，直到循环水浑浊度小于 100×10^{-6}（无悬浮物，水清洁），热水清洗结束后，停止循环，将各低点导淋排放干净。

热水循环清洗时间约为 48 小时。

（2）碱洗

碱洗是水洗后的一个重要步骤，为了除去设备内的重垢。

在碱洗过程中的分析频率为 4 小时一次，分析项目为溶液碱度、铁离子浓度、清洗水的 pH 值、泡沫高度及消泡时间。

由地下配剂槽配制成质量分数为 3% 的 Na_2CO_3 溶液，然后由配剂泵打入地下槽，经补液泵打入贫液槽，与热水循环一样，建立碱液循环，用蒸汽盘管给碱液加热，把碱液温度提高到 60℃，进行循环洗涤，测定溶液 pH 值、碱度、铁离子浓度，分析结果稳定后，排放废碱液。循环操作时间约为 24 小时。

碱洗结束后，把碱液从低点排出系统，碱液全部排放完毕后，用脱盐水将设备冲洗干净。

碱洗注意事项：

1）碱洗过程中，Na_2CO_3 浓度应保持在 3% 左右，低于 3% 的时候应补碱，否则碱洗效果降低，高于 4% 应加水，以防止碱蚀。碱洗温度应控制在 60℃。

2）碱洗后排放溶液必须彻底，这样碱洗后的 pH 才能很快接近脱盐水的指标，否则会拖延脱盐水的清洗时间。

（3）脱盐水清洗

碱洗结束后，用脱盐水冲洗设备，这次冲洗要求更为严格彻底，冲洗时间约为 12 小时，首先进行 4 小时单塔冲洗，然后进行 8 小时连续排放循环冲洗，水洗指标排放水浑浊度小于 10×10^{-6}，pH 值接近脱盐水，否则要延长清洗时间。

脱盐水清洗结束后即可进行脱硫溶液的配制。

（4）溶液的配置

1）配制溶液前的准备

①将溶液储槽、地下槽清洗干净，用水冲、布擦，经检查合格为止。

②将各泵入口的滤网拆除，恢复原来的滤网并装好。

③系统排放干净后检查、关闭导淋阀门。

2）溶液配制

在地下配剂槽中分批加入（1∶1.5）的碳酸钠和碳酸氢钠，配制总碱 18 ~ 23g/L 的碱溶液。栲胶的配制以产品说明来进行，分批加入碱、栲胶和钒，以及脱盐水后，通空气和蒸汽熟化，待消光值稳定后，通过打开配剂槽与地下槽之间的手阀流至地下槽。配制成的脱硫溶液组分如下：

栲胶浓度 ≈ 1.3 ~ 1.7g/L

钒浓度 ≈ 0.7 ~ 1.0g/L

总碱浓度 ≈ 18 ~ 23g/L（$c(Na_2CO_3) \geqslant 2g/L$）

1.4　正常开车

（1）栲胶脱硫液配制结束后，建立溶液循环系统，打开贫液槽蒸汽加热盘管阀门，使脱硫溶液温度在 40℃，并调节溶液流量。

（2）使用氮气（或蒸汽）对煤气管道及水洗塔、吸收塔进行吹扫，并取样分析合格。

（3）将粗煤气导入脱硫水洗塔，升至一定压力后，打开净化气阀，开始气量调至设计值的 25%，待平稳后再慢慢加量，每次加量为 10% 左右，至生产要求。

（4）同时分析吸收塔 Ⅰ 出口气体和净化气中硫化氢的含量，达到要求后，脱硫系统即正常操作。

（5）检修后的开车及长期停车后的开车（均属正常开车）。开车前必须按以下步骤进行：

1）系统试压、试漏。

2）检查全部设备、管道、阀门、仪表、电气、消防设备是否完好，特别要注意各液位计是否灵敏好用。

3）检查栲胶脱硫液储存量和浓度，并做相应处理。

4）系统防腐。

1.5　脱硫系统正常操作

1.5.1　操作变量分析

煤气中硫化氢含量有一定的波动，根据煤气气量及硫化氢含量调整溶液循环量，及再生喷射器的数量，保证系统正常运转。

1.5.2　系统的正常操作

（1）检查各设备管道阀门，分析取样点及电器、仪表等必须正常完好。

（2）本岗位操作工必须按规定路线、时间和控制点巡回检查。

（3）对本岗位所属范围内的工艺指标，如温度、压力、流量、液位、溶液浓度和气体成分，必须每小时检查、分析一次，并完整的记录在记录报表上，注意分析数据，对脱硫效率及再生效率变化进行分析，及时处理异常现象。

（4）检查本岗位所属范围内运转设备的运行、润滑情况是否完好。

（5）经常检查吸收系统压力及阻力，对压力、阻力的突然变化应及时处理或者向主操汇报。

（6）栲胶脱硫液成分调整在工艺指标范围内，并保证有充足的脱硫液。

（7）精心调整脱硫系统的水平衡，使溶液的浓度保持稳定，经常检查各塔内的液位高度。补充水只能加脱盐水。

（8）根据再生槽溶液进口压力调节好喷射器组数。

（9）根据煤气气量调节好溶液循环量。

（10）调节再生槽液位，保持硫泡沫溢流正常。

1.5.3　操作要点

（1）根据脱硫液分析及时补加相应成分，保证溶液成分符合工艺要求，再生槽保证喷射器进口的富液压力，稳定自吸空气量，控制好再生温度，使富液能氧化再生完全，并保证再生槽液面上的硫泡沫溢流正常。

（2）保证脱硫吸收塔、贫液槽液位正常，防止脱硫泵抽空空气及串气。

（3）定期打开再生槽及贫液槽排污阀，防止硫黄随脱硫液循环堵塞管道、阀门。

（4）熔硫前应注意关闭蒸汽阀、放空阀，还要注意放料角阀是否关死，以防止釜内压力升高后硫黄大量喷出。

1.6　脱硫系统停车

1.6.1　正常停车

（1）短期停车

1）接到停车指令后，先将进出系统的阀门关闭，保持塔压，应尽量提高再生槽液位，最大限度地将硫泡沫溢出，并通过硫泡沫泵打入熔硫釜，清液返回系统，硫膏制成硫黄回收。

2）关闭硫泡沫槽底部进硫泡沫泵的阀门，打开排液阀，放出剩余脱硫液。

3）熔硫釜熔硫结束后，立即关闭夹套蒸汽阀，停止加温，打开加料口，用蒸汽和热水冲洗釜体，将杂质清除釜体。

（2）长期停车

1）接到停车通知后，联系有关岗位，停止送气后，关闭脱硫系统进、出口阀，吸收塔保压，栲胶脱硫循环液、余气循环 4~8 小时，其循环量为设计值的 50%~60%。若塔内压力不足以维持溶液循环时，可用氮气补压。

2）加大溶液过滤量，将溶液中悬浮硫过滤干净，待悬浮硫泡沫处理完后，逐次处理贫液槽、再生槽及脱硫吸收塔底的沉降硫泥。将贫液槽上部清液用泵打入再生槽中，设备置换合格后，打开人孔，人员进入设备清理沉积硫泥，待贫液槽清理干净后，将再生槽中上部清液放入贫液槽，按上述方法依次清理再生槽、吸收塔、地下槽等设备。

3）所有溶液管线用蒸汽吹扫，吹扫出管道内存积的硫黄。

4）如长期停车需将塔设备重新防腐，填料卸出系统清理干净，重新填装。

5）熔硫釜内用蒸汽吹扫或热水蒸煮，消除釜内杂质后，关死蒸汽阀，放净蒸汽管道内的冷凝水。

6）动力设备加润滑油，并做好设备的清洗卫生工作。

1.6.2 紧急停车

（1）向主操汇报，联系调度。

（2）迅速关闭粗煤气进、出本界区的阀门。

（3）关闭各在用泵出口阀，脱硫吸收塔脱硫液出口阀。

（4）切断各泵电源。

（5）将粗煤气排放。

1.7 泵的开停车步骤

1.7.1 开车步骤

（1）启动前的检查

1）检查设备、仪表完好，联系电工检查电气装置送电。

2）检查贫液槽液位在正常位置。

3）开泵入口阀门，泵体内进行充液排气。

4）检查润滑油量，盘车数圈，无异常后装好安全罩。

5）检查出口压力表是否正常，并关表前阀门。

6）如电动机维修，在电动机与泵联结前，先试运转方向。开泵前应报经主操同意，并与有关岗位联系。

（2）开车具体步骤

1）按启动按钮开泵，并注意空负荷电流变化，检查泵运转是否正常。

2）待泵运转正常后，渐开泵出口阀，调节好溶液循环量，同时注意贫液槽液位和脱硫塔液位变化。

3）开泵出口压力表前阀门，检查压力是否正常。

4）待泵的电流稳定，压力正常无其他异常现象，并检查泵的轴温是否正常，方可离开。

1.7.2 停车步骤

系统负荷变化或开设备等原因，需停泵时，应经主操同意，并与有关岗位联系。

（1）关泵出口压力表前阀门停表。

（2）渐关泵出口阀门直到关闭，同时注意贫液槽、脱硫塔液位。

（3）按停车按钮停泵。

（4）如泵停下检修，电动机停止转动后，关泵入口阀门，并联系停电。

1.7.3 倒泵步骤

（1）按开车步骤开启备用泵。

（2）逐渐关待停泵的出口阀门，直至关闭，保持液位稳定。

（3）按停车步骤停待停泵。

（4）根据生产需求，调节用泵液量平衡。

1.7.4 泵的跳车

（1）迅速将泵出口阀关死，切断脱硫塔溶液出口阀，控制好脱硫塔液位，同时将泵的电气开关"开"复位至"关"位置。

（2）联系电工给备用泵送电，将备用泵开启。

（3）联系电工或钳工查找跳车原因，消除后重新开启倒泵。

1.7.5　日常检查

（1）泵运行后，应每隔一段时间检查仪表，以此确定泵的工作是否正常，而且要检查泵的转速，检测泵的流量、扬程、温度及润滑状况及振动情况。

（2）检查泵底座、泵、电动机是否紧固，是否泄漏或有其他形式的损坏。

（3）填料压盖不能压得太紧，滴水以 60 滴/分为宜。

（4）轴承润滑脂每工作 2000 小时更换一次。

2　常见问题及处理办法

2.1　事故处理原则

因外界原因（如停水、停气、停电、雷击着火等）紧急停车，接主操通知，关闭进出系统阀，根据停车时间长短决定是否停脱硫泵。因本岗位问题需紧急停车。

2.1.1　吸收塔及其连接管线等泄漏严重需紧急停车

（1）首先联系主操，关进出系统阀。停贫液泵，将吸收塔内栲胶脱硫液视具体情况全部或部分排至再生槽，然后卸压。若要动火，必须将与动火处有关管线、系统加盲板断开，然后用氮气置换，取样分析合格，直至系统氮气含量大于 97%。

（2）利用保压氮气置换贫液进塔管线、导淋及辅助管线。

（3）联系主操送空气，同时打开脱硫吸收塔出口放空，用空气置换各设备及管线。

（4）通知取样分析，直到系统氧气含量达到 20%，此时停止置换，交付检修。

2.1.2　再生槽或与其连接管线泄漏严重需紧急停车

联系主操，接停气通知后，关进出系统阀，将再生槽的溶液放入贫液槽，停贫液泵，必要时再将再生槽底及管线内的脱硫液排至地下槽。若需动火，视情况加盲板与有关系统断开，用氮气（或蒸汽）置换，清除塔内壁硫黄，取样分析合格，方可交付检修。

2.1.3　突然断电

（1）迅速关闭吸收塔液位调节阀，注意保持吸收塔液位。

（2）关贫液泵出口阀。

（3）与主操联系，并做好开泵等准备工作。

2.2　主要事故原因及处理（表 5-1）

表 5-1　主要事故原因及处理方法

序号	不正常现象	原　因	处 理 方 法
1	净化气 H_2S 含量超标	进系统粗煤气中 H_2S 含量过高，溶液在喷射氧化再生槽停留时间短	提高再生槽内溶液液位，延长溶液停留时间
		溶液循环量过少	增大溶液循环量
		溶液浓度偏低	补充相应化学原料调至工艺指标范围
		富液温度过低	蒸汽加热，提高富液温度
		自吸空气不足	提高再生喷射器入口富液压力

续表 5-1

序号	不正常现象	原　因	处　理　方　法
1	净化气 H_2S 含量超标	溶液中悬浮硫过高	加强硫回收
		入工段压力波动大	稳定系统压力
		脱硫塔内气体偏流	检查清理脱硫塔喷头，分布器及填料，确保气液分布均匀
2	吸收塔带液、压差大	负荷过大	减少负荷
		溶液脏，杂质多	加强过滤
		填料损坏严重	停车更换填料或清洗填料
3	喷射器反喷	喷射器进液阀开度不够	适当调节喷射器进液阀开度加大流量，如流量少，可适当减少喷射器的启用数量
		喷射器管内硫堵，阻力太大	清洗硫堵严重的喷射器
		喷射器喷嘴聚焦不好	提高喷嘴加工精度，在未装入前应试喷，调正焦距
4	溶液组分含量低	向系统补充水量过多	适当减少补充水量
		系统损失大	杜绝跑、冒、滴、漏，减少损失
		硫膏带走的脱硫液多	加强熔硫过程中脱硫液的回收
5	贫液槽带入硫泡沫	再生槽液位控制太低	严格控制好再生槽液位，如硫泡沫多要加强溢流
		再生槽液位指示阀失灵	通知检修工进行维修
6	再生槽溢流不出硫泡沫	喷射器吸入空气不均匀	稍调各喷射器进口阀最佳阀位，增加吸气量
		循环量不足而喷射器启用过多	加大循环量或停用几个喷头
		喷射器吸气能力差	改进喷射器结构或在再生槽底加空气管线提高再生、悬浮效率
7	熔硫釜放不出硫黄	放料阀被硫黄堵住	轻敲放料阀，提高放料阀夹套温度
		熔硫釜内无压，干燥硫黄结块	熔硫前釜内加软水，提高压力和温度
		放料阀失灵	卸压，联系钳工检修
8	熔硫釜内压力上不来	压力表失灵	联系仪表检修，更换
		放料阀或釜盖阀门未关	检查并关闭各阀门或拧紧釜盖
9	放硫时排出粉状或生硫黄	熔硫时间和温度不够	延长熔硫时间，并提高釜内温度

第 4 节　质量技术标准

1　脱硫系统质量指标

1.1　硫黄

纯度　　　　　　　　　　　　　　　　　　　≥99.0%

| $Na_2S_2O_3$、Na_2SO_4 盐 | $\leqslant 0.5\%$ |
| 灰分、水 | $\leqslant 0.5\%$ |

1.2　净化气

| 硫化氢含量（标态） | $\leqslant 50mg/m^3$ |
| 温度 | $40℃$ |

2　脱硫系统技术指标

2.1　水洗塔（表5-2）

表5-2　水洗塔技术指标

原料气入塔流量(标态)/$m^3 \cdot h^{-1}$	33060	原料气出塔温度/℃	38
原料气入塔 H_2S/g · Nm^{-3}	6.37	水入塔流量/$m^3 \cdot h^{-1}$	100
原料气入塔压力/MPa(G)	0.35	塔底液位/%	60
原料气入塔温度/℃	38		

2.2　吸收塔Ⅰ（表5-3）

表5-3　吸收塔Ⅰ技术指标

原料气入塔流量(标态)/$m^3 \cdot h^{-1}$	33060	原料气入塔温度/℃	38
原料气入塔 H_2S/g · Nm^{-3}	6.37	一级脱硫气出塔温度/℃	40
一级脱硫气出塔 H_2S/g · Nm^{-3}	1.88	贫液入塔流量/$m^3 \cdot h^{-1}$	600
原料气入塔压力/MPa(G)	0.35	塔底液位/%	60

2.3　吸收塔Ⅱ（表5-4）

表5-4　吸收塔Ⅱ技术指标

一级脱硫气入塔流量(标态)/$m^3 \cdot h^{-1}$	32910	一级脱硫气入塔温度/℃	40
一级脱硫气入塔 H_2S/g · Nm^{-3}	1.88	二级脱硫气出塔温度/℃	40
二级脱硫气出塔 H_2S/mg · Nm^{-3}	50	贫液入塔流量/$m^3 \cdot h^{-1}$	600
一级脱硫气入塔压力/MPa(G)	0.34	塔底液位/%	60

2.4　闪蒸吸收塔（表5-5）

表5-5　闪蒸吸收塔技术指标

闪蒸汽入塔流量(标态)/$m^3 \cdot h^{-1}$	31.3	闪蒸汽入塔温度/℃	40
闪蒸汽入塔 H_2S/g · Nm^{-3}	18.85	闪蒸汽出塔温度/℃	40
闪蒸汽出塔 H_2S/mg · Nm^{-3}	50	贫液入塔流量/$m^3 \cdot h^{-1}$	5
闪蒸汽入塔压力/MPa(G)	0.015	塔底液位/%	60

2.5　脱硫溶液

（1）碳酸钠与碳酸氢钠的配比为1：1.5。

（2）脱硫溶液组分：

栲胶浓度：1.3~1.7g/L

钒浓度：0.7~1.0g/L

总碱浓度：18~23g/L

第5节 设　　备

1 设备、槽罐（表5-6）

表5-6 设备、槽罐明细表

序号	设备位号	名　称	数量/台	操作介质	温度/℃		压力/MPa（G）	
					设计	操作	设计	操作
1	D-101	气液分离器Ⅰ	1	原料气	50	38	0.5	0.35
2	D-102	气液分离器Ⅱ	1	净化气	50	38	0.53	0.35
3	D-103	闪蒸汽分离器	1	闪蒸汽净化气	50	38	0.53	0.015
4	C-101	水洗塔	1	原料气	50	38	0.53	0.35
5	C-102	吸收塔Ⅰ	1	原料气、栲胶	50	40	0.53	0.35
6	C-103	吸收塔Ⅱ	1	一级脱硫气、栲胶	50	40	0.53	0.35
7	C-104	闪蒸汽吸收塔	1	闪蒸汽、栲胶	50	40	0.20	0.015
8	T-101	贫液槽	1	栲胶	50	40	常压	常压
9	T-102	再生槽	1	栲胶、硫泡沫	50	40	常压	常压
10	T-103	硫泡沫槽	1	栲胶、硫泡沫	50	40	常压	常压
11	T-104	地下槽	1	碱液、栲胶	50	40	常压	常压
12	T-105A/B	熔硫釜	3	硫泡沫、栲胶	180	60~90	0.6	0.25~0.30

2 主要设备

2.1 吸收塔

2.1.1 工作原理

利用煤气混合物化学性质以及在贫液中溶解度的不同，使 H_2S 被贫液吸收，并与其他组分分离产生富液。操作时，从塔顶喷淋的液体吸收剂与由塔底上升的气体混合物在塔中各层填料或塔盘上密切接触，以便进行吸收。

塔内气液两相的流动采用逆流操作，吸收剂以塔顶加入自上而下流动，与从下向上流动的煤气接触，吸收了 H_2S 的液体从塔底排出，净化后的气体从塔顶排出。

2.1.2 设备的结构组成

吸收塔主要结构包括塔体、填料、塔板、液体分布器、液位计、安全阀等。

2.1.3 设备点检标准（表5-7）

表5-7 设备点检标准

点检项目	内　容	点检标准	点检方法	周　期
连接法兰	有无泄漏	无泄漏	看	2h
液位计	液位显示是否清晰、准确	清晰、准确	看	2h

续表 5-7

点检项目	内　　容	点检标准	点检方法	周　期
安全阀	有无泄漏、是否可靠	无泄漏、可靠	看	2h
液体分布器	是否完好	完　好	看	停车检查
塔板	气　孔	畅通、无堵塞	看	停车检查
人孔法兰	有无泄漏	无泄漏	看	2h

2.1.4　设备维护标准

（1）清扫，见表 5-8。

表 5-8　清扫标准

部　　位	标　　准	工　　具	周　　期
塔　体	见本色	水	24h
设备及周围	无杂物	扫帚、水	每　班

（2）开车前：检查塔体内填料是否装填完毕，人孔法兰螺栓紧固是否完好，进出吸收塔管线是否畅通。

（3）运行中：按点检标准检查。

（4）停车后：及时处理运行中存在的问题。

2.1.5　设备完好标准

（1）基础、支架坚固完整，连接牢固，无松动、断裂。

（2）吸收塔内外各零部件没有损坏，不变形，材质、强度符合设计要求。

（3）运转正常，设备及管道无跑、冒、滴、漏现象。

（4）仪器、仪表和安全防护装置齐全、灵敏可靠。

2.2　离心泵

2.2.1　工作原理

当电动机带动转子高速旋转时，充满在泵体内的液体在离心力的作用下，从叶轮中心被抛向叶轮的边缘，在此过程中，液体就获得了能量，提高了静压能，同时增大了流速，一般可达 $15 \sim 25\text{m/s}$，即液体的动能也有所增加，液体离开叶轮进入泵壳。由于泵壳中流道逐渐加宽，液体的流速逐渐降低，将一部分动能转变为静压能，使泵出口处液体的压强进一步提高，于是液体便以较高的压强，从泵的排出口进入排出管路，输送至所需场所。同时，由于液体从叶轮中心被抛向外缘，其中心处就形成了低压区，而贮槽液面上的压强大于泵吸入口处的压强，在压强差的作用下，液体经吸入管路连续地被吸入泵内，以补充被排出液体的位置。当叶轮不断地旋转时，液体就能不断地从叶轮中心吸入，并以一定的压强不断排出。

2.2.2　设备的结构组成

离心泵主要结构包括电动机、联轴器、机械密封、泵头等。

2.2.3　设备润滑标准（表 5-9）

表 5-9　设备润滑标准

给油脂部位	润滑方式	油脂名称	周　　期	备　注
轴承体	手　注	3 号钙基脂	适当补充	油脂润滑

2.2.4　设备点检标准（表5-10）

表 5-10　设备点检标准

点检项目	部　件	内　容	点检标准	点检方法	周期/h
泵　体	机械密封	是否泄漏	泄漏量 <4L/h	看	2
		冷却水	适量	看	2
	轴承及对轮	温　度	夏季 <70℃ 冬季 <60℃	摸、测	2
		润　滑	油质、油量合格	看	2
		声　音	无异常	听	2
		振　动	无异常	看、摸、测	2
	紧固件	有无松动	无松动	测	2
	泵　壳	有无裂缝	无裂缝	看	2
		泄　漏	无泄漏	看	2
		振　动	无异常	摸	2
	叶　轮	声　音	无异常	听	2
		振　动	无异常	看	2
	地脚螺栓	紧　固	齐全、牢固	看、测	2
电动机	机　体	温　升	夏季 <70℃ 冬季 <60℃	摸、测	2
		声　音	无异常	听	2
	控制箱	电　流	小于额定值，无波动	看	2
法兰阀门			无漏料	看	2

2.2.5　设备维护标准

（1）启动前应检查泵轴转动是否灵活，叶轮与护板间是否摩擦，叶轮与泵壳之间有无异物，还须检查轴承体润滑情况，脂润滑不得加脂过多，以免轴承发热。油润滑的油液面不得高于或低于油尺规定界限。

（2）泵必须在范围内运行，运行中应该掌握泵的运行情况，并用出口阀门作适当调节。运行中如发现不正常声音时，应检查原因，加以解决，轴承体的温度一般在60℃左右，不得超过75℃。开启前机械密封要通以冷却水，并控制水量，运转时，不允许使机封出现干磨现象。平时应经常检查润滑油情况是否含水，起沫及有无异物，保持润滑油清洁。

（3）停泵后应排除泵内积料并用清水清洗泵腔，以免杂质颗粒沉积堵泵，长期停用的泵，妥善保管，以免锈蚀。

（4）备用泵应每周盘车一次，以使轴承均匀地承受静载荷及外部振动。

（5）经常检查泵的紧固情况，连接牢固可靠。

2.2.6　设备完好标准

（1）基础稳固、无裂纹、倾斜、腐蚀

1）基础、轴承座坚固完整，连接牢固，无松动断裂、腐蚀、脱落现象。

2）机座倾斜小于 0.1mm/m。

（2）零部件完整无缺

1）各零部件无一缺少。

2）各零部件完整、没有损坏，材质、强度符合设计要求。

3）轴承、轴、轴套、叶轮、护板等安装配合，磨损极限和密封性符合检修规程规定。

4）机体整洁。

（3）运转正常，无明显渗油和跑冒滴漏

1）润滑良好，油具齐全，油路畅通，油位、油温、油量、油质符合规定。

2）各部件调整、紧固良好，运转平稳，无异常响声、振动和窜动。

3）轴承温度不超过允许值。

4）无明显跑、冒、滴、漏现象。

5）电动机及其他电气设施运行正常。

（4）机器仪表和安全防护装置齐全，灵敏可靠

1）电流表、阀门等装置完整无缺，动作准确，灵敏可靠。

2）阀门等开关指示方向明确。

（5）泵的流量扬程应符合规定要求。

第 6 节　现场应急处置

1　着火事故应急处置

参见本篇第 1 章第 6 节 1。

2　发生煤气大量泄漏应急处置

参见本篇第 2 章第 6 节 2。

第Ⅱ篇 热电动力区

热电动力区主要承担着全公司生产所必需的风、水、电、汽的供送，被喻为氧化铝厂的"心脏"。作业区分为降压站、综合站（空压站、给水站、污水处理站）、热电站（含锅炉、汽机、脱硫）共7个专业流程；总降压站供配电系统主要由110kV GIS开关站，两台50000kV·A容量的主变压器，10kV总配电室以及十三个10kV分配电室构成；综合站主要负责提供全厂压缩空气（含仪表风和工业风）、生产给水、生活用水以及生产、生活污水的处理；热电站拥有三台130t/h的循环硫化床锅炉、一台12MW背压式汽轮发电机组及一台25MW抽凝式汽轮发电机组。热电动力区也是公司经济与环保有机结合的核心，汽机充分利用锅炉蒸汽的余压发电，年发电量可达2.02亿kW·h。脱硫采用了国内先进的氨法脱硫专利技术处理烟气中的二氧化硫，可产副产品硫酸铵化肥60kt/a。

第6章 除盐水岗位作业标准

第1节 岗位概况

1 工作任务

采取过滤方法除去水中的悬浮物，再采用离子交换法除去水中各种阴阳离子，制取得符合工艺要求的除盐水，保证锅炉、熔盐炉、煤气用水。

2 工艺原理

制水工艺：暮底河水库水首先经过多介质过滤器预处理，过滤器以石英砂、无烟煤作为滤料。当原水流经过滤器的滤料层时，滤料缝隙对悬浮物起筛滤作用使悬浮物截留在滤料表面，从而使水获得澄清。当滤料层截留和吸附一定量的杂物使得过滤器出水水质变差时即过滤器失效，此时需要逆向水流反洗滤料，使内部的过滤层松动，并使截留物随着反洗水带走恢复过滤功能。经过多介质过滤器后的水经离子交换器，水中全部阳离子如 Ca^{2+}、Mg^{2+}、Na^+ 等被树脂上的 H^+ 置换，SO_4^{2-}、Cl^-、NO_3^- 等阴离子被树脂上的 OH^- 置换从而达到符合工艺要求的除盐水。离子交换树脂是一类具有离子交换功能的高分子材料。在溶液中它能将本身的离子与溶液中的同号离子进行交换。按交换基团性质的不同，离子交换树脂可分为阳离子交换树脂和阴离子交换树脂两类。

阳离子交换树脂大都含有磺酸基（—SO$_3$H）、羧基（—COOH）或苯酚基（—C$_6$H$_4$OH）等酸性基团，其中的氢离子能与溶液中的金属离子或其他阳离子进行交换。例如苯乙烯和二乙烯苯的高聚物经磺化处理得到强酸性阳离子交换树脂，其结构式可简单表示为 R—SO$_3$H，式中 R 代表树脂母体，其交换原理为：

$$2R—SO_3H + Ca^{2+} \Longrightarrow (R—SO_3)_2Ca + 2H^+$$

阴离子交换树脂含有季胺基 [– N(CH$_3$)$_3$OH]、氨基（—NH$_2$）或亚氨基（＝NH）等碱性基团。它们在水中能生成 OH$^-$ 离子，可与各种阴离子起交换作用，其交换原理为：

$$R—N(CH_3)_3OH + Cl^- \Longrightarrow R—N(CH_3)_3Cl + OH^-$$

再生工艺：由于离子交换作用是可逆的，因此用过的离子交换树脂一般用适当浓度的无机酸或碱进行洗涤，可恢复到原状态而重复使用，这一过程称为再生。阳离子交换树脂可用稀硫酸等溶液淋洗，阴离子交换树脂可用氢氧化钠等溶液处理，进行再生。

3 工艺流程

本系统主要由水箱、泵、多介质过滤器、满室床阳离子交换器、除碳器、满室床阴离子交换器、混合离子交换器、树脂清洗塔、酸碱储罐、酸碱计量箱、树脂捕捉器、酸碱喷射器、酸雾吸收器等设备组成。

3.1 水处理系统

从综合站来的工业水和蒸发一次回水送到本岗位的原水箱后经原水泵送到多介质过滤器、满室阳离子交换器（浮床）、除碳器、中间水箱再由中间水泵送到满室阴离子交换器（浮床）混合离子交换器除去水中的钙、镁、氯等阴阳离子送到除盐水箱达到除盐的目的。所制得的水经除盐水泵送到除氧器，另一路送到熔盐炉和煤气站。

3.2 树脂再生系统

本系统用的树脂是强酸强碱性树脂，用 HCl、NaOH 再生。HCl、NaOH 经罐车卸入酸碱储罐，再由泵送入高位酸碱罐，通过自留到酸碱计量箱与再生泵来的除盐水经酸碱喷射器送入阴阳离子、混合离子交换器。

第 2 节 安全、职业健康、环境、消防

1 除盐水岗位危险源辨识及控制措施

1.1 巡检路线

控制室→除碳器→制水室→各泵房→酸碱计量箱→各水箱→高低位酸碱罐→废液池→循环水泵房→控制室。

1.2　危险源及控制措施

除盐水：盐酸罐阀体裂纹、盐酸管道碎裂、盐酸罐液位计法兰处损坏泄漏盐酸；液碱罐液位计法兰处损坏、液碱罐阀体损坏、液碱管道碎裂泄漏烧碱；人员衣物不小心被转动设备卷起；上下原水箱不小心从楼梯滑倒；不小心掉进中和池；巡视地位酸碱罐不小心摔倒；水泵裸露转动部位无防护罩或防护罩缺失导致机械伤害。

控制措施：加强酸碱跑、冒、滴、漏巡检，防止大面积泄漏，及时修复；按章操作，危险预知，禁止启用无防护装置的设备；严禁用身体任何部位接触设备裸露转动部位；及时修复水池护栏及地沟盖板。

2　安全须知

2.1　上岗时间

本岗位实行四班三运转倒班作业，按规定提前 15 分钟到达岗位进行交接班。

2.2　安全注意事项

（1）上下班途中遵守交通规则，遵守公司交通车运行制度，严禁迟到、早退、缺勤，严禁打架、吵嘴、斗殴。

（2）班前 4 小时，上班中严禁喝酒，禁止员工酗酒，聚众喝酒，聚众赌博，禁止员工睡岗、脱岗，干与工作不相干的事，严禁在上班中干私活。

（3）交班前，接班后所有员工参加班前会班后会制度，严禁缺席、早退，开会期间吵闹。

（4）班前会由上一班当班主操做工作总结，并总结在上一班的安全注意事项；接班主操负责交接，安排接班后人员的工作，并做本班的安全注意事项，观察员工的精神状态，接班员工巡检自己负责的设备，并对该设备做安全评估，做好当班时本班对该设备所要做的安全注意事项。

（5）班后会由当班主操主持，值班员工总结自己在值班中的工作内容，注意事项，总结当班工作中的危险因素，由主操做任务总结，对本班的工作，每个人的工作表现做评定，总结当班值班中出现的问题以及以后需要注意的事项。

（6）由主持班前会班后会的主操指定人员做好班前会班后会开会记录，包括每个员工的发言。

（7）注意劳保用品的正确着装，劳动工具的正确使用。

（8）严格落实班内联系制度，记录制度，做到主操指挥，值班长有记录可查。

2.3　接受任务的方式和要求

（1）承接上班次的工作任务。

（2）参加班前会明确本班的工作任务。

（3）接受调度，左右区作业指令。

2.4　着装防护

（1）作业时穿好劳保服、劳保鞋，戴好安全帽。

（2）在高温处作业时，戴好绝缘手套。

（3）输渣、清灰操作时戴好防尘口罩，防护眼镜。

（4）到现场巡检作业时根据情况戴好耳塞。

2.5　工具要求

(1) 交接班时由专人查看工具有无短缺。

(2) 使用工具时对工具进行安全性、可靠性检查,合格后方可使用。

(3) 使用工具后及时将工具归还仓库,放回工具箱中。

(4) 对有缺陷的工具进行更换。

(5) 提出使用工具的优化建议。

(6) 个人配备的工具应保持良好状态。

2.6　岗位安全基本职责

(1) 调整设备、工艺时,在安全的生产环境下生产。

(2) 设备停运期间的保养维护、安全隐患的排查。

(3) 对设备进行巡检,维护。

(4) 对所属区域照明灯及生活用水的开关、维护、检查。

(5) 保持所属区域卫生清洁。

2.7　协助互保要求

作业时必须两人以上配合作业,应做好安全确认和互唤应答。

2.8　安全确认的方式和内容

2.8.1　操作票的确认

(1) 需要改变锅炉方位内设备、设施,构筑物的作业要严格执行操作票制度。

(2) 操作票制度的执行一定要在操作票收回以后才认为该项活动已结束。

2.8.2　日常工作的确认

日常工作由当班主操安排,并做好记录。

2.8.3　联系呼应确认

(1) 下达指令。指令下发者,确认指令下发的岗位、接受者、内容、时间,做好记录。

(2) 执行指令。接受指令者,复诵无误后,做好记录,方可操作。

2.8.4　操作确认

(1) 想。认真思考本岗位的安全作业标准、操作程序、动作标准。

(2) 看。查看本岗位的危险点、区域(要求写具体名称)的信息指示是否正常,有无影响设备正常运转的障碍物、有无立体交叉作业,所操作的设备安全防护装置是否齐全完好,确认所操作设备是否已符合安全操作条件。

(3) 动。严格按照安全作业标准、操作程序、动作标准的要求,实施作业。

(4) 查。操作过程完毕后,检查操作对象反馈的信息是否正常(要求岗位制定出本岗位的压力、电流、液面等设备的具体名称)。

2.8.5　行走确认

(1) 查看。巡检设备时,确认所通过的区域有无安全通道,巡检路线附近有无危险设备(具体名称),确认警示牌上的内容。

(2) 判断。确认是否具备通行条件。

(3) 通过。判断无误后,方可通过。

2.9　精神状态

自我检查身体状况，保持良好的精神状态上岗。

3　环境因素识别及控制措施

3.1　严禁单人作业

（1）高处作业时，严禁不带安全帽、不系安全带。

（2）不经模拟预演不得签发工作票。

（3）严禁锅炉点火油库抽烟或玩火。

（4）严禁上下层交叉作业不设隔离措施。

（5）不得在梯上作业无人扶梯，不得使用不合格的梯子或不正确使用梯子，梯子与地面的倾斜角不得过大或过小，不得将梯子安放在木箱等不稳固的支持物上就登高工作，人在梯子上工作时不得移动梯子等。

（6）严禁在没有装设栏杆的梯子平台或脚手架上工作。

（7）严禁无人监护或监护人与操作人一起操作，或操作人不待监护人下达操作令，自行开始操作。

（8）严禁监护人代替操作人操作。

（9）严禁操作前不核对设备位置、编号及名称。

（10）严禁操作中发现票有误而不办理更改手续，事后涂改或重填操作票。

（11）严禁不按操作票的顺序逐项操作。

（12）严禁生产现场巡检，发现违章不制止。

（13）严禁不按规定巡视检查设备，未定期切换试验设备。

（14）严禁工作时，不按规定穿戴、使用劳保用品和安全工器具，或使用不合格的安全用具。

（15）严禁禁火区域动用明火或焊割作业，不开"动火工作票"。

（16）严禁特种作业人员无证上岗，或作业时不随身携带"特种作业证"。

（17）严禁检修作业现场照明不足，工器具和设备材料不实行定置管理，乱堆乱放，通道不畅。

（18）严禁"禁烟区域"吸烟或乱扔烟头。

（19）进入现场不按要求佩戴安全帽。

（20）严禁遇强酸强碱操作时不带防护眼镜和不穿防护服。

（21）巡检高速运转设备时纽扣必须扣好。

（22）严禁跨越转动设备。

（23）严禁高处坠物。

3.2　岗位安全作业对现场环境的要求

（1）中夜班现场作业要有足够的照明。

（2）作业现场无杂物、材料、废旧物资，堆放整齐，走道平坦。

（3）开关柜、电缆等要有用途、去向等清楚标识。

（4）巷顶板、边帮稳定。

（5）现场各种规定、标语、警示牌必须完整清晰。

（6）现场和各部位的防火器材干净有效，铅封完好，定置管理。

（7）现场物件堆放有序，检修场地无障碍物。

3.3　岗位安全作业对工具原材料的要求

（1）对不合格的工具应及时检修，报废。

（2）对损毁的或测量不准的工具及时进行更换。

（3）检修现场、铲运机上配备的灭火器，定置整洁，铅封完好，压力正常，未过期。

（4）电焊机的放置以及使用按照要求接线接地。

（5）氧气瓶，乙炔瓶的使用和放置符合相距 5 米的要求。

（6）操作平台的设置应能满足对设备的安全操作。

（7）现场走廊扶梯以方便巡检为准。

3.4　岗位安全作业对上下工序，生产工艺的要求

3.4.1　本岗位安全作业对上道工序的要求

在交班或设备报修时，应详细准确的记录和叙述故障过程、现象和部位，修理人员则根据交班或报修的记录和叙述制定检修方案和安全措施，然后予以实施。

3.4.2　本岗位安全作业对下道工序的要求

（1）修理人员根据检修方案和安全措施进行检修完毕后，应填写完整的检修记录。

（2）将检修过程中对设备的改动、未完全处理好的故障及临时措施和此后设备运行应注意的事项详细记录，交给接班人员和设备操作人员，以保证此后设备的安全运行。

4　消防

（1）贯彻执行"防消结合、预防为主"的消防方针。

（2）学习消防安全知识，认真执行消防安全管理规定，熟练掌握工作岗位消防安全要求。

（3）坚守岗位，提高消防安全意识，发现火灾应立即报告，并积极参加扑救。

（4）班前、班后认真检查岗位上的消防安全情况，及时发现和消除火灾隐患，自己不能消除的应立即报告，发现氨泄漏严重时及时撤离现场并汇报中控室，立即联系保卫部。

（5）爱护、保养好本岗位的消防设施、器材，用完及时恢复，发现损坏及时处理或汇报。

（6）积极参加消防安全教育、培训、演练，熟练掌握有关消防设施和器材的使用方法，熟知本岗位的火灾危险和防火措施，提高消防安全业务技能和处理事故的能力。

（7）熟悉安全疏散通道和设施，掌握逃生自救的方法。

（8）现场消防器材齐全可靠，取用方便，使用时必须取得作业区值班领导同意。

（9）氧气瓶、油类、棉纱等易燃、易爆品应分别保管，仓库内严禁烟火。

（10）岗位用火炉必须符合生炉规定，并取得消防部门用火证方可使用。

（11）严禁使用汽油、易挥发溶剂擦洗设备、工具及地面等。

（12）严禁损坏作业区内各类消防设施。

（13）严禁在防火重点区域内吸烟、动用明火和使用非防爆电器。

（14）"七防"（防火、防雷电、防中毒、防暑降温、防尘、防爆、防洪）用品和设施不准挪用，并进行定期检查和维护。

（15）谨记报警电话。

第 3 节　作业标准

1　水处理系统启动前的检查

（1）水泵、除碳风机应在良好备用状态。

（2）各交换器阀门应良好并处于关闭状态。

（3）离子交换器及树脂高度应在良好备用状态。

（4）空气罐应有足够的压力，系统管道畅通，无堵塞和泄露现象，阀门开关应灵活无泄漏。

（5）各种仪表、表计完好备用。

（6）原水箱、中间水箱在正常水位，除盐水箱水位不得低于规定值。

（7）水泵的靠背轮，保护罩，底脚螺栓完整牢固，电动机有可靠的接地线。

（8）各水箱的出口阀、泵的进口阀应全开。

（9）各水泵出口阀门灵活好用并处于关闭状态。

（10）各轴承油箱内油位正常，油质良好。

（11）电动机停用一星期以上，使用前应联系电气人员测绝缘。

2　各设备的启动、运行维护与停运

2.1　水泵的操作标准

（1）启动前的检查。

（2）水泵及电动机周围应清洁，无杂物以及有妨碍泵运行的东西存在。

（3）联轴器连接螺栓和安全罩应牢固，盘车灵活轻快无阻。

（4）轴承和水泵油箱油位正常（在油面1/2处），油质良好。

（5）水泵进水侧水箱水位正常，水泵进口阀门应全开，出口应处在关闭状态，水泵体内注满水。

（6）如系统检修或新装电动机，在启动前应联系电气测其绝缘，试验转动方向，并检查接地良好。

2.2　离心泵启动程序

先开泵入口阀、再循环阀，按下电源开关，启动泵，当出口压力正常（额定数值时）开启泵出口阀，根据电流表和压力表的指示值调整在允许的范围内。

2.3　泵的运行与维护

（1）各电动机电流不能超过额定电流运转，轴承温度不能超过80℃。

（2）水泵电动机不能有杂音撞击声，其振动不超过0.05mm。

（3）连续运行的泵每小时检查一次，其内容包括电流、压力、油质、油位和声音。

2.4　泵的停用

（1）关闭泵的出口阀，停电源，停止泵的运行。停泵后，如环境温度低于零度时，且停运时间长时，应将泵系统内水放净。

（2）泵停完后如作备用，进口阀应保持常开。

3　多介子过滤器的操作标准

3.1　启动前的准备

（1）检查原水箱水位（1.5～3.8m），原水泵正常备用。

（2）检查过滤器流量表、压力表正常备用。

（3）多介子过滤器上各阀门应处于关闭状态且正常备用。

（4）原水箱出口门应开启。

（5）下水道畅通、完整。

3.2　反洗

3.2.1　反洗前的检查

（1）检查原水箱水量充足，反洗泵、空气罐压力正常备用。

（2）关闭多介子过滤器进出口门。

（3）检查多介子过滤器其他阀门均处于关闭状态。

3.2.2　反洗操作

（1）气反洗。开反洗排放阀，进气阀，顶部排气阀，开启空气罐出口门，调节滤料进气流量为 7.23m^3/min，反洗强度达到 15L/（$m^2 \cdot s$），对滤料进行松动擦洗约为 10 分钟，然后关闭进气阀。

（2）水反洗。开过滤器反洗进水阀，顶部排气阀、反洗排水阀，启动反洗水泵，当排气阀出水后关闭排气阀，调整反洗流量（240～289m^3/h）进行反洗，洗至出水澄清，停反洗水泵，关反洗进水阀、反洗排水阀、排气阀。

3.3　正洗

开过滤器顶部排气阀，进水阀、正洗排水阀。启动原水泵送水，待顶部排气阀见水后关闭顶部排气阀，调整正洗流量至 150m^3/h，正洗至出水浊度小于 4 度，待正洗出水合格后即可向阳床送水，即过滤器投入运行。

3.4　备用

正洗出水合格后，依次关闭进水阀、产水阀，顶排阀即可作为备用。

3.5　切换

当一台多介质过滤器运行时间到达反洗的累计运行时间时，过滤器按设备反洗的次序进行反洗，反洗结束后进入备用状态，与此同时原备用过滤器投入运行。

4　满室床阳离子交换器操作标准

4.1　启动前的检查与准备

（1）检查系统所属管道、阀门应完整，阀门处于全关状态，各表计均良好备用。

（2）检查阳床处于良好备用状态，下水道应畅通、完整。

（3）中间水箱应清洁无杂物，液位指示应完好，中间水泵正常备用。

（4）除碳器内部应冲洗干净，皿壁无污水现象。

（5）阴床空气门、进口门已开启。

（6）风机检查按一般的风机检查进行。

（7）根据水质监督项目，准备好试验所用药品及仪器。

（8）备有必需的运行日志和值班记录表。

4.2 启动

（1）当再生合格后，开启阳离子交换器进水门、正洗排水门。

（2）调节阳床进水流量至 $120m^3/h$ 左右进行正洗，待正洗出水合格后，打开阳床产水门，关闭正洗排水门，阳床即可投入运行（在阳床投运前应开启中间水箱进水门，启动除碳器风机）。

（3）脱碳器风机按一般的风机操作程序运行。

（4）根据中间水箱液位高度和中间泵出力调节阳床产水量。

（5）若中间水箱内部被污染而影响水质，应将中间水箱放空洗干净后方可投入运行。

4.3 运行监督

（1）每台阳床出力不得超过 $155m^3/h$。

（2）及时监督阳床出水水质，保证水质合格，如出水硬度大于 0 或进出水压差大于 0.07MPa 时，应停止运行，进行再生，防止不合格水进入阴床。

（3）出水水样清澈透明，并无细颗粒树脂带出。

（4）两台阳床同时运行时，先投入的阳床流量应大于后投入的阳床流量运行，以免同时失效。

（5）除碳器应无溢水现象，风机运行正常。

（6）中间水箱水位应维持在 1/2 以上，水位过高或过低，应及时调整阳床出水流量。

（7）对正常运行的阳床，按规定取样化验出水水质，当阳床即将失效或水质反常时，应不定时取样化验。

4.4 停运

（1）当阳床失效或需要停运检修时，关闭阳床进口门及出口门，阳床即停止运行。

（2）开启阳床空气门，待压力降至"0"后，关闭空气门。

（3）停运风机。

5 满室床阴离子交换器操作标准

5.1 启动前的检查与准备

（1）检查系统所属管道、阀门应完整，阀门处于全关状态，各表计均良好备用。

（2）检查阴床处于良好备用状态，下水道应畅通、完整。

（3）打开混床空气门、进口门。

（4）中间水箱水位应在 1/2 以上。

（5）中间水泵作好启动前的检查。

（6）根据中间水箱液位高度和中间泵出力调节出水门。

（7）根据水质监督项目，准备好试验所用药品及仪器。

（8）备有必需的运行日志和值班记录表。

5.2 启动

（1）当阴床再生合格后，开启中间水箱出水门、中间泵进水门。

（2）开启阴床进水门，正洗排水门，启动中间水泵，调节正洗流量为 $120m^3/h$ 左右进行正洗，待正洗出水合格后，打开阴床产水门，关闭正洗排水门，阴床即可投入运行（若不需要正洗，开启进水门和产水门即可）。

5.3　运行监督

(1) 阴床每台最大出力不得超过 $155m^3/h$。

(2) 及时监督阴床出水水质，防止不合格水进入混床。

(3) 当阴床出水 $c(SiO_2) > 100\mu g/L$ 或电导率大于 $5\mu S/cm$ 时即为失效，应立即停止运行，切换备用阴床，对失效的阴床再生后作为备用。

(4) 对正常运行的阴床，按规定取样化验出水水质，当阴床即将失效或水质反常时，应不定时取样化验。

(5) 取样时，应观察水中无细颗粒树脂。

(6) 两台阴床同时运行时，先投运的阴床流量应大于后投入的阴床流量运行，以免同时失效。

5.4　停运

(1) 当阴床失效或需要停运检修时，关闭阴床进口门及出口门，阴床即停止运行。

(2) 开启阴床空气门，待压力降至"0"后关闭。

(3) 关中间水泵出水门。

(4) 按泵运行操作停运中间泵。

6　混合离子交换器操作标准

6.1　启动前的检查与准备

(1) 检查系统所属管道、阀门应完整，阀门处于全关状态，各表计应良好备用，投入流量表、压力表、pH 表。

(2) 检查混床处于良好备用状态，下水道应畅通、完整。

(3) 阳床、阴床运行正常。

(4) 根据水质监督项目，准备好试验所用药品及仪器。

(5) 备有必需的运行日志和值班记录表。

6.2　启动

(1) 当混床再生合格后，开启混合离子交换器进水门、正洗排水门、排空气门。待空气门流水，空气排完后，关闭空气门。

(2) 调节混床进水流量对混床进行正洗，待正洗出水合格后，打开混床产水门，关闭正洗排水门，混床即可投入运行，送水至除盐水箱（若不需要正洗，开启进水门和产水门即可）。

6.3　运行监督

(1) 及时监督混床出水水质，保证水质合格，防止不合格水进入除盐水箱。

(2) 当混床出水 $c(SiO_2) > 20\mu g/L$ 或电导率大于 $0.2\mu S/cm$ 时即为失效，应立即停止运行，切换备用混床，对失效的混床再生后作为备用。

(3) 对正常运行的混床，按规定取样化验出水水质，当混床即将失效或水质反常时，应不定时取样化验。

(4) 正常进入混床的水质应透明、澄清。

6.4 停运

（1）当混床失效或停运检修时，关混床进口门及出口门，混床停止运行。

（2）当阳床或阴床因故停运时，应同时停运混床。

（3）混床停运时应同时关闭其出口电导率表阀门及 pH 表阀门。

7 除盐水箱操作标准

7.1 启动前的检查

（1）除盐水箱内部应清洁无杂物。

（2）除盐水箱系统所有阀门无泄漏，且在关闭位置。

（3）按泵启动前检查要求检查除盐水泵。

（4）除盐水箱液位指示完好，指示灵敏。

7.2 运行

（1）根据用水户开启除盐水箱至泵的入口阀门，启动除盐水泵向用水户送水。

（2）运行时注意水箱水位，一般应不低于 2m。

8 除盐水整套系统启动操作顺序

（1）开原水箱进水门，启动原水泵。

（2）开多介子过滤器进水门、出水门。

（3）开阳床进、出水门。

（4）启动除碳器运行。

（5）开中间水箱进水门，待中间水箱水位上升到一半以上后，开中间水箱出水门。

（6）开中间水泵进口门，启动中间水泵，开中间水泵出口门。

（7）开阴床进、出水门。

（8）开混床进、出水门。

（9）开除盐水箱进水门，进行储水。

（10）根据各用户用水要求，启动相应的除盐水泵，调节流量，向各用水点供水。

9 树脂清洗塔作业标准

当阳床运行 15～20 周期，阴床运行 20～30 周期后，树脂受到污染、破损等因素影响使运行阻力增加，出水水质下降，需要清洗。因床本体内树脂是装满的，需要转移到树脂清洗罐内清洗。

9.1 启动前的检查

（1）检查罐体、管道、阀门有无泄漏，各阀门处于关闭状态。

（2）检查气动阀气管连接完好，现场控制开关无损坏。

9.2 启动清洗

（1）关闭交换器出口阀门，开启交换器进水阀门。

（2）开启交换器至清洗塔出口阀门。

（3）将床内约一半左右的树脂输送到清洗塔中。

（4）将交换器与树脂清洗塔串联起来进行反洗，清洗水下进上出。

（5）清洗参数：清洗流速为 12.5m/h；清洗流量为 61.33m³/h；清洗时间为 15 分钟（待定），直到清洗出水澄清无悬浮物为止。

（6）清洗结束后，将树脂用水力输送回床内。

9.3　停运

清洗好的树脂输送完毕后，将其进出口阀门关闭，作为备用下次清洗。

10　阳床再生操作标准

10.1　满室阳床再生操作标准

（1）再生前的检查。

（2）检查失效阳床流量表、压力表应完整无缺陷，处于良好备用状态。

（3）失效阳床所有的本体阀门均应在关闭状态。

（4）室外酸储罐，室内酸计量箱应备有数量足够的再生剂。

（5）酸喷射器处于良好备用状态。

（6）再生专用泵处于良好备用状态，除盐水箱在高水位。

（7）酸浓度计应完好，指示正确。

10.2　再生操作

（1）落床。关闭阳床进水阀，开启排再生液阀，利用上部出水管中的压力，强迫床层整齐落下。

（2）再生。落床后，开启再生液进口阀和排再生液阀，启动再生泵，将出口压力调节到 0.2MPa，调节再生液浓度在 3% ~ 4% 之间，使再生液自上而下流经床层，再生 40 ~ 50min。

（3）置换。清洗完再生液后，关闭计量箱出再生液阀，以原有的动力水置换清洗 40 ~ 50min（出水成中性）即再生完成。

（4）正洗。与启动时正洗相同，正洗完后即可投运或备用。

（5）阳床再生注意事项：

1）再生过程中要保证再生液的浓度与速度，以免影响再生效果。

2）初次再生还原用酸量是正常用酸量的 1.5 ~ 2 倍。

11　阴床再生操作标准

11.1　阴床再生前的检查

（1）检查失效阴床流量表、压力表应完整无缺陷，处于良好备用状态。

（2）失效阴床所有的本体阀门均应在关闭状态。

（3）室外碱储罐，室内碱计量箱应备有数量足够的再生剂。

（4）碱喷射器应处于良好状态。

（5）再生专用泵应做好启动前的检查与准备。

（6）碱浓度计应完好，指示正确。

11.2　阴床的再生

（1）落床。关闭阴床进水阀，开启排再生液阀，利用上部出水管中的压力，强迫床层整齐落下。

（2）再生。落床后，开启再生液进口阀和排再生液阀，启动再生泵，将出口压力调节到 0.2MPa，调节再生液浓度在 3% ~ 4% 之间，使再生液自上而下流经床层，再生40 ~ 50min。

（3）置换。清洗完再生液后，关闭计量箱出再生液阀，以原有的动力水置换清洗40 ~ 50min（出水成中性）即再生完成。

（4）正洗。与启动时正洗相同，正洗完后即可投运或备用。

（5）阴床再生注意事项：

1）再生过程中要保证再生液的浓度与速度，以免影响再生效果。

2）初次再生还原用酸量是正常用酸量的 1.5 ~ 2 倍。

12　混床再生标准

12.1　启动前的检查

（1）检查失效混床流量表、压力表应完整无缺陷，处于良好备用状态。

（2）失效混床所有的本体阀门均应在关闭状态。

（3）室外酸、碱储罐，室内酸、碱计量箱应备有数量足够的再生剂。

（4）酸、碱喷射器应处于良好状态。

（5）再生专用泵应做好启动前的检查与准备。

（6）酸、碱浓度计应完好，指示正确。

（7）压缩空气系统具备供气条件。

12.2　混床再生

（1）反洗分层。开启混床反洗进水气动阀（用手动阀调节流量在 30 ~ 40m³/h，此过程需用另一台混床分流），反洗排水阀，使树脂慢慢膨胀，维持在上视镜中心线以不泡有效树脂为原则，维持 15 分钟，关闭反洗进口门及反排门，开启混床空气门，使树脂自然沉降分层 5 分钟。观察阴阳树脂分层情况，应有明显的分界面，若分层不理想，应重新分层，经二次分层仍不理想时，可向混床进 30% 氢氧化钠 0.1m³，进碱浓度为 3% ~ 4%，浸泡两小时，重新反洗分层。

（2）进再生液。分层合格后，开启混床进酸碱阀、反洗排水阀、排气阀，启动再生泵，将压力调至 0.2MPa，开启中排阀，调节液位在最上视镜中心线位置，然后先开碱喷射器出碱阀，再开酸喷射器出酸阀。调整浓度在 4% ~ 5% 之间，碱浓度略大于酸浓度，随时监视混床液位保持在最上视镜中心线位置，进再生液 40 ~ 50min。

（3）置换清洗。当酸碱进完后，分别关闭酸碱计量箱出酸碱阀，以原有的动力水对树脂进行清洗 40 ~ 50min。冲洗至排出水显中性，然后停再生泵，关闭混床进酸碱阀，停酸碱喷射器。

（4）混合。开启反洗进水阀、反洗排水阀，调节反洗流量使树脂悬浮起来即可，再开启压缩空气气动阀，用手动阀慢慢调节流量，从视镜看到树脂充分混合即可。然后迅速关闭反洗进水阀和空气阀，使树脂迅速沉降。沉降后观察混合效果，若不理想重复上述过程重新混合。

（5）正洗。混合好后，按正洗步骤对树脂进行正洗，洗至出水合格（化验分析水质）。即再生完成，可投运或备用。

13　酸、碱系统操作标准

13.1　卸碱（酸）系统的操作

（1）设备检查。

（2）检查整个碱（酸）液输送系统应无损坏、滴漏。

（3）检查高位碱（酸）贮罐、低位碱（酸）罐就地液位和盘上仪表指示应正常。检查高位碱（酸）贮罐排污门、高位碱（酸）贮罐去碱计量箱阀门应关闭。

（4）检查高位碱（酸）贮罐、低位碱（酸）罐内部是否清洁（首次使用检查）。

（5）检查卸碱（酸）管排污阀应关闭。

（6）卸碱（酸）泵按转机要求进行检查。

（7）检查低位碱（酸）罐内液位正常。

13.2　低位碱（酸）贮罐进碱（酸）

（1）连接碱（酸）槽车到低位酸碱罐软管，确认连接牢固。

（2）开槽车卸碱（酸）管阀门，将槽车内的碱（酸）通过自流放入低位碱（酸）罐内。

（3）待低位碱（酸）罐内液位上升到高液位。

（4）开启卸碱（酸）泵出口阀门，微开进口阀。

（5）开启卸碱（酸）泵到高位卸碱（酸）罐进口阀。

（6）启动卸碱（酸）泵，碱（酸）液可打入高位碱（酸）罐。

（7）高位碱（酸）贮罐液位上升至规定高度，而碱（酸）车未卸完时，可打开另一高位碱（酸）贮罐进口阀门，向另一高位碱（酸）贮罐进碱（酸），同时关闭已装满的高位碱（酸）贮罐进碱（酸）阀门。

（8）卸完碱（酸）后，关卸碱（酸）泵进口门，停卸碱（酸）泵，关碱（酸）泵出口门及泵到高位碱（酸）贮罐的管道上全部阀门。

（9）拆卸槽车到低位碱（酸）罐软管。

注意：如在卸碱（酸）过程中低位碱（酸）罐液位下降较快，采用以上步骤重复进行卸碱（酸）操作。

14　巡检要求

（1）检查运转设备的油质。油位是否合格，设备有无异常，电流电压是否正常，动静密封点是否有跑、冒、滴、漏现象。

（2）检查多介质过滤器进出口压差是否在正常运行范围。

（3）检查脱碳器的运行情况。

（4）检查混床床层压差，阀门开关是否正确，有无泄漏，出水电导率，SiO_2 浓度、pH 值是否合格。

（5）检查酸、碱罐的液位是否在正常范围内。

（6）检查加药装置溶液箱液位及泵的运行情况。

（7）检查各水箱、水池的液位与控制室的显示是否一致，有无溢流、泄漏。

（8）巡检路线。

控制室→过滤器→阴床→混床→阳床→原水泵间→除盐水泵间→计量间→中和池→高低位酸碱罐→回水箱→除盐水箱→中间水箱→除碳器风机→循环水泵房→冷却塔风机→原水箱→控制室。

第 4 节　质量技术标准

1　工业水水质情况

供除盐水站原水为文山薯底河水库水。其水质全分析资料见表6-1。

表6-1　文山薯底河水库水样水质全分析

物理及化学性能分析					
分析项目	单位	含量	分析项目	单位	含量
悬浮物	mg/L	4.80	透明度		透明
全固形物	mg/L	112.40	浊度		—
溶解固形物	mg/L	107.60	嗅味		无味
游离二氧化碳	mg/L	0.00	离子分析		
碳酸盐硬度	mmol/L	1.92	离子	mg/L	离子	mmol/L
非碳酸盐硬度	mmol/L	0.05	Na^+	1.11	Na^+	0.048
硬度	mmol/L	1.97	Ca^{2+}	32.46	$1/2Ca^{2+}$	1.62
负硬度	mmol/L	—	Mg^{2+}	4.25	$1/2Mg^{2+}$	0.35
甲基橙碱度	mmol/L	1.92	$Fe^{3+}+Fe^{3+}$	0.014	$1/2Fe^{2+}$	0.0005
酚酞碱度	mmol/L	0.10	Al	0.00	$1/3Al^{3+}$	0.00
pH 值（18℃）		8.50	NH_4^+	0.18	NH_4^+	0.01
耗氧量（O_2）	mg/L	0.00	合　计	38.014		2.03
全硅（SiO_2）	mg/L	6.40	Cl^-	0.00	Cl^-	0.00
溶硅（SiO_2）	mg/L	5.79	SO_4^{2-}	4.08	$1/2SO_4^{2-}$	0.085
胶硅（SiO_2）	mg/L	0.61	NO_3^-	3.65	NO_3^-	0.059
铁铝化合物	mg/L	0.02	HCO_3^-	104.95	HCO_3^-	1.72
电导率（25℃）	μS/cm	195.70	CO_3^{2-}	6.00	$1/2CO_3^{2-}$	0.20
灼烧减量	mg/L	55.60	OH^-	0.00	OH^-	0.00
灼烧残量	mg/L	52.00	合　计	118.68		2.064
$\delta_{高}=-0.98\%$		$<\pm2\%$			
$\delta_{盐}=-2.06\%$		$<5\%$			

2　汽水品质要求

2.1　给水品质（表6-2）

表 6-2　给水品质要求

项　目	单　位	控制要求	项　目	单　位	控制要求
浊度（每升 SiO_2）	mg/L	≤4.0	油	mg/L	≤2.0
硬　度	mmol/L	≤0	全　铁	mg/L	≤0.10
pH 值（25℃）		8.0 ~ 9.5	电导率	μS/cm	≤80.0
溶解氧	mg/L	≤0.05			

2.2　锅水品质（表6-3）

表 6-3　锅水品质要求

项　目	单　位	控制要求	项　目	单　位	控制要求
全碱度	mmol/L	≤4.0	亚硫酸根	mg/L	5.0 ~ 10.0
酚酞碱度	mmol/L	≤3.0	相对碱度		<0.20
溶解固形物	mg/L	≤ 2.0×10^{-3}	pH 值（25℃）		9.0 ~ 11.0
磷酸根	mg/L	5.0 ~ 20.0			

2.3　蒸汽品质（表6-4）

表 6-4　蒸汽品质要求

项　目	单　位	控制要求	项　目	单　位	控制要求
氢电导率	μS/cm	≤3.0	铜	μS/kg	≤5.0
二氧化硅	μS/kg	≤20.0	钠	μS/kg	≤15.0
铁	μS/kg	≤20.0			

2.4　生产回水品质（表6-5）

表 6-5　生产回水品质要求

项　目	单　位	控制要求	项　目	单　位	控制要求
硬度	μmol/L	≤5.0	油	μg/L	≤1.0
铁	μg/L	≤100.0			

3　水质劣化的原因及处理方法

3.1　给水质量劣化的原因及处理方法（表6-6）

表 6-6　给水质量劣化的原因及处理方法

劣化现象	一般原因	处理方法	备注
硬度不合格或外状浑浊	组成给水的凝结水、除盐水、疏水等硬度大或外状浑浊	查明硬度高或外状浑浊水的来源	应加强炉水和蒸汽的监督
	生水渗入给水系统	消除生水进入给水系统的缺陷	

劣化现象	一般原因	处理方法	备注
溶解氧不合格	除氧器运行不正常	调整除氧器按参数运行	按温度水位自动调节装置；再沸腾管和排汽管阀经常开启
	间断补水方式或补水速度快	采取均匀连续补水方式	
	除氧器内部装置有缺陷	按计划检修除氧器	
pH 值、SiO$_2$ 含量不合格	组成给水的凝结水除盐水、疏水等 SiO$_2$ 不合格	查明不合格的水源进行处理	
	锅炉连排扩容器的蒸汽严重带水（当连排扩容器的蒸汽通向除氧器时）	调整锅炉连排扩容器的运行方式	
	除盐水加氨不稳定	调整加氨量	
含铜量或铁含量不合格	组成给水的凝结水、除盐水、疏水等含铜量或含铁量不合格	查明不合格的水源进行处理或减少其用量	应加强凝结水空冷区铜管、各种加热器铜管及系统部件的监视

3.2　炉水质量劣化的原因及处理方法（表6-7）

表 6-7　炉水质量劣化的原因及处理方法

劣化现象	一般原因	处理方法	备注
磷酸根不合格	加药量不足或过多	调整加药量	如因给水硬度高引起炉水 PO$_4^{3-}$ 不合格时，应首先降低给水硬度；炉水 PO$_4^{3-}$ 过高时应加强定排和连排；检修中应注意加药分布管的检查
	加药设备有缺陷或管道堵塞	检修设备疏通管道	
	锅炉排污过多或不足	调整排污量或加药量	
	锅炉负荷波动过大或偏烧	调整锅炉负荷	
	加药分布管倾斜孔眼堵塞	调整加药分布管水平和疏通孔眼	
碱度、SiO$_2$ 含量不合格	给水水质不良	查明给水不合格原因	
	锅炉排污不正常	加强排污或消除设备缺陷	
	凝结器泄漏等	查漏并处理	
外状浑浊	给水外状或硬度过高	查明给水系统外状浑浊或硬度高的原因	
	锅炉长期不排污或排污量不正常	锅炉按规定正常排污	
	新炉或检修后刚投产的初期系统	增加锅炉排污量至炉水澄清透明合格为止	

3.3　蒸汽品质劣化的原因及处理方法（表6-8）

表6-8　蒸汽品质劣化的原因及处理方法

劣化现象	一般原因	处理方法
碱度、电导率、SiO$_2$ 或钠含量不合格	炉水质量已超过极限值	查明原因调整锅炉排污量和加药量
	锅炉的负荷、水位、汽压急剧变化，超过正常运行的允许值	根据化学试验的数据调整锅炉的运行方式
	减温水质量不良或减温器泄漏	查明减温水质量如减温器泄漏应停用，检修减温器
	加药浓度过大或速度过快	降低加药浓度和速度
	汽水分离效率低或各分离元件接合处不严密	消除汽水分离器的缺陷

3.4　凝结水质量劣化的原因及处理方法（表6-9）

表6-9　凝结水质量劣化的原因及处理方法

劣化现象	一般原因	处理方法
硬度、碱度、电导率不合格	凝汽器铜管泄漏	查漏与堵漏严重时停机处理
	汽水系统污染或有关阀门不严而渗入不合格水	进行系统检查及时处理
溶解氧不合格	凝汽器真空部分漏汽或接合面不严	查漏与堵漏
	凝汽器的过冷速度太大	调整凝汽器的过冷速度
	凝结水泵的盘根或有关阀门漏气	检修凝结水泵消除缺陷

3.5　疏水质量劣化的原因及处理方法（表6-10）

表6-10　疏水质量劣化的原因及处理方法

劣化现象	一般原因	处理方法
硬度、碱度不合格	有质量不合格的水漏入疏水系统	查明漏入根源并加以消除
	因系统污染引起	将不合格的疏水回收处理或排掉
含铁量或含铜量不合格	疏水箱及系统腐蚀严重	应定期维修清扫并采取防腐措施
	来自除氧器的余汽凝结器、汽轮机抽气器的疏水中的含 Fe 量或含 Cu 量不合格	查明不合格的水源回收处理或排掉，采取除 Fe、除 Cu 措施

第5节　设　　备

1　设备明细表（表6-11）

表 6-11　设备明细表

序号	名　称	规　格	单位	数量	重量/kg 单重	重量/kg 总重
1	多介质过滤器	$D=3200$，$H=4410$ $Q=80m^3/h$，$v=10m/h$	台	4	5720	22880
2	满室床阳离子交换器	$Q=150m^3/h$，$v=30m/h$ $D=2500$，$H=4630$	台	3	5280	15840
3	满室床阴离子交换器	$Q=150m^3/h$，$v=30m/h$ $D=2500$，$H=4530$	台	3	5230	15690
4	除二氧化碳器	$D=2100$，$H=5290$ $Q=150\sim200m^3/h$	台	2	2260	4520
	附：鼓风机及电动机	$N=7.5kW$	台	2		
5	树脂清洗塔	$D=2500$，$H=4530$	台	2	4680	9360
6	混合离子交换器	$Q=150m^3/h$，$v=39m/h$ $D=2200$，$H=4800$	台	3	3910	11730
7	加氨装置	$V=1.2m^3$（溶解箱）	套	1	450	450
	附：搅拌器及电动机	$N=0.35kW$	台	1		
	附：加药泵及电动机	$N=2\times0.75kW$	台	2		
8	碱液贮罐	$D=2500$，$L=6697$，$V=30m^3$ 碱贮罐配不锈钢加热盘管	个	1	5120	5120
9	盐酸贮罐	$D=2500$，$L=6697$，$V=30m^3$	个	1	5010	5010
10	碱液贮罐	$D=1800$，$L=4687$，$V=10m^3$	个	1	1490	1490
11	盐酸贮罐	$D=1800$，$L=4687$，$V=10m^3$	个	1	1490	1490
12	树脂捕集器	$D=400$	个	9	165	1485
13	碱计量箱	$D=1300$，$H=2200$，$V=2.5m^3$	个	2	720	1440
14	酸计量箱	$D=1300$，$H=2200$，$V=2.5m^3$	个	2	720	1440
15	酸碱喷射器	SPS-2500，$D=100$，$L=570$	个	4		
16	酸雾吸收器	$\phi500$	个	2	95	190
17	引水桶	$D=800$，$L=1000$	个	1	370	370
18	管道混合器	$D=250$，$L=2000$	个	1	110	110
19	储气罐	$V=8m^3$，$D=1800$，$L=3200$	个	1	1650	1650
20	无烟煤滤料	$\phi0.8\sim1.8mm$	吨			12.8
21	石英砂滤料	$\phi0.5\sim1.2mm$	吨			74.4
22	阳树脂	$001\times7FC$	m^3			26.5
23	阴树脂	$201\times7FC$	m^3			22.5
24	阳树脂	$001\times7MB$	m^3			5.7
25	阴树脂	$201\times7MB$	m^3			11.4
26	多面空心球	$\phi50$	m^3			22.4

2　设备的故障及处理方法

2.1　泵的故障处理（表 6-12）

表 6-12　泵的故障原因及处理方法

故障现象	原因分析	处理方法
盘车不动	泵轴与电动机不同心	联系检修
	机械部分摩擦或盘根太紧	
	泵体内存有杂物	
水泵振动及有杂音	泵内有气或出口阀开度太小	排出气体，打开出口阀
	地脚螺栓松动	紧固地脚螺栓
	叶轮轴承损坏或出现摩擦及转动部分松动	停泵联系检修
	泵轴部分零件松动或联轴器松动	联系检修
	转动部分零件松动或联轴器松动	联系检修
	轴承缺油或油质不良	停泵加油换油
	超负荷运行	降负荷
	泵轴与电动机轴不同心	联系检修
轴承过热	油质不良，油位过低	停泵加油或换油
	轴承摩擦或松动	联系检修
	电动机与泵轴不同心	联系检修
	盘根太紧或长时间超负荷运行	松动盘根、降低负荷
水泵不上水	泵内有空气	进行排气
	盘根漏气或进口阀盖不严	消除漏气
	进水阀未开或阀芯脱落	开开水门或联系检修
	吸水底阀堵塞或泵内有杂物	联系检修
	水泵倒转	联系电气检修人员
	水箱（池）无水或水位太低	提高水位

2.2　电动机故障处理（表 6-13）

表 6-13　电动机故障原因及处理方法

故障现象	原因分析	处理方法
电动机声音异常	一相短路	立即拉闸、联系电气检修
	转动部分磨损或不平衡	联系检修
	电动机过负荷	降低负荷
电动机冒烟	绝缘不合格	立即停止故障电动机运行，启动备用泵，联系电气查明原因，进行消除
	过电流时间长	
电动机跳闸	电流过大超负荷	降低负荷
	泵出口门未关或开度太大	关闭出口门，重新启动或关小出口门
	三相接线，一相熔断	立即停泵、联系电气检修
	转动部分严重磨损或卡住	停泵检修
	轴弯曲，轴承破损	停泵检修
	叶轮与泵壳摩擦或叶轮被杂物堵塞	停泵检修
	电源中断	联系电气检修

2.3　水处理设备故障处理（表 6-14）

表 6-14　水处理设备故障原因及处理方法

故障现象	原因分析	处理方法
交换器运行中跑树脂	上部出水装置损坏	立即停止运行，通知维护人员消除缺陷
交换器清洗出水有树脂	清洗流量过大	控制清洗流量在规定范围之内
交换器出入口压差大	进水分配装置污堵	停运检查，清理进水分配装置
	运行周期长，床层压得过紧	充分正洗，疏松床层
	树脂破损或混有杂物和污物	停运，检查树脂脏物情况，并作出清除破碎树脂或清洗脏物等相应的操作
喷射器抽不出液体	计量箱的出口门没有打开或出液管污堵	打开计量箱出口门或冲洗管道
	喷射器的喷嘴被污物堵住	将喷射器卸开清理杂物
	喷射器入口水压不够	提高喷射器入口水压力
	喷射器或喷嘴磨损严重	更换喷射器或喷嘴
再生时水往计量箱内倒流	向交换器输送再生液的管道堵塞	清洗管道，消除堵塞
	交换器再生液入口阀未开或开度过小	打开进再生液入口阀调整开度，若阀门损坏，应停止再生进行修理或更换
	排水阀开度过小，导致床内压力过高	开大排水阀，若阀门有缺陷应通知检修人员处理
	运行时交换器再生液进口阀关闭不严，水从床内往计量箱倒流	检查交换器再生液阀门是否关闭严密，若有缺陷应立即消除
浓碱液流不到计量箱内	碱液罐中的浓碱液凝固，不能流动	通蒸汽溶化凝固的碱液
	碱罐至计量箱之间管道堵塞	用水冲洗管道，必要时清理碱罐
除碳器效率低	除碳器风机倒转	通知电气人员，倒换风机接线
	排气口有杂物堵塞	清理杂物，疏通排气口
	风机有缺陷，风压、风量不够	检修或更换风机
	进水量超过除碳器的出力	调整进水量在额定范围之内
	孔板堵塞或孔板流通面积不够	通知相关人员检修
	填料高度不够	补充填料
	进水装置损坏，配水不均匀	检修进水装置

3　离心泵

3.1　工作原理

　　离心泵启动前必须向泵内和吸入管路内注满液体，工作时电动机通过泵轴带动叶轮高速旋转，此时，叶轮的叶片迫使液体转动，从而产生离心力，在离心力的作用下，液体被甩向叶轮外缘，并聚集在泵壳内的流道内，液体在叶轮中获得能量，其压能和动能都有增加依靠这种能量将液体沿流道经排出管路输送道高位储液池或直接输送道需要的地方。当叶轮将液体甩向外缘的同时，叶轮中心形成真空，因而液体在外界压力的作用下，不断地从叶轮中心流入，再由叶轮外缘排出，从而达到输送液体的目的。

3.2　设备的结构组成

离心泵由吸入室、叶轮、泵壳、泵轴、轴封箱和密封环等组成。

3.3　设备点检标准及维护

（1）每两小时巡检一次。

（2）检查泵出口压力指示正常。

（3）检查电动机和泵声音，不应有杂音出现。

（4）检查电动机、轴承温度应正常，不应感到烫手。

（5）检查盘根处稍有滴水，不应有大量漏水及发热现象。

（6）检查润滑应良好，油质油位应正常。

（7）泵周围应保持清洁，不得积水、积灰和漏油。

（8）增加流量时，不应使压力降落太大，避免电动机超负荷运行或泵打不出水。

（9）泵应定期切换，切换时先开启备用泵，待备用泵运行正常再停要停的泵（切换水泵时，应注意调整系统流量在规定范围内运行）。

（10）禁止泵在汽蚀状态下长期运行。

（11）启动前应盘动泵轴几圈，以免突然启动造成密封环断裂损坏。

（12）停车后及时处理运行中存在的问题。

3.4　设备完好标准

（1）基础稳固，联轴器连接牢固无松动、轴承无弯曲裂纹现象。

（2）泵壳、叶轮、密封环等各零部件完好。

（3）各仪表、安全防护罩齐全完好。

（4）管道、阀门完好，无跑、冒、滴、漏现象。

4　多介质过滤器

4.1　工作原理

多介质过滤器是利用一种或几种过滤介质，在一定的压力下把浊度较高的水通过一定厚度的粒状或非粒状材料，从而有效的除去悬浮杂质使水澄清的过程，常用的滤料有石英砂，无烟煤，锰砂等，主要用于水处理除浊，软化水，纯水的前级预处理等。

4.2　设备的结构组成

多介质过滤器由本体、布水装置、集水装置、外配管及仪表取样装置等组成。进水装置为上进水、挡板布水，集水装置为多孔板滤水帽集水或穹形多孔板加承托层结构，设备的本体外部配管配带阀门并留有压力取样接口，便于用户现场安装和实现装置正常运行。

4.3　点检标准及维护

（1）每两小时巡检一次。

（2）检查各部分由无泄漏，有泄漏需停车处理。

（3）检查各压力表指示是否正常。

（4）检查出水水质是否合格。

（5）严格执行运行规程说明，观察出水浊度。

4.4　设备完好标准

（1）罐体、管道完好无泄漏。

（2）阀门完好无泄漏，气管、表计完好。

（3）排水管道完整。

5　满室床阴阳离子交换器

5.1　工作原理

和其他离子交换器一样，在交换器内填上相应的阴阳树脂，当水流经树脂层时，树脂上的阴阳（OH^- 和 H^+ 离子）离子分别与水中的阴阳离子交换，使水中的 Ca^{2+}、Mg^{2+}、Cl^-、SO_4^{2-} 等离子除去，达到水软化的目的。

5.2　设备结构组成

直筒、封头、支脚、直筒的底部和顶部设有配水装置，直筒的中部为离子交换室，离子交换室内装填有离子交换树脂层，在离子交换树脂层与顶部配水装置之间填充有由体积补偿层。所述的体积补偿层可以采用由惰性树脂和若干体积补偿气囊组成。

6　混合离子交换器

6.1　工作原理

混合床离子交换器，就是把阴、阳离子交换树脂放置在同一个交换器中，将它们混合，所以可看成是由无数阴、阳交换树脂交错排列的多级式复床。水中所含盐类的阴、阳通过该交换器，则被树脂交换，而得到高纯度的水。

在混合床中，由于阴、阳树脂是相互均匀的，所以其阴、阳离子的交换反应几乎同时进行。或者说，水的阳离子交换和阴离子交换是多次交错进行的。经 H 型交换所产生的 H^+ 和 OH^- 都不能积累起来，基本上消除了反离子的影响，交换进行的比较彻底。

6.2　设备结构组成

6.2.1　进水装置

在交换器上部设有布水装置，使进水能均匀分布。

6.2.2　再生装置

在阴离子交换树脂上方设有进液母管，管上开小孔布液，管外包覆不锈钢梯形绕丝。阴离子交换树脂再生用碱液即由该进液母管送入。再生阳离子交换树脂用的酸液由底部排水装置进入，再生酸、碱废液均由中排口排出。

6.2.3　中排装置

中排装置设置在阴、阳树脂的分界面上，用于排泄再生时酸、碱废液和冲洗液，型式为支管母管式，孔管外包覆不锈钢梯形绕丝。

6.2.4　排水装置

均采用多孔板上装设排水帽，多孔板材采用钢衬胶。

另外，在阴、阳树脂分界面外、树脂表面处及最大反洗膨胀高度处各设视窥镜一个，用以观察树脂表面及反洗树脂的情况。

筒体上部设树脂输入口，要筒体下部近多孔板处设树脂卸出口，考虑了树脂输入和卸出采用水输送的可能。

6.3　点检标准及维护

（1）设备、管道支架易被腐蚀，造成管道受外力破坏，所以要定期除锈并刷防腐漆。

（2）控制适当的流速，减少树脂流失。

（3）树脂流失及树脂长期使用因破碎流失，应及时补充。

（4）及时检修或更换泄漏的阀门。

（5）及时消除系统泄漏点。

（6）根据操作记录表及时检查记录。

（7）两小时检查一次系统各点压力温度、除盐水箱液位、各水泵运行情况、管道阀门泄漏情况。

6.4　设备完好标准

（1）罐体、管道完好无泄漏。

（2）阀门完好无泄漏，气管、表计完好。

（3）排水管道完整。

7　树脂清洗塔

7.1　工作原理

利用水流将树脂上的污物冲洗干净，再用水力将树脂送回床内。并将污水排入地沟。

7.2　设备结构组成

树脂清洗塔主要结构包括罐体、进出树脂管道及阀门、进出水管道及阀门、排气管道、支架。

7.3　点检维护

（1）设备、管道支架易被腐蚀，造成管道受外力破坏，所以要定期除锈并刷防腐漆。

（2）及时检修或更换泄漏的阀门。

（3）及时消除系统泄漏点。

7.4　设备完好标准

（1）罐体、管道完好无泄漏。

（2）阀门完好无泄漏，气管、表计完好。

（3）排水管道完整。

8　除碳器

8.1　工作原理

水从除碳器上部进入，经配水装置均匀淋下，经过内部装填的聚丙烯空心多面球时，被分割成水膜或小股水，使得从底部鼓入的空气与水有非常大的接触面积，由于空气中二氧化碳的分压力又很小（约为大气压力的0.03%），这样，空气就将水中解吸出来的二氧化碳很快带走，从而达到除二氧化碳的目的。

8.2　设备结构组成

除碳器主要结构包括筒体、排气口、风机入口、配水装置、空心多面球。

8.3　点检维护标准

（1）检查风机是否正常运行。

（2）检查筒体是否稳固。

（3）检查进水口及阀门有无泄漏。

（4）检查筒体是否被氧化、腐蚀，并定期刷漆保护。

8.4 设备完好标准

（1）筒体、管道、阀门完好。

（2）风机完好。

第6节 现场应急处置

1 应急组织与职责

（1）组成成员包括：

组长：热电动力区区长。

副组长：安全生产副区长、设备副区长、工艺副区长。

成员：安全员、设备技术员、工艺技术员、当班值班长、当班班组成员及其他相关人员。

（2）职责

1）由应急组组长全面、统一负责热电动力区脱硫系统故障应急救援指挥、协调工作。

2）副组长负责现场具体故障情况的收集核实，对可能造成的环境污染事故进行危害性评估，及时配合组长根据事态严重情况制定现场处置方案。

3）当班值班长负责各级通知的传达与汇报工作，若需其他部门参与事故抢救时负责联系生产调度协调好区内外的救援工作。

4）岗位员工统一听从应急组长和副组长安排，积极配合救援工作。

2 除盐水现场处置

2.1 事故类型

（1）皮肤接触性烧伤。

除盐水高位碱罐、碱计量箱操作阀门、卸碱时接触泄漏碱液被烧伤。

（2）眼部接触性灼伤

眼部不慎被泄漏碱液灼伤。

2.2 事故发生区域

（1）除盐水站高、低位碱罐处。

（2）除盐水站碱计量箱处。

2.3 事故征兆

除盐水站高、低位碱罐、碱计量箱发生泄漏或各管道阀门发生泄漏时，有可能造成岗位人员接触性烧伤，碱溶液烧伤严重易导致创口发红、有水泡。

2.4 处置程序

（1）发生碱烧伤事故时，岗位人员立即使用所有通讯手段汇报中控室，作业区中控室上报作业区负责人及调度指挥中心值班人员（包括事故发生时间、地点、性质、伤亡情况、现场状况），若碱出现大量泄漏，需保卫部配合处理并及时上报保卫部。

（2）作业区负责人接到电话后，立即成立现场应急小组，根据现场情况制定现场处置应急方案，立即进行事故救援。

2.5　处置措施

2.5.1　皮肤接触性烧伤处置措施

碱接触皮肤，应立即脱去受污染的衣物（就地配有洗眼器，能进行淋浴），用大量流动清水冲洗至少15分钟，碱接触使用2%硼酸液敷约10~20分钟，然后用水冲洗，不要直接用酸性液体冲洗，以免产生中和热而加重灼伤。

2.5.2　眼部接触性灼伤处置措施

眼睛灼伤立即用大量流动清水冲洗（岗位就地配有洗眼器），伤员也可把面部浸入充满流动水的器皿中，转动头部、张大眼睛进行清洗，至少冲洗15分钟，然后再用生理盐水冲洗，在药物配备允许条件下滴入可的松液与抗生素，经过上述紧急处理后立即送医院急救。

2.5.3　其他处置措施

（1）操作人员在卸碱过程中，如发现管道、储罐有泄漏时，应立即停止作业，同时汇报车间领导或现场负责人。车间再向调度汇报的同时，组织人员进行消缺，严防事态扩大影响生产或者造成人员伤害。

（2）由于设备缺陷造成碱大量泄漏，作业人员应立即通知现场无关人员远离危险区，应急小组到达现场采取有效的安全防范措施，设置好警戒线、警告标志，严禁他人入内，确保人身安全的同时采取相应的措施尽量减少损失。但不准冒险蛮干，造成人员伤害。

（3）碱系统设备检修、抢修。运行人员必须与检修人员密切配合，消压，排净管道内所有碱。

（4）泄漏在地面的碱要用清水冲洗干净，避免伤害他人。碱储罐事故发生，碱应尽量回收利用，不能回收的部分，用水稀释、中和，pH值达到6以上方能按规定排放。

（5）由于冬季气温低，碱液在管道及容器内易结晶堵塞管道，因此，在冬季要求定期加热碱贮罐内的碱液，加热频次每班加热一次，通过调节加热管进蒸汽阀开度控制碱储罐内碱液温度在10~25℃之间，碱液管道上的蒸汽拌热管应开启，确保管道内的碱液不发生结晶现象。

（6）无论何种接触，经紧急处理后如仍有不适，必须立即就医，并向医生说明具体接触的物质及已采取的急救措施。

3　注意事项

（1）进入现场必须按规定戴好安全帽、劳保服，严禁穿尼龙、化纤及混纺的工作服。

（2）系统故障处理泄漏时必须佩戴呼吸器，穿戴防化服。

（3）系统事故处理设计登高平台作业，因此必须注意高处坠落，系安全带。

（4）若需要进行接触热体的操作，应戴上耐高温手套，事故处理过程中不要直接接触泄漏物。

（5）事故救援过程中必须执行双人监护、操作。

（6）事故救援后岗位员工及时按照相关要求清理好现场，泄漏的废液不能随意摆放，必须进行专门处理。

第7章   锅炉岗位作业标准

第1节   岗位概况

1   工作任务

（1）负责保证锅炉及其附属设备，包括给水泵、软水泵、供油管、回水管、蒸气管及其他阀门的安全正常运行和检修保养工作。

（2）负责锅炉燃料补充工作。

（3）严格遵守各部门的规章制度，坚守工作岗位，上班时间禁止做与本职无关的私事，锅炉房在任何时间都不得无人值班。

（4）严格执行"蒸汽锅炉安全技术监察规程"及"锅炉安全管理规程"，按规定做好巡检及各种运行设备参数记录。

（5）认真学习专业知识，提高运行及维修水平，要求到四会：会燃烧、会修理、会维护、会管理。

（6）勤检查、勤观察，保持锅炉燃烧工况稳定。

（7）做好锅炉设备修保养工作，搞好环境卫生，实行文明生产，消灭跑、冒、滴、漏现象。

（8）接到维修项目后，应立即前往检修，遇人力不足时，应及时报告部门及调度室，请求派员协助，确保锅炉系统正常运行。

（9）监督锅炉分包进行日常紧急及每年定期保养维修工作。

（10）锅炉运行的调整任务

1）保持锅炉的蒸发量，适应外界热用户要求。

2）保持正常的汽压与汽温。

3）均衡进水，保持水位正常。

4）保证蒸汽品质合格。

5）保持燃烧良好，提高锅炉的经济性。

6）保证锅炉机组的安全运行。

7）控制排放，符合环保排放标准。

2   工艺原理

固体粒子经与气体或液体接触而转变为类似流体状态的过程，称为流化过程。流化过程用于燃料燃烧，即为流化燃烧，其炉子称为流化床锅炉。

循环流化床锅炉是在鼓泡流化床锅炉技术的基础上发展起来的新炉型，与鼓泡床锅炉的最大区别在于炉内流化风速较高（一般为 4～8m/s），在炉膛出口加装了气固物料分离器。被烟气携带排出炉膛的细小固体颗粒，经分离器分离后，再送回炉内循环燃烧。循环流化床锅炉可分为两个部分：第一部分由炉膛（快速流化床）、气固物料分离器、固体物料再循环设备和外置热交换器（有些循环流化床锅炉没有该设备）等组成，上述部件形成了一个固体物料循环回路；第二部分为对流烟道，布置有过热器、再热器、省煤器和空气预热器等，与其他常规锅炉相近。

循环流化床锅炉燃烧所需的一次风和二次风分别从炉膛的底部和侧墙送入，燃料在炉膛燃烧，产生高温火焰，高温火焰辐射热能加热炉膛四周水冷壁，水冷壁内水吸热后温度升高，变成汽水混合物进入锅筒，经汽水分离器作用将蒸汽送入过热器继续加热变成过热蒸汽，最后送入汽机和蒸汽管网，而分离下来的水则进入下降管继续进行循环。

3　工艺流程

3.1　汽水系统

水处理送来的除盐水由高压给水泵加压后，经锅炉给水操作台进入省煤器，水在省煤器吸热后进入锅筒，锅筒内水经下降管进入下联箱，然后升入水冷壁，水在水冷壁受热后产生汽水混合物进入锅筒旋风分离器，分离出的湿饱和蒸汽送入过热器，而分离下来的水又流入下降管参加下一次循环。

3.2　烟气系统

风经一次风机加压后经空气预热器加热，在空气预热器吸收烟气热量温度升高后，进入风道进入炉膛与进入炉膛的燃料混合进行燃烧，产生的高温烟气，在引风机作用下途经过热器、省煤器、空气预热器放出热量经烟囱排放大气。

3.3　燃料系统

破碎机破碎后的煤经过皮带进入到炉前仓，通过称重给煤机送入炉膛与风混合进行燃烧，燃烧产生的煤渣通过炉膛底部下渣管进入到冷渣机，冷却后排进渣仓，产生的烟尘经过旋风分离器，颗粒较大的分离出来重新进入炉膛参与燃烧，颗粒小的进入烟道最后排入大气。

第 2 节　安全、职业健康、环境、消防

1　危险源辨识及控制措施

1.1　锅炉岗位

1.1.1　巡检路线

8m 给水操作平台管道、阀门→给煤机→煤仓→汽包→炉膛水冷壁→旋风分离器→尾部竖井烟道→返料器→风室→点火风道→冷渣器。

（3 号炉）返料风机→二次风机→一次风机→2 号引风机→1 号引风机→（2 号炉）2 号引风机→1 号引风机→一次风机→二次风机→返料风机→（1 号炉）返料风机→二次风机→一次风机→2 号引风机→1 号引风机→柴油泵→过滤器→储油罐→供回油管道→1 号、2 号输渣皮带→斗提机→渣仓→灰库→渣库。

1.1.2　危险源及控制措施

1.1.2.1　上煤危险源辨识

行车钢丝绳断裂导致坠物伤人；行车吊物拴挂不牢导致坠物伤人；行车操作室门窗损坏，意外坠落；行车停运时未将行车门上锁人员不小心掉下；行车轨道接地失灵导致轨道带电；行车大、小钩失修，意外坠落；行车起吊限重装置失效，导致行车超载，坠物伤人；行车检修时未断电导致行车意外启动；在行车桥梁上作业未挂安全带；检修行车轨道时未挂安全带。

控制措施：作业前后做好仔细检查，检维修涉及高空作业需挂安全带。

1.1.2.2　输煤危险源辨识

煤棚存煤干燥遇风产生粉尘伤害；在备煤系统吸烟、使用明火导致火灾、爆炸；在煤棚行走时未注意卸煤车辆被撞伤；行车上煤时与行车同时作业，被行车所伤；捅煤时盖栏缺失掉入煤篦子；上煤时巡检人员被给煤机所卸煤块砸伤；备煤排水沟盖板缺失，人员不小心掉入坑内；处理皮带跑偏时工具被卷进辊子，导致手被碰伤，损伤皮带；人员违规跨越皮带造成伤害或被皮带卷走；启动皮带时未仔细巡查现场、检查设备导致皮带伤人；人员在停止运行的皮带上行走、坐卧造成伤害；输煤系统电源线磨损导致漏电导致触电；造成机械伤害；皮带电动机联轴器运行中无护罩造成机械伤害；6 号皮带地面收尘口未盖，人员不小心坠入炉前仓；清理运行中给煤机堵煤时违规用手清理煤块。

控制措施：工作人员戴防护口罩；备煤系统禁止烟火；禁止与行车在同一地点同时作业；作业过程中禁止横跨皮带；现场确认完毕回到安全位置方可通知主控室启动皮带；禁止在运行皮带上取物，如需取，要停皮带；禁止在皮带上行走、坐卧；加强检查，确保收尘口盖上；检修时办理工作票断电挂牌处理。

1.1.2.3　锅炉零米

一、二次风机、罗茨风机、引风机检修时未断电造成触电伤害；一、二次风机运行时联轴器防护罩损坏或未恢复导致机械伤害；点火油枪漏油，锅炉点火失败或着火熄灭后未进行吹扫，直接点火，0 号柴油泄漏导致火灾爆炸；违规在油库房安全距离范围内进行动火作业；用手试测轴承温度时误碰转轴导致绞伤；电除尘、锅炉、灰仓本体爬梯栏杆缺失损坏未及时修复，人员上下电除尘、锅炉、灰仓梯子过快且不扶扶手导致坠落事故；电除尘运行中违规将电气安全保护接地装置拆除，清扫电除尘电场极板时未断电、放电导致触电；排渣时有大量的高温炉渣喷出，夜间排渣作业现场照明不够，排渣时未佩戴防护手套，冷渣机检修时未关闭关放渣插板导致烫伤事故；锅炉高温高压管道法兰、阀门泄漏蒸汽，高温管道保温棉破损缺失未及时修复导致烫伤事故。

控制措施：禁止所有转动机构护罩损坏运行；发现漏油禁止点火；油系统及锅炉点火附近禁止烟火，若发现故障挂牌检修处理；照明不足的地方使用照明工具，发现问题及时上报处理；禁止用手测轴温，使用测温仪；栏杆缺失禁止行走，及时上报处理；严禁在巡检梯上快速行走、跑动；设备检修先断电、放电，再挂牌处理；排渣时戴隔热手套，戴防护面罩；各操作平台禁止堆放杂物并定期检查清理；禁止站在冷渣机上敲渣；涉及高空作业必须系安全带；涉及密闭空间作业必须取得危险作业许可证。

2　安全须知

参见本篇第 6 章第 2 节 2。

3　环境因素识别及控制措施

参见本篇第 6 章第 2 节 3。

4　消防

参见本篇第 6 章第 2 节 4。

第 3 节　作 业 标 准

1　锅炉辅助设备及运行

1.1　转机运行通则

新安装或检修后的转动机械，必须进行试运转，试运良好，验收良好，验收合格后，方可投入运行或备用。

1.1.1　转机启动前的检查

（1）各电动机、转机地脚螺栓牢固，轴端露出部分保护罩，联轴器连接完好。

（2）电动机绝缘检查合格，接线盒，电缆头，电动机接地线及事故按钮完好，电动机及其所带机械应无人工作。

（3）设备周围照明充足完好，现场清洁，无杂物、积粉、积灰、积水现象，各人孔、检查孔关闭。

（4）轴承、电动机等冷却水装置良好，冷却水通畅、充足，通风良好，无堵塞。

（5）各轴承座及液力偶合器油位正常，油质良好，油镜及油位线清楚，无漏油现象。

（6）各仪表完好，指示正确，保护、程控装置齐全完整，调门挡板及其传动机构试验合格。

1.1.2　转机的试运转

（1）新安装或大修后的转机，在电动机和机械部分连接前，应进行电动机单独试转。检查转动方向，事故开关正确可靠后，再带机械试转。

（2）盘动联轴器 1～2 转，机械无异常，轻便灵活。

（3）进行第一次启动，当转机在全速后用事故按钮停止运行，观察轴承及转动部分，记录惰走时间，盘上注意启动电流、启动时间、电流返回值，确认无异常后方可正式启动。

（4）带机械试运时，逐渐升负荷至额定负荷，电流不能超限，应注意检查机械内部有无摩擦撞击和其他异音，各轴承无漏油、漏水现象，轴承温度上升平稳并在规定范围内，振动串动值均在规定范围内，电动机电流正常，无焦臭味和冒火花现象。

（5）风机不能带负荷启动，泵类转动机械不应空负荷启动和运行。

（6）转机试运时间要求：新安装机械不少于 8 小时，大修后的一般不小于 2 小时，特殊情况下也不少于 1 小时。

（7）转机试运时，运行人员应加强检查，并随时将试运情况汇报班长。

1.1.3　转机试运合格标准

（1）转动方向正确，电流正常，负荷调节灵敏准确，挡板执行机构无卡涩。

（2）轴承及转动部分无异常声音。

（3）轴承油位正常，无漏油、漏水现象，冷却装置完善良好。具有带油环的轴承，其油环工作正常。

（4）轴承温度、振动无特别要求的应符合下列标准：

1）对于滑动轴承，机械侧不得超过 70℃，电动机侧不得超过 80℃。

2）对于滚动轴承，机械侧不得超过 80℃，电动机侧不得超过 100℃。

3）每个轴承测得的振动值，不得超过表 7-1 中数值。

表 7-1　轴承振动标准

额定转速/r·min^{-1}	3000	1500	1000	750 以下
双振幅/μm	50	85	100	120
串轴值/mm	不大于 4			

1.1.4　辅机

辅机在运行中遇有下列情况之一时应立即停止该辅机运行：

（1）发生人身事故无法脱险时。

（2）发生强烈振动有损坏设备危险时。

（3）轴承温度不正常升高超过规定时。

（4）电动机转子和静子严重摩擦或电动机冒烟起火时。

（5）辅机的转子和外壳发生严重摩擦或撞击时。

（6）辅机发生火灾或被水淹时。

1.1.5　手按事故按钮

手按事故按钮时间不少于一分钟，防止集控室重合闸。

1.1.6　启动时的注意事项

（1）启动电动机时，应按电流表监视启动过程，并注意转动方向，启动结束后，应检查其电流不超过额定值，发现问题，应通知电气处理。

（2）对新安装和大修后的主要辅助设备，电动机启动时，运行人员应在电动机旁边，直到转速达到额定值。电动机启动时，应做好紧急停运的准备。

（3）正常情况下，电动机允许在冷态状况下启动两次，间隔时间不少于 5 分钟，在热状态下启动一次，只有在处理事故时，以及启动时间不超过 2~3 秒的电动机，可多启动一次（注：热状态指停转时间小于 30 分钟，冷状态指停转时间在 30 分钟以上）。

（4）电动机在启动过程中，如保护装置动作跳闸，应立即拉闸，通知电气检查，未查明原因，禁止再启动。

1.1.7　转机跳闸强送规定

（1）大型电动机在跳闸后必须查明原因，严禁抢合闸，严防损坏设备。

（2）有备用的应启动备用设备。

（3）低压设备跳闸影响安全运行时只能强送一次，强送一次不成功者不许强送第二次，应通知电气查明原因。

1.1.8 备用转机

备用中的转机应定期检查和切换，备用超过七天，应联系电气值班员测量其绝缘。

2 锅炉的烘炉及试验

锅炉在整体启动试运前，除需完成各系统主要设备分部调试外，还需完成锅炉冲洗、辅机联锁保护试验，锅炉烘炉，锅炉冷态空气动力场试验，锅炉点火试验，化学清洗，蒸汽吹管，锅炉安全阀调试，锅炉主保护试验等主要工作。

2.1 烘炉

烘炉是指新安装好的锅炉在投运之前炉墙衬里及绝热层等进行烘干的过程。一般需要120~150 小时。新砌筑的锅炉炉墙内含有一定的水分，如果不对炉墙进行缓慢干燥处理，而直接投入运行后，炉墙水分就会受热蒸发使体积膨胀而产生一定压力，致使炉墙发生裂缝、变形、损坏，严重时使炉墙脱落。同时烘炉还可以加速炉墙材料的物理化学变化过程，使其稳定提高强度，以便在高温下长期工作。因此锅炉在正式投入运行前，必须用小火按一定要求进行烘炉：

（1）要布置于炉膛、旋风分离器及料腿、进出口烟道、回料阀及启动燃烧器等部位。

（2）耐磨耐火材料养生方法，包括烘炉曲线，应由材料厂家、用户和调试单位共同制定。

（3）在旋风分离器的回料腿、回料阀、分离器出口烟道，按约每 500mm 开一个 $\phi6$ ~ 8 排汽孔，用于烘炉过程中排出耐磨耐火材料中的水分，烘炉结束后再封焊。

（4）旋风分离器、返料装置、分离器出口烟道上预设耐磨材料取样点，测其含水率来判断烘炉的效果。

（5）烘炉的热源一般采用已安装的启动燃烧器，若能结合邻炉加热装置也能达到一定的烘炉效果，初期也可采用木柴进行烘炉。

2.1.1 烘炉前的准备工作及应具备的条件

（1）锅炉本体、回料系统及烟风系统的安装工作结束，漏风及风压试验合格。锅炉的保温抹面工作全部结束，打开各处人孔，自然干燥 72 小时以上。

（2）炉膛、烟风道、旋风分离器、返料装置、空气预热器及除尘器等内部检查完毕。

（3）锅炉膨胀指示器安装齐全，指针调整至零位。

（4）燃油系统安装完毕，经过水压试验冲洗试运，可向锅炉正常供油。

（5）锅炉有关的热工仪表和电气仪表均已安装和试运完毕，校验结束，可投入使用。

（6）汽包内部装置安装结束，汽包水位计的水位标志清晰、正确、照明良好。

（7）向锅炉上化学除盐水至正常水位，水温与汽包壁温差值不大于 50℃，一般为30~70℃，并将水位计冲洗干净。

（8）分别在旋风分离器、回料装置和旋风分离器出口烟道上预设耐磨材料取样点。

2.1.2 烘炉的方法及过程

耐磨耐火材料安装完毕，经过至少 72 小时的自然干燥后，可进行烘炉。锅炉烘炉可分三个阶段进行：床下启动燃烧器的低温烘炉、锅炉整体的低温烘炉和高温烘炉。

2.1.2.1　床下启动燃烧器的低温烘炉

床下启动燃烧器预燃室和混合室内衬耐火砖和保温砖结构。由于此区域的热负荷较高且升温速率较难控制，对壁面耐火材料的热冲击较大，若砖缝中含有一定的水分，且升温过快，容易发生脱落。所以，在利用启动燃烧器对锅炉整体烘炉之前，先利用木柴对床下启动燃烧器耐火、保温材料进行300℃热养护（以风室温度为准）。

（1）先以小火开始燃烧，初始温度约100℃。

（2）逐渐升温，2小时后稳定在160℃，恒温6小时。

（3）以30℃/h的速度升温，稳定于300℃，恒温10小时结束。

2.1.2.2　锅炉整体低温（100~150℃）烘炉（旋风筒入口温度）

（1）炉内不添加任何床料。

（2）在旋风分离器入口段搭建临时不完全封闭隔墙，使大部分烟气从回料系统返窜至旋风筒出口。

（3）床下启动燃烧器枪配300kg/h雾化片。启动时以最小的燃烧率投入第一只床下启动燃烧器；约30分钟后，投入第二只床下启动燃烧器。稳定运行3个小时。

（4）以28℃/h的速度提升温度，当汽包压力达到0.8MPa时，稳定运行6个小时。

（5）连续以28℃/h的速度升温，使汽包压力达到1.4MPa，油枪以最大的燃烧率投入，稳定运行24小时。旋风分离器入口的温度约在150℃左右。

（6）锅炉整体低温烘炉的同时，进行回料退热养生，利用木材进行烘炉，温升速度控制在30℃/h，温升至350℃恒温，恒温时间取决于锅炉整体烘炉状况。

（7）本阶段烘炉结束后停炉，拆除旋风分离器入口的临时隔墙。

2.1.2.3　锅炉整体高温（300℃）烘炉

（1）添加床料500mm厚，床下启动燃烧器必须用300kg/h的雾化片，温升速度控制在28℃/h，温升至150℃，恒温20小时后，按照烟气温度变化率要小于28℃/h的控制要求更换500kg/h雾化片，当油枪出力提高到最大燃烧率后，稳定运行24小时。旋风分离器入口的温度约在300℃左右。

（2）在烘炉过程中，不论何种原因造成中断烘炉，烘炉必须重新开始。

（3）耐火耐磨材料的取样测试含水率应以耐磨厂家要求数值为准，可认为烘炉结束。

2.2　锅炉冷态空气动力场试验

2.2.1　目的

测定流化床的空床阻力和料层阻力特性，找出临界流化风量，为锅炉的热态运行提供参考资料，从而保证锅炉燃烧安全，防止床面结焦和设备烧损，保证汽温汽压稳定。

2.2.2　试验内容及方法

（1）一、二次风道的风量标定。

（2）空床阻力特性试验：在布风板不铺床料的情况下，启动引风机、一次风机，调整一次风量，记录布风板压差值，根据这些数据绘制布风板阻力与风量关系曲线。

（3）料层厚度与床压的关系试验：在一定的风量下（一般选取设计运行风量），床料静止高度分别为500mm、600mm、700mm、800mm，记录床压值，绘制料层厚度与床压的关系曲线。

（4）临界流化风量试验：临界流化风量是锅炉运行特别是低负荷运行时的最低风量

值，低于此值就有结渣的可能性。选择不同的静止料层高度 500mm、600mm、700mm、800mm 测量临界流化风量，记录床压和风量等值，绘制相应料层厚度的床压和风量曲线。

（5）流化质量试验：在床料流化状态下，突然停止一次风机，观察床料的平整程度，从而确定布风板布风的均匀性，如有不均，应查明原因，采取相应措施。

2.3　MFT 主燃料跳闸试验

（1）以下任一项出现时 MFT 将动作：

1）手动 MFT。

2）床温高于 1050℃（延时 300 秒，3/6）。

3）炉膛出口压力为高高值 +3000Pa（延时 10 秒，2/3）。

4）炉膛出口压力为低低值 −1000Pa（延时 10 秒，2/3）。

5）汽包水位为高高值（高出正常水位 230mm）（延时 60 秒，2/3）。

6）汽包水位为低低值（低出正常水位 −150mm）（延时 60 秒，2/3）。

7）引风机全停。

8）一次风机跳闸。

9）给水泵全停。

10）床温低于 750℃，且床下点火器未投运。

11）失去逻辑控制电源。

12）燃烧控制系统失去电源。

13）返料风机跳闸。

（2）MFT 将引发如下动作：

1）所有给煤机跳闸。

2）点火系统切除，燃油快关阀关闭。

3）所有风量控制改造为手动方式，并保持最后位置。

4）除非风机本身保护切除，否则所有风机控制都将改为手动方式，并保持最后位置，在风机本身保护切除情况下，风机将遵循其逻辑控制程序。

5）关闭减温水调节阀。

（3）MFT 的复位

当下列任一条件满足时，MFT 可以进行复位：

1）锅炉吹扫完成（300 秒）。

2）锅炉具备热态启动条件。

2.4　OFT 油燃料跳闸试验

（1）以下任一条件存在，发生 OFT：

1）MFT 动作。

2）来油快关阀关闭。

3）燃油压力低于 1.5MPa。

4）所有启动燃烧器油速关阀关闭，且火检有火。

5）火检冷却风失去，延时 60 秒。

（2）OFT 将引发下列动作：

1）关闭来油快关阀。

2）关闭回油电动门。

3）关闭所有启动燃烧器油速关阀。

4）禁止油枪吹扫。

（3）下列条件同时满足时，才允许复位 OFT：

1）无 OFT 指令。

2）所有启动燃烧器油速关阀关闭。

3）MFT 已复位。

4）来油快关阀已打开。

2.5　锅炉水压试验

2.5.1　水压试验的有关规定

（1）锅炉水压试验分工作压力水压试验和超压水压试验。工作压力水压试验为汽包工作压力，超水压试验为 1.25 倍汽包工作压力。

（2）工作压力水压试验：锅炉在大、小修或承压部件检修后应进行额定工作压力水压试验。此试验应由锅炉专责指挥，运行人操作，检修人员检查。

（3）超压试验（1.25 倍工作压力）一般每六年进行一次，锅炉除定期检验外，有以下情况之一，应进行超压试验：

1）新安装锅炉投产前。

2）停炉一年后恢复投产前。

3）承压受热面，大面积检修更换（如水冷壁更换总数达 50% 以上，过热器、省煤器成组更换时）。

4）锅炉严重缺水引起受热面大面积变形。

5）根据实际运行情况对设备可靠性有怀疑时。

（4）水压试验压力：工作压力 4.35MPa（汽包压力）超压试验 5.44MPa（汽包压力 1.25 倍）。

（5）水压试验进水温度应在 20 ~ 70℃。

2.5.2　试验前准备

（1）锅炉水压试验由锅炉专责统一组织，试验前应事先联系好值长。

（2）运行人员在上水前，应详细查明锅炉承压部件的所有热机检修工作票收回并注销。检修负责人应确认与试验设备有关处无人工作，并告知锅炉班长。

（3）班长应安排值班员做好水压试验的准备工作：

1）通知检修人员将所有安全门加入水压试验阀瓣（如进行超水压试验）。

2）关闭锅炉本体过热器出口电动门及锅炉并炉电动门前的所有疏水门、放水门、排污门。

3）开启本体空气门及向空排汽门，投入汽包就地水位计（做超压试验前应解列）。

4）做好快速泄压的措施：事故放水、定排门开关灵活可靠。

5）通知化学备足试验用水，并关闭各化学取样一、二次门。

6）汽机关闭电动主汽门，开启电动主汽门门前、后疏水门。

7）所有工作就绪，汇报值长，开始向炉上水。

8）试验用压力表不少于 2 只，量程是试验压力的 1.5 ~ 3.0 倍，并经校验合格。

2.5.3　试验步骤

（1）待以上准备完毕后，向锅炉上水，水温 20～70℃，控制上水速度（冬季不少于 4 小时，夏季不少于 2 小时）。保证汽包上、下壁温差不大于 50℃，如大于 50℃应停止上水，待正常后重新上水。

（2）上水至汽包水位 –100mm 时停止上水，全面检查并记录膨胀指示值是否正常，否则查明原因并消除。

（3）上水时，待受热面空气门连续冒水后关闭。

（4）待关闭高温过热器对空排汽门时汇报操作人员，并停止上水，全面检查。

（5）确认无异常后，通过给水调门或旁路缓慢升压，此门应有专人看管，升压速度每分钟不超过 0.3MPa。

（6）当压力升至 0.5～1.0MPa 时应暂停升压，由检修人员进行一次全面检查，清除存在问题后，继续升压，当压力升至工作压力 4.35MPa（就地压力）时，关闭上水门，检查各承压部件，有无泄漏等异常现象，五分钟下降不超过 0.3MPa 为合格。

（7）若需做超压试验，将水位计解列，各热工仪表一次门（除压力表外）关闭，升压速度 0.1MPa/min，压力升至 5.44MPa 时，维持 5 分钟，然后降压 4.35MPa 并保持此压，由检修人员进行全面检查。在升压过程中，工作人员不得进行检查是否有泄漏。

2.5.4　锅炉合格标准

锅炉经过水压试验，符合下列条件即为合格，否则应查明原因消缺：

（1）停止上水后（在给水门不漏的条件下），经过五分钟，压力下降值不超过 0.2～0.3MPa。

（2）在受压元件金属壁和焊缝上没有水珠和水雾。

（3）水压试验后，没有发现残余变形。

2.5.5　降压操作

首先确认主给水电动总门、旁路门已关严，视情况停止给水泵运行（母管制可以不用），然后可通过减温水放水门或汽包事故放水门控制降压，每分钟不超过 0.5MPa，降压至 0.2MPa 时，开启饱和蒸汽引出管及集汽联箱疏水门、空气门，投入水位计，降压至零。

2.5.6　其他事项

（1）进行水压试验，除遵守《电业安全工作规程》的有关规定外，尚须设专人监视与控制压力。

（2）水压试验结束后，应将试验结果及检查中所发现的问题记录在有关记录簿内。

2.6　安全门校验

2.6.1　校验目的

为了保证锅炉安全运行，防止承压部件超压引起设备损坏事故，必须对锅炉安全门的动作值按规定进行调试，以保证其动作可靠准确。

2.6.2　校验的条件

具备下列条件，应对相应安全门进行校验：

（1）投运锅炉或锅炉大修后（所有安全门）。

（2）安全门机械部分检修后。

2.6.3　校验的规定

（1）参加人员：锅炉专责、锅炉检修有关人员，锅炉运行及相关部门有关人员。

（2）由锅炉专责组织并负责各方面联系工作。

（3）值长指挥，班长及有关人员操作。

（4）锅炉检修人员负责安全门具体调试工作。

2.6.4　校验原则

（1）安全门的校验一般应不带负荷时进行，采用单独启动升压的方法，需带负荷校验时，应有公司技术部门制定具体措施。

（2）安全门校验的顺序，一般按压力由高到低的原则进行。

（3）安全门校验前必须制定完善的校验措施，校验时应有专职人员指挥，专职人员操作。

（4）一般按就地压力表为准。

2.6.5　整定压力原则

（1）汽包、过热器控制安全门动作压力为 1.05 倍工作压力，工作安全门动作压力为 1.08 倍工作压力。

（2）安全门动作值，见表 7-2、表 7-3。

表 7-2　汽包安全门动作值（1 只）

整定压力/MPa	控制安全门 4.56	工作安全门 4.69
排汽量/t · h^{-1}	84.8	84.8

表 7-3　集汽联箱安全门动作值（1 只）

整定压力/MPa	控制安全门 4.01	工作安全门 4.12
排汽量/t · h^{-1}	54.1	54.1

2.6.6　校验前的检查与准备

（1）安全门装置及其他有关设备检修工作全部结束，工作票收回并注销。

（2）做好防超压事故预想及处理措施。

（3）准备好对讲机等通讯器材及耳塞。

（4）检查各向空排汽电动门开关灵活可靠。

（5）不参加校验的安全门应锁定。

（6）校验前应对照汽包、过热器就地压力表及远方压力表，确保压力表记指示准确。

2.6.7　安全门校验方法

（1）锅炉开始升压，调整燃烧强度，控制汽压上升速度不超过 0.2MPa/min。

（2）当压力升至 60% ~ 80% 额定工作压力时，停止升压，手动放气一次，以排除锈蚀等杂质，防止影响校验效果。

（3）当汽压升至校验安全门动作值时，校验安全门应动作，否则，由检修人员对动作值进行调整，直到启座和回座压力符合规定。

（4）校验过程中，为防止弹簧受热影响动作压力，同一安全阀动作的时间间隔一般大于 30min。

（5）校验过程中，按整定要求控制压力变化速度，如升降幅度较小，应调整燃烧，如升降幅度较大，用向空排汽或过热器疏水来控制。

3　锅炉机组的启动

3.1　禁止锅炉启动的条件

（1）锅炉启动的系统和设备检修工作未结束，工作票未注销，或检修工作虽结束，但经验收不合格。

（2）大修后的锅炉冷态试验、水压试验不合格。

（3）锅炉过热蒸汽压力表、温度表、炉膛压力表、烟温表、壁温表、汽包水位表、床温表、床压表、床层差压表、炉膛差压表、回料器料位表、回料温度表、点火风道温度表及流化风量、风压等表记缺少或不正常。

（4）锅炉对空排汽阀、事故放水阀、燃油快关阀及主要执行机构经实验动作不正常。

（5）大修后的锅炉启动前冷态动力场试验、炉膛布风板阻力试验、回料阀风帽阻力试验以及不同工况下的流态化试验不合格。

（6）主要保护连锁试验不合格或不能投入。

3.2　锅炉启动前的检查和准备

（1）检修后锅炉的点火工作：锅炉所有系统、设备的检修工作结束，工作票全部终结，锅炉经过验收合格。锅炉大小修后，应有设备异动报告，运行人员参加验收工作。工作票终结后检修人员不得进入炉膛或烟道内工作。

（2）检修后的锅炉或备用炉的点火，应得到值长命令，由班长通知方可进行，点火前各岗位应按点火检查单的要求对整个机组进行认真、全面的检查，并做好记录。

（3）检修后的锅炉，设备上、通道周围不得堆积杂物，检修临时拆除的平台、楼梯、围栏、盖板等已复位，新打孔洞修补完整，大小修后的场地已由检修工作人员打扫干净，各处照明充足良好，临时电源已拆除。

（4）尾部受热面及烟道内应无堵灰、杂物等，炉床完整无结渣。布风板风帽及回料阀风帽无堵塞现象。

（5）炉膛内脚手架应拆除，炉墙无裂缝、裂纹、受热面清洁无结焦现象。

（6）确认燃烧室烟道无人后，各防爆门、人孔门、检查孔应关闭，防爆门动作可靠。

（7）汽水系统保温应完整，支吊架牢固。

（8）阀门动作灵活，手轮完整，开关位置与实际相符，标牌完整、齐全，远方控制机构完整，灵活可靠，与系统隔绝用的堵板已拆除。

（9）汽包水位计应清晰透明，照明充足，水位刻度指示可靠，阀门手轮灵活好用。

（10）汽包、联箱等处的膨胀指示器完整，无卡死现象，大修后将指示针调至零位。

（11）汽包及过热器安全阀、排汽管、疏水管良好。

（12）各电动隔绝门、主汽门，向空排汽门、调整门及风门挡板校验良好，开关灵活，开关方向与实际位置相符，汽水、排污疏水系统各阀门应按"锅炉点火前阀门位置表"操作。

（13）各转动机械符合启动条件，检修后的转动设备应进行验收合格，风烟系统的挡板、风门位置应符合"锅炉点火阀门、挡板位置表"中规定。

（14）联锁试验及事故按钮试验合格（每次大小修后进行）。布风板阻力试验及锅炉回料阀流化试验及冷态空气动力场试验等均应合格（每次大修后进行）。

（15）提前8小时通知电除尘值班员，投入电除尘加热系统，做好启动前准备工作并及时投入运行。

（16）DCS系统工作正常。所有变送器及测量仪表信号管路取样阀打开，排污阀关闭。仪表电源投入。各电动、气动执行机构分别送电及接通气源。炉膛安全监控系统（FSSS）或燃烧监控系统正常。

（17）检查煤仓有充足的煤，除盐水箱水位正常。

（18）投入辅机冷却水、压缩空气系统，且各参数正常。

（19）检查床下风道及风室内部，发现床料漏落应全部清除。

（20）风机启动前应向水冷布风板预铺600~800mm（试验确定）厚度的床料，床料最好选用经筛分符合粒径要求的河沙或炉渣。粒径要求，亦可选用粒径0~10mm，含碳量小于3%的炉渣，以满足正常的流化状态。

（21）检查启动燃烧器的雾化片雾化正常油燃烧器的窥视孔和火焰监测器必须清洁，并且使用吹扫空气进行吹扫。燃油系统已投入循环，检查无跑、冒、漏现象，火检冷却风、各观察孔冷却风已投入。

3.3　上水

（1）锅炉上水分点火上水和水压试验上水两种，点火上水至点火水位（-100mm），水压试验上水，锅炉本体系统应全部进满水。

（2）上水注意事项

1）上水前应向值长汇报，并得到同意，上水前还应同汽机、化学联系，上的水必须是合格的除盐水。

2）锅炉上水温度，冷态锅炉上水温度在20~80℃，温态、热态锅炉上水温度与汽包下壁温差不得超过40℃。

3）锅炉上水不应太快，保持均匀上水，夏季不少于2小时，冬季不少于4小时。

4）锅炉上水前后应记录各膨胀指示器一次，检查承压受热面是否有漏水现象，出现漏水时应停止上水，通知检修消除。

5）上水、放水过程中，汽包上下壁温差不大于50℃。

（3）锅炉上水操作

1）如锅炉内原有水，应与化学联系，化验水质是否合格，确定炉水留用或放尽。

2）当冷态锅炉上水时，应由疏水泵上水。

3）当采用疏水泵上水时，应首先将疏水箱补满水，在补水前应将疏箱内存水经化验确定留用或放尽。

（4）当热态锅炉上水时，可以直接用给水泵由主给水母管的旁路上水，开始时的上水速度应缓慢，以不发生水击振动为原则。

（5）当大修后的主给水母管内有空气需排除时，应先排除给水管内残留的空气。

3.4　锅炉吹扫

在每次冷态启动前，必须对炉膛、旋风分离器、尾部受热面进行吹扫，以带走可燃物。并确保所有燃料源与燃烧室隔离。启动风机的顺序是：引风机→高压流化风机→一次风机→二次风机。

（1）满足下列条件后，"吹扫允许"灯亮，按下"吹扫"按钮，则自动进行吹扫。

1）MFT 出现后 15 秒。

2）无热态启动条件。

3）无 MFT 跳闸指令。

4）所有给煤机全停。

5）总风量大于 25％ 且小于 40％ BMCR（锅炉最大连续蒸发量）。

6）来油快关阀关闭，各油枪油速关阀关闭。

7）所有二次风挡板未关。

8）引风机运行且挡板未关。

9）任一台高压流化风机运行。

10）一、二次风机运行且挡板未关。

11）播煤风挡板未关。

（2）炉膛吹扫 300 秒（时间可以设定）后，吹扫完成，MFT 自动复位。打开来油快关阀，回油电动门，调整油压在 0.8～1.6MPa。

3.5　锅炉冷态启动

（1）做流化试验并合格，记录流化风量及风室压力。

（2）调整一次风量，保证风量不低于临界流化风量。使一次风量达到 30％。

（3）调整返料风量在适当值。

（4）维持炉膛负压在正常范围内。

（5）使床压在 9kPa 左右（必要时，应添加或排除少量床料）。

（6）关小二次风挡板。关小热一次风挡板。床下燃烧器混合风、点火风挡板开度置 90％ 以上。

（7）关小一次风主风道挡板，调整燃烧器燃烧风挡板开度在适当位置且风量不低于临界流化风量。

（8）调整油压大于 0.8MPa 并投入第一支油燃烧器。

（9）第一支油燃烧器燃烧稳定后，第一只油燃烧器点火之后约 15 分钟，投入第二只油燃烧器，按升温曲线增加燃油量。

（10）控制燃烧器混合风量，调整燃烧器风道烟温小于 1100℃，水冷风室烟温小于 950℃。

（11）床温升速率最大为 100℃/h（取决于耐火材料制造商的要求）。

（12）注意汽包、集箱等启动时的膨胀情况，定期观察膨胀指示器，做好位移记录。

（13）如果床压降至 8kPa 以下，应添加床料。

（14）汽包压力达 0.1MPa 时，关闭汽包和过热器空气阀。

（15）当汽压升到 0.15～0.2MPa 时，冲洗压力表，并与相邻压力表核对，保证读数准确。

（16）汽包压力升到 0.3MPa 时，关闭除过热器疏水外所有疏水阀门，定期放水排污一次。

（17）适当开启对空排汽阀，控制升压速率为 0.05~0.1MPa/min，升温速率为 1.5℃/min，使汽包上下壁温差小于 50℃。

（18）压力达到 1.0MPa 时投连排，关闭过热器疏水。

（19）当床温达到投煤条件时投煤，投冷渣器控制床压在 9~10kPa 左右。

3.6　投煤

（1）煤输送系统运行正常。

（2）煤仓煤位正常。

（3）给煤机出口闸板阀打开。

（4）给煤机的密封风、播煤风投运。

（5）床温大于 550℃，即可向炉膛内脉冲投煤。

（6）给煤机投运（在最低转速下运行）。

（7）给煤机入口闸板阀打开。

（8）每间隔 90s 投煤 90s，三次脉冲给煤。根据床温上升（大于 5℃/min）和炉内煤粒子燃烧发光，氧量下降等可判断投煤着火是否成功。

（9）确认着火成功后，给煤机在最低转速下连续运行。

（10）根据着火情况逐步投运所有给煤机（低负荷运行）。

（11）将一次风流量增至满负荷的 50% 左右。

（12）根据需要，减少床下油燃烧器出力，同时增加给煤机转速。

（13）观察床温上升速率，进一步添加燃料，使床压增至 10kPa。热态锅炉如果油压低于最低油压 0.8MPa，且床温大于 750℃，应切除一只油燃烧器，同时为了维持负荷增加，要增加给煤量。

（14）切除油燃烧器后，应缓慢打开相应热一次风挡板。逐渐关小床下燃烧器混合风、点火风挡板，但不要完全关闭，因为燃烧器内混合风喷口需要一定风量来冷却。

（15）维持床温不变的前提下，切除另一只油燃烧器，并且调节给煤量以便稳定地增加负荷。

（16）切除油燃烧器后，根据燃烧情况适当增加一次风量。逐渐关小床下燃烧器混合风、点火风挡板，但不要完全关闭，因为燃烧器内混合风喷口需要一定风量来冷却。

（17）投煤着火至床温达额定值 30 分钟后，通知投入电除尘运行。

（18）根据特定负荷曲线，随锅炉负荷及氧量变化及时调整一、二次风量。

（19）若达到主汽压力和温度的额定值或与主蒸汽母管压力、温度一致时，联系汽机配合进行蒸汽并汽操作。

（20）根据床压情况投入除渣系统。

（21）通过冷渣器的排渣操作或添加床料的手段，维持床压在 10~15kPa 左右。

3.7　锅炉热态启动

（1）锅炉热态启动条件

1）无 MFT 跳闸指令。

2）所有给煤机全停。

3）床下风道燃烧器进、回油速断阀关闭。

4）平均床温高于 650℃。

5）一次风风量大于临界流化风量。

6）播煤风量高于最小值。

（2）如果床温低于650℃，必须通风吹扫锅炉，吹扫的所有步骤应尽可能快的完成，以免床温降得太低。

（3）如果床温高于650℃，不必进行吹扫，直接进行投煤。

（4）当油枪点火后，床温将升高，而后正常的投煤过程可随之进行，并参照冷态启动过程完成随后的操作，将机组负荷带到要求值。

3.8 锅炉启动过程中的注意事项

（1）锅炉点火后，应经常检查油枪着火情况，注意油枪风量的调节，以达到合理配风。

（2）密切监视床温变化，防止两侧床温偏差大。

（3）注意监视炉膛出口烟温，两侧烟温偏差不大于30℃。

（4）密切监视过热器、旋风分离器各点的壁温，使其管壁金属温度不超过规定值。

（5）严格按升温升压曲线进行，汽包上下壁温差不超过50℃，否则应降低升温升压速度。

（6）升压过程中应注意汽包水位，防止满水和缺水，间断上水期间，上水时应关闭省煤器再循环门，停止上水后应打开再循环门。

（7）定期检查、记录各部膨胀指示，如出现异常情况，须查明原因并消除后方可继续升温升压。

（8）切换给水泵时应缓慢进行。

（9）脉冲投煤时，若没有床温明显上升、氧量下降，应等待上述现象出现后再次投煤。

（10）严密监视床温、床压和风量，防止床压过低，布风板过热超温，保证床层的流化质量。

4 锅炉正常运行的调整

4.1 锅炉运行中检查工作

（1）检查旋风分离器入口烟温不能超过950℃，过高烟温可烧坏耐火材料或金属压力部件。

（2）检查床温热电偶和相关的仪表是否处于正常工作状态。

（3）检查去布风板的一次风流量，保证一次风和二次风之间流量的正常分配。

（4）检查烟气中氧的百分数含量，确保氧量表的正常工作。

（5）检查炉膛床压，验证压力测点、传压管路是否堵塞，确保床压指示正常。

（6）监视底灰排放系统运行是否有问题，监测底灰排放温度。

（7）检查汽包水位是否正常，如果必要进行玻璃水位计排污，验证给水控制阀操作是否正常。

（8）经常对"炉前煤入炉煤"进行取样分析，来验证固体燃料的粒度分布和燃料成分的变化情况。

（9）对炉水、饱和蒸汽、过热蒸汽进行定期取样，分析化验。

（10）定期检验给水品质对蒸汽的影响，及时对炉水加药处理。

（11）检查锅炉区域有无非正常的声音，振动或移动。

4.2 锅炉调整的任务

（1）保持锅炉的蒸发量符合规定的负荷曲线。

（2）均衡给水，保持正常水位。

（3）保证蒸汽品质合格。

（4）维持正常的床温、床压和汽温、汽压。

（5）控制 SO_2、NO_x 排放量在规定范围内。

（6）保证锅炉运行的安全性及经济性。

4.3 运行主要参数的控制

锅炉最高负荷：130t/h

过热器出口压力：3.82 ± 0.2MPa

过热器出口汽温：450 + 5℃，− 10℃

汽包水位：± 50mm

炉膛负压：+ 50Pa，− 100Pa

烟气含氧量：3% ~ 6%

两侧回料温度偏差：不超过 50℃

床温：790 ~ 950℃

排烟温度：167℃

4.4 负荷调节

锅炉负荷的调节是通过改变给燃料量和与之相应的风量。风煤的调整应做到"少量多次"，以避免床温的波动。锅炉负荷的调节是通过改变给煤机转速和与之相应的风量，手动或自动地调节风量随给煤量的变化而变化。风煤的调整做到"少量多次"，以避免床温的波动。锅炉负荷的主要调节手段是调节床层物料浓度，而床温的控制也可作为负荷调节的辅助手段。

（1）升负荷时，燃煤量和风量加大，在床温不变条件下提高床层高度，增加蒸发受热面的吸热量。反之，减少给煤量和供风量，减少床层高度，锅炉蒸发量减小。增加负荷时，应先少量增加一次风量和二次风量，再少量增加给煤量，使料层差压逐渐增加，再少量增加供风量、给煤量交错调节，直到所需的负荷。

（2）减负荷时，应先减少给煤量，再适当减少一次风量和二次风量，并慢慢放掉一部分循环灰，以降低床层差压，如此反复操作，直到所需的负荷为止。

（3）控制床层厚度、床温可作为负荷调节的辅助手段。

（4）改变床温也能调节锅炉负荷。通常高负荷对应高床温，低负荷对应低床温。但床温受到多方面制约，变化幅度有限，因此与改变床层高度相比，改变床温来调节负荷作用有限。

4.5 水位调节

（1）运行中应尽量做到均衡连续给水，保持汽包水位正常。

（2）汽包零水位在汽包中心线下 100mm 处，维持汽包水位在 ± 50mm 之间。汽包水位限制：汽包水位达 − 100mm 或 + 100mm 时 DCS 声光报警；汽包水位升至 + 150mm 事故放水门自动打开；汽包水位达 –150mm 或 +230mm 时 MFT 动作。

（3）当给水投自动时，应严密监视其运行及水位变化情况。若自动失灵时，应及时切为手动调整。

（4）运行中保持正常水位，并经常注意蒸汽流量、给水流量、给水压力三者变化规律，掌握给水流量与蒸汽流量的差值，当水位发生变化时应及时调整。

（5）锅炉水位应以汽包就地水位计为准，二次水位计作为监视和调整的依据。

（6）正常情况每班应冲洗校对水位计一次。

（7）锅炉低负荷时手动投入单冲量给水自动，正常运行时，投入给水自动三冲量。

（8）当锅炉低负荷运行时，锅筒水位稍高于正常水位，以免负荷增大造成低水位。反之，高负荷运行时应使锅筒水位稍低于正常水位，以免负荷降低造成高水位，但上下变动的范围不应超过允许值。

4.6 汽压调节

锅炉正常运行时，采用定压运行，维持过热汽压力 3.82 ± 0.2MPa。采用定-滑-定运行方式，50% ~ 90% 额定负荷时，采用滑压运行。低于 50% 负荷时，恢复定压运行方式。

据不同负荷对床压、床温的要求，通过调整锅炉给煤量，稳定锅炉燃烧，控制汽压的波动幅度。

注意汽压、负荷与炉膛差压之间的对应关系，炉膛差压表明了稀相区的颗粒浓度，对控制压力及负荷起着重要作用。

4.7 汽温调节

4.7.1 影响汽温的因素

（1）燃料量的变化。

（2）炉膛负压的变化。

（3）一、二次风比例的变化。

（4）过量空气系数的变化。

（5）给水压力、温度的变化。

（6）负荷的变化。

（7）煤质的变化。

（8）减温水量的变化。

（9）受热面的积灰、结焦、吹灰。

（10）锅炉漏风及泄漏。

（11）汽包水位的变化。

（12）过热蒸汽压力的变化。

（13）燃煤粒径的变化。

（14）床温、床压的变化。

（15）返料系统异常。

4.7.2 汽温调整

（1）锅炉汽温调节采用过热器喷水减温器调节。

（2）维持过热器出口温度 440 ~ 455℃。

（3）注意压力变化对汽温的影响，给水压力对减温水量的影响，掌握其规律，做到有预见性的调整。

（4）汽温调整过程中，应严格控制过热器各管段壁温在允许范围内。

（5）下列情况下应注意汽温变化：

1）降负荷时。

2）燃烧不稳时。

3）投退汽机加热器时。

4）煤种变化大时。

5）给水压力变化大时。

4.8　床温调节

（1）锅炉床层温度一般为 790～950℃；床温升至 950℃时 DCS 声光报警，床温升至 1050℃时 MFT 动作；床温低至 790℃时 DCS 声光报警，床温低至 750℃且点火燃烧器没有投入运行时 MFT 动作；床温低至 650℃无论点火燃烧器是否投入运行 MFT 均动作。

（2）床层温度过高，且持续时间过长，会造成床层结焦而无法运行。反之，床层温度过低，燃烧不完全，甚至会发生灭火。调节床层温度的主要手段是调节给煤量和一次风量，也可通过排渣量来调节床温。

（3）当床温超出正常范围时，调整配风、给煤。床温高时，适当减少给煤量，加大流化风量，床温低时反之。

（4）防止床温过高，可停运冷渣器，来增加床料量以降低床温，降低负荷，直到床温开始下降为止。床温低则反之。

4.9　床压调节

床压是 CFB 锅炉监视的重要参数，是监视床层流化质量，床层厚度的重要指标。

（1）锅炉正常运行时，床压应控制在 9～10kPa。

（2）一般情况下通过改变排渣量来维持床压正常。

（3）床压高时，可增加一次风率，使排渣更容易，使床压降至正常值。

（4）床压过高时，注意床层是否结焦，减少给料，加强排渣，注意床层是否结焦。

（5）床压低时，减少排渣量或添加床料。

4.10　配风调节

一、二次风的调整原则是：

（1）一次风调整床层流化、床温和床压。

（2）二次风控制总风量，在一次风满足流化、床温和床层差压的前提下，在总风量不足时，可逐渐开启二次风门，随负荷的增加，二次风量逐渐增加。

（3）当断定部分床料尚未适应流化时，临时增大一次风量和排渣量。

（4）注意床内流化工况、燃烧情况、返料情况，发现问题应及时清除。当床温升高或降低，应及时调整一、二次风量比率、给煤量等。

4.11　其他

（1）当床温低到 750℃前，应投入启动燃烧器。

（2）锅炉运行时，应注意观察各部位温度和阻力的变化，温度或阻力不正常时，应检查是否由于漏风、过剩空气过多、结焦和燃烧不正常引起的，并采取措施消除。

（3）运行中应注意煤质情况的变化，根据煤质情况对锅炉进行相应调整。

5　锅炉停炉

5.1　正常停炉

5.1.1　停炉前的准备

（1）得到值长停炉命令，联系有关人员做好停炉前准备工作，将操作票发给操作员填写。

（2）停炉前对锅炉设备进行一次全面检查，将发现的缺陷记录在有关记录本内，以便检修时处理。

（3）对事故放水电动门、向空排气门做可靠性试验，若有缺陷及时消除，使其处于良好状态。

（4）停炉不超过三天，原煤斗煤位尽可能降低，大修或长时间停炉，应提前联系燃料人员停止物料制备，将锅炉原煤斗排空。

（5）燃油系统投入准备，使其处于良好状态，以备及时投入稳燃。

5.1.2　停炉操作

（1）逐渐减少燃料和风量，将锅炉的负荷降至 50%，期间应保持正常床温。

（2）降负荷过程中，保证汽包上下壁温差不超过 50℃。

（3）继续降低锅炉负荷，以每分钟不超过 10% 的速度降低燃料量。

（4）根据负荷，视情况将停运锅炉从主蒸汽母管解列，关闭主汽门和隔离汽门，过程操作应缓慢。

（5）根据负荷情况开过热器出口集箱疏水门及对空排气门，停炉后视汽压上升情况关闭。

（6）当降低负荷时，保持蒸汽温度高于饱和温度。

（7）在床温低于 750℃ 之前投入启动燃烧器，继续降低给煤量，停止电除尘运行。

（8）根据床温情况逐渐减小给煤量直至停止全部给煤机。

（9）当需要时，汽包水位调节器切为手动状态，始终维持正常的汽包水位。

（10）继续保持床层流化，并且控制受压部件降温速率小于 50℃/h。

（11）在床温约 450℃ 时，停止启动燃烧器。

（12）当床温至少降至 400℃ 时，停止一、二次风机运行。

（13）回料器温度降至 260℃ 以下停止高压流化风机及引风机运行。

（14）停炉后汽包水位升至最高可见值后停止上水，开省煤器再循环。

5.2　停炉热备用

（1）当循环流化床锅炉需要暂时停止运行时，可以进行压火操作，保持可随时启动的热备用状态。

（2）当锅炉准备压火时，负荷降至最低时停止给煤，当床温下降、氧量上升时，将风机的入口导叶和风道控制挡板关闭，依次停止各风机运行。

（3）当床温低于 650℃ 启动时，可投启动油燃烧器使床温升高到 650℃ 以上，然后投煤，提高床温。

（4）在整个压火、热启动过程中应保持汽包正常水位。

5.3　停炉后的冷却

（1）锅炉床层停止流化后，紧闭烟风系统各门。

（2）若需要快速冷却，停炉 10～12 小时后可开启风机挡板、检查孔进行自然通风。

（3）停炉 12 小时后，可启动引风机、高压流化风机、一次风机及二次风机，对炉膛进行强制通风冷却，但风挡板开度不得过大，控制降温速率 150℃/h 以下，并进行必要的上水、放水，但必须注意汽包上、下壁温差不大于 50℃。

（4）当床温降至 150℃时，停运高压流化风机，一、二次风机，保持引风机运行，开启炉膛下部人孔门，根据降温速率可适当调大炉膛负压值。

（5）当炉内温度降至 60℃以下时，停运引风机。

（6）若锅炉停用、热备用或不必加快冷却时，可不进行强制通风冷却，停炉 24 小时后可进行自然通风冷却。

（7）当锅炉停用时间超过 5 天，应将床料排出，可回收粒子较小的床料，另外可以对布风板风帽进行检查。

5.4　停炉注意事项

（1）锅炉尚有压力和转机未切除电源时应留人加以监视。

（2）停炉降压时，控制降压速度为 0.05～0.1MPa/min，汽包上下壁温差不大于 50℃。

（3）停止上水后，立即开启省煤器再循环门，以保护省煤器。

（4）停炉热备用时，应密闭各处挡板，关闭所有截止门，尽量减小汽温汽压的下降。

（5）冬季停炉应做好防冻措施。

（6）各转动机械不应停电，若有检修需要停电时，应汇报值长同意。

6　锅炉停炉保养方法

6.1　充氮法

若锅炉停用时间超过一周，则锅炉采用充氮法保养：

（1）锅炉停运后，当汽包压力降至 0.3MPa 时，开始向锅内充氮气，保持在 0.3～0.5MPa 的氮压条件下，开启疏、放水门，利用氮压排尽炉水后，关闭各疏水门。

（2）全面检查锅炉汽、水系统，严密关闭各空气阀，疏、放水阀，排污阀，给水、主汽管道及其疏水阀等，使整个充氮系统严密。

（3）在充氮保养期间，应保证汽包内氮气压力大于 0.03MPa（表压）氮气纯度大于 98%。

6.2　余热放水烘干保养法

锅炉停用时，进行承压部件检修或停用时间在一周内可采用余热放水烘干保养方法：

（1）锅炉床层停止流化后，关闭各烟风系统挡板，紧闭烟风系统。

（2）当汽包压力降至 0.5～0.8MPa 时，开启锅炉疏、放水门，尽快放尽锅炉内存水。

（3）当汽包压力降至 0.1～0.2MPa 时，全开本体空气门。

（4）当锅炉内水已基本放尽且床温已降至 120℃时，启动引风机，高压流化风机及一次风机、二次风机，投入两只启动燃烧器维持流化风和温度 220～330℃。用热风连续烘干 10～12 小时后停止，封闭锅炉，当省煤器出口烟温降至 120℃以下时，关闭各本体空气门，疏放水门。

（5）烘干保养过程中，要求锅内空气相对湿度小于 70% 或等于环境相对湿度。

6.3　锅炉充压防腐法

若停用时间在 2~3 天以内，可采用充压方法：

（1）停炉后自然降压（连排可暂不解列）。

（2）当锅炉压力降至 5.8MPa 时，联系化学化验水质，若水质不合格应进行换水，待炉水合格后，关闭定排一、二次门及总门，解列连排。

（3）锅炉压力在 0.5MPa 以前，炉水必须合格。

（4）当锅炉压力 0.5MPa 以上，过热器管壁温度 200℃ 以下时，可向炉内上水进行充压。

（5）防腐压力一般保持在 2.0~3.0MPa，最高不超过 2.0MPa，最低不低于 0.5MPa。

（6）因某种原因压力降至 0.5MPa 以下（压力到零）时，必须重新点火升压至 2.0MPa，按上述规定重新充压。

（7）充压后做好记录，通知化学化验溶解氧。

7　锅炉机组的典型事故处理

7.1　事故处理总原则

（1）事故发生时，运行人员要尽快消除事故根源，限制事故发展，解除其对人身和设备的威胁。

（2）在保证人身安全和设备不受损坏的前提下，尽可能维持机组运行。

（3）要求运行人员在处理事故时，做到头脑清醒、沉着冷静、迅速判断、果断处理，将事故消灭在萌芽状态，防止事故扩大。

（4）对事故发生的时间、现象、处理过程，应做好详细记录，并及时向有关领导汇报。

7.2　紧急停炉

7.2.1　遇有下列情况应紧急停止锅炉运行：

（1）锅炉汽包水位高至 +230mm。

（2）锅炉汽包水位低至 −150mm。

（3）受热面爆管，无法维持汽包水位。

（4）主给水管路，主蒸汽管路爆破。

（5）锅炉严重结焦。

（6）锅炉所有的水位计损坏，无法监视汽包水位。

（7）锅炉炉膛出口竖井烟道内发生再燃烧，排烟温度不正常升高至 200℃。

（8）炉墙破裂且有倒塌危险，危及人身或设备安全。

（9）系统甩负荷，汽压超过极限值安全门拒动而对空排汽不足以泄压。

（10）安全门动作不回座，汽温、汽压降至汽机不允许。

（11）DCS 系统全部操作员站出现故障，且无可靠的后备操作监视手段。

（12）热控仪表电源中断，无法监视、调整主要运行参数。

（13）MFT 应动而拒动。

（14）锅炉机组内发生火灾，直接威胁锅炉的安全运行。

7.2.2　紧急停炉步骤

（1）达到紧急停炉条件时 MFT 动作，按 MFT 动作处理。

（2）如果 MFT 未动作，按下"主燃料切除"按钮手动停炉，确认停止向炉内提供一切燃料，可开过热器向空排汽。

（3）将各自动改为手动操作，控制好汽包水位、床温、汽温、汽压，根据汽温关小或关闭减温水手动门。

（4）给水门关闭后，锅炉停止上水时应开启省煤器再循环（省煤器爆管泄漏时除外）。

（5）若尾部烟道再燃烧应立即停止风机，密闭烟风系统挡板，严禁通风。

（6）迅速采取措施消除故障，作好恢复准备工作，汇报上级，记录故障情况。

（7）短时无法恢复时，上水至汽包高水位（水冷壁爆管泄漏不能维持水位时除外），关给水门、联系汽机停给水泵，关连排、加药、取样二次门。

7.3　申请停炉

遇有下列情况，应申请停止锅炉机组的运行：

（1）水冷壁、过热器、省煤器等汽水管道发生泄漏，尚能维持锅炉水位。

（2）锅炉给水、炉水及蒸汽品质严重恶化，经多方处理无效。

（3）过热器壁温超过极限，经多方调整无效。

（4）所有远方水位计失灵，短时无法恢复。

（5）所有氧量表记失灵。

（6）炉结焦，经多方调整无效，难以维持正常运行。

（7）床温超过规定值，经多方调整无效。

（8）流化质量不良，经多方调整无效。

（9）排渣系统故障，经多方处理无法排渣。

（10）回料器堵塞，经多方调整无效。

（11）回料器保温脱落，管壁烧红。

（12）所有电除尘电场故障，无法投入。

7.4　主燃料切除（MFT）

7.4.1　现象

（1）MFT 动作，发出报警。

（2）所有给煤机跳闸，床下点火系统切除，燃油快关阀关闭。

（3）床温、床压下降。

（4）汽温、汽压下降，蒸汽流量剧减，汽包水位先下降后上升。

（5）所有风量控制改造为手动方式，并保持最后位置。

（6）除非风机本身保护切除，否则所有风机控制都将改为手动方式，并保持最后位置，若因汽包水位低跳闸，一次风机入口导叶将关至 0，在风机本身保护切除情况下，风机将遵循其逻辑控制程序。

（7）燃烧控制输出信号限制引风机自动控制，保证炉膛压力不超过极限值。

（8）除非锅炉处于热态再启动，否则"炉膛吹扫"逻辑被建立。

7.4.2　原因

（1）按动锅炉主燃料切除按钮。

（2）床温高于 1050℃（3/6）。

（3）炉膛出口压力为高高值 + 3000Pa（2/3）。

（4）炉膛出口压力为低低值 – 1000Pa（2/3）。

（5）炉汽包水位为高高值（高出正常水位 + 230（2/3））。

（6）炉汽包水位为低低值（低出正常水位 – 150mm（2/3））。

（7）引风机跳闸。

（8）一、二次风机跳闸。

（9）总风量过低，小于 25% 额定风量（延时，信号来自燃烧控制系统）。

（10）风煤比小于最小值（信号来自燃烧控制系统）。

（11）床温低于 750℃，且床下点火器未投运。

（12）失去逻辑控制电源。

（13）燃烧控制系统失去电源（信号来自燃烧控制系统）。

（14）所有高压流化风机跳闸。

7.4.3　MFT 动作后的处理

（1）如不是因为引风机，一、二次风机跳闸，DCS 系统故障所致，可直接按以下原则处理：

1）调节风机挡板，保持正常的炉膛负压。

2）调节给水流量，保持汽包水位正常。

3）迅速查明 MFT 动作原因。

4）如 MFT 动作原因在短时间内难以查明或消除，应按停炉处理，并保持锅炉处于热备用状态。

5）如 MFT 动作原因能在短时间内查明并消除，可按热态启动恢复锅炉运行。

6）如因尾部烟道再燃烧停炉时，禁止通风，停运所有风机。

（2）如因引风机、一、二次风机跳闸，DCS 故障所致，除按以上原则处理外，还应考虑床料局部堆积和流化停滞。现象如下：

1）一个或多个床温显示值与其他床温显示值相差较大。

2）所有床压显示值是静态读数（正常床压显示值读数为波动读数）。

床料自流化步骤：

1）将锅炉风量调节置于手动操作方式。

2）迅速开大一次风总门，再恢复至原位，观察床压显示有无恢复正常。

3）如果在 10 分钟内重复三次而无效果，则应采取排放床料量的进一步措施来流化床料，直至达到满意效果。

4）将锅炉风量调节改置于自动控制状态。

7.5　床温过高或过低

7.5.1　现象

（1）各床温测点显示高或低。

（2）床温高或低报警。

（3）主汽压力升高或降低，负荷升高或降低。

（4）炉膛出口温度偏高或偏低。

（5）床温高严重时，将引起床料结渣，甚至引起大面积结焦。

（6）床温过低，燃烧不稳。

7.5.2　原因

（1）给煤粒度过大或过细，煤质变化过大。

（2）床温热电偶测量故障。

（3）给煤机工作不正常。

（4）一、二次风配比失调。

（5）排渣系统故障。

（6）回料系统堵塞。

7.5.3　处理措施

（1）检查床温热电偶。

（2）床温高时，减少给煤量，降低锅炉出力，使床温维持在 850 ± 50℃。

（3）床温低时，增加给煤量，提高床温。

（4）检查给煤机运行及控制是否正常。

（5）合理配风，调整一、二次风比例。

（6）床温过低，致使燃烧不稳时，应投入油枪助燃。

（7）检查煤破碎系统，故障时及时处理。

（8）若是回料系统堵塞引起床温升高，应采取措施疏通回料器，无法疏通时申请停炉。

7.6　床压高或低

7.6.1　现象

（1）发出床压高或者低报警。

（2）床压指示降低或升高。

（3）冷渣器排渣量过大或过小。

（4）水冷风室压力指示过高或者过低。

7.6.2　原因

（1）床压测量故障。

（2）冷渣器故障，排渣量过小或者过大。

（3）一次风量不正常。

（4）回料系统堵塞。

（5）物料破碎系统故障。

（6）锅炉增减负荷过快或煤质变化过大。

7.6.3　处理措施

（1）床压过高，应加大排渣量，减少给料量，床压过低，减少排渣量，必要时加大石灰石供给量或向炉内添加床料。

（2）检查床压测点，若有故障，及时消除。

（3）破碎系统故障时，及时处理，使物料粒径在合格范围内。

（4）回料系统故障应采取措施及时处理。

（5）经以上处理，床压仍大于 15kPa，应停炉。

7.7　锅炉缺水

7.7.1　现象

（1）汽包水位低于正常水位或视窗内看不到的水位。

（2）水位报警器发出低水位报警信号。

（3）给水流量不正常小于蒸汽流量（水冷壁或省煤器爆破时，则现象相反）。

7.7.2　原因

（1）给水泵组故障或跳闸，给水母管压力降低。

（2）设备出现故障，如自动给水失灵，或水位计堵塞形成假水位。

（3）水位变送装置故障，引起水位突变。

（4）运行人员疏忽，对水位监控不严。

（5）锅炉疏水及排污系统泄漏或排放过量。

（6）负荷变动幅度大，调整不及时。

（7）锅炉给水管道或受热面爆管。

7.7.3　处理措施

（1）首先将所有水位计指示情况相互对照，判断缺水事故的真假和缺水程度。

（2）手动操作加强给水，使水位恢复正常。

（3）正在排污时，停止排污。

（4）水位持续下降时，应降低负荷，降低汽包压力。

（5）必要时，启动备用给水泵。

（6）水位降至 －150mm 时，须紧急停炉。

（7）严重缺水后的上水，应请示锅炉专责批准。

7.8　满水事故

7.8.1　现象

（1）水位计视窗看不到水位，且锅水颜色发暗。

（2）水位报警器发出高水位报警信号。

（3）蒸汽流量不正常小于给水流量。

（4）严重时过热蒸汽温度下降，发生水冲击，过热蒸汽温度下降，蒸汽含盐增加。

7.8.2　原因

（1）给水自动调节失灵或给水压力过高。

（2）运行人员对水位监控疏忽。

（3）负荷变动幅度大，调整不及时。

7.8.3　处理措施

（1）首先进行多个水位计指示情况相互对照，判断满水的真假及满水的程度。

（2）将自动给水调节改为手动给水调节，减少给水。

（3）轻微满水可手动调节，加大排污。

（4）水位 ＋150mm，打开事故放水，正常后关闭。

（5）水位升至 ＋230mm 时，应立即紧急停炉。

7.9　水冷壁爆管

7.9.1　现象

（1）轻微破裂，焊口泄漏时，会发出蒸汽嘶嘶声，给水流量略有增加。

（2）严重时，爆管处有明显的爆破声和喷汽声，炉膛负压变正，汽包水位急剧下降，给水流量不正常大于蒸汽流量。

（3）炉膛负压控制投自动时引风机调节挡板不正常的开大，引风机电流增加。

（4）旋风分离器进、出口烟温下降，料腿回料温度降低。

（5）排烟温度降低，排渣困难。

（6）床压增大，床层压差增大，床料板结，床温分布不均。

7.9.2　原因

（1）炉水、给水品质长期超标，使管内结垢，致使局部热阻力增大过热。

（2）水循环不佳，造成局部过热。

（3）管材不合格，焊接质量差。

（4）管外壁磨损严重。

（5）锅炉严重缺水。

7.9.3　处理措施

（1）水冷壁损坏不严重时：

1）加大给水量，维持汽包水位，可根据情况，降低负荷运行并申请停炉。

2）燃烧不稳时应及时投油助燃。

（2）水冷壁损坏严重，无法维持正常水位时：

1）紧急停炉，停止向锅炉上水。

2）停炉后，静电除尘器应立即停电。

3）维持引风机运行，排除炉内蒸汽，若床温下降率超过允许值，停引风机。

4）停炉后，尽快清除炉内床料，将电除尘、空预器下部灰斗存灰除尽。

5）其余操作，按正常停炉进行。

7.10　过热器爆管

7.10.1　现象

（1）过热器处有蒸汽喷出的声音，且给水流量大于蒸汽流量。

（2）炉膛负压减少，或者变正，过热蒸汽压力下降。

（3）引风机调节挡板不正常的开大，引风机电流增加。

（4）泄漏侧烟温降低。

7.10.2　原因

（1）过热器管内壁结垢，或管内杂物堵塞，导致传热恶化。

（2）管外壁磨损或高温腐蚀。

（3）过热器结构不良，造成汽温或壁温长期超限运行。

（4）管材质量不合格，焊接质量不佳。

7.10.3　处理措施

（1）若爆管不严重，适当降压、降负荷运行，申请停炉。

（2）严重爆管时：

1）紧急停炉，保留引风机运行，控制床温下降速率不超过规定值。

2）维持正常水位。

3）其余操作按正常停炉进行。

7.11 省煤器泄漏

7.11.1 现象

（1）汽包水位下降，给水流量不正常地大于蒸汽流量。

（2）泄漏处有异音，烟道不严密处有冒汽、潮湿现象。

（3）引风机调节挡板不正常地开大，引风机电流增加。

（4）泄漏侧烟温降低，热风温度降低。

（5）严重爆管时，水位保持困难。

7.11.2 原因

（1）给水品质不合格，使管内腐蚀结垢。

（2）给水流量、温度经常大幅度波动。

（3）管材不合格，焊接质量差。

（4）管外壁磨损严重。

（5）启停炉时，省煤器再循环门使用不当。

（6）省煤器附近发生二次燃烧。

7.11.3 处理

（1）损坏不严重时，加大给水量，维持汽包水位，适当降压、降负荷运行，申请停炉。

（2）泄漏严重无法维持正常水位时，紧急停炉。

（3）维持引风机运行，排除炉内蒸汽。

（4）严禁锅炉上水和开启省煤器再循环门。

（5）停炉后，通知电除尘停止各电场运行。

（6）停炉后，尽快将电除尘、空预器下部灰斗存灰除尽。

（7）其余操作，按正常停炉进行。

7.12 床面结焦

7.12.1 现象

（1）流化床内有白色火花。

（2）CRT 显示床温、床压分布极不均匀，一只或几只热电偶温度指示与平均值差值较大（差值 > 100℃）。在床压正常情况下，出现风箱压力增大。一个或几个床压指示值是静态读数，不是正常运行中的波动读数。

（3）从窥视孔可见渣块，床料在炉内不正常的运动或流化床颜色过暗。

（4）燃烧极不稳定，相关参数波动大，偏差大。

7.12.2 原因

（1）锅炉床温过高，或床料熔点过低。

（2）锅炉运行中，长时间风煤配比不当。

（3）锅炉启动前流化风嘴堵塞过多，或有耐火材料块等杂物留在炉内。

（4）停炉过程中，燃料未完全燃尽，析出焦油造成低温结焦。

（5）启动过程中，流化不良，造成局部过热结焦。

7.12.3　处理

（1）增大一次风量。

（2）适当降低床温，特别是在投煤时注意床温升温速率不能急剧上升过大。

（3）加大床料置换，把流化不良的床料及时排出，填充新床料。

（4）经调整，仍无改善，马上停炉。

7.13　烟道再燃烧

7.13.1　现象

（1）排烟温度不正常升高。

（2）水平烟道再燃时，烟气含氧量下降，主汽温度异常升高。

（3）竖井烟道再燃时，一、二次风温升高，省煤器出口水温升高。

（4）炉膛负压波动大。

（5）烟道不严密处冒烟火。

7.13.2　原因

（1）运行中风煤比严重失调。

（2）启动过程中，油枪雾化不良，同时长时间燃油运行。

（3）煤粒过细或炉膛负压过大。

（4）床面结焦后没有及时停止给煤。

（5）生火、停炉及低负荷运行烟速低，烟道内堆积未燃尽的可燃物。

7.13.3　处理

（1）对燃烧段烟道受热面吹灰，必要时降低负荷。

（2）若经处理无效，排烟温度升高 200℃ 时，紧急停炉。

（3）全停风机，密闭锅炉燃烧、风烟系统。

（4）保持锅炉连续进水。

7.14　流化不良

7.14.1　现象

（1）床温分布不均。

（2）风室风压不稳，炉负压波动大。

（3）NO_x、CO、SO_2 排放值变化大。

（4）汽温、汽压降低，流量下降。

7.14.2　原因

（1）床料过多或过少。

（2）风量过高或过低。

（3）炉内耐火防磨材料脱落。

（4）风帽堵塞。

（5）风机故障或风门误动，运行人员误操作。

（6）排渣、返料系统故障。

（7）局部结渣。

（8）物料粒径过粗或过细。

7.14.3　处理

（1）调整流化风量和风压，可暂时增加一次风量。

（2）调整该区域给煤或给石灰石。

（3）加强该区域排渣或尽快置换床料。

（4）无效且发展严重时，可申请停炉。

7.15　骤减负荷

7.15.1　现象

（1）蒸汽流量急剧下降，主汽压力突升。

（2）汽压过高时，安全门动作。

（3）汽包水位先下降后上升。

（4）有关保护声光报警。

7.15.2　原因

（1）电网系统故障。

（2）发电机主开关跳闸。

（3）汽轮机主汽门关闭。

7.15.3　处理

（1）迅速减少给煤或停运部分给煤机，必要时投入油枪稳燃。

（2）根据压力，打开对空排汽。

（3）加强水位的监视与调整。

（4）必要时，通过回料器事故放灰管排出物料。

（5）做好重新带负荷准备，若长时间不能恢复，则请示停炉。

7.16　回料阀堵塞

7.16.1　现象

（1）旋风筒料位上升，回料阀差压、密度均上升。

（2）炉床温上升，床压下降。

（3）回料温度降低，风室风量降低，风压升高，旋风筒出口烟温上升。

7.16.2　原因

（1）回料器风室风量或风压不足。

（2）旋风筒保温、防磨材料脱落。

（3）回料器 A、B 风室风帽堵塞，松动风口堵塞。

（4）料腿内结焦。

（5）颗粒过细。

7.16.3　处理

（1）关小溢流阀，增大至回料器风室风量。

（2）用压缩空气吹扫。

（3）适当降低锅炉负荷，降低一次风流化风量，改善煤粒尺寸。

（4）严重时，开启事故排灰门，排灰时注意回料阀料位。

（5）若处理无效，申请停炉。

7.17　厂用电中断

7.17.1　现象

（1）所有转机电流回零，发出声光报警。

（2）炉 MFT 动作。

（3）汽压升高，安全门动作。

（4）汽温下降，水位下降。

7.17.2　处理

（1）手动关闭各风机进出口挡板。

（2）解列减温水、连排。

（3）关闭给水总门。

（4）关闭燃油进回油门。

（5）复位各跳闸转机并置于手动位置。

（6）若电源短时间不能恢复，按停炉处理。

（7）电源恢复后，锅炉上水应请示锅炉专责批准。

7.18　其他

引风机、高压流化风机、一次风机、二次风机跳闸，MFT 动作，按停炉处理。

第4节　质量技术标准

质量技术标准见表7-4。

表 7-4　质量技术标准

分析项目		数值	分析项目		数值
省煤器	Na^+	≤80μg/L	饱和蒸汽右	Na^+	≤15μg/L
	SiO_2	≤100μg/L		SiO_2	≤20μg/L
	pH	8.5~9.3	过热蒸汽	Na^+	≤15μg/L
	YD	≤2μmol/L		SiO_2	≤20μg/L
汽包左侧	DD	≤80μS/cm	热电站锅炉	主蒸汽压力	≤3.82MPa
	pH	9~11		主蒸汽温度	430~450℃
	PO_4^{3-}	5~15mg/L		汽包水位	−50mm~+50mm
汽包右侧	DD	≤80μS/cm		床温	770~950℃
	pH	9~11		床压	10~14kPa
	PO_4^{3-}	5~15mg/L		炉膛负压	−0.3~+0.2kPa
饱和蒸汽左	Na^+	≤15μg/L		含氧量	3%~6%
	SiO_2	≤20μg/L		排烟温度	≤180℃

1　运行参数控制

（1）正常运行时，过热器出口汽压应控制在 3.6~3.8MPa；过热器出口汽温应控制在 435±10℃。

（2）汽包水位：正常水位为 -50 ~ +50mm。

（3）床温：890℃左右，负荷变化时，可在 770 ~ 950℃之间变化。

（4）炉膛负压：±100Pa。

（5）床压：10 ~ 14kPa。

（6）蒸汽流量：130t/h。

（7）氧量：3% ~ 6%。

（8）过热器各部蒸汽温度：喷水减温器前 386℃，后 370℃。

2　水位的调整

（1）锅炉给水应均匀，汽包水位计水位应有轻微的波动，其变化范围为 ±50mm，跳闸水位为 +250mm 和 -250mm。

（2）随时监视汽包水位的变化，保持给水量与蒸发量的平衡，做到均衡稳定给水。

（3）在运行中经常监视给水压力及给水温度的变化，正常情况下给水压力为 6.5MPa，给水温度 104℃。

（4）在正常运行中，须保持两侧汽包就地水位计完整清晰，指示正确。

3　汽压、汽温的调整

（1）在运行中应根据外界负荷的需要及时调整给煤量及风量。

（2）根据锅炉负荷变化适当调整锅炉汽压及汽温，使其变化在正常范围内，汽压 3.6 ~ 3.8MPa 之间，主汽温度最高不得超过 445℃，最低不低于 425℃。

（3）汽压的调整以改变投煤量为主，手动调节给煤机给煤量时，应缓慢进行，防止变化过快而超温结焦或 MFT 动作。

4　燃烧的调整

（1）正常运行时，床温应保持在 770 ~ 950℃之间。

（2）燃烧稳定是汽压、汽温、水位稳定的前提，故应经常监视床温，床压及各部风压、风量、煤量在正常范围内，并根据煤质变化及负荷变化及时调整，定期检查床温及床料流化情况，若某一点床温偏低，若核实仪表准确，则表明该处流化状态不良，应增大流化风量，并增大排渣量，促使其流化。

（3）监视布风板上的床压，当床压明显偏离 10 ~ 14kPa 正常值时，检查仪表及测量管路是否正常，若经处理无效则应以风室压力为准。

（4）保持一次流化风量无论在什么情况下都必须大于临界流化风量。

（5）在增加负荷时，应交替加风加煤，减负荷时应先减煤后减风，改变风量和煤量时，应缓慢交替进行，采用"少量多次"的调整方法，以免床温大幅度变化，当达到所需蒸汽流量后，床温应重新稳定在 890℃左右，并通过调节床料量和燃烧速度保持稳定，在任何情况下都保证合理的风煤比、正常燃烧。

（6）一、二次风的调节原则

一次风调节流化床的床温和床压，二次风调节总风量和氧量，在一次风满足床温、床压的前提下，总风量不足时，可逐渐开启下二次风门直到全开，随负荷的增加，逐渐增加上二次风量，保持合适的氧量。

（7）锅炉运行中，应经常注意各部温度和风压的变化，烟气温度或风压不正常时，应检查是否由于漏风、氧量大小、结焦、积灰或燃烧不正常所致，并采取措施消除。如积灰严重，可增加吹灰次数。

（8）保持燃煤粒度合格，经常性检查煤仓料位，保持有半仓以上燃煤。

5　岗位记录

岗位记录要按时填写，记录要真实、准确、整洁、完整，要有良好的闭环性，按照定置管理的要求摆放整齐。

第5节　设　　备

1　设备、槽罐（表7-5）

表7-5　设备、槽罐明细表

序号	名　称	型号、规格	安装位置	单位	数量
1	油　罐		锅炉点火油罐	个	1
2	锅　筒		锅炉汽包	个	3
3	储气罐		热电站电除尘压缩空气罐	个	3
4	水　箱		热电站高位疏水箱	个	1
5	水　箱		热电站低位疏水箱	个	1
6	渣　仓	$300m^3$	锅炉渣仓	个	1
7	灰　仓	$300m^3$	锅炉灰仓	个	2
8	锅　炉		热电站	台	3
9	离心风机	XY1A-SG2250F	锅炉一次风机	台	3
10	离心风机	XY6B-SG2000F	锅炉二次风机	台	3
11	离心风机	XY6B-SY3050F	锅炉引风机	台	6
12	离心风机	XY4J-SY2550F	增压风机	台	3
13	三叶型罗茨鼓风机	ZG-125	锅炉返料风机	台	6
14	耐压电子称重式给煤机	F57	锅炉炉前给煤机	台	9
15	多级离心泵	DG150-100×7	锅炉给水泵	台	3
16	水冷式滚筒冷渣机	GTL10C-6，中心距10.645m	锅炉冷渣机	台	3
17	水冷式滚筒冷渣机	GTL10C-6，中心距8.645m	锅炉冷渣机	台	3
18	齿辊式破碎机	HL4PG-300	备煤破碎机	台	2
19	双室4电场电除尘器		锅炉电除尘器	台	3
20	斗式提升机	NE30 板链	锅炉输渣系统	台	2

2　锅炉工作原理

锅炉的工作原理就是将燃料的化学能转变为热能，并利用热能加热锅内的水使之成为具有一定数量（蒸发量）和一定质量（温度和压力）的过热蒸汽。

3　锅炉的结构组成

锅炉（自然循环锅炉）本体由锅和炉两部分组成，锅是汽水系统，其主要任务就是吸收燃料释放出的热量将水加热、蒸发最后变成具有一定参数的过热蒸汽。它由省煤器、汽包、下降管、水冷壁（蒸发管）、集箱、过热器、减温器、再热器等设备及其连接管道和阀门组成。炉是燃烧系统，其主要任务就是将燃料的化学能转变成热能，释放出热量。它由炉膛、燃烧器、点火装置、空气预热器、烟风通道及炉墙等组成。

4　锅炉润滑标准

本体除阀门丝杆外无润滑要求。

5　锅炉点检标准

（1）按时巡检，不谎检、漏检。

（2）发现异常声音、晃动、泄漏及时上报。

6　锅炉维护标准

（1）启、停炉严格按照相关操作票操作。

（2）运行时严格按照作业指导书要求控制好相关温度、压力、水位等相关参数在规定范围内。

（3）做好本体及辅助设备的点检、润滑保养工作。

7　锅炉完好标准

（1）本体受热面无变形、相关防磨完好、无泄漏。

（2）相关管道、阀门完好无泄漏。

（3）管道、阀门等相关保温层完好。

（4）炉墙、风室等浇注料无磨损、脱落、炸裂等现象。

（5）压力表、压力变送器、热电偶、热电阻、流量计等相关仪表完好正常指示。

（6）相关电气设施完好正常备用。

（7）风机、水泵等相关辅助设备完好正常备用。

第6节　现场应急处置

1　应急组织与职责

参见本篇第6章第6节1。

2　锅炉油系统、点火现场处置

2.1　事故类型

（1）油罐、油泵房。油管路腐蚀严重，阀门、法兰、接头渗漏，一旦发生燃油系统跑油。一方面容易造成火灾、爆炸事故，危及人身安全；另一方面燃油渗入地沟造成水体污染，且造成浪费，降低效益。

（2）燃烧器附近着火。由于点火时点火风封堵、油枪漏油或空气反窜造成耐火材料、保温层等可燃物发生火灾。

2.2　事故发生区域

锅炉储油罐、油泵房，点火火灾事故主要发生在1~3号锅炉点火燃烧器处（热电站锅炉0米平台），主要是引发保温层着火。

2.3　事故征兆

油系统管道阀门、法兰、弯头泄漏。

2.4　处置程序

（1）燃油发生火灾时，岗位人员立即使用所有通讯手段汇报中控室，作业区中控室上报作业区负责人及调度指挥中心值班人员（包括事故发生时间、地点、性质、伤亡情况、现场状况），并上报保卫部说明火灾的性质、地点、时间。

（2）若发生泄漏时，现场人员立即通知中控室及值班长，值班长通知作业区负责人进行泄漏处理，同时对泄漏燃油进行收集处理，避免外排污染。

（3）作业区负责人接到电话后，立即成立现场应急小组，根据现场情况制定现场处置应急方案，立即进行事故救援。

2.5　处置措施

（1）燃油管路，特别是弯头或易锈蚀部位应定期进行检查。

（2）阀门定期检修、打压，活节接头应经常检查。

（3）油枪软管应定期更换，及时对油枪进行手动吹扫，吹扫结束，隔绝炉前燃油系统并检查系统无泄漏，停吹扫汽（气）源。

（4）检修油系统完毕后，检修人员应要求对检修的部位进行压力试验，检查确无渗漏后，方可终结工作。

（5）检修工作开始前，应严格落实工作中的安全措施，长时间的检修，阀门或法兰处应加装堵板。临时性检修时，现场应有人监督。

（6）当燃油管路、阀门渗漏时，应立即切断油源（必要时停止燃油泵运行，并关闭燃油泵出口阀），并及时消除渗漏，渗漏油应及时清理，严禁直接排入地沟。

（7）锅炉点火时，运行人员应经常检查燃油系统各部件的严密性，发现渗漏及时汇报消除。

（8）发现燃油系统严重泄漏时，应立即采取隔离措施，防止发生火灾，并及时通知中控室、值班长及作业区负责人，积极组织消缺，燃油系统需动火应严格执行动火工作票制度。如发生火灾立即汇报值班长及公司调度室，同时联系电气运行人员切断电源。中控室联系保卫部及时组织人员救火。

2.6　点火时的其他处置措施

（1）点火前加强对FSSS控制系统、联锁保护系统及热工声光报警信号的维护与管理，确保保护装置动作准确可靠。

（2）首先检查点火风是否畅通，若存在封堵情况应及时联系检修人员进行处理。

（3）点火前必须检查点火油枪是否漏油，若发现油枪漏油必须进行处理方可进行下一步操作。

（4）严把入炉燃油质量关，防止油中带水。

（5）调整燃油进油、回油门时，应缓慢，防止燃油压力的大幅度波动。

（6）加强对点火油系统的维护管理，消除泄漏，防止燃油漏入炉膛发生爆燃，点火前应进行 OFT 试验及燃油泄漏试验，试验合格且吹扫完成后，方可允许锅炉点火，燃油母管泄漏试验不合格，应查明原因，在缺陷未消除前禁止启动。

（7）点火初期投油枪时，应从就地及火焰监视电视观察油枪着火情况，发现油枪未着火但火检信号存在时，应立刻手动停止该油枪，联系检修人员查明原因，禁止在查明原因之前重复点火。

（8）在点火过程中，应监视燃烧情况，若发现熄火，应立即切断燃油，全面检查燃烧系统。待熄火原因消除后，对炉膛进行吹扫，方可重新点火。

（9）油枪雾化不好时，及时联系检修清理油枪。运行人员应根据油枪着火情况及时调整送风量，保证燃油燃烧充分。

2.7　注意事项

（1）进入现场必须按规定戴好安全帽、劳保服，严禁穿尼龙、化纤及混纺的工作服。

（2）在使用灭火器时尽量对准火焰根部，尽量远离火源防止被烧伤。

（3）火灾发生时，必须对现场进行隔离，设专人值守。

（4）事故救援过程中必须执行双人监护、操作。

（5）系统故障处理泄漏时必须佩戴呼吸器，穿戴防化服。

（6）系统事故处理设计登高平台作业，因此必须注意高处坠落，系安全带。

（7）若需要进行接触热体的操作，应戴上耐高温手套，事故处理过程中不要直接接触泄漏物。

（8）事故救援后岗位员工及时按照相关要求清理好现场，泄漏的废液不能随意摆放，必须进行专门处理。

第8章　降压站岗位作业标准

第1节　岗位概况

1　工作任务

降压站是一个集变电和供配电的岗位，主要任务是保证全厂安全、可靠的电力供应。

2　工艺原理

变压器是变电站的主要设备，分为双绕组变压器、三绕组变压器和自耦变压器即高、低压每相共用一个绕组，从高压绕组中间抽出一个头作为低压绕组的出线的变压器。电压高低与绕组匝数成正比，电流则与绕组匝数成反比。

变压器按其作用可分为升压变压器和降压变压器。前者用于电力系统送端变电站，后者用于受端变电站。变压器的电压需与电力系统的电压相适应。为了在不同负荷情况下保持合格的电压有时需要切换变压器的分接头。

按分接头切换方式变压器有带负荷有载调压变压器和无负荷无载调压变压器。有载调压变压器主要用于受端变电站。

电压互感器和电流互感器的工作原理和变压器相似，把高电压设备和母线的运行电压、大电流即设备和母线的负荷或短路电流按规定比例变成测量仪表、继电保护及控制设备的低电压和小电流。在额定运行情况下电压互感器二次电压为100V，电流互感器二次电流为5A或1A。电流互感器的二次绕组经常与负荷相连近于短路，请注意：绝不能让其开路，否则将因高电压而危及设备和人身安全或使电流互感器烧毁。

开关设备包括断路器、隔离开关、负荷开关、高压熔断器等，功能都是断开或合上电路。断路器在电力系统正常运行情况下用来合上或断开电路，故障时在继电保护装置控制下自动把故障设备和线路断开，还可以有自动重合闸功能。隔离开关（刀闸）的主要作用是在设备或线路检修时隔离电压，以保证安全。它不能断开负荷电流和短路电流，应与断路器配合使用。在停电时应先拉断路器后拉隔离开关，送电时应先合隔离开关后合断路器。如果误操作将引起设备损坏和人身伤亡。

负荷开关能在正常运行时断开负荷电流没有断开故障电流的能力，一般与高压熔断丝配合用于10kV及以上电压且不经常操作的变压器或出线上。

3　工艺流程

由马塘变电站及开化变电站供应过来的110kV电压经过进线氧化锌避雷器及隔离刀闸到达GIS，GIS有两段母线及母联配合进线隔离刀闸可以实现进线的切换，两条出线分别对应降压站两50000kVA主变，110kV电压经过主变降至10kV电压到达降压站10kV总配电室。

10kV 总配电室有三段母线可以实现负荷的灵活切换，在经过总配电室的分配后 10kV 电压分别供给全厂 11 个 10kV 分配配电室，实现全厂各生产区及部门的供电。

第 2 节 安全、职业健康、环境、消防

1 危险源辨识及控制措施

1.1 巡检路线

接地变配电室→10kV 总配电室→电缆夹层→动力变→电容补偿室→GIS→进线开关站→UPS→直流屏。

10kV 燃气区高压配电室→10kV 空分高压配电室→10kV 蒸发高压配电室→10kV 分解高压配电室→10kV 厂前区高压配电室→10kV 沉降高压配电室→10kV 溶出高压配电室→10kV 原料高压配电室→10kV 焙烧高压配电室→10kV 热电 1 号高压配电室→10kV 热电 2 号高压配电室。

液氨站配电室→热电综合循环水站配电室→除盐水站配电室→脱硫 A 段配电室→备煤配电室→电除尘配电室→热电 1 号低压配电室→热电 2 号低压配电室→空压站配电室→空压站循环水配电室→污水处理站配电室→全厂综合循环水配电室→全厂给水站配电室→脱硫 B 段配电室。

1.2 危险源及控制措施

绝缘设备损坏导致六氟化硫泄漏导致中毒事故；控制柜接地不良、电气线路破损导致漏电进而导致触电；在接试验电源时，未戴低压绝缘手套或湿手，直接操作电气设备导致触电；检维修高压设备工作未停电验电；人员不小心接触试验用的未带罩或裸露的刀闸；清扫二次回路时，未使用绝缘工具；二次回路通电或耐压试验时，值班员不小心与一次回路接触导致触电；配电室或试验室吸烟导致火灾；试验工作人员在加压过程中精力不集中，误碰设备或误操作导致触电；变更接线或试验结束时未放电造成触电；高电压电场或高电压直流试验时，未对临近的、未装接地线的停电设备接地放电；解开或恢复接地线时未戴绝缘手套、测量用的导线端部绝缘套缺失、测量绝缘前后，未将被试设备对地放电、在有感应电压的线路上测量时，未将另一回线路停电导致触电；更换灯具前未断电源造成触电；人体触碰导电部分；低压开关柜短路引起火灾或爆炸等；误拉、误合隔离开关，带电挂地线，带地线合闸，带负荷拉隔离刀闸，检修过程中未断电突然启动设备，未执行工作票；检维修水池上方电动执行机构时人员不小心跌落水池。

控制措施：严格执行检维修工作票（电气一种、二种工作票，倒闸操作票）；在测绝缘、挂地线时戴绝缘手套，控制柜前操作时，必须站在绝缘胶垫上；正确穿戴劳动防护用品，尤其是绝缘鞋；检维修执行断电挂牌操作制；涉及高处作业时须系安全带；按章操作，避免误拉合刀闸；加强巡检，发现六氟化硫泄漏，及时上报处理，加强漏电保护措施防护。

2　安全须知

参见本篇第 6 章第 2 节 2。

3　环境因素识别及控制措施

参见本篇第 6 章第 2 节 3。

4　消防

参见本篇第 6 章第 2 节 4。

第 3 节　作 业 标 准

1　110kV 系统

1.1　正常运行方式

110kV 马铝线、西铝线均为运行状态时：

文铝变正常运行方式为马铝线、1 号动力变主供，开铝线、2 号动力变热备用，即 167、112 开关为热备用，1 号动力变在Ⅰ母运行，2 号动力变热备用，即 102 开关为热备用。

1.2　检修和特殊情况下的运行方式

（1）110kV 马铝线为停运状态

文铝变运行方式为开铝线，1 号动力变主供，102 开关热备用。或者开铝线，2 号动力变主攻，112，101 开关为热备用。

（2）1 号动力变为停运状态

文铝变运行方式为马铝线、2 号动力变主供，167 开关热备用。或者开铝线、2 号动力变为主攻，157、112 为热备用。

（3）110kV 马铝线、1 号动力变均为停运状态

文铝变运行方式为开铝线、2 号动力变主供。

2　10kV 系统

（1）10kV 总配的运行方式为Ⅰ，Ⅱ母线通过Ⅰ，Ⅱ段母联分段开关同时运行，即 1 号电源进线在Ⅰ母线运行，Ⅱ母线通过Ⅰ，Ⅱ段母分运行，Ⅲ母线冷备用。

（2）除倒进线时，严禁 10kV 系统长时间合环运行。

（3）正常情况下，一段母线进线失电后应迅速合上母联开关，恢复供电。

3　低压 400V 系统运行方式

（1）自用电 400V 配电室采用分段运行。即 1 号电源进线在Ⅰ母运行，2 号电源进线在Ⅱ母运行，母联开关在热备用状态，各段母线接带各段的负荷。

（2）正常情况下，一段母线进线失电后应迅速合上母联开关，恢复供电。

（3）低压柜以下开关必须处于合闸位置：

1）直流屏交流进线电源。

2）开关站端子箱、变压器间隔动力箱电源。

3）综合自动化屏交流、直流电源。

4）10kV 总配高压柜交流、直流电源。

5）模拟盘交流、直流电源。

4　其他

所有电气设备，严禁无保护投入运行。

5　规范用语

（1）电网值班调度员对管辖的设备发布的有关运行和操作的指令。

（2）公司值班主任对管辖的设备发布的有关运行和操作的指令：

1）调度同意。值班调度员对现场值班人员提出的工作申请及要求等予以同意。

2）许可操作。在改变电气设备的状态和方式前，根据有关规定，由有关现场人员提出操作项目，值班主任同意其操作。

3）合上（拉开）。合上（拉开）开关、刀闸。

4）装设（或拆除）。在电力设备上装设（拆除）三相接地短路线和遮拦、围栏、标示牌。

5）并列。是指将母线、母线 PT 等电气设备实现并列运行。

6）解列。是指将母线、母线 PT 等电气设备实现分列（或分段）运行。

7）倒母线。将母线上电源、负荷从一段母线全部或部分换到另一段母线的操作。

8）倒负荷。将线路（或变压器）所带负荷移至其他线路（或变压器）供电。

9）带电。是指线路、母线、变压器等电气设备带有电压的状态。

10）冲击合闸。对新建或大修（改建）的线路、变压器等设备以额定电压进行的合闸试验。

11）冲击。系统发生短路或大电流接地时，有关发电厂、供电整流区域的表计瞬间异常剧烈摆动，同时在发电机（变压器）等处往往发出一种异常的响声。

12）试送（强送）电。电气设备检修后（故障）试送电。

13）试运行。变压器等新设备正式投产前，送电试运行。

14）合环（或解环）。几条线路或者由线路、变压器构成的环网，闭合（或开断）运行。

15）投入（或切除）。将自动重合闸、继电保护等设备投入运行（或退出运行）。

16）×××动作。指保护动作。

17）短接。将开关、刀闸、端子排的两侧搭头拆开，用导线分别将三相直接连通。

18）死开关。保护装置停用，或断开控制电源，开关不能自动跳、合闸。

19）核相。用仪表或其他手段核对两电源或环路相位是否相同。

20）换相。相位或相序错误后调换相位。

21）电气设备热备用。指线路、母线、变压器等一个电气连接的开关断开，相关接地刀闸断开，而其两侧刀闸仍处于接通位置，设备的继电保护投入位置。

22）电气设备冷备用。指线路、母线、变压器等一个电气连接的开关断开，而其两侧刀闸和相关接地刀闸处于断开位置。

23）可以停电。指设备已具备停电条件，可以停电了。其中包括：设备停电后，不会使其他设备过载，供电负荷已转移出去，或用户已做好停电准备，对有可能由用户反送电的线路有一个明显断开点。

24）可以送电。电气设备已检修完，检修人员已全部撤离现场，安全措施已全部拆除，工作票已收回，设备已恢复至备用状态。

25）运行（某线路）。指该线路母线、线路刀闸合上，若有线路 PT，线路 PT 运行，断路器合上，这种状态称该线路运行。

26）热备用（某线路）。指该线路母线、线路刀闸合上，若有线路 PT，线路 PT 运行，断路器断开，这种状态称该线路热备用。

27）冷备用（某线路）。指该线路母线、线路刀闸断开，若有线路 PT，线路 PT 冷备用，断路器断开，这种状态称该线路冷备用。

28）检修（某线路开关）。该线路断路器、母线刀闸、线路刀闸均断开，断路器操作保险取下，并在断路器两侧装设接地线，这种状态称该线路开关检修。

29）继电保护装置灵敏度。是指在其保护范围内发生故障的反应能力，（即灵敏感受后的动作能力）。

30）过电流保护。指继电保护装置的动作电流按避开被保护设备（包括线路）的最大工作电流整定的，一般具有动作时限，所以动作快速性受到一定的限制。

31）电流速断保护。指继电保护装置按被保护设备的短路电流整定的，可实现快速切断故障，但一般在线路末端有一段保护不到的"死区"须采用过电流保护动作后备保护。

32）反时限过电流保护。过电流保护中采用反时限电流继电器，其动作时间随电流大小而变化，电流越大，则动作时间越短。

33）瓦斯保护。是利用装在变压器油箱与油枕之间的通道上的瓦斯继电器，专门用来保护油浸式变压器内部故障的装置，有轻瓦斯和重瓦斯两种，是根据油浸式变压器内部故障性质严重程度，一般轻瓦斯是根据绝缘油（物）受热分解出瓦斯气体量的多少，流入瓦斯继电器而动作，重瓦斯是根据变压器内部故障，绝缘油由本体流向油枕流速的大小，确定是否动作。轻瓦斯动作于信号，重瓦斯动作于跳闸。

34）主保护。是为满足系统和设备安全运行要求，继电保护装置能有选择地断开被保护设备和全线路的故障，这种保护装置称为"主保护"。

35）整组动作试验。是检查继电保护装置接线是否正确，合理整定值是否正确，整套装置是否完好工作，是否可投运。最有效的方法，对新安装交接验收，检修后送电前和定期试验应进行的试验项目以判断可否投运。

36）核对操作票：

①值班长、操作监护人、操作人核对其管辖范围内一次设备的操作方法、顺序。

②正值与操作员核对操作顺序。

③现场实际操作票步骤，应包括二次回路的调整，设备位置状况检查，挂接地线前的验电和挂标示牌等。

37）带电巡线。对有电或虽停电但没采取安全措施的线路进行的巡线。

38）事故巡线。线路发生事故后，无论线路送电正常与否，为查明故障原因的带电巡线。

39）计划检修。经上级批准，由动力厂统一安排的检修。

40）临时检修。计划外临时批准的检修。

41）事故检修。因设备故障进行的检修。

42）系列电流。专指一个系列电解直流电流，单位：kA。

43）系列电压。专指一个系列电解直流电压，单位：V。

44）控制电流。为保持平稳供电，自动稳流系统自动向饱和电抗器输出的控制电流，控制电流越大，系列电流越大。

45）偏移电流。为改善饱和电抗器的控制特性，向饱和电抗器的偏移绕组预先输入的电流。偏移电流越大，系列电流越小。

6 发电机的正常运行

工艺流程：汽轮发电机组所配锅炉为 130t/h 中温中压循环流化床锅炉，锅炉给水温度为 104℃，凝汽器出口凝结水经汽封加热器、两级低压加热器后进入大气式热力除氧器，除氧器出口温度 104℃，补水补入除氧器，补水温度 60℃。

6.1 工艺参数

6.1.1 背压式汽轮发电机组

（1）汽轮机

型号：	B12-3.43/0.685（表压）
额定功率：	12MW
额定进汽量：	144.5t/h
最大进汽量：	166t/h（高背压 12MW）
最小进汽量：	73.5t/h（最低负荷工况）
额定进汽压力：	3.43MPa
额定进汽温度：	435℃
额定排汽压力：	0.685MPa（表压）
额定排汽温度：	268.23℃（额定工况）

（2）发电机

型号：	QF-12-2
额定功率：	12MW
额定电压：	10500V
功率因数：	0.85
额定转速：	3000r/min
冷却方式：	空气强制冷却
发电机励磁方式：	自并励静止可控硅励磁

6.1.2　抽汽凝汽式汽轮发电机组

（1）汽轮机

型号：　　　　　　　C25-3.43/0.685
额定功率：　　　　　25MW
额定进汽量：　　　　157t/h（额定工况）
最大进汽量：　　　　192.5t/h（最大工况）
最小进汽量：　　　　38.5t/h（最低负荷工况）
额定进汽压力：　　　3.43MPa
额定进汽温度：　　　435℃
额定抽汽量：　　　　75t/h
最大抽汽量：　　　　100t/h
抽汽压力：　　　　　0.685MPa（表压）
抽汽温度：　　　　　271.9℃（额定工况）
额定排汽压力：　　　0.008MPa
额定排汽温度：　　　41.55℃（额定工况）

（2）发电机

型号：　　　　　　　QF-30-2
额定功率：　　　　　30MW
额定电压：　　　　　10500V
功率因数：　　　　　0.85
额定转速：　　　　　3000r/min
冷却方式：　　　　　空气强制冷却
发电机励磁方式：　　自并励静止可控硅励磁

6.2　发电机额定情况的运行方式

发电机应按照制造厂铭牌规定数据长期连续运行，一般不得超出额定出力运行（特殊情况经上级批准）。

当发电机按铭牌额定数据运行时：

（1）定子铁芯绕组允许最高温度为120℃，转子绕组允许最高温度为130℃。

（2）发电机运行电压允许在额定电压±5%以内，即9.975～11.025kV范围内变化，在额定转速及额定功率因数情况下，其输出额定功率不变。

（3）发电机频率变化范围不超过±0.5Hz，即49.5～50.5Hz范围内变化，在额定电压及额定功率因数情况下，其输出额定功率不变。

（4）当电压与频率同时发生偏差（两者偏差分别不超过±5%和±1%），若两者偏差均为正者，两者偏差之和不超过6%；若电压与频率两者偏差不同时为正偏差时，两者偏差的百分数绝对值之和不超过5%。或者电压与频率两者偏差超过上述规定值，输出功率以励磁电流不超过额定值，定子电流不超过额定值的105%时，其输出额定功率不变。

（5）发电机额定功率因数为0.85（滞后），为了保证运行的稳定，规定发电机功率因数不超过0.95（滞后）运行。

（6）发电机在额定负荷连续运行时，定子电流允许各相相差不得超过20%。同时任何一相的电流不得大于额定值，转子绕组和铁芯温度不得超过允许值，机组振动不得超过允许值。

发电机在运行中，运行人员发现三相电流不平衡超过允许值时，应立即查明原因消除，否则应按规定减负荷。

（7）在正常运行时，发电机不允许过负荷运行，只有在电力系统发生事故情况下才允许发电机在短时间内过负荷运行，但要加强监视发电机各部温度不超过允许值。

（8）发电机在正常停机 48 小时后开机，开机前用 2500V 摇表测量定子线圈绝缘电阻，换算至同一温度下的电阻与以前测量结果进行比较，如果有显著降低（降至以前测量结果的 1/3 ~ 1/5），吸收比不合格时应查明原因，并将其消除后，才可投运。

（9）正常停机 48 小时后开机，开机前转子及其他励磁回路绝缘电阻可用 500 ~ 1000V 摇表测量，应不小于 0.5MΩ，否则应查明原因，并恢复绝缘。

（10）每次机组大修时用 500V 摇表测量轴承绝缘电阻，一般不应低于 0.3MΩ，每次测量结果应有记录存档，便于比较。

6.3　励磁系统

（1）有良好的滤波过滤措施。

（2）励磁系统微机控制预留到综合自动化系统通讯接口，系统提供足够数量外部所需的信号接口。可通过上位机及控制面板进行手动或自动控制调节。励磁系统采用双微机、双通道控制方式，每一励磁调节控制器采用双路直流电源供电，两路电源可无扰动切换，不影响调节器运行。采用质量可靠的励磁调节器。通讯协议与综合自动化系统能兼容，保证运行参数上传、指令下达等的及时、准确。

（3）采用静止可控硅励磁方式，选用北京科电亿恒电力技术有限公司的产品。

（4）自动励磁调节装置保证同步发电机能从空载电压额定值的 70% ~ 110% 范围内稳定地平滑调节。手动运行调节时保证同步发电机励磁电流能从空载励磁电流的 20% ~ 110% 范围内稳定地平滑调节。

（5）当发电机的励磁电压和电流不超过其额定电压和电流的 1.1 倍时励磁系统保证连续运行。

（6）自动励磁调节装置满足以下条件：

1）微机自动励磁调节装置具有自动、手动工作方式，且能任意设置，随时切换。

2）微机自动励磁调节装置具有远方和就地操作的功能。

3）自动励磁调节装置提供的强励倍数不低于 1.8 倍，在机端电压下降至 80% 额定值时，此值予以保证，允许强励时间不低于 10 秒。

4）自动励磁调节装置具有完备的指示表计和信号回路并设有与上位机控制系统通讯的接口，具有故障录波和事故追忆功能，在线运行监测和诊断功能。

（7）自动励磁调节装置具有如下保护措施：

1）各回路短路保护。

2）各种过电压保护。

3）电压互感器断线保护。

4）过励限制保护。

5）欠励限制保护。

6）低励保护。

7）顶值限制保护。

8）失磁保护。

（8）自动励磁调节装置具有如下两种起励方式：

1）残压起励。

2）采用直流操作电源或厂用交流电源起励。

（9）起励装置容量允许多次安全连续重复动作而无过热的现象，且具有手、自动投入，起励后能自动断开，起励失败后能自动切除的功能。

（10）励磁装置操作电压为直流220V。

（11）调节器柜的前面设有触摸屏。触摸屏采用液晶显示、汉化菜单，所有计算机采集到的模拟量值均以有名值显示在液晶显示器上，便于运行人员的监视。另外开关量输入的实时状态显示，开关量强制输出，控制和保护参数设定，故障录波数据的提取等功能均可在此人机对话窗口上实现。

（12）自动励磁调节装置的使用条件、性能要求、试验项目等均符合《大、中型同步发电机励磁系统基本技术条件》（GB 7409—97）和现行的有关国家标准。

（13）成套励磁装置随货提供的重要元器件及易损件的备品备件数量不少于其用量的30%。

（14）自动励磁调节器的调压范围，能在发电机空载额定电压的70%～110%范围内稳定平滑调节，整定电压的分辨率不大于额定电压的0.2%～0.5%。

（15）手动调节范围：下限不高于发电机空载额定电压的20%，上限不低于发电机空载额定电压的110%。手动调节满足发电机空载和短路试验时升压的要求。

6.4　发电机升压同期并网

6.4.1　2号汽机发电机组励磁系统的投运

6.4.1.1　起机条件

发电机转速必须稳定在3000r/min左右。

6.4.1.2　起机准备

励磁变压器、励磁电压互感器PT、仪表电压互感器PT、电流互感器CT、励磁柜中的交直流侧刀闸均置为"合上"位置，励磁装置的2路电源均给上（一路直流，一路交流）。

6.4.1.3　起机步骤

远方操作起机建压（在主控室后台进行操作）：

（1）"通道选择"通过DCS置"CHA"或"CHB"通道。

（2）"手/自动"通过DCS置"自动"位置。

（3）"方式选择"置"OFF"位置。

（4）"远方/就地"置"远方"位置。

（5）"零起升压"置"ON"位置，励磁柜前面板上的起励压板合上。

（6）按下"MK合闸"按钮。

（7）按下"起机令"按钮（"机端电压表"的显示快速自动升到10kV左右）。

（8）操作"增/减磁"开关，缓慢进行增磁操作，直至"机端电压"的显示为并网所需电压为止。

6.4.2　2 号发电机的同期并网

（1）投入并检查 2 号发电机的相关保护。

（2）合上 2 号发电机 136 断路器发电机侧 1364 隔离刀闸。

（3）合上 2 号发电机 136 断路器母线侧 1361 隔离刀闸。

（4）合上 2 号发电机 136 断路器操作电源，合上 2 号发电机同期装置电源。

（5）在监控机上经过同期合上 2 号发电机 136 断路器，并检查指示正确。

7　继电保护运行操作规程

7.1　范围

本规程适用于云南文山铝业有限公司 110kV 降压站电力继电保护与安全自动装置的运行、操作管理工作。

7.2　定义

（1）电流速断保护。故障电流超过保护整定值无时限（整定时间为零），立即发出跳闸命令。

（2）电流延时速断保护。故障电流超过速断保护整定值时，带一定延时后发出跳闸命令。

过电流保护。故障电流超过过流保护整定值，故障出现时间超过保护整定时间后发出跳闸命令。

过电压保护。故障电压超过保护整定值时，发出跳闸命令或过电压信号。

低电压保护。故障电压低于保护整定值时，发出跳闸命令或低电压信号。

低周波减载。当电网频率低于整定值时，有选择性跳开规定好的不重要负荷。

单相接地保护。当一相发生接地后对于接地系统，发出跳闸命令，对于中性点不接地系统，发出接地报警信号。

差动保护。当流过变压器、中性点线路或电动机绕组，线路两端电流之差变化超过整定值时，发出跳闸命令称为纵差动保护，两条并列运行的线路或两个绕组之间电流差变化超过整定值时，发出跳闸命令称横差动保护。

（3）距离保护。根据故障点到保护安装处的距离（阻抗）发出跳闸命令称为距离保护。

（4）方向保护。根据故障电流的方向，有选择性的发出跳闸命令称为方向保护。

（5）高频保护。利用弱电高频信号传递故障信号来进行选择性跳闸的保护称为高频保护。

（6）过负荷。运行电流超过过负荷整定值（一般按最大负荷或设备额定功率来整定）时，发出过负荷信号。

（7）瓦斯保护。对于油浸变压器，当变压器内部发生匝间短路出现电气火花，变压器油被击穿出现瓦斯气体冲击安装在油枕通道管中的瓦斯继电器，故障严重，瓦斯气体多，冲击力大，重瓦斯动作于跳闸，故障不严重，瓦斯气体少，冲击力小，轻瓦斯动作于信号。

（8）温度保护。变压器、电动机或发电机过负荷或内部短路故障，出现设备本体温度升高，超过整定值发出跳闸命令或超温报警信号。

（9）主保护。满足电力系统稳定和设备安全要求，出现故障后能以最快速度有选择性的切除被保护设备或线路的保护。

（10）后备保护。主保护或断路器拒动时，用来切除故障的保护。主保护拒动，本电力系统或线路的另一套保护发出跳闸命令的为近后备保护。当主保护或断路器拒动由相邻（上一级）电力设备或线路的保护来切除故障的后备保护为远后备保护。

（11）互感器二次线路断线报警。电流互感器或电压互感器二次侧断线会引起保护误动作，所以在其发生断线后应发出断线信号。

（12）跳闸回路断线。断路器跳闸回路断线后，继电保护发出跳闸命令断路器也不能跳开，所以跳闸回路断线时应发出报警信号。

（13）自动重合闸。对于一些瞬时性故障（雷击、架空线闪路等）故障迅速切除后，不会发生永久性故障，此时再进行合闸，可以继续保证供电。继电保护发出跳闸命令断路器跳开后马上再发出合闸命令，称为重合闸。

（14）重合闸一次后不允许再重合的称为一次重合闸，允许再重合一次的称为二次重合闸（一般很少使用）。有了重合闸功能之后，在发生故障后，继电保护先不考虑保护整定时间，马上进行跳闸，跳闸后，再进行重合闸，重合后故障不能切除，然后再根据继电保护整定时间进行跳闸，此种重合闸为前加速重合闸。发生事故后继电保护先根据保护整定时间进行保护跳闸，然后进行重合闸，重合闸不成功无延时迅速发出跳闸命令，此种重合闸称为后加速重合闸。

（15）备用电源互投。两路或多路电源进线供电时，当一路断电，其供电负荷可由其他电源供电，也就是要进行电源切换，人工进行切换的称为手动互投。自动进行切换的称为自动互投。互投有利用母联断路器进行互投的（用于多路电源进行同时运行）和进线电源互投（一路电源为主供，其他路电源为热备用）等多种形式。对于不允许供电电源并列运行的还应加互投闭锁。

（16）同期并列与解列。对于多电源供电的变电站或发电厂要联网或上网时必须满足同期并列条件后才能并网或上网，并网或上网有手动与自动两种。

（17）继电保护装置管理。

7.3　定值管理

（1）区域工程师负责110kV和10kV电网继电保护装置的定值管理工作，保证及时准确地执行定值。

（2）110kV电网继电保护装置定值的变更应按网、省调继电保护处的定值书执行，特殊情况急需改值而来不及发书面定值书时，可按网、省调继电保护处的电话通知整定，网、省调两天内补发正式定值书。

（3）继电保护装置的定值以一次值为准。现场运行人员应根据电流、电压互感器的实际变比进行二次值的校核。发现有错误立即通知区域工程师和网、省调继电保护处的定值计算人解决。

（4）接到定值书后，应认真核对定值书中的各项内容，有疑义应立即与网、省调继电保护处定值计算人澄清。接到定值书后，应在5天内将定值书回执寄回网、省调。

（5）定值书中的"要求改值日期"有规定时，即要求在此日期前适当时间内改值

（提申请）。在规定日期前无法安排改定值时，应及时与网、省调继电保护处联系。

（6）定值变更结束后，应在现场继电保护交代记录簿中按定值书的各项内容的顺序交代清楚定值书编号，全部新定值的一、二次值（新定值与原定值一样时也应交代）及全部交代事项。

（7）微机保护可由区域工程师预先输入多套定值，在运行中根据调度令可由运行人员改变定值区。输入多套定值的微机保护，区域工程师应在继电保护交代记录簿上将线路名称、保护定值、投入的条件与定值区的位置对应关系交代清楚。运行人员打印出所选的新定值的区号和清单，定值区更改完毕后，应与现场继电保护部门交代的定值核对无误后执行新定值书，清单应留存备查。

（8）运行人员应掌握微机保护的打印正常采样值、打印定值清单、复制事故报告、改变定值区、对时等操作，具体操作方法区域工程师应在现场运行规定中交代详细步骤。

7.4　检修管理

（1）对运行的保护装置，应按部颁《继电保护与电网安全自动装置检验条例》进行定期检验或其他各种检验。检验工作应尽量与被保护的一次设备配合进行。

（2）厂级工程师应在每月 5 日前向网、省调报送下个月一次设备检修计划的同时，报送 330kV 综自装置的检修计划。综自装置检修计划一式二份，分别报运行方式处和继电保护处。

（3）保护装置的调试、检修和其他作业应提前一天（周一提前三天）由厂级工程师负责向网、省调负责检修计划部门提出申请，不受理当日提出的作业项目。

（4）110kV 继电保护及安全自动装置检验项目严格按部颁《继电保护与电网安全自动装置检验条例》及有关装置的检验规程的要求执行。各种保护装置定检时间原则规定见表8-1。

表 8-1　单套保护定检期限

编　号	装置名称	定期检验的种类及期限
1	高频保护	每 3～6 年进行一次全检，时间 2～3 天；每年进行一次部分检，时间 1～2 天
2	线路微机保护	每 3～6 年进行一次全检，时间 2～3 天；每年进行一次部分检，时间 1～2 天
3	线路辅助屏	每 3 年进行一次全检，时间 2～3 天；每年进行一次部分检，时间 1～2 天
4	母差失灵保护	常规型每 3 年进行一次全检，时间 2～4 天；微机型每 6 年进行一次全检，时间 2～4 天；每年进行一次部分检，时间 1～3 天
5	故障录波器	每 6 年进行一次全检，时间 2 天；每年进行一次部分检，时间 1 天
6	其他保护装置随一次设备停电一起定检	
7	新投设备运行一年内进行一次全检	
8	结合春秋检线路停电，进行双套线路微机保护的部分检验	
9	线路微机保护全检应向网、省调继电保护处上报检修计划，并由网、省调继电保护处统一协调，安排线路两侧线路微机保护的全检	

（5）保护装置与二次回路作业内容和涉及的范围应在申请中说明，作业时严格按批准的内容和范围进行，严禁擅自进行批准内容以外的工作。在作业中发现批准内容以外的问题应处理时，应征得当值调度员的许可。

（6）作业应按批复的日期准时完成，不能按期完成，应事前提出充分理由并经省调同意后，重新批复延期时间。

（7）线路保护的定检工作，应按网、省调编制的定检日期执行。原则上线路保护两侧定检方式应一致，且时间同步。其中一侧因特殊情况不能按期执行应主动与对侧商定临时变更定检时间，并报省调。新投设备，在投运后另行补充定检时间。

（8）当保护装置发生不正确动作后，应及时向上级继电保护部门报告，并保留原有现场，及时进行事故后检验。

7.5　新设备投运管理

（1）新建或改建的设备投入电网应按有关规定，按时报送设备的技术资料和参数。电气一次接线图、保护原理图、电气设备（包括线路）参数等，应根据工程具体情况，由设备所属单位或建设单位（或委托工程设计单位）统一归口，按照要求时间（一般在投运前三个月）提交负责整定计算的继电保护机构，以便安排计算。实测参数应提前送交，以便进行核算，给出正式整定值（提交的时间由双方按实际核算工作量商定）。

（2）微机继电保护装置投运时应具备的技术文件：

1）竣工原理图、安装图、技术说明书、电缆清册等设计资料。

2）制造厂提供的装置说明书、保护屏（柜）电原理图、装置电原理图、分板电原理图、故障检测手册、合格证明和出厂试验报告等技术文件。

3）新安装检验报告和验收报告。

4）微机继电保护装置定值和程序通知单。

5）制造厂提供的软件框图和有效软件版本说明。

6）微机继电保护装置的专用检验规程。

（3）新设备投运带负荷后，应立即进行新投运保护装置相位测试和高频保护对调工作。

（4）运行设备进行下列改造后，应按新设备投运原则处理，重新组织参数测试。

（5）变压器更换线圈或铁芯。

（6）发电机换线棒。

（7）运行的线路改径或破口Ⅱ接新变电所。

（8）杆塔塔头改造升压运行。

（9）新投入的继电保护装置，应进行电流相位测定。在一次设备投入运行（充电）前，应加装临时保护（母差保护除外），待测保护应先投入跳闸。

（10）对于新投入或电流回路有变动的线路继电保护装置的规定。

（11）该线路仅配置一套全线速动保护且该保护为待测保护，则本侧应加装临时保护，同时缩短对侧相间和接地故障后备保护灵敏段的动作时间，设备投运（充电）前，待测保护投入跳闸，带负荷前待测保护退出运行，测试电流相位正确后再投入跳闸。

（12）该线路配置双套全线速动保护，若能够确定该设备的另一套全线速动保护的电流回路没有变动，则在设备投运（充电）前，将该保护投入跳闸，待测保护在充电过程中不投跳闸，测试电流相位正确后再投入跳闸。

7.6　参数资料管理

（1）网、省调整定计算范围内的运行、新建或改造的电气设备，运行单位应向网、省调报送正式、完整、准确的电气设备实测参数。

（2）设备参数和实测报告，由运行单位统一归口报网、省调。

（3）电气设备参数和实测报告永久保存备查。

（4）公司 330kV 及 10kV 系统电气一次接线图、保护原理图、电气设备（包括线路）参数等相关资料由区域工程师负责保管。

（5）继电保护装置日常维护。

人员每天应对继电保护进行下列检查：

1）巡查面板，各指示灯应正常。

①装置故障灯应不亮。

②自检闪光灯应正常。

③投运灯指示应正确，确认有关保护已经投入。

④电源各指示灯应正常。

2）切换开关、控制开关、仪表设备每班全面检查一次，其项目如下：

①运行中的仪表指示是否正确。

②外壳清洁，玻璃完好。

③接线无松动脱落现象。

④切换开关，控制开关位置正确，信号正常。

⑤闸刀位置指示器指示正确。

⑥测量母线绝缘监察电压表指示正常。

3）运行中的二次接线每班检查一次，其项目如下：

①接线无松动脱落。

②二次接线，接线柱无金属物短路现象。

③外接电阻应不过热。

④二次线有无松动，接点有无发热现象，保护装置有无启动及装置故障信号。

4）打印机是否缺纸，缺纸应及时更换，有无输出，若有输出应及时通知继保人员取报告。

5）检查环境是否需要清洁处理。

6）检查直流电压指示是否正常。

7）检查交直流电源是否正常。

8）保护校验完毕，当值运行人员应对保护装置进行下列检查：

①保护装置二次回路变更及保护定值改变后，是否与图纸及保护变更通知单相符。

②试验中所接的临时线是否全部拆除、拆下的线是否恢复正常，并检查有无松动、有无漏线。

③保护装置中的信号指示灯指示正确，压板位置是否正确。

④工作现场是否清理干净，设备是否整洁。

9）工作完毕后，保护人员应在继电保护工作记录和设备验收记录上作详细记录。

10）事故时，应有两人对保护装置动作信号进行详细记录，并经核对无误后方可恢复。

11）清扫运行中的二次回路时，应认真仔细，并使用绝缘工具（毛刷、吹风设备等），特别注意防止震动，防止误碰。

12）微机继电保护动作（跳闸或自动重合闸）后，应按要求做好记录和复归信号，并将动作情况和测距结果立即向调度汇报，然后打印总报告和分报告。

13）运行人员应保证打印报告的完整性，严禁乱撕、乱放打印纸，妥善保管打印报告，并及时移交给继电保护人员。无打印操作时，应将打印机防尘盖盖好，并推入盘内。应定期检查打印纸是否充足，打印字迹是否清晰。

7.7　继电保护及自动装置操作注意事项

7.7.1　继电保护装置操作时的注意事项

（1）继电保护的投退，必须根据调度的命令进行，并且要对继电保护投退的正确性负责。

（2）投入或退出保护压板时，应注意不得使压板与保护屏面相碰或与邻近压板短路，以免造成直流接地或保护误动。

（3）投入保护压板时，应保证压板接触良好。

（4）运行中，因选择直流接地而需要断开控制电源时，应先汇报值班调度员，得到同意后方可进行。

（5）无论操作或运行中，都不得使带有交流电压回路的继电保护失电。

（6）当主变停电本体有工作时，应退出主变瓦斯保护，当工作涉及退出主变电气保护时，应退出主变所有保护。

（7）所有类型继电保护，在操作中，其装置内插件不得随意拔插、旋钮，不得随意旋动。

（8）新投或校验后的继电保护，在投运前，其有关的图纸、保护定值等资料，应移交给值班人员，并由值班人员与调度人员核对保护定值无误后，方可投运。

（9）继电保护投运操作中，发现有异常时，应停止操作，并立即查明原因，若确认是装置内部异常时，及时汇报值班调度员。

（10）保护装置在运行中发现缺陷，现场值班人员应立即向相关调度汇报，若需退出保护装置进行检验时，必须经调度批准。如危及一次设备安全运行时，可先将保护装置退出，但事后应立即汇报。

（11）保护在新投运或定检后，值班人员应核对保护定值单的内容和保护自动装置填写的内容是否齐全正确。

7.7.2　自动装置的操作时的注意事项

（1）330kV 故障录波器装置操作顺序：停或倒 PT 一、二次工作前，先退出故障录波器，操作结束后，PT 二次有正常电压情况下，投入所退出的故障录波器。

（2）操作中应防止故障录波器交流电压失压（如在操作过程中有涉及故障录波器交流回路失压操作项目时，在操作此项目前应暂时退出故障录波器）。

（3）继电保护及自动装置的异常运行及常规处理。

7.8　保护装置异常情况处理的基本原则

（1）保护装置出现异常情况，一般都能发出告警信号。告警分为Ⅰ类告警和Ⅱ类告警。Ⅰ类告警是保护装置本身元件损坏或自检出错，属严重故障告警，此时保护装置将失去保护功能。Ⅱ类告警是非装置异常故障、外部异常、操作错误等告警，此时保护装置未失去全部保护功能。运行人员应根据故障报文加以判别，并作不同处理。当装置出现告警时都应立即向调度汇报并通知继电保护人员。

（2）直流电源消失。当监控系统出现"直流电源消失"告警或保护电源发生故障时，应立即向调度汇报并申请退出该保护，检查直流电源及屏上直流电源开关位置是否正常，保险是否熔断。若处理不好应及时通知继电保护人员。

（3）装置出现Ⅰ类告警。运行人员应详细记录报文内容，立即向调度汇报，根据情况申请将相应保护或装置退出运行，并及时通知继电保护人员进行处理。

（4）装置出现Ⅱ类异常告警。操作人员应详细检查操作过程是否正确，操作是否到位。如告警信号仍不消失，立即通知继电保护人员。

（5）装置过负荷告警。应检查线路的实际负荷情况。若线路确实过负荷，应汇报调度申请调整负荷。否则通知继电保护人员进行处理。

（6）装置 TV 回路断线告警。应立即检查装置 TV 二次回路、电压切换回路、屏上交流电压空气开关是否正常、屏上端子排电压是否正常，必要时申请将装置退出运行并通知继电保护人员进行处理。

（7）装置 TA 回路断线告警。应详细检查该装置 TA 回路是否存在断线或接触不良，必要时申请装置退出运行并通知继电保护人员进行处理。

（8）装置出现通道类等其他告警。应详细检查通道设备是否有明显异常，必要时申请纵差保护退出运行、并通知继电保护人员进行处理。

（9）打印机故障。应立即进行处理。若处理不好，要通知保护人员及时检修。

7.9　继电保护的异常处理

（1）继电保护交流电压回路断线时及时作如下处理：

1）汇报调度，经调度同意后，将因失去电压，可能造成保护误动的保护停用。

2）自动开关跳闸，要及时合上自动开关。

3）自动开关再次跳闸，应查明原因进行处理，如果本站确实无法处理时汇报调度。

4）当某个继电保护回路交流电压失压时应检查本保护装置的交流电源自动开关是否跳闸、保护装置外部电源是否良好。

（2）当发现保护装置及二次线上有明显的故障，并有导致保护误动的可能时，应报告值班调度员做临时处理。

1）遇电流回路故障时，将电流回路短路，使故障继电器退出运行。

2）遇电压回路故障时，切断电压保护压板后，断开电压回路将故障继电器退出运行。

3）将拆开的线头用胶布包好，防止碰线，并做好记录。

4）当发生直流系统接地时，应及时查找，并防止两点接地造成保护误动或拒动。若本站查找不到或无法处理时应汇报有关部门。

（3）各保护上的信号指示灯，发现有损坏时，应及时上报要求处理。

（4）当系统发生异常情况（如冲击、电压突然下降，开关跳闸等）值班员应作记录，并作下列检查：

1）根据打出的事项条，判断继电保护自动装置的动作情况。

2）检查继电保护是否异常，表计指示情况是否正常。

3）以上项目检查完成后应及时汇报工区。

（5）当光纤保护出现下列情况之一时，应立即向值班调度汇报申请将该套保护退出运行，并汇报工区。

1）收发讯直流电源消失，及光纤保护电源消失。

2）装置告警信号出现而不能复归。

3）光纤通道不正常。

4）功放电源故障，不能复归。

5）收信电压和发信电压低于正常值。

6）该保护有其他不正常现象，有误动可能。

7.10　保护后的处理

保护动作后，运行值班人员必须按照以下要求进行处理：

（1）完整、准确记录告警信号及全站所有装置的灯光信号，装置液晶屏循环显示的报告内容。

（2）收集保护打印的动作报告，并做好记录。

（3）巡视保护装置及二次回路，观察有无明显异常存在。

（4）确认各种信号记录无误后复归信号。

（5）向调度汇报并通知保护人员。

（6）保护装置动作后，在未征得保护人员许可时，不得随意断开直流电源。特别是不正确动作后，即使全套装置退出运行，也不得使装置断电（装置内部起火冒烟或有明显异味等特殊情况除外）。

7.11　特殊要求

鉴于保护的电磁兼容问题，特做以下要求：

（1）所有保护装置屏柜内都应安装有与地网可靠连接的接地小铜排，并在运行中严禁打开。

（2）所有 TA 的二次接地点应设在保护装置柜内。

（3）所有保护用二次电缆都应使用屏蔽电缆，并在电缆的两端可靠接地。

（4）在各保护室内严禁使用对讲机、手机等无线通讯工具。

8　倒闸操作

倒闸操作是变电运行值班人员的一项重要工作。它关系着变电所及电力系统的安全运行，也关系着在电气设备上工作的工作人员的生命及操作人员本身的安全。运行人员一定要贯彻落实"安全成为习惯，让习惯更加安全"的思想，在生产工作中牢记"安全第一"，严肃执行电力安全规程进行倒闸操作，确保人员和设备的安全。

8.1　电气设备操作的一般原则

（1）当班值班长在下列情况下，均可改变运行方式，然后报告车间。

1）上级调度命令。

2）工作需要不影响正常供电。

3）因工作票的要求。

4）因设备严重缺陷。

5）因处理事故的需要。

（2）操作票的填写与批准程序

1）根据值班长的命令，由操作人逐次清楚地填写（目的、地点、时间、设备名称、编号、给取 PT 一、二次保险器及控制回路保险器、验电、安全措施的拆、装，绝缘电阻的测试等）操作项目，复查无误后签字。

2）监护人复核审查无误后签字。

3）当班值班长审查后签字，操作票生效。

4）执行操作制度的一些规定和要求。

5）非事故情况，禁止无操作票进行操作，事故处理的操作参照"电气设备事故处理标准"有关规定执行。

6）只有一项或单一高压操作时，可不填写操作票，但需经值班长同意，并有监护人监护。

7）单一回路的低压操作，可不填写操作票。

8）在严重威胁人身、设备安全时，值班员可在无人命令、无操作票的情况下，允许单人切除该回路的开关，并立即报告值班长。

9）进行倒闸操作，必须正确使用安全工器具，并由两人进行。操作时需核对设备，执行"唱票复诵制度"操作完一项，用笔划上记号"√"。确知该项操作已完毕，用笔划上记号，再进行下一项操作。属于主控室配电盘上的操作，由值班长监护进行，并履行"唱票复诵制度"。

10）拉合刀闸前，须检查断路器的实际状态确已断开（应检查断路器的机构拉杆在断开位置，或将机构箱面板上的按钮再按一下，证明开关确已断开），不能单凭指示灯、指示牌来判断断路器是否断开，除参考相应电流表、指示牌外，还应听变压器的声音或验电，证明确无电压。

11）断路器、刀闸的合入和断开，必须进行仔细的检查，尤其对"远方"控制的断路器、隔离刀闸，必须到现场进行实际状态的检查。

12）设备停、送电，安全措施的拆装和绝缘电阻的测量，均应向值班长报告，得到允许后方可进行操作。

13）投运或停运有关上级调度管辖的设备，或在相应设备上布置安全措施时，必须经上级调度批准，并进行事后汇报。

14）在没有对停电设备进行验电且不能确认已无电压前，严禁用手触摸设备或装设接地线。

8.2　电气设备操作方法

8.2.1　断路器的操作

（1）远方操作的断路器，不允许带电手动合闸，以免合入故障回路，使断路器损坏或引起爆炸。

（2）断路器合闸送电或跳闸后试送电时，其他人员应尽量远离现场，避免因带故障合闸造成断路器损坏或引起爆炸，发生意外。

（3）拒绝跳闸或跳闸回路断线的断路器不得投入运行或列为备用。

（4）断路器分、合闸后，应立即检查有关信号和测量仪表的指示，同时应到现场检查其实际分合闸位置。

（5）断路器如果分合闸不能操作，应检查地刀、刀闸、直流刀闸是否操作到位。

8.2.2　隔离开关的操作

（1）拉开或合上隔离开关时断路器必须在断开位置，并核对编号无误后，方可操作。

（2）远方操作的隔离开关，一般不得在带电情况下就地手动操作，以免失去电气闭锁。

（3）就地手动操作隔离开关，合闸应迅速果断，但在合闸终了，不得用力过猛，以免损坏机械，当误操作合入接地或短路回路或带负荷合闸时，严禁将隔离开关再次拉开。拉开隔离开关时，应慢而谨慎，特别是动、静触头分离时，如发现弧光，应迅速合上，停止操作，查明原因。

（4）隔离开关操作后，应到现场检查实际位置，以免传动机构或控制回路有故障。出现拒合拒分，同时检查触头位置情况。

8.2.3　验电的操作

（1）高压验电时，操作人员必须戴绝缘手套，穿绝缘鞋（靴）。

（2）高压验电时，必须使用电压等级合适，试验合格的验电器。

（3）雨天室外验电时，禁止使用普通（不防水）的验电器或绝缘拉杆，以免其受潮闪络或沿面放电，引起事故。

（4）验电前先在有电的设备上检查验电器，应确认良好。

（5）应在停电设备的各侧（如断路器的两侧、变压器的高、中、低三侧等）以及需要短路接地的部位，分相进行验电。

8.2.4　装设（拆除）接地线的操作

（1）装设（拆除）接地线前，必须验电，验明设备确无电压后，立即将停电设备接地并三相短路，操作时，先装接地端，后挂导体端。

（2）装设（拆除）接地线时，操作人员必须戴绝缘手套，以免受感应电（或静电）电压的伤害。

（3）所挂地线应与带电设备保持足够的安全距离。

（4）必须使用合格的接地线，其截面应满足要求，且无断股，严禁将地线缠绕在设备上或将接地端缠绕在接地体上。

8.3　电气设备操作注意事项

（1）值班人员必须熟悉系统的运行方式、继电保护及自动装置情况。

（2）倒母线时，必须先检查母联开关确实合好，并将母联开关控制电源断开。防止操作时开关跳闸，引起带负荷拉、合刀闸事故。

（3）操作票由操作人或监护人用钢笔或圆珠笔填写，票面应清楚整洁，不得任意涂改。操作人应根据模拟屏或接线图核对填写的操作项目，并分别签名，然后经运行班长审核签名。特别重要和复杂的操作还应由值班主任审核签名。

（4）操作票应按操作步骤分项填写操作内容，包括断路器、刀闸、一二次回路保险、压板、验电、挂地线、设围栏、定相、安措、有载开关、把手位置等。每一操作步骤为一项，填写应准确、清楚，对欲操作的断路器应写双重编号。

（5）经审核生效后操作票上的每一项操作与正确查看应由二人共同执行。操作中应正确使用安全用具，严格执行唱复诵制度，每操作完一项打"√"。

（6）分配变压器二次刀及低压联络刀闸的操作，由正值长向调度汇报，调度下令由所属单位的电工复诵无误后方可操作，并将操作结果记在值班日志内。

（7）下列工作可以不开操作票：

1）事故处理时。

2）两项以下的操作。

3）拉合开关的单一操作。

4）拉开接地刀闸或拆除全所仅有的一组接地线。

（8）拉合开关回路的刀闸时，必须先查开关确断，然后采取防止在拉合刀闸时误合开关的措施。

（9）断路器或刀闸操作后必须到现场检查，确认合好或断开后方可执行下一步操作。

（10）在投入保护压板前应验明压板两端确无电压。

8.4　电气设备操作要求

8.4.1　倒闸操作必须做好保证安全的组织措施和技术措施并作好"五防"工作

（1）防止带负荷拉/合隔离刀闸。

（2）防止带电合地刀或挂接地线。

（3）防止误拉/合开关。

（4）防止带地线/地刀合闸。

（5）防止误入带电间隔。

8.4.2　停/送电顺序

停电拉闸操作必须按照断路器（开关）→负荷侧隔离开关（刀闸）→母线侧隔离开关（刀闸）的顺序依次操作，送电合闸操作应按与上述相反的顺序进行。

8.4.3　操作检查

（1）操作前检查：

1）操作断路器的储能情况应正常（正常值应在白色区域指示范围内）。

2）操作断路器的压力应正常（SF6断路器压力：0.5MPa，操作气室压力：1.5MPa）。

3）操作断路器、开关、直流刀闸等设备应置远控位，用计算机操作。

（2）操作后检查：

1）检查刀闸刀嘴的接触情况是否良好。

2）检查断路器的分合位置指示是否正确。

3）检查仪器仪表的指示是否正常。

4）检查计算机上的信号是否正确。

5）检查模拟屏上的位置设备运行状态指示是否正确。

8.5　操作程序

（1）接受电网调度员（动力厂值班主任）的预发命令及信号：当值人员接受中调调度员预发命令时，要报清站名、互通姓名，明确操作目的、任务、停电范围及运行方式的变更、保护的变化、执行时间等，并复诵，记录下令时间和下令人姓名，如有应询问明确。供电整流区域内设备中属于电网调度管辖区域设备操作命令的接令，必须由取得调度证的人员接收，其他设备的倒闸操作则由区域领导或动力厂值班主任发布命令，但操作时都应做好相应的记录。

（2）填写操作票：接受调度命令后，应将其记录在值班日志上，确定监护人和操作人，按电网调度员（区域领导或动力厂值班主任）发布的命令、操作票的填写内容和技术要求，核实一、二次设备状态，并可参照典型操作票，逐项填写清楚、无涂改。每项只能有一个操作步骤，并需用双重编号（设备名称及其编号）。

（3）审票：操作票填写完成后，先自己核对，再交监护人核对，后经运行值班长（或区域领导）审核签字。

（4）核对设备：到达操作现场后，操作人先站准位置核对设备名称和编号，监护核对操作人准备操作设备的名称、编号应正确无误，操作人穿戴好安全用具，准备操作。

（5）唱票复诵操作：由监护人进行唱票，（命令）每次只准唱一步，操作人复诵。同时还应做到"一指、二比、三操作"，若在操作中发生疑问，应立即停止操作，重新审核操作票是否正确，直至认为正确后，方可继续操作。

（6）检查：每步操作完以后，监护人在操作票上打"√"，监护人和操作人应就地检查操作的正确性，如机械指示、信号指示等，值班长应检查模拟屏上的位置指示及信号仪表指示等的变化是否正确，以确认设备的实际分/合位置。监护人勾票以后，应告诉值班长和操作人下一步操作内容。

（7）操作汇报：操作结束后，应检查所有步骤是否操作完毕，然后由监护人在操作票上填写操作结束时间，并向电网调度和动力厂值班主任或区域领导汇报。

（8）特别注意：事故处理要根据事故性质的大小，确定先处理或先请示，但事故处理完成后都要向电网调度和动力厂值班主任或区域领导报告。

8.6　电源进线操作

8.6.1　操作前检查

（1）电源进线开关间隔各气室的压力是否在正常范围。

（2）断路器机构储能是否正常。

（3）检查 SF6 断路器、隔离开关（组合电器）、接地刀闸位置实际位置是否符合操作要求。

（4）控制回路空开、保护回路空开、信号回路空开是否已合上。

8.6.2　操作后检查

（1）操作后的气体压力、液压机构储能压力是否正常。

（2）操作后的 SF6 断路器、隔离开关（组合电器）、接地刀闸实际位置与其分合指示器、后台机信号是否对应。

（3）相应的操作机构指示是否对应。

（4）有无异常声响和气味。

8.6.3　操作方法

8.6.3.1　送电操作

（1）巡视检查（相应各开关、地刀、刀闸的实际位置符合操作要求）。

（2）申请电网调度投运电源进线。

（3）投入相应的保护、监控装置。

（4）合上欲操作刀闸、开关的控制、储能空开，并将"远方/就地"开关切到需要位置。

（5）合上电源进线电源侧刀闸，并检查确已合好。

（6）合上电源进线母线侧刀闸，并检查确已合好。

（7）合上电源进线断路器，并检查其确已合好。

8.6.3.2　停电操作

与上述送电操作相反。

8.7　倒母线操作

正常倒闸操作情况下，分合母联必须申请电力调度，许可后方可执行，事故处理情况除外。

8.7.1　操作前检查

（1）检查欲操作开关间隔各气室的压力是否在正常范围。

（2）断路器储能是否正常。

（3）检查欲操作断路器、刀闸位置是否符合要求。

（4）检查母联（分段）开关是否确已合好，并已将此开关转到"闭锁"状态。

（5）检查欲操作控制回路空开、保护回路空开、信号回路空开是否已合上，与上位机信号对应。

8.7.2　操作后检查

（1）操作后的弹簧储能机构等是否正常。

（2）操作后的分合指示是否正常。

（3）相应的操作机构指示是否对应。

（4）有无异常声响和气味。

8.7.3　操作要领及步骤

（1）断开母联控制电源和操作电源空开。

（2）把将要退出的母线上的负荷全部转移到另一段母线上。

（3）合上母联控制电源和操作电源空开。

（4）联系电力调度断开母联断路器。

（5）断开母联，拉开母线侧、电源侧隔离刀闸。

（6）断开母线电压互感器二次侧空开。

（7）断开母线的电压互感器隔离刀闸。

（8）断开母联控制电源和操作电源空开。

8.8　动力变操作

8.8.1　操作前检查

（1）检查开关间隔各气室的压力是否在正常范围。

（2）检查断路器储能机构是否正常。

（3）检查欲操作开关、刀闸位置是否符合操作要求。

（4）控制回路空开、保护回路空开、信号回路空开是否已合上。

8.8.2　操作后检查

（1）操作后的气体压力、操作机构是否正常。

（2）操作后的分合指示是否正确。

（3）相应的操作机构指示是否对应。

（4）有无异常声响和气味。

8.8.3　操作示例

8.8.3.1　送电

(1) 合上动力变母线侧隔离刀闸。

(2) 合上动力变负荷侧隔离刀闸。

(3) 合上动力变进线断路器。

(4) 拉开动力变中性点地刀。

8.8.3.2　停电：如查无特殊原因，必须先投运另一台动力变，才能停

(1) 断开动力变进线断路器。

(2) 拉开动力变负荷侧隔离刀闸。

(3) 拉开动力变母线侧隔离刀闸。

8.9　10kV 开关柜的操作

8.9.1　操作前检查

(1) 检查断路器储能机构是否正常。

(2) 检查欲操作开关、刀闸位置是否符合操作要求。

(3) 控制回路空开、保护回路空开、信号回路空开是否已合上。

8.9.2　操作后检查

(1) 操作后的分合指示是否正确。

(2) 相应的操作机构指示是否对应。

(3) 有无异常声响和气味。

8.9.3　操作示例

8.9.3.1　送电

(1) 合上母线侧隔离刀闸。

(2) 合上负荷侧隔离刀闸。

(3) 推进 10kV 小车柜。

(4) 合上 10kV 断路器。

8.9.3.2　停电

(1) 断开 10kV 断路器。

(2) 拉出 10kV 小车柜。

(3) 拉开负荷侧隔离刀闸。

(4) 拉开母线侧隔离刀闸。

第4节　设　备

1　变压器技术参数（表8-2）

表8-2　动力变压器技术参数

名　称	有载调压电力变压器	数量	2 台
安装方式	钟罩式户外安装	极性	减极性

序 号	项 目	单 位	技术参数
1	电力变压器型号		sz10-50000/110
2	额定容量	kV·A	50000
3	额定电压	kV	(115±1.25%)/10.5
4	额定电流		
5	调压范围	%	±8×1.25
6	阻抗电压	%	高压—低压：14.48~15.0
7	联结组别		Y/△-11
8	相数/频率		3/50Hz
9	绝缘等级（高压/低压）		F
10	绕组/顶层油温升/铁心、结构件温升	K	65/55/80
11	冷却方式		ONAN
12	噪音水平	dB	≤70
13	雷电冲击水平（高压）	kV	75
14	工频耐压水平（高压）	kV	
	工频耐压水平（低压）	kV	
15	空载损耗	kW	≤33.69
16	负载损耗	kW	≤178.53
17	空载电流	%	0.31
18	铁心材料		硅钢片
19	绕组导体材料（高压/低压）		铜
20	变压器油		45 号
21	调压方式		有载调压
22	变压器总重	kg	78860
23	变压器油重	kg	20240

2 动力变压器重要部件

2.1 油枕及吸湿器

（1）带胶囊的储油柜是一个储存变压器中膨胀部分油的容器。储油柜容积的大小是根据油箱容积的大小和油的温度变化范围来定的。

（2）带有有载开关储油柜的储油柜：有载开关储油柜是主油柜的延伸部分，它通过一个端板与主油柜完全独立开，这种储油柜的长度是随有载开关油的容量改变的。

（3）主油柜与附油柜各有一个油位指示计的刻度盘可以按储油柜容量的 10% 标有相对应的刻度。

（4）发现有较多硅胶受潮变色时，说明硅胶已失去吸潮功能，必须更换硅胶。对单一颜色硅胶，受潮硅胶不超过 2/3。

（5）变压器运行时，油位、油温应与变压器铭牌油位温度指示曲线相一致。

2.2　指针式温度计

变压器设有油温温度计和绕组温度计共三块。

（1）RM 油温温度计（2 块）：用于变压器的油温测量，温度变化和温度值即指示在刻度盘上。

（2）RM 绕组温度计：绕组温度的测量是使用间接方法。绕组和冷却介质之间的温差决定于变压器绕组电流，电流互感器二次电流正比于绕组电流。将互感器二次电流连接到指针式温度计的加热电阻上，从而产生一个比实际油温高一个温差的温度指示值。用这种间接方法，可以得到一个平均或最大的绕组温度指示。

2.3　气体继电器

（1）气体继电器必须安装在被保护设备变压器油箱和储油柜之间的连接管路中，并使用了气体取样器。

（2）气体取样器的用途：气体取样器用于采集气体继电器中的气体。它可以在变压器上或变压器附近的正常操作高度上采集气样。使用它的优点是在气体继电器发出积聚气体的信号后，可以缩短变压器停电时间或不需要停电，可提高采取气样时的安全，操作简单。

（3）气体取样器的取气步骤：

1）卸下放油活门的密封帽。

2）打开放油活门，用合适的容器盛接流出的油。

3）在玻璃视窗看到油面线时关闭放油活门。

4）将密封帽在放油活门上旋紧。

5）打开放气活门的密封帽。

6）将气体分析仪或气体储气筒安装到放气活门上。

7）打开放气活门，按照要求作气体试验或采取气体。

8）取样完毕后关闭放气活门并拆下设备。

9）打开放气活门，放掉气体取样器中的剩余气体，当设备注油到规定高度，有油从放气活门溢出时，马上关闭放气活门。

10）将密封帽重新安装在放气活门上，这是气体取样器正常运行的必备条件。

2.4　压力释放阀

当油浸式变压器在运行中出现故障时，由于线圈过热，使一部分变压器油汽化，变压器油箱中压力迅速增加，这时压力释放阀在 2ms 内迅速动作，保护油箱不致变形或爆炸。油箱内的压力再升高而达到开启压力时，压力释放阀就再次动作，直到油箱的压力降到正常值。由于压力释放阀动作后能可靠关闭，油箱外的水和空气不能进入油箱，变压器内部不会受大气污染。其开启和关闭压力值如表 8-3 所示。

表 8-3　压力释放阀开启和关闭压力值　　　　　　kPa

开启压力	15	25	35	55	70	85
开启压力偏差	±5					
关闭压力（≥）	8	13.5	19	29.5	37.5	45.5
密封压力（≥）	9	15	21	33	42	51

3 变压器的运行及操作注意事项

3.1 一般规定

（1）变压器送电前必须试验合格，各项检查项目合格，指标满足要求，保护按整定配置要求投入，并经验收合格，方可投运。

（2）新安装、长期停用或大修后的变压器投运前，应仔细检查，确认变压器及其保护装置、冷却装置状态完好，变压器本体上无遗留物，临时接地线已拆除，分接开关位置三相一致且正确，各法兰阀门开闭正确，冷却系统工作正常，各接地点接地可靠，储油柜及套管等的油面合适，具备带电运行条件。

（3）新投运的变压器必须在额定电压下作冲击和闸试验 5 次，第一次间隔至少30min，以后每次间隔时间至少 5min。大修更换、改造部分线圈的变压器投运作冲击和闸试验 3 次。如有条件要先从零起升压，后进行正式冲击试验。

（4）变压器充电时应在保护装置齐全的电源侧用开关操作，停运时应先停负载侧，后停电源侧。

（5）变压器投运前，必须先投入冷却器，应逐台投入，并按负荷情况控制投入的台数。变压器退出运行时，先停变压器，冷却装置再运行一段时间，待油温不再上升后再停。

（6）变压器在运行中注油、滤油、补油、换油泵或更换吸湿器的吸附剂时，以及除采油样和气体继电器上部放气阀放气以外在其他所有地方打开放气、放油或进油阀门时，开、闭气体继电器连接管上的阀门时，在瓦斯保护及其二次回路上工作时，应将变压器重瓦斯投信号，此时其他保护装置仍应接跳闸。

（7）当变压器油位异常升高或呼吸系统有异常现象，需打开放气或放油阀时，应将变压器重瓦斯投信号。

（8）在预报可能有地震期间，应根据变压器的具体情况和气体继电器的抗震性能，确定重瓦斯保护的运行方式。地震引起重瓦斯动作停运的变压器，在投运前应对变压器及瓦斯保护进行检查试验，确认无异常后方可投入。

（9）变压器各侧避雷器对内部过电压和外部过电压均能起保护作用，运行中各侧避雷器须可靠投入。

（10）为了防止充氮灭火装置误启动，装置运行时将运行方式切至规定位置。

（11）变压器的最高上层油温一般不得超过 85℃。当环境温度或负荷异常升高时，必须缩短巡视周期，发现异常及时上报。油浸式变压器当冷却系统故障后，顶层油温不超过65℃时，允许带额定负载运行。

（12）变压器正常投运前 15 分钟应开启冷却器，正常停运后冷却器应继续运行半小时。在没有开动冷却器情况下，变压器不允许带负载运行，不允许长时间空载运行。运行中如全部冷却器突然异常退出运行，变压器在额定负载下允许再运行 20min。如 20min 后顶层油温尚未达到 75℃，则允许上升到 75℃，但在这种状态下运行的最长时间不得超过 1h。

冷却装置应由可靠的双电源供电，一路为正常工作电源，一路为备用电源，分别取自所用电室不同母线段。正常运行时，两路电源均应送电，由冷却装置自行切换，确保一路电源有故障时，应自动投入备用电源并发出音响及灯光信号。

3.2　主变压器的操作注意事项

（1）在投运变压器之前，运行人员应仔细检查，确认变压器及其保护装置在良好状态，具备带电运行条件，所有的保护和报警回路都必须投入运行，并注意外部有无异物，临时接地线是否已拆除，分接开关位置是否正确，各阀门开闭是否正确。

（2）主变压器的充电应用投入所有保护装置的变压器高压侧断路器向变压器充电。主变投入运行的操作顺序为：先投高压侧，再依次投中压侧和低压侧。停役操作与投运操作顺序相反。

（3）主变差动用电流互感器检修过程若有二次接线变动，主变充电时投入差动保护，充电后退出，待做完六角图正确后方可投入差动保护。

（4）变压器在投入运行前应首先合上冷却器控制箱的电源开关，使冷却器投入运行后再接上负载。停止运行时应先切断变压器负载然后再断开冷却器。

4　主变压器巡视及检查

4.1　变压器的正常巡视

日常巡视检查内容：

（1）变压器声响均匀、正常，各部位无渗油、漏油。

（2）变压器的油温和温度计应正常，主储油柜的油位应与温度相对应。有载开关储油柜的油位与温度相对应，顶层油温温度计、线圈温度指示计读数与运方控制温度读数一致。

（3）变压器三侧套管外部无破损裂纹、无严重油污、无放电痕迹及其他异常现象，引线接头应无发热迹象。

（4）各冷却器风扇、油泵运转正常，油流继电器工作正常。

（5）吸湿器完好，吸附剂干燥，油封油位正常。

（6）气体继电器内应无气体。

（7）有载分接开关的分接位置及电源指示应正常。

（8）检查变压器各部件的接地应完好。

（9）检查充氮灭火装置氮气瓶额定压力及电控柜内运行方式指示位置、油阀关、氮阀关等灯光、信号均正常。

（10）各类灯光、指示、信号应正常。

（11）各控制箱和二次端子箱、机构箱应关严，无受潮，温控装置工作正常。

4.2　新投入变压器的巡视

巡视重点及处理措施：

（1）油位变化是否正常，如发现假油位应及时查明原因，处理时注意将重瓦斯保护改投信号，防止误动跳闸。

（2）变压器正常声音为均匀的"嗡嗡"声，如发现响声较大且不均匀或有放电声，应判断为变压器内部有故障。

（3）用手触及每一组冷却器，温度应正常，以证实冷却器的有关阀门已打开。

（4）油温变化应正常，变压器带负荷后，油温应缓慢上升。

（5）对新投运变压器进行红外测温，记录各部位、元件的测试值。

4.3　变压器的特殊巡视

下列情况下应对变压器进行特殊巡视检查，并增加巡视检查次数：

（1）新投入或经过检修、改造的变压器在投运 72 小时以内。

（2）变压器有严重缺陷。

（3）气象突变（如大风、大雪、冰雹、寒流等）时应检查有无异物落到变压器带电部分上，检查套管、绝缘子有无严重电晕闪络和放电等现象，检查变压器顶盖至套管引线间有无积雪、挂冰情况，雷雨后，检查变压器各侧避雷器计数器动作及泄漏电流指示情况，并检查套管有无破损、裂纹及放电痕迹。

（4）变压器过负荷运行时，应检查并记录负荷电流，检查油温和油位的变化，检查变压器声音是否正常、接头是否发热、冷却装置投入量是否足够、运行是否正常、压力释放器是否动作过并及时汇报调度。

（5）变压器在急救负载运行和高温季节、高负荷期间，加强各方面的巡视，必要时投入备用冷却器。

5　主变压器异常及事故处理

5.1　变压器的异常运行及处理

（1）变压器在运行中，出现下列情况之一时，应立即汇报调度和动力厂相关领导，并跟踪监视，直到查出原因消除为止。

1）套管出现裂纹、渗油。

2）变压器声音异常增大。

3）变压器三侧引线和接头松动、发热变色，温度异常。

4）变压器负荷和冷却条件变化不明显，而油温异常升高。

5）冷却装置运行异常，有异常声响或发出异常信号。

6）气体继电器内部有气体或发出轻瓦斯信号。

（2）变压器在运行中，出现下列情况之一时，应立即汇报调度和公司有关部门，按命令将变压器停运，并做好记录和安全措施，待来人检修。

1）变压器内部响声异常、过大、很不均匀或有爆裂声。

2）油枕或压力释放器动作喷油。

3）变压器严重漏油，抢救无效，储油柜油位异常过低。

4）在正常负荷和冷却条件下，变压器油温和绕组温度超过规定值且不断升高，在规定时间内处理不掉。

5）套管有严重的破损及放电现象。

6）变压器冒烟着火。

（3）变压器油温和绕组温度过高报警时，应进行检查处理。

1）核对各温度表，根据负荷情况对各相温度表进行检查以确定各相温度是否过高。

2）检查冷却系统运行情况，若发现问题，在力所能及的条件下设法消除，使冷却系统恢复正常运行。

3）检查变压器三侧负荷情况，是否由过负荷引起。

5.2　对变压器过负荷的规定

（1）1 号、2 号主变正常情况下不允许过负荷。

（2）事故过负荷只允许在事故情况下使用，当遇到系统发生事故，电压周波下降，主变过负荷时，应立即汇报调度，尽快转移或限制负荷。

（3）出现事故过负荷，应将全部冷却器投入运行。做好负荷、温度、油面开始与恢复正常时间的记录。

（4）主变事故过负荷后应将过负荷倍数和持续时间记入变压器档案。

5.3　变压器事故处理

5.3.1　变压器差动保护动作

变压器配置两套纵联差动保护，作为变压器三侧开关 CT 以内电气设备短路故障的主保护，差动保护动作三侧开关跳闸。

差动保护动作的处理：

（1）复归音响及后台闪光，检查保护、自动装置动作情况，二人核对作好记录，经值班长允许后复归信号。

（2）检查差动保护范围内所有电气设备，有无短路、闪络等明显故障现象，检查变压器油温、油位是否正常。

（3）立即停用冷却系统，避免把内部故障部位产生的炭粒和金属微粒扩散到各处，或正常运行时自动停运。

（4）检查瓦斯继电器是否动作，内部有无气体。

（5）检查压力释放器是否动作，有无喷油现象。

（6）将检查结果和保护及自动装置动作情况汇报调度和公司有关部门。

（7）如检查设备确无明显故障现象，且故障录波器也未动作，有可能是差动保护误动作，在未查明误动原因前不得试送。

5.3.2　变压器轻瓦斯动作

变压器轻瓦斯动作处理：

（1）复归信号，立即检查瓦斯继电器内部有无气体，检查变压器油位、油温及声音是否异常，如瓦斯继电器内部有气体，则立即进行抽气检查。

（2）检查瓦斯继电器内部积储气体的颜色和进行点燃试验，并按表 8-4 判断故障的性质。

表 8-4　故障性质判断

气体颜色	可燃性	故障性质	气味
无色	不可燃	变压器内部有空气	无味
白色或淡灰色	可燃	内部绝缘材料有故障	强烈臭味
黄色	不易燃	木质故障	异味
灰黑色、黑色	易燃	油故障分解或铜铁故障引起油分解	异味

注：上述气体颜色在气体发生后几分钟就会消失，所以抽气和判别工作应迅速进行并注意安全。

（3）检查二次回路是否正常，有无直流接地现象。

（4）将检查结果做好记录，并汇报调度和公司有关部门。

5.3.3　变压器重瓦斯动作

变压器重瓦斯动作的处理：

（1）复归音响及后台监控，检查保护、自动装置动作情况，经二人核对作好记录，经值班长允许后复归信号。

（2）检查变压器油温和绕组温度是否正常。

（3）检查变压器压力释放器是否喷油。

（4）检查变压器瓦斯继电器内有无气体，是否可燃。

（5）保护及直流等二次回路是否正常。

（6）检查变压器外观有无明显反映故障性质的异常现象。

（7）必要的电气试验结果。

（8）变压器其他继电保护装置动作情况。

（9）将检查结果做好记录，并汇报调度和公司有关部门。

（10）在未查明原因之前，变压器不得试送电。

5.3.4　变压器跳闸和灭火

（1）变压器跳闸后，应立即查明原因。如综合判断证明变压器跳闸不是由于变压器本体故障所引起，经公司以上领导同意，方可重新投入运行。若变压器有内部故障的征象时，应作进一步检查。

（2）变压器外部着火时，应立即断开电源，停运冷却器，并迅速采取手动灭火措施，防止火势蔓延。

5.4　变压器的巡视检查

（1）变压器油位和温度计应正常，油枕的油位应与温度相对应，各部位有无渗油、漏油现象，油色是否正常。

（2）根据温度表的指示检查变压器上层油温是否正常。

（3）变压器的音响是否正常。

（4）启用的冷却器组数是否正确，分布是否合理，风机和油泵运转是否正常，有无金属碰撞声，油流继电器的指示是否在"流动位置"。

（5）呼吸器完好，呼吸畅通，吸潮剂干燥，硅胶潮解变色部分不应超过总量的1/2。

（6）压力释放阀是否完好，有无喷油痕迹。

（7）检查变压器铁芯接地线和外壳接地线是否完好，采用钳形电流表接地线电流值，应小于 0.5A。

（8）引线接头、电缆、母线有无发热迹象，接头温度不应超过70℃。

（9）有载分接开关的位置和电源指示应正确。

（10）干式变压器的外部表面应无积污。

（11）变压器室的门、窗、照明应完好，房屋不漏水，温度正常。

（12）检查瓷套管，应清洁，无破损、裂纹和放电打火现象。

5.5　变压器特殊巡视内容和要求

（1）气温骤变时，检查油位和瓷套管油位是否有明显的下降，各侧连接引线是否有断股或接头处发红现象。

（2）大风、雷雨、冰雹后，检查引线摆动情况及有无断股，设备上有无其他杂物，瓷套管有无放电痕迹及破裂现象。

（3）浓雾、毛毛雨、下雪时，瓷套管有无沿表面闪络和放电，各接头在小雨中和落雪后不应有水蒸气上升或立即熔化现象，否则表示该接头运行温度比较高，应用红外线测温仪进一步检查其实际情况。

（4）过负荷运行时，应检查并记录负荷电流，检查油温和油位的变化，检查变压器声音是否正常，检查接头是否发热，冷却器装置投入量是否足够，运行是否正常，防爆膜、压力释放器是否动作过。

（5）变压器发生短路故障或穿越性故障时，应检查变压器有无喷油，油色是否变黑，油温是否正常，电气连接部分有无发热、熔断，瓷质外绝缘有无破裂，接地引下线等有无烧断。

5.6　有载开关巡视检查项目

（1）电压指示应在规定电压偏差范围内。

（2）控制器电源指示灯显示正常。

（3）分接位置指示器应指示正确。

（4）分接开关储油柜的油位、油色、吸湿器及其干燥剂均应正常。

（5）分接开关及其附件各部位应无渗漏油。

（6）计数器动作正常，及时记录分接变换次数。

（7）电动机构箱内部应清洁，润滑油位正常，机构箱门关闭严密，防潮、防尘、防小动物，密封良好。

（8）分接开关加热器应完好，并按要求及时投切。

6　GIS 开关站巡视检查内容

6.1　断路器（表 8-5）

表 8-5　断路器巡视检查内容

外　观	开关指示器的显示状态是否与断路器的使用状态相同
	支架、外壳、螺栓、螺母等是否生锈或受损、污损
	螺栓、螺母是否有松弛现象
	有无异常声音和异常味道
机　构	有无计数器的操作次数，开关指示器是否指示正常，气体压力表压力值是否在正常范围内，液压压力是否在 32～34MPa 之间，每天的油是否在 2 次以内，油面是否处于油位表的绿色面以内
漏　气	有无气体系统的漏气，SF6 气体压力值不低于 0.5MPa，空气压力值不低于 1.5MPa
漏　油	有无液压操作机构的漏油
开关操作	分合指示器、计数器是否与操作断路器操作时正常对应

6.2　主母线（表8-6）

表8-6　主母线巡视检查内容

外　观	支架、外壳、螺栓、螺母等是否生锈或受损、污损，牢固无松动
	螺栓、螺母是否有松弛现象
	有无异常声音和异常味道
	引线连接是否紧固，无松动，接头温度是否不大于65℃

6.3　隔离开关、接地刀闸（表8-7）

表8-7　隔离开关、接地刀闸巡视检查内容

外　观	开关指示器的显示状态是否与隔离开关的使用状态相同
	螺栓、螺母等是否生锈或受损、污损
	螺栓、螺母是否有松弛现象
	有无异常声音和异常味道
开关操作	分合指示器、计数器是否与操作隔离开关操作时正常对应，连接拉杆是否变形，绝缘子是否有裂纹

6.4　电压互感器（PT）、电流互感器（CT）（表8-8）

表8-8　电压互感器（PT）、电流互感器（CT）巡视检查内容

外　观	仪器指数的显示状态是否与运行状态相同
	外表面、螺栓、螺母等是否生锈或受损、污损
	螺栓、螺母是否有松弛现象
	有无异常声音和异常味道
保护动作（PT）	二次短路保护器动作是否正常或完好

6.5　避雷器

（1）避雷器是否生锈和损伤，螺栓、螺母是否松动、生锈。

（2）是否有异常声响。

（3）计数器的显示是否正常。

（4）漏电电流是否正常。

6.6　瓷套

（1）检查各部瓷瓶及套管在运行中有无放电现象，有无裂纹及闪络痕迹。

（2）检查瓷瓶及套管的固定是否牢固。雷雨后，瓷质部位有无破裂和闪络痕迹。

6.7　就地控制柜、端子箱

（1）端子箱是否受潮。

（2）接线端子是否有松动现象。

（3）指示灯指示是否与实际相符。

（4）转换开关、操作开关是否正常。

（5）就地柜内各小开关是否合入正确，二次小线端子是否无松动打火现象。

（6）控制箱内各小开关是否合入正确，二次小线端子连接紧固是否无松动过热现象。

6.8　其他

（1）各照明灯器具是否完好。

（2）风机及控制空开是否完好。

（3）门窗是否完好，有无损坏。

7　10kV 高压开关柜

开关柜巡视检查内容：

（1）面板上通讯显示是否正常。

（2）开关柜运行声音是否正常、柜内有无异味。

（3）开关柜内接线端子是否有松动或脱落现象。

（4）开关柜的显示是否与实际运行情况一致。

（5）柜内照明是否完好。

（6）开关柜出线接头是否变色。

（7）柜内卫生是否清洁。

（8）电缆头是否有异常。

（9）开关柜柜门是否完好。

（10）各绝缘件有无破损、裂纹和烧伤痕迹。

（11）信号、仪表指示是否正确。

8　电力电缆

8.1　电缆的运行要求

（1）电缆线路的正常工作电压，不应超过电缆额定电压的 15%。

（2）10kV 电缆的表面温度在夏季最大负荷时不超过 45℃。

（3）运行中的电缆头、电缆中间接头盒不允许带电移动。

（4）发现电缆或电缆头冒烟时，必须先切断电源，再立即进行灭火。

8.2　电缆的巡视检查内容

（1）电缆线路的标志、符号是否完整。

（2）运行中的电缆通过的电流是否超过允许值。

（3）外露电缆是否有下沉及被碰伤的危险。

（4）电缆与公路排水沟的交叉处有无缺陷。

（5）电缆保护区内的土壤，构筑物有无下沉现象，电缆有无外露。

（6）有可能受机械或人为损伤的地方保护措施是否完善。

（7）电缆沟内的支架是否牢固，有无松动和锈蚀现象，有无积水，接地是否良好。

（8）电缆铅皮、钢带、中间接头、室内外头等是否有损伤或锈蚀。

（9）电缆头是否有脱脖、脱焊、放电、裂纹等异常现象。

（10）电缆头是否清洁、完整。

（11）电缆头接地是否良好，有无松动、断股和腐蚀现象。

（12）室内外头的引线包布是否松开，对地距离是否合格。

（13）对并联运行的电缆，在验电确认安全的情况下，用手触摸电缆的温度是否相似，必要时要测电流分布是否合理。

（14）风暴、雷雨或开关跳闸要做特殊检查，必要时要进行夜间巡视。

（15）电缆在检修后上头前必须核对相序。

第 5 节　现场应急处置

1　110kV 总降压站区域在发生事故时，值班人员必须迅速、准确、全面地向值班长报告事故经过、保护、信号动作、仪表指示及设备外部现象（同时汇报当班值班主任，属电网设备故障时还应由值班长向电网调度汇报），迅速而正确地执行值班长的命令，不得拖延。值班人员有权拒绝违章指挥。

2　110kV 总降压站区域的重大事故的处理，如属电网值班调度员管辖设备（网调或省调），供电整流区域处理事故中公司领导有权对有关人员发出指示，但不得与电网调度员的命令相抵触，必要时有权解除值班员职务，代行值班，但应立即汇报给当值电网调度员。

3　值班人员认为值班电网调度员或公司生产领导的命令有错误时应予指出，并解释清楚，确认值班电网调度员或公司生产领导发出的命令正确时，值班员应立即执行。

4　如果值班电网调度员或公司生产领导的命令直接威胁人身或设备安全，则不得执行。值班员应把拒绝执行的理由讲清楚，并汇报有关领导，且将情况填写在记录簿上。

5　在发生事故时，值班人员必须遵守下列顺序消除事故：

（1）根据仪表、信号指示、保护动作情况和事故的外部特征判断事故性质。

（2）解除对人身或设备的威胁，必要时停止设备运行。

（3）设法保持和恢复设备的正常运行，对未受损坏的设备进行隔离，保证其正常运行。

（4）迅速进行检查和试验，判明故障的性质、部位和范围。

（5）对已明确故障点的设备进行必要的隔离并组织人员进行检修，在检修人员未到达前，值班员应立即采取相应的安全技术措施。

6　为了尽快消除事故，下列各项操作可不经值班电网调度员或值班主任的同意，而自行操作。但操作完毕后，应立即汇报值班电网调度员或值班主任。

（1）有触电威胁人身安全的情形。

（2）有威胁设备安全的情形，如爆炸、起火等。

7　由下列原因造成设备停电时，必须如实汇报电力调度和值班主任、区域工程师，并尽快恢复供电：

（1）明显的误操作。

（2）人员误碰。

（3）继电器本身造成的误动作（需采取相应措施）。

8　发生事故时，如果值班人员与调度员之间通讯中断时，值班员可自行进行下列操作：退出并隔离故障设备后，投入备用设备的运行。

9　以上 1~8 条的内容必须做好记录，以备事故调查分析。

第 9 章　汽机岗位作业标准

第 1 节　岗 位 概 况

1　工作任务

（1）对汽轮机组的启停、调整、切换、试验、检查、日常维护及事故处理负责。

（2）对本岗位的交接班、巡检记录负责。

（3）对本岗位规定的卫生区域负责。

（4）对本岗位人身及设备的安全工作负责。

2　工艺原理

汽轮机是利用蒸汽做功的一种旋转式动力机械，它可将蒸汽的热能转换为汽轮机轴的回转机械能在汽轮机中，蒸汽在喷嘴中发生膨胀，因而汽压，汽温降低，速度增加，蒸汽的热能转变为动能。然后蒸汽流从喷嘴流出，以高速度喷射到叶片上，高速汽流流经动叶片组时，由于汽流方向改变，产生了对叶片的冲动力，推动叶轮旋转做功，叶轮带动汽轮机轴转动，从而完成了蒸汽的热能到轴旋转的机械能的转变。

3　工艺流程

背压机组工艺流程：

锅炉生产出来的新蒸汽经主蒸汽管道输送至 1 号汽轮机前，再由 1 号汽轮机调节汽门控制进入汽缸膨胀做功，冲动转子带动发电机发电，做过部分功的乏汽，由汽轮机尾部的两条排汽管汇集后由两条并列的供汽母管送输给氧化铝相关用户。

由 3 台循环流化床锅炉生产出来的过热蒸汽（额定压力 = 3.43MPa、额定温度 = 435℃）经主蒸汽母管、电动主气门、自动主气门、由 2 号汽轮机调节汽门控制进入汽缸膨胀做功，冲动转子带动发电机发电，做过部分功的蒸汽（$P = 0.785$MPa、$t = 284$℃）由汽轮机尾部排气端的两根排汽管汇集后进入两组并列的供汽母管送给全厂热用户用于氧化铝生产。

工作流程如图 9-1 所示。

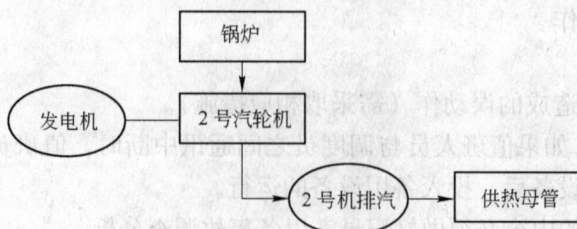

图 9-1　工作流程图

第2节 安全、职业健康、环境、消防

1 危险源辨识及控制措施

1.1 汽机岗位巡检线路

2号汽轮机本体和发电机→1号汽轮机本体和发电机→1号汽轮机辅机设备→2号汽轮机辅机设备→1号、2号、3号给水泵→1号、2号、3号循环水泵→1号、2号循环水加压泵→1号、2号冷却塔风机→1号、2号、3号除氧器。

1.2 危险源及控制措施

1.2.1 汽机间

行车钢丝绳断裂导致坠物伤人;行车吊物拴挂不牢导致坠物伤人;行车操作室门窗损坏,意外坠落;行车停运时未将行车门上锁人员不小心掉下;行车轨道接地失灵导致轨道带电;行车大、小钩失修,意外坠落;行车起吊限重装置失效,导致行车超载,坠物伤人;行车检修时未断电导致行车意外启动;在行车桥梁上作业未挂安全带;检修行车轨道时未挂安全带;高温管道裸露部分烫伤人;汽机运行中油系统泄漏发生火灾;接触发电机带电部分触电;人员不小心掉到地沟;人员不小心掉入坑洞坠落伤害。

控制措施:定期对行车进行检查,尤其是作业前后的检查;严禁行车超载运行;发现行车故障及时办理工作票挂牌处理;涉及高空作业必须系安全带;涉及密闭空间作业必须取得危险作业许可证;加强巡检,及时修复各地沟盖板;加强漏电保护检查,及时处理;加强保温检查,及时修复保温材料;正确穿戴和使用劳动防护用品。

1.2.2 热电循环水、除氧器

雨雪天循环水池周边湿滑导致人滑倒;冷却塔爬梯不牢固,导致巡检人员坠落;循环水池护栏缺失人员巡检时坠入循环水池;检修冷却塔时未挂安全带造成坠落事故;循环水泵裸露转动部位无防护罩或防护罩缺失导致机械伤害;电动机漏点导致触电事故;上下除氧器爬梯时速度过快且不扶扶手导致坠落;检修除氧器入罐作业时未严格执行入罐作业管理规定,未办理工作票。

控制措施:上下爬梯时不能过快,应扶好扶手,及时加强爬梯巡检,若有损坏及时上报修复;严禁用手接触运转设备裸露转动部位;检维修涉及高空作业必须系安全带;涉及密闭空间作业必须取得危险作业许可证。

2 安全须知

参见本篇第6章第2节2。

3 环境因素识别及控制措施

参见本篇第6章第2节3。

4 消防

参见本篇第6章第2节2。

第3节　作 业 标 准

1　汽轮机启、停的有关规定

1.1　组织规定

（1）汽轮机的启动、停止工作，必须在主管汽轮机班长的领导下，按值长调度的命令进行。

（2）下列工作必须在车间主任或主任指定技术人员监护下进行：

1）新机组的第一次试运行及大修后机组的启动。

2）危急保安器的超速试验。

3）设备经过重大改进后的启动或者有关新技术的第一次试用。

（3）禁止汽轮机启动运行的规定：有下列情况之一者，禁止汽轮机的启动运行。

1）任一保护装置动作不正常。

2）自动主汽门或任一调速汽门卡涩或者不能关闭严密。

3）调速系统不能维持空负荷运行或甩负荷后不能控制转速在危急保安器动作转速以下。

4）辅助油泵及盘车装置工作失常。

5）汽轮机轴承振动超过 0.05mm（临界转速超过 0.1mm）。

6）主要仪表失灵，如转速表、轴向位移表、胀差等。

7）汽轮机内部有不正常的响声。

8）汽机上、下汽缸内壁温差超过 50℃。

9）润滑油质不合格或油温低于规定值。

10）DEH 控制系统或 DCS 系统故障。

11）其他一些原因影响汽轮机经济、安全运行。

1.2　汽轮机调节系统的性能要求

（1）当主蒸汽及排汽参数正常，主汽门全开时，调节系统能维持汽轮机 3000r/min 的额定转数运行。

（2）当汽轮机瞬间甩负荷降至零时，调节系统应能控制汽轮机转速在危急保安器动作转速以内。

（3）调节系统的迟缓率不应大于 0.3%，对新装机组不应大于 0.2%。

（4）汽轮机运行中调节系统应能稳定地保持给定的电负荷与热负荷，当负荷变化时，调节汽门应能正常、平稳地开大或关小。

（5）汽轮机危急保安器应在制造厂规定的转速范围内动作，并能保证自动主汽门调节汽门关闭严密，保安器动作后复位转速一般应大于额定转速。

（6）DEH 控制系统和 DCS 系统经调试合格。

1.3　汽轮机在开、停机过程中，温升、温差控制范围（表9-1）

表 9-1　温升、温差控制范围

项　　　目	控 制 范 围
主汽管壁及自动主汽门壁温升率	≤5℃/min
调节级处汽缸内壁温升率	≤4℃/min（温降率≤1.5℃/min）
上、下汽缸温差	≤50℃

1.4　汽轮机冷、热态的划分

（1）汽缸调速级处下缸壁温度在 150℃ 以下为冷态。

（2）汽缸调速级处下缸壁温度在 150～250℃ 为温态。

（3）汽缸调速级处上缸壁温度不小于 300℃、下缸壁温度不小于 250℃ 或停机时间在 12 小时以内为热态。

2　汽轮机冲转的条件

（1）主蒸汽压力在 2.8MPa 以上，主汽温度在 360℃ 以上。

（2）调速油压 1.1MPa，脉冲油压 0.55MPa，润滑油压 0.08～0.15MPa，各轴承回油正常。

（3）冷油器出口油温不低于 25℃。

（4）盘车装置正常运行且未曾间断，汽缸内部无异常的摩擦声。

（5）汽轮机各保护装置已投入（低背压及发电机主保护除外）。

3　汽轮机的启动及接带负荷

3.1　启动前的准备工作

（1）班长接到车间值长启动汽轮机组的命令后应做好以下工作：

1）通知司机及有关值班人员，做好启动前的所有准备工作。

2）联系电气人员检查测量发电机绝缘，检查测量所有辅机绝缘，并根据汽机班长需要，接值长命令送上相关辅机电源。

3）通知公司调度联系热工仪表人员配合做有关联锁保护试验并投入所有仪表、相关联锁保护在工作位置。

4）给司机签发汽轮机启动操作票。

（2）司机接到班长启动汽轮机的命令后，应进行以下工作：

1）熟悉操作票内容，并认真填写。

2）检查确认所有检修工作已全部结束，检修遗留的杂物全部清理，现场打扫干净，照明完好。

3）联系电气试验机电联系信号正常。

4）准备好启动时所需工具（振动仪、转速仪、测温仪、记录报表、听针、阀门钩、加力杆、电筒、对讲机等）。

5）对系统进行全面检查。

3.2　系统检查

3.2.1　调节保安系统的检查

（1）自动主汽门及调速汽门应处于完全关闭状态，其冷却水门稍开，油动机开度在

"0"位，自动主汽门的启动阀在关闭位置，指针指在刻度盘 0mm 处。

（2）危急遮断器手柄应在推入位置，喷油试验滑阀手轮在正常位置。

3.2.2　油系统的检查

（1）油箱、油管、冷油器、油泵及各阀门均应完整，系统无漏油现象，有蒸汽管经过的地方要采取防火措施。

（2）油箱事故放油门一次门开启、二次门关严，油箱放水门放水完毕后关闭。

（3）在系统充油前油箱油位应在 +150mm 以上，油位计指示正确灵活。

（4）冷油器油侧放油门、放空气门关闭，准备投运的冷油器进、出油门及备用冷油器进油门应开启，备用冷油器出油门应关闭。

（5）高压交流调速油泵及交、直流润滑油泵进油门应全开，出油门稍开（开度 1/3）。

（6）润滑油压力开关仪表进油总门及各进油分门应开启，排油门应关闭。

（7）滤油器投入工作位置。

3.2.3　主蒸汽系统的检查

（1）主蒸汽母管电动隔离门（Q-201）及其旁路一、二次门应关闭。

（2）确认电动主汽门（Q-202）前无汽水后，做电动主汽门开、关、停试验应良好，然后将电动主汽门及旁路一、二次门关闭严密。

（3）电动主汽门前、后疏水的疏水门均应开启。

（4）自动主汽门冷却水进出水门均应开启。

3.2.4　本体疏水、排汽及其疏水系统的检查

（1）自动主汽门后导管疏水一、二次门应开启。

（2）调速汽门疏水一、二次门应开启。

（3）所有气缸本体疏水一、二次门应开启。

（4）启动对空排汽电动门应关闭，启动排气管疏水一、二次门应开启。

（5）机组排气管安全门排汽管疏水一、二次门应开启。

（6）疏水膨胀箱至疏水箱的放水门和排汽门均应开启。

（7）机组排汽至热管网段供热管所有疏水门均应开启。

3.2.5　轴封系统的检查

（1）前轴封三段、后轴封二段、自动主汽门门杆和调速汽门门杆二段漏汽至 2 号轴封加热器进汽门应关闭，进汽门前排大气门应开启。

（2）轴封加热器排大气门应开启。

（3）1 号、2 号轴封加热器疏水水封筒出水门应开启，水封筒底部放水门应关闭。

（4）前轴封二段和后汽封一段漏汽至 1 号轴封加热器进汽门应关闭。

（5）自动主汽门门杆和调速汽门门杆一段漏汽至除氧器进汽门关闭。

（6）除盐水母管至锅炉冷渣水进水母管进水总门均应开启，1 号、2 号轴封加热器进口门开启，出口门及旁路门关闭。

（7）2 号轴封加热器抽风机的进出口门开启。

3.2.6　循环冷却水系统的检查

（1）冷油器及空冷器滤水器的进、出口门开启，旁路门及排污门关闭。

（2）各台冷油器进口门开启，水侧排空气门关闭，出口门关闭。

（3）空冷器进口总门开启，进、出口分门开启，出口总门关闭，进水管排空气门打开排完空气后关闭。

（4）循环水泵具备启动条件后，视情况启动。

3.3　启动前应做的静态试验

确认三台辅助油泵电源已送至工作位，轴承油位在 1/3 ~ 1/2 之间，冷却水投入正常。将电源开关投至"就地"位置，盘动油泵转子应灵活不卡涩，然后将开关投至"远控"，启动交流润滑油泵运行 3 ~ 5 分钟排油管道内的空气，然后切换至高压交流调速油泵运行，仔细检查油系统应无漏油现象，将盘车装置与机组大轴齿轮啮合后投入电动盘车，开始逐项做试验。

3.3.1　危急保安器手动试验

（1）机组就地挂闸。

（2）确认主蒸汽母管电动隔离门及旁路门、电动主汽门及旁路门在关闭位置，缓慢旋转自动关闭器的启动阀手轮，逐步开启自动主汽门 10 ~ 15mm（必须脱开自动主汽门关闭信号辅助触点），开启调速汽门。

（3）手打机头危急遮断器手柄，就地观察自动主汽门、调速汽门应迅速关闭。

（4）将启动阀手轮旋转，全关自动主汽门。

3.3.2　DEH 打闸试验

按手动危急遮断油门试验的方式开启主汽门和调速汽门，手按 DEH 手操盘上的打闸按钮，自动主汽门、调速汽门应迅速关闭。将启动阀手轮旋转，全关自动主汽门。

3.3.3　轴向位移保护试验

（1）联系热工仪表人员配合，进行轴向位移保护试验。

（2）将自动主汽门开启 10 ~ 15mm（自动主汽门关闭信号辅助触点必须脱开），同时开启调速汽门。

（3）投入机组轴向位移保护联锁开关。

（4）输入模拟轴向位移数值。

（5）轴向位移达到 + 1.0mm（ - 0.6mm）时发出声光报警信号， + 1.4mm（ - 0.8mm）时电磁保护装置动作，自动主汽门及调速汽门关闭。

（6）将模拟值恢复正常，退出轴向位移保护联锁开关。

（7）断开电磁保护装置开关，全关自动主汽门，恢复正常。

3.3.4　回油温度和轴瓦温度高保护试验

（1）联系热工人员配合，进行回油温度和轴瓦温度高保护试验。

（2）将自动主汽门开启 10 ~ 15mm（必须脱开自动主汽门关闭信号辅助触点），开启调速汽门。

（3）投入回油温度和轴瓦温度高保护联锁开关。

（4）模拟任一回油温度，当回油温度达 65℃时，发出声光报警信号，当回油温度升高至75℃时，电磁保护装置动作，自动主汽门、调速汽门迅速关闭。

（5）模拟任一轴瓦温度，当轴瓦温度达 95℃时，发出声光报警信号，当轴瓦温度升高至100℃时，电磁保护装置动作，自动主汽门、调速汽门迅速关闭。

（6）将模拟值恢复正常，退出回油温度和轴瓦温度高保护联锁开关。

（7）断开电磁保护装置开关，全关自动主汽门，恢复正常。

3.3.5　超速保护试验

（1）联系热工仪表人员配合，进行超速保护试验。

（2）将自动主汽门开启 10～15mm（必须脱开自动主汽门关闭信号辅助触点），同时开启调速汽门。

（3）投入超速保护联锁开关。

（4）输入模拟转速值达到 3330r/min 时电磁保护装置动作，自动主汽门、调速汽门关闭。

（5）将模拟值恢复正常，退出超速保护联锁开关。

（6）断开电磁保护装置开关，全关自动主汽门，恢复正常。

3.3.6　低油压保护联锁试验（盘车装置应投入）

（1）联系热工仪表人员配合，进行低油压保护联锁试验。

（2）将自动主汽门开启 10～15mm（必须脱开自动主汽门关闭信号辅助触点），开启调速汽门。

（3）投入机组低油压保护联锁开关和各台油泵的联锁开关。

（4）关闭低油压继电器进油阀，缓慢开启低油压继电器放油阀。

（5）当润滑油压降到 0.08MPa 左右时，发出声光报警信号，当润滑油压降到 0.055MPa 时，交流润滑油泵联锁启动，并发出声光信号，此时应将交流润滑油泵联锁及操作开关断开。

（6）当润滑油压将到 0.04MPa 时，直流润滑油泵联锁启动，发出声光信号，此时应将直流润滑油泵联锁及操作开关断开。

（7）当润滑油压降到 0.02MPa 时发出声光信号，电磁保护装置动作而停机，自动主汽门、调速汽门迅速关闭。退出低油压保护联锁开关。

（8）当润滑油压降到 0.015MPa 时，盘车自动停止，发出声光信号，退出盘车联锁保护开关。

（9）关闭低油压继电器放油阀，开足低油压继电器进油阀，检查润滑油压应恢复正常。

（10）退出汽轮机低油压保护及各油泵联锁开关。

（11）断开电磁保护装置开关，全关自动主汽门，恢复正常。

3.3.7　发电机油开关跳闸试验

（1）联系电气人员配合，进行发电机油开关跳闸试验。

（2）投入发电机主保护动作联锁开关。

（3）将自动主汽门开启 10～15mm（必须脱开自动主汽门关闭信号辅助触点），开启调速汽门、电动主汽门。

（4）联系电气人员合上发电机主油开关后，调门应关闭后又缓慢开启，当调门全开后联系电气人员断开发电机主油开关。

（5）当主油开关保护正常跳闸时，检查调速汽门应迅速关闭后又缓慢开启，电动主汽门联锁关闭，而自动主汽门不关闭。

（6）通知电气人员恢复。

（7）退出发电机主保护动作联锁开关。

（8）断开电磁保护装置开关，全关自动主汽门，恢复正常。

为保证油开关跳闸试验的准确性，汽机和电气互相配合各做一次。

3.3.8 发电机故障跳闸试验

（1）联系热工仪表人员、电气人员配合，进行发电机故障跳闸试验。

（2）投入发电机主保护动作联锁开关。

（3）将自动主汽门开启 10～15mm（必须脱开自动主汽门关闭信号辅助触点），开启调速汽门、电动主汽门。

（4）联系热工仪表人员模拟发电机故障信号，自动主汽门、调速汽门应迅速关闭，电动主汽门联锁关闭。

（5）通知热工仪表、电气人员恢复。

（6）退出发电机主保护动作联锁开关。

（7）断开电磁保护装置开关，全关自动主汽门，恢复正常。

所有试验合格并符合要求后，维持高压交流调速油泵运行，重新投入盘车，开始暖管。

3.4 主蒸汽管的暖管

（1）暖管至自动主汽门前。联系锅炉缓慢开启锅炉的1号、2号、3号炉侧主汽门，全开机侧电动主汽门的旁路一、二次门，全开主蒸汽母管电动隔离门的旁路一次门，微开其旁路二次门过汽暖管，仔细倾听管道内有无水击和振动声，确认管道无异常后开大二次门，汽压保持在 0.2～0.3MPa，进行低压暖管 20～30 分钟。

（2）逐渐开大主蒸汽母管电动隔离门的旁路二次门，以 0.1MPa/min 的速度将主汽管升压至 1.0～1.2MPa，进行中压暖管 5～10 分钟。在升压过程中，应及时关小主汽管上的疏水门开度，减少外排损失。

（3）继续开大主蒸汽母管电动隔离门的旁路二次门，以 0.2MPa/min 的速度将主汽管升至全压。旁路二次门全开后，开启主蒸汽母管电动隔离门，然后关闭其旁路一、二次门。

（4）暖管及升压过程中应注意事项：

1）管道不应有冲击和振动，否则应停止升压并加强疏水。

2）管道膨胀无阻，各支吊架受力均匀。

3）升压过程适当调整旁路门开度，使汽温提升速度不超过 5℃/min。

4）若汽机本体要进行倒暖，则主汽管应暖至电动主汽门前，待本体倒暖结束后，再将主汽管的暖管范围延伸至自动主汽门前。

3.5 冲转及暖机

（1）手动挂闸。接到班长冲转的命令后，司机或副司机就地将启动阀摇至最低位，复位危急遮断器，当安全油压建立后，主汽门自动打开，挂闸工作结束，"挂闸"灯亮。然后按"运行"按钮，转速控制面板亮，机组进入等待冲转状态。

（2）冲转。设定目标 500r/min，设定升速率 100r/min，机组转速以默认的升速率向目标转速靠近。注意：升速率的设定一般冷态 100r/min、温态 200r/min、热态 300r/min、极热态 500r/min（升速率的设定可根据机组的实际情况适当调整）。

（3）低速暖机。转子冲动后应注意盘车装置是否自动脱开，停运盘车电动机，倾听汽缸内是否有异声，机组转速升至 480～499r/min，"暖机"指示灯变红，机组维持 500r/min 低速暖机 20min，暖机时间到或单击"暖机"按钮结束暖机。设定目标转速 1200r/min，机组以 100r/min 的升速率继续升速。

（4）中速暖机、过临界。机组转速升至 1180～1199r/min，"暖机"指示灯变红，机组维持 1200r/min 中速暖机 15min，暖机时间到或单击"暖机"按钮结束暖机。设定目标转速 2500r/min，机组自动以 400r/min 的升速率冲过临界区，升速率自动回复到原值 100r/min。

（5）高速暖机。转速升至 2480～2499r/min，"暖机"指示灯变红，机组维持 2500r/min 高速暖机 15min，暖机时间到或单击"暖机"按钮结束暖机。

（6）3000r/min 定速。高速暖机结束，设定目标转速 3000r/min，机组继续升速，转速升至 2950r/min，机组升速率自动改为 50r/min 平稳升至 3000r/min。

（7）冷态启动升速、暖机时间分配如表 9-2 所示。

表 9-2　冷态启动升速、暖机时间分配表

内　容	时间/min	内　容	时间/min
冲转 500r/min 全面检查	5	2500r/min 停留暖机	15
500r/min 停留暖机检查	20	2500～3000r/min 均匀升速	10
500～1200r/min 均匀升速	20	3000r/min 暖机检查	10
1200r/min 停留暖机检查	15	总　计	100
1200～2500r/min 过临界、均匀升速	5		

3.6　注意事项

（1）暖机过程中应仔细检查以下各项：

1）油温、油压、油箱油位。

2）各轴承的温度及回油情况。

3）高压交流调速油泵的工作情况。

4）汽轮机各部位的膨胀情况。

5）汽缸上下半的温差应不超过 50℃。

6）机组振动。

（2）操作人员在用 DEH 控制升速过程中：

1）单击转速控制框中的"保持"按钮，机组维持当前转速，若机组转速在临界区内，按"保持"按钮无效，若冲转过程中机组出现异常情况，应停止继续升速，通过按"保持"按钮维持当时转速不变，对机组仔细全面的检查，待一切正常后再继续升速。

2）操作人员可随时修改目标转速和升速率。

（3）冲动后盘车装置应自动脱开，盘车电动机自动停止，否则应手动停下盘车电动机。如盘车装置未脱开，应立即紧急停机。冲动后应经常用听针仔细倾听汽轮机内部声音，注意各道轴承的振动及润滑情况，应无异常现象。

（4）在升速暖机过程中应注意以下事项：

1）新机组第一次启动，暖机时间应适当延长。特别是低速暖机时间应比正常暖机时

间延长 2 ~ 3 倍。

2）转子冲动后即启动排油烟风机运行。

3）在临界转速以前，振动不超过 0.03mm，当转速接近临界转速（1400r/min）时，应使转子迅速平稳地通过，不准停留，过临界转速时，轴承振动最大不超过 0.1mm，如出现异常振动应降低转速至振动不超过 0.03mm，在此转速下暖机 15 分钟以上再提升转速，此过程重复不得超过三次，否则应停机处理。

4）当转速升至 3000r/min，主油泵出口油压达 1.1MPa 时，高压交流调速油泵电流降至空载电流，缓慢关闭高压调速油泵出口门至全关，停下高压油泵，注意油压的变化应正常，重新开启高压交流调速油泵出油门，投入油泵连锁备用。

5）全速后，即全开电动主汽门，并关闭旁路门。

6）润滑油温度达 40℃时，投冷油器。开启需投用的冷油器进口门，控制冷油器出口油温在 35 ~ 45℃范围。

7）视轴封漏汽情况，适时投入 1 号、2 号轴封加热器运行。投入方法：开启 1 号、2 号轴封加热器水侧出口门、进口门，缓慢开启漏汽门直至全开，稍开轴加工作蒸汽门维持进汽压力 0.5 ~ 1.0MPa，开启 2 号轴加抽风机进出口门，启动抽风机运行（正常运行时一用一备），关闭轴封漏汽排大气门，轴封漏汽母管真空应在 15kPa 以上，汽轮机前、后轴封不应冒汽。

4　汽轮机的热态启动

4.1　热态启动的条件

（1）上、下缸内壁温差不超过 50℃。

（2）转子弯曲度比原始值不大于 0.03mm。

（3）主蒸汽温度应比上缸内壁高 50℃以上，且应有 50℃以上的过热度。

（4）冷油器出口油温在 35℃以上。

（5）启动前盘车应连续运行，不曾间断过，否则启动前的盘车不得少于 4 小时。

（6）差胀在控制范围内。

4.2　热态启动升速、暖机时间分配（表9-3）

表9-3　热态启动升速、暖机时间分配表

转　速	时间/min	转　速	时间/min
冲动转子后升速至 500r/min	2	检查并维持 2500r/min	5
检查并维持 500r/min	8	均匀升速至 3000r/min	5
均匀升速至 1200r/min	5	全面检查 3000r/min	10
检查并维持 1200r/min	10	总　计	50
均匀升速至 2500r/min	5		

4.3　热态启动注意事项

（1）启动前必须充分暖管至电动主汽门前，加强疏水，暖管升压时间可适当缩短。

（2）冲转后根据汽缸温度变化情况确定暖机时间。如汽缸温度下降，应缩短暖机时间，控制胀差不应出现负值，若胀差出现负值，应尽快升速到额定值。

（3）全速后全面检查机组情况，无异常后应尽快并入电网。

（4）其他操作（包括 DEH 操作）与冷态启动相同。

（5）热态启动应严密监视振动情况，一旦发生异常振动，振动值达 0.03mm 时，应立即降速，查明原因后再升速。如再出现异常振动，立即打闸停机，查明原因后方可重新启动。过临界转速时，振动亦不应超过 0.1mm。

5　汽轮机空负荷试验

5.1　空载试验要求

（1）转速保持在 3000r/min。

（2）主油泵出口油压 1.1MPa。

（3）脉冲油压 0.55MPa。

（4）各轴承瓦度、回油温度及润滑油压正常。

（5）各轴承振动小于 0.03mm。

（6）正确记录所有测量仪表读数。

（7）空负荷试验应有车间领导或技术员在场监护。

5.2　试验项目

5.2.1　调节系统实验

（1）增加或降低机组转速，转速应平稳地上升或下降。

（2）分别试验危急遮断器、轴向位移、电磁保护装置，试验方法及要求与静态试验相同。

5.2.2　空负荷喷油试验

（1）喷油试验应在额定转速下进行。

（2）降低转速至 2900r/min 左右。

（3）首先将喷油试验装置中的切换阀手柄压下并保持到试验结束，将危急遮断油门从保安系统解除。

（4）再旋转注油阀手轮，使注油滑阀到底，危急遮断器飞环在离心力和油压力的作用下飞出使危急遮断油门动作（挂钩打脱），记录动作转速。

（5）危急遮断器动作后，先旋起注油阀，再用复位阀将危急遮断油门重新挂闸，然后放松切换阀手柄，使危急遮断油门重新并入保安系统。

试验完毕后才能松开油路切换阀，否则将引起跳机，机组正常运行时，不得动注油阀。

5.2.3　超速试验

（1）在下列情况下均应作超速试验：

1）设备大修后或新安装机组第一次启动。

2）检修中拆卸过调节系统。

3）机组连续运行 2000 小时以上。

4）停机一个月以后再启动。

5）当主油箱透平油质恶化换上新油后。

（2）试验要求：

1）危急遮断器动作转速应在 3330～3360r/min 之间。

2）超速试验必须在手动危急保安器、轴向位移遮断器和电磁保护装置动作正常后方可进行。

3）大修后超速试验应进行三次，前两次动作转速差不应超过 0.6%，第三次和前两次平均值之差不应超过 1%。

4）在做超速试验前禁止做喷油试验，以免影响动作转速。

5.2.4 试验准备工作

（1）维持转速在 3000r/min，准备好准确的转速表。

（2）先做手动脱扣试验（就地打闸停机）合格。

（3）自动主汽门、调速汽门严密性试验合格。

（4）试验控制阀在正常位置。

5.2.5 103% 超速限制试验

（1）按"103 试验允许"按钮，允许做 103% 超速试验。

（2）设置目标转速大于 3090r/min，机组转速逐渐升高，到 3090r/min 时，调门全关。

（3）修改目标值为 3000r/min。

5.2.6 DEH 电超速 110% 保护试验

（1）按"110 试验允许"按钮，允许做电气 110% 超速试验。

（2）设置目标转速大于 3300r/min，此时目标转速最高可设定为 3360r/min。

（3）修改合适的升速率，机组转速逐渐升高，到 3300r/min 时，DEH 开出跳机信号到 ETS 打闸，记录试验结果。

5.2.7 机械超速 110% 试验方法

（1）按"110 试验允许"按钮。

（2）设置目标转速为 3360r/min，此时电气超速 3390r/min 作为后备。

（3）飞环击出机组跳闸，记录试验结果。

（4）试验完毕，将 DEH 手操盘上超速试验钥匙开关置于"正常"位。

（5）如果转速升高至 3360r/min 仍不动作，应立即打闸停止试验，在经过调整后再做试验，如动作信号灯亮，则经过复位后重新再来一次。在升速过程中应注意监视机组的运转情况，特别是机组各推力瓦温、轴承瓦温、回油温度，油压等应正常。

（6）待转速降至 3000r/min 以下时，才可重新挂上危急保安器。

超速试验时应严格遵守汽轮机制造厂关于超速试验的有关规定，由于机械超速一般提前于电气超速动作，所以只能模拟做电气超速 110% 试验。

5.2.8 背压安全门试验

（1）关闭排汽管上的疏水门。

（2）逐渐关小背压排空门。提升背压至 0.4MPa（注意升压速度排汽温度不超过 4℃/min），做手动试验一次，动作正常。

（3）调整弹簧安全阀，使安全阀动作压力为 0.875MPa。试验完毕后，将背压调整到 0.2～0.4MPa 范围内。

6　并列与带负荷

6.1　并电网

（1）发电机并列应具备以下条件：

1）汽机 3000r/min 运行稳定，调速系统特性符合要求。

2）各项保护装置试验工作结束，且符合规定值并投运（"高背压保护"除外）。

（2）全面检查主、辅机各部运行正常，报告班长，向电气主控室发"注意"、"可并列"信号。

（3）发电机油开关刚合闸时，DEH 立即根据主汽压力的大小自动带上初始负荷，避免出现逆功率运行。而后，DEH 自动转为阀控方式，然后即可进行升负荷操作。注意：不准在电调升速过程中将系统切换至紧急手动，此时若切紧急手动机组将跳闸。

6.2　并热网

（1）维持减压器后低压母管压力稳定。

（2）完成对减压器的倒暖工作，并开启出口门，关闭旁路门。

（3）缓慢关小向空排汽电动门，提高背压略高于供汽母管压力 0.01～0.05MPa，然后逐渐全开机组排汽电动门，将机组并入热网。

（4）全管机组启动排汽电动门，用 DEH 维持初始的电负荷不变。

（5）稍开主气门、调速汽门门杆漏汽至除氧器门后疏水，投门杆漏汽至除氧器后关闭疏水。

（6）随着负荷的升高，根据需要，与减压器进行热负荷的切换工作。

6.3　带负荷

6.3.1　带负荷的两种方式

（1）阀位控制方式。并列带初始负荷后，DEH 自动转为阀控方式可通过点按阀位增、快增、减、快减按钮直接控制高压调门的开度来控制负荷，加减负荷速度见表 9-4。

表 9-4　汽轮机冷态启动带负荷时间分配表（共 96min）

负荷/kW	加负荷速度	时间/min	负荷/kW	加负荷速度	时间/min
500（暖机）	保持 500kW	10	2000～5000	每 4min 升 500kW	24
500～2000	每 4min 升 500kW	12	5000（暖机）	保持 5000kW	15
2000（暖机）	保持 2000kW	15	5000～15000	每 1min 升 500kW	20

（2）功率控制方式。按"功控"按钮进入功控方式，设置适当的负荷率和目标功率，机组功率自动以当前负荷变化率向目标功率靠近，系统处于功控状态时，单击"保持"按钮，"保持"按钮灯变红，机组维持当前给定功率不变，负荷变化率见表 9-5（可根据机组实际情况调整）。

表 9-5　汽轮机热态方式带负荷时间分配表（共 40min）

负荷/kW	2000～5000	5000	5000～15000
时间/min	10	15	15

6.3.2　并电网带负荷后的工作

（1）投空冷器，保持发电机进口风温在 20～40℃ 范围内。

（2）调节冷油器出口油温保持在 35～45℃ 范围内。

（3）主汽温度在 410℃ 以上时，可关闭主蒸汽管道上的疏水门以及导汽管疏水门。

（4）注意机组振动，不应超过 0.03mm，如果超过，则应降低负荷，并查明振动原因，再进行加负荷。

（5）低负荷运行时间不应过长，注意排汽温度不应超过 300℃。

6.3.3 在带负荷过程中的注意事项

（1）带负荷速度不能超过 500kW/min，并严格控制温升及温差。

（2）调速汽门动作灵活、无卡涩、无摆动。

（3）经常检查汽温、汽压、油温、油压、风温、轴向位移、胀差、各支持轴承及推力轴承轴瓦温度应正常。

（4）仔细倾听机组内部声音，检查各轴承油流及振动情况。

（5）在带负荷过程中，如发现有不正常振动，应立即减少负荷，直到振动消失为止，并在此负荷下稳定 10~15min，再增加负荷。如果振动重新出现，则再次减负荷，但此项操作不超过三次。

（6）热态启动带负荷可快速进行，使机组尽快达到调节级上缸金属所对应的工况点，避免汽缸冷却。

7 汽轮机的正常停机

7.1 停机前的准备工作

（1）班长接到值长调度停机命令后，给司机签发汽轮机停机操作票，并做好停机的监护、协助和相关岗位之间的协调工作。

（2）司机接到停机操作票后，应熟悉操作票内容，并进行填写，联系相关岗位人员，做好停机准备。

（3）试验各油泵启、停正常，盘车电动机空转正常。

（4）联系进行 2 号汽机排汽与减压器倒换操作，准备切换热负荷。

7.2 汽轮机的减负荷

（1）用阀控或功控方式以 500kW/min 的速度均匀减负荷。

（2）减负荷的过程也就是热负荷的转换过程，应注意 2 号汽机与减压器岗的调整，维持供汽参数稳定。

（3）当负荷降到 1000kW 左右时，关闭门杆漏汽至除氧器进汽门，退出低背压保护，稍开背压管道上的启动对空排汽门（开度约为 1/4）后，缓慢关闭 2 号机排汽电动门至全关与热网解列，缓慢全开启动对空排汽门。

（4）在减负荷过程中，应开启汽机本体、抽汽管道及背压管道上的相关疏水，主汽温度低于 400℃，应开启主汽管、导汽管及调速汽门疏水。

（5）负荷降至 0 时，应注意调速汽门凸轮转角为空负荷位置，若发现调速汽门卡涩不能关闭或关闭不严密时，在未采取可靠措施前，严禁解列发电机。

7.3 停机

（1）机组空负荷运行无异常情况后联系电气人员解列发电机。

（2）接到电气"注意"、"已解列"信号后，检查汽轮机应能维持空转运行。倘若调速系统不能维持空转，出现超速现象，应立即在主控室远程打闸，关闭主汽门停机。

（3）启动交流润滑油泵运行。

（4）将自动主汽门关闭至 20mm 的开度，看好时间后手拍危急保安器，注意自动主汽门、调速汽门关闭到 0 位，汽机转速应下降。

（5）关闭电动主汽门及主汽母管电动隔离门。

（6）轴封漏汽切换排大气，停下轴封加热器运行。

（7）在转速下降过程中注意倾听机组内部声音，特别是轴封处，并注意汽轮机的振动情况及轴承油流情况。

（8）转速至 0，立即启动盘车装置运行，并准确地记录好机组的惰走时间，惰走时间与过去比较应一致。

（9）关闭空冷器进水门，根据润滑油温度下降情况，关小冷油器水侧进口门直至全关。

（10）将汽轮机主汽管、汽轮机本体、排汽管道上的各点疏水开启。

（11）关闭自动主汽门操作座、调速汽门凸轮轴支架冷却水进水门。

无论采取哪种方式停机，在打闸关闭后，应就地将自动关闭器的启动阀往逆时针方向旋转至刻度盘 0mm（待定）处，切断安全油路，防备在机组恢复时挂闸造成转速飞升事故。

7.4 转子静止后的工作

（1）转子惰走结束后，立即投入盘车装置运行。

（2）盘车装置的运行规定：

1）盘车运行过程中，直流油泵及盘车的低油压联锁保护必须投入。

2）连续盘车，直至上缸内壁温度降至 150℃，且上下缸内壁温差小于 50℃ 时，才可停止盘车，并停下交流润滑油泵及排油烟风机。

（3）当盘车装置中断运行或不能正常投运时，应采取以下措施：

1）由于特殊原因，并经车间领导同意而停止盘车时，应记准停车时间，做好转子原始位置的标记，在重新投运盘车时，应先将转子盘转动 180°，停留一段时间（相当于盘车因故停运时间的 1/2，或视转子弯曲程度而定），然后投入连续盘车，如具备手动盘车条件时，应每小时盘动转子 180°。

2）转子惰走结束后，若盘车装置不能正常投运，应记录好转子静止时间，在转子上做好原始位置的标记，每隔一小时手动盘车 180°。

3）一旦遇到盘车投不上的情况，应立即汇报车间领导，并先行查找原因，设法处理。

第 4 节 质量技术标准

1 背压式汽轮机的主要技术指标（表 9-6）

表 9-6 背压式汽轮机的主要技术指标

序 号	项 目	控 制 指 标	单 位
1	主蒸汽压力	3.43（范围 3.23～3.63）	MPa
2	蒸汽流量（额定负荷）	160（高背压工况 183，低背压工况 148）	t/h
3	主蒸汽温度	435（范围 420～440）	℃

序　号	项　目	控　制　指　标	单　位
4	排汽压力	0.685 ~ 0.985	MPa
5	排汽温度	254 ~ 284	℃
6	调速油压	1.1	MPa
7	脉冲油压	0.55	MPa
8	主油泵入口油压	0.098 ~ 0.12	MPa
9	润滑油压	0.08 ~ 0.15	MPa
10	润滑油温	35 ~ 45	℃
11	轴承回油温度	< 65	℃
12	滤油器前后压差	0.0196 ~ 0.0392	MPa
13	1 号、2 号汽封抽汽器吸入压力	0.093 ~ 0.97/0.101 ~ 0.127	MPa
14	推力瓦温度	< 80	℃
15	发电机静止线圈温度	≤75（温升）	℃
16	发电机入口风温	20 ~ 40，25 ~ 35 最佳	℃
17	发电机进出风温差	≤35	℃
18	轴承处振动	≤0.03	mm
19	轴向位移	− 0.7 ~ + 1.3	mm
20	相对膨胀差	< 30	mm
21	轴封加热器出水温	27 ~ 33	℃
22	轴封加热器出正常水位	140（高水位 170，低水位 110）	mm
23	油箱油位	− 150 ~ + 150	mm

2　背压式汽轮机的其他技术指标

（1）盘车速度 5r/min，当转速超过该转速时回转设备应自动退出。

（2）机组在下列情况下，可发出额定功率并允许长期运行：

1）排汽背压小于设计背压，在低限范围内，初参数在规定范围内。

2）排汽背压大于设计背压，在高限范围内，主蒸汽初参数大于或等于额定值，在允许范围内。

3　调节油系统特性参数（表 9-7）

表 9-7　调节油系统特性参数

项　目	单　位	数值范围	备　注
调速系统转速不等率	%	4.5 ± 0.5	
调速系统迟缓率	%	< 0.3	
调压器压力不等率	%	10	
轴向位移许可值	mm	± 0.8	

项　目	单　位	数值范围	备　注
危急遮断器动作转速	r/min	3330 ~ 3360	
危急遮断器动作后转子飞升转速	r/min	< 3270	
注油试验时危急遮断器动作转速	r/min	2900 左右	机组正常运行时，不得动注油阀
危急遮断器复位转速	r/min	3055	
自动主汽门关闭时间	s	< 1	
主油泵出口油压	MPa	1.1（表压）	
主油泵进口油压	MPa	0.098（表压）	
脉冲油压	MPa	0.55（表压）	
润滑油压	MPa	0.08 ~ 0.15（表压）	

4　汽轮机磁力断路油门动作

汽轮机磁力断路油门动作会使自动主汽门及调速汽门关闭，以下因素可使其动作：

（1）汽轮机转速达 3360r/min。

（2）轴向位移指示达 + 1.4mm。

（3）润滑油压力低于 0.02MPa。

（4）发电机故障。

（5）停机按钮接通。

（6）排汽背压力低于正常值 0.2MPa。

（7）轴承回油温度高于 75℃。

（8）DEH 系统停机。

5　装有低油压继电保护汽轮机动作数据

汽轮机装有低油压继电保护，其动作数据如下：

（1）当润滑油压降到 0.08MPa 时，发油压低报警信号。

（2）当润滑油压降到 0.055MPa 时，联动交流润滑油泵。

（3）当润滑油压降到 0.04MPa 时，联动直流润滑油泵。

（4）当润滑油压降到 0.02MPa 时，联锁故障停机。

（5）当润滑油压降到 0.015MPa 时，联动停止盘车。

6　生产过程控制

6.1　汽轮机运行中主蒸汽压力和温度变化时的规定

（1）当蒸汽压力为 3.73MPa 或汽温为 445℃ 时，每次运行不超过 30min，全年累计不超过 20h。

（2）当蒸汽压力高于 3.73MPa 或汽温高于 445℃ 时，应紧急停机。

（3）当蒸汽压力小于 3.23MPa 或汽温低于 420℃ 时，应减负荷。

（4）当汽温低于 375℃ 时，应紧急停机。

6.2　负荷限制规范

（1）进汽压力低于 3.23MPa 时，每降低 0.1MPa 由额定负荷降低 1100kW，当压力降至 2.13MPa 时，负荷降到零。

（2）进汽温度低于 420℃，每降低 3℃，由额定负荷降低 800kW，汽温降至 375℃ 时减负荷至零。

（3）汽压汽温同时下降所减负荷，为各自减负荷量之和。

（4）排汽管的安全阀动作两次后，故障还消除不了，这时必须投入启动向空排汽，以免安全阀损坏。

7 岗位记录

岗位记录要按时填写，记录要真实、准确、整洁、完整，要有良好的闭环性，按照定置管理的要求摆放整齐。

第 5 节 设 备

1 设备明细表

1.1 汽轮机（表 9-8）

表 9-8 汽轮机技术参数

汽轮机型号	B12-3.43/0.785	进汽量	高背压工况 183t/h 低背压工况 148t/h 额定工况 160t/h
汽轮机型式	单缸冲动背压式	排汽压力	0.785（0.6~0.8）MPa
制造厂家	中国长江动力集团公司	排汽温度	高背压工况 303.96℃ 低背压工况 272.78℃ 额定工况 284.52℃
安装日期	（待定）	汽机额定转速	3000r/min
投运日期	（待定）	汽机临界转速	3700r/min
额定出力	12000kW	发电机临界转速	1400/3700r/min （一阶/二阶）
经济出力	12000kW	汽机转向	自汽机向发电机方向看 为顺时针方向
进汽压力	3.43（3.23~3.63）MPa	额定转速下振动值	≤0.03mm
进汽温度	435（+5~15）℃	临界转速下振动值	≤0.1mm

1.2 发电机（表 9-9）

表 9-9 发电机技术参数

型 号	QF-12-2	励磁电压	147V
额定容量	12000kW	励磁电流	298A
额定电压	10.5kV	功率因数	0.85
额定电流	970A	效率	>97%
频率	50Hz	制造厂	中国长江动力集团公司
临界转速	（技术协议尚无，需找厂家）		

1.3　1号、2号轴封加热器（表9-10）

表9-10　1号、2号轴封加热器技术参数

型　号	JQ-20-1	汽侧温度	320℃
水侧压力	1.58MPa	管子数量	160 根
汽侧压力	0.095MPa	结构	焊接式

1.4　空气冷却器（表9-11）

表9-11　空气冷却器技术参数

型　号	5-KJWQ100-9X6.5-2600	工作水压	0.2~0.3MPa
换热容量	500kW	冷却水流量	145m³/h
水/风压降	0.33kPa	冷却水进水温度	≤33℃
风　量	11.7m³/s	冷空气额定温度	40℃

1.5　冷油器（表9-12）

表9-12　冷油器技术参数

型　号	N25-35-1	出口油温	35~45℃
冷却面积	42m²	水侧阻力	0.01MPa
冷却水量	95m³/h	油量	650L/min
进水温度	33℃（最高）	最大油压	0.25MPa

1.6　交流调速油泵及电动机（表9-13）

表9-13　交流调速油泵及电动机技术参数

型　号	100AY-120A	电动机型号	Y280S-2
出　力	93m³/h	功率	75kW
扬　程	105m	电压	380V

1.7　交流润滑油泵及电动机（表9-14）

表9-14　交流润滑油泵及电动机技术参数

型　号	65AY-60B	电动机型号	Y132S1-2
流　量	20m³/h	功率	5.5kW
扬　程	38m	电压	380V

1.8　直流油泵及电动机（表9-15）

表9-15　直流油泵及电动机技术参数

型　号	65AY-60B	直流电压	220V
流　量	20m³/h	功率	5.5kW

1.9　盘车电动机（表 9-16）

表 9-16　盘车电动机技术参数

电动机型号	Y160M2-8	电压	380V
功　率	5.5kW	电流	133A

1.10　油箱（表 9-17）

表 9-17　油箱技术参数

型　号	YX07.02	重量	3064/（满油 9700）kg
容　积	7m³	压力	常压

1.11　轴封抽风机（表 9-18）

表 9-18　轴封抽风机技术参数

型　号	TDQ-4000BF	电动机功率	4kW
流　量	420～1050m³/h	转速	2900r/min
压　力	8910～7787Pa	质量	70kg

2　设备润滑

（1）按周期检查设备附带的油站或油箱油标、油杯油量。

（2）按照设备润滑"六定"管理制度，并根据设备油量指标适当补充润滑油。

"六定"是指：

定点：确定每台设备的润滑部位和润滑。

定质：各润滑点按指定的润滑油和油脂牌号加油。

定量：各润滑按规定的油量加油。

定期：各润滑点按规定的时间取样化验、加油、换油和清洗储油箱。

定人：明确每个润滑点加油、换油责任者。

定法：定加油方法。

（3）设备补充润滑油时，做到"三清洁"。三清洁指油具、油箱、管路三清洁。

（4）润滑油补充完后，要及时清洁润滑点及环境卫生。

（5）设备润滑部分要密封好，防止异物进入（如水、料等）使润滑油变质，影响设备使用寿命。

（6）润滑时要进入"三级过滤"，即进入油箱、油具及加油点的油都必须层层过滤。

（7）给运转加油时，要站稳，防止滑倒，油具不能触碰运转部位，以确保人身安全。

3　设备点检

3.1　设备点检标准

设备点检标准的基本内容包括以下几点：

点检位置：确定每台设备所要点检的点（定点）。

点检项目：确定所检查的项目（定项）。

点检周期：本次与上次点检的时间差（定期）。

点检方法：点检时所用的方法（定法）。

点检分工：各级点检人员要明确分工（定有）。

判断标准：对所点检设备的状况进行明确的规定，即什么为正常、什么为不正常（定标）。

3.2　设备点检利用人体的感官或简单的仪器对设备进行检查

设备点检方法主要有：

看：通过视觉对运行设备中的一些外部特征有明显异常变化的判断，如剧烈振动、冒烟、紧固件是否松动、磨损、严重变形、泄漏、颜色变化等。

摸：通过手的触感对运行设备的一些温度变化、轻微振动等现象进行判断，电气设备不能用湿手和手心触摸，应该用手背，温度明显太高的设备不能用手去摸。

听：用听觉去感受声音的变化，对运行设备的机械摩擦、齿轮啮合情况、机械破损、皮带松弛等异常声音进行判断。

闻：用嗅觉去感受是否有异味，以判断设备是否有故障。如设备在运行中轴承、盘根等缺油、缺水造成的焦煳味，电气设备温度过高时产生的异味。

测：利用仪器进行检测，使用的工具通常有测温仪、测振仪、测速仪、电流表、CO报警器。

4　巡检

4.1　巡检内容

（1）按照设备日常检查表的内容及标准对作业区域内的设备进行检查。

（2）检查内容及标准参照"2 号汽轮机日常检查表"。

4.2　巡检路线

8 米设备→4.5 米设备→0 米设备。

4.3　巡检周期

正常情况下巡检周期按照每小时一次进行，点检每两小时一次进行，设备运行状况异常情况下的巡检周期要加密，巡检间隔根据现场实际情况定。

5　设备的维护规程

设备维护要做到一懂、二定、三好、四会：

一懂：懂设备规格、构造、性能、使用范围及在生产中的作用。

二定：定人员定职责。

三好：管好、用好、修好。

四会：会使用、会保养、会检查、会排除故障。

6　设备完好标准

（1）基础稳固、无裂纹、倾斜、腐蚀。

（2）基础、轴承座坚固完整，连接牢固，无松动断裂、腐蚀、脱落现象。

（3）机座倾斜小于 0.1mm/m。

（4）零部件完整无缺。

（5）各零部件无一缺少。

（6）各零部件完整、没有损坏，材质、强度符合设计要求。

（7）轴承、轴、轴套、叶轮、护板等安装配合，磨损极限和密封性符合检修规程规定。

（8）机体整洁。

（9）运转正常，无明显渗油和跑、冒、滴、漏现象。

（10）润滑良好，油具齐全，油路畅通，油位、油温符合规定。

（11）油量、油质符合规定。

（12）各部件调整、紧固良好，运转平稳，无异常响声、振动和窜动。

（13）闸阀、考克开闭灵活，工作可靠。

（14）各部配合间隙符合调整范围。

（15）轴承温度不超过允许值。

（16）无明显跑、冒、滴、漏现象。

（17）电动机及其他电气设施运行正常。

（18）机器仪表和安全防护装置齐全，灵敏可靠。

（19）电流表，阀门等装置完整无缺，动作准确，灵敏可靠。

（20）阀门等开关指示方向明确。

（21）达到铭牌或核定能力，泵的流量扬程应符合规定要求。

（22）汽轮机完好标准

1）汽轮机本体温度表、压力表、热电阻等仪表齐全，且检验合格。

2）盘车电动机完好且正常备用。

3）电动主汽门、自动主汽门开关灵活且试验合格正常备用。

4）转子无弯曲、轴瓦无磨损、叶片无腐蚀。

5）相关试验（盘车投运试验、低油压保护试验、自动主汽门试验、轴向位移试验、低真空保护试验、打闸试验、手动停机按钮试验、调速气门严密性试验、主汽门严密性试验、危机保安器超速试验、危机保安器注油试验、甩负荷试验、真空严密性试验）合格。

6）机组本体及相关管道保温完好。

7）汽轮机辅助设备：凝结泵、射水泵、射水抽气器、凝汽器、加热器、高压启动油泵、交流油泵、直流油泵、冷却水循环泵等正常备用。

第6节 现场应急处置

1 应急组织与职责

参见本篇第6章第6节1。

2 注意事项

参见本篇第6章第6节3。

第 10 章　脱硫岗位作业标准

第 1 节　岗 位 概 况

1　脱硫岗位任务

负责利用液氨作吸收剂脱除热电站锅炉和熔盐炉出口烟气中的 SO_2，使脱硫系统出口烟气的 SO_2 降到 $200mg/m^3$ 以下（干标态），经脱硫塔排气筒排放，脱硫生成副产品硫酸铵晶浆送至硫铵工段。

2　工艺原理

本氨法脱硫技术是采用新型氨—肥法（吸收、氧化一体化）脱硫技术脱除热电站锅炉、熔盐炉烟气中的 SO_2 烟气。烟气在洗涤吸收段经洗涤降温后进入吸收段，吸收段完成脱硫过程。烟气中的 SO_2 的吸收过程按下列反应式进行：

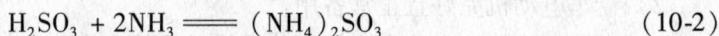

$$SO_2 + H_2O =\!=\!= H_2SO_3 \tag{10-1}$$

$$H_2SO_3 + 2NH_3 =\!=\!= (NH_4)_2SO_3 \tag{10-2}$$

$$H_2SO_3 + (NH_4)_2SO_3 =\!=\!= 2NH_4HSO_3 \tag{10-3}$$

上述反应式表明，在脱硫塔内烟气中的 SO_2 被吸收，生成亚硫酸氢铵或亚硫酸铵。生产过程中式（10-1）最先进行，式（10-2）、式（10-3）是正常生产情况的反应。为有利于吸收反应持续进行，需在吸收液中注入氨水使吸收液再生。其再生反应如下：

$$NH_4HSO_3 + NH_3 =\!=\!= (NH_4)_2SO_3 \tag{10-4}$$

加氨同时还发生下列反应：

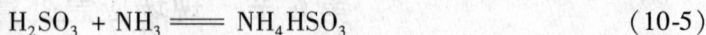

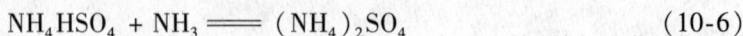

$$H_2SO_3 + NH_3 =\!=\!= NH_4HSO_3 \tag{10-5}$$

$$NH_4HSO_4 + NH_3 =\!=\!= (NH_4)_2SO_4 \tag{10-6}$$

当部分吸收液流经氧化塔时，鼓入氧化空气（必要时加入适量亚太环保的 YTQ-2007 氧化催化剂）使亚硫酸铵氧化成硫酸铵：

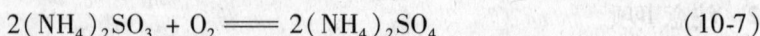

$$2(NH_4)_2SO_3 + O_2 =\!=\!= 2(NH_4)_2SO_4 \tag{10-7}$$

生成的硫酸铵溶液在脱硫塔洗涤段洗涤烟气中烟尘的同时，绝热蒸发使烟气降温，硫酸铵溶液在此过程中也因水分蒸发而浓缩结晶，达到一定工艺指标送硫铵工段。

3　工艺流程

脱硫工段含烟气洗涤降温与硫铵液的浓缩、SO_2 的吸收、液体的走向、吸收液的氧化等四个工艺过程。

3.1　烟气洗涤降温与硫铵液的浓缩

烟气进入洗涤吸收塔的洗涤段，与顶部喷淋下的硫铵溶液逆流接触，通过喷淋洗涤，洗去烟气中的烟尘，烟气在此过程中因绝热蒸发而冷却，温度由平均 167℃（最高 180℃）降温至约 60℃，同时，烟气的热量使硫铵液中部分水分蒸发而浓缩。

3.2　烟气中 SO_2 的吸收

烟气经洗涤段洗涤，通过洗涤段上部升气帽进入吸收段。在吸收段，烟气自下而上穿过两段吸收，在两段不同浓度的吸收液逆流洗涤下，烟气中的大部分 SO_2 被脱出，其 SO_2 脱出率不小于 95%。净化烟气经塔体上部除雾器去除夹带液沫后，从塔顶烟囱排放。

3.2.1　液体的走向

3.2.1.1　吸收液的走向

在循环吸收中，一级吸收和二级吸收（即两段不同浓度）的吸收液，在升气帽段混合后进入液体混合管道，然后一部分溶液回到洗涤吸收塔底部，另一部分溶液回到氧化塔，回到洗涤吸收塔底部的吸收液，经吸收液循环泵再次送到一级吸收段，回到氧化塔的溶液经硫铵液循环泵再次送到二级吸收段，不断的循环吸收。随着吸收过程的进行，吸收液成分不断发生变化，使吸收能力降低，为保持吸收效率，须不断补充新的脱硫剂——氨水，使吸收剂得到再生。新补充的氨水由氨水贮槽经氨水泵输送到循环的吸收液混合管处，混合后的溶液，一部分回到洗涤吸收塔底部，另一部分回到氧化塔的下段。

吸收液循环泵有两个走向：主要走向：把吸收循环段的溶液打到一级吸收段的喷淋处，吸收烟气中的 SO_2；次要走向：当洗涤段或洗涤段的喷淋管结晶时，打开二级洗涤段阀门，把部分吸收循环段的溶液打到二级洗涤喷淋段，对一级洗涤段的喷淋管进行冲洗，以解决洗涤段的结晶问题。此时的吸收液往吸收循环和二级洗涤喷淋两个管道走。

为了减少本工程的逸氨量，提高氨的利用率，避免脱硫湿烟气液滴对周围装置的腐蚀，在洗涤吸收塔上部配置高效烟气除雾器，配套工艺水冲洗装置，冲洗和回收除雾器捕集的氨雾。

3.2.1.2　吸收液的氧化

氧化塔设置有曝气装置，通入压缩空气，氧化塔内吸收液中的亚硫酸铵被氧化为硫酸铵，使氧化率达到 98% 以上。

3.2.2　氨站的工作任务

配合液氨槽车押运员将槽车上的液氨卸入液氨贮罐（V0101a、b），再把液氨通过稀氨器（X0103a、b），调配成氨水，送入氨水贮槽（V0105a、b）贮存。

3.2.3　氨站工艺流程

液氨车卸液氨及调配氨水、氨水的储存、站区氨水罐倒罐以及给脱硫工段供氨水等。

（1）液氨由槽车送来，用氨压缩机（C0101a、b）将液氨贮槽（V0101a、b）内的气体加压，送入槽车内，用压力差的方法卸氨。

（2）氨水制备过程是将液氨贮槽（V0101a、b）内液氨缓慢引入稀氨器（X0103a、b）配置成25%氨水再引入到氨水贮槽（V0105a、b）中。

第2节　安全、职业健康、环境、消防

1　脱硫岗位危险源辨识及控制措施

1.1　巡检路线

脱硫A段：控制室→空压机配电房→空压机房→氨水泵→事故泵、集液泵→工艺水泵→洗涤液循环泵→硫胺精浆泵→吸收液循环泵→在线分析间。

脱硫B段：在线分析间→洗涤液循环泵→过滤泵→吸收液循环泵→硫胺液循环泵→硫胺液泵→工艺水泵→斜管沉淀器→氨水泵→压滤机。

硫铵厂房：旋流器→稠厚器→旋风除尘器→湿式除尘器→离心机→振动流化床→包装机。

氨站：软水间→软水泵→循环水站→配电室→液氨储罐→氨水槽→稀氨器→极稀氨水槽。

1.2　危险源及控制措施

氨站阀门、法兰、压力表阀根、卸氨臂、安全阀动作发生氨泄漏导致中毒；断软水导致氨水槽爆炸；液氨槽罐车碰撞设备设施或人；运液氨槽罐车撞门、卸氨臂或撞人；巡检氨罐上下楼梯时人不小心坠落；操作人员因下雨路滑摔伤；人员接触泵机械裸露转动部位受伤；上下脱硫塔、氧化塔、各溶液储槽时不小心从爬梯坠落；运行泵、空压机组联轴器处把身上物体卷起；清理压滤机滤板夹伤；人不小心摔倒接触到防护罩缺失的转动皮带或电动机转动轴；不小心坠入稠厚器；包装机扎伤包装人员；物料堵塞疏通时进行高空作业。

控制措施：加强巡检发现氨泄漏及时处理或汇报；上下爬梯注意安全，拉好扶手；检维修涉及高空作业必须系安全带；涉及密闭空间作业必须取得危险作业许可证；及时恢复转动设备防护罩，正确穿戴劳动防护用品；包装机使用时禁止戴手套。

2　安全须知

参见本篇第6章第2节2。

3　环境因素识别及控制措施

参见本篇第6章第2节3。

4　消防

参见本篇第6章第2节4。

第 3 节 岗位作业标准

1 基本标准

1.1 综合站作业区联系汇报程序

（1）提前 15 分钟参加接班会议。

（2）交接班要做到交清接明，并及时向主控室汇报接班情况。

（3）班中做好整点原始记录。

（4）在联系工作时，必须确认对方的身份。

（5）接到生产指令时，在确认对方身份，了解清楚指令的内容、意图后方可进行。

（6）开停车时，必须按要求联系相关岗位，得到回应后，方可进行。

（7）联系工作时，必须讲清意图，生产指令必须准确无误。

（8）设备检修过程中，每两小时向主控室汇报检修内容、检修质量及检修进度。

（9）班中出现非计划开停车及流程出现问题要说明原因汇报主控室，并做好记录。

（10）班中出现意外情况应及时处理并向主控室汇报。

（11）生产中发生设备及人身事故，除采取有效措施外，应立即向主控室汇报。

（12）交班前 1 小时向主控室汇报当班生产情况，包括设备情况、操作状况及异常问题。

（13）交班前向下班详细说明当班生产、设备情况及上级的相关精神，并做好记录。

1.2 综合站作业区岗位交接班标准

（1）岗位人员到岗后，交班主操应与接班主操沿巡检路线，对设备、流程、仪表等点检一遍，上班人员应当对当班期间所处理和正在处理的问题在现场给下班人员做详细介绍，属检修人员处理的问题，由下班人员继续安排、监护、处理。

（2）现场交接，并做到接班人员无疑问后，到岗位操作室对照上班记录和各种点巡检表及仪表、计算机显示参数做进一步交接，直至接班人员无疑问为止，生产部分交接完毕。

（3）交接人员应对当班期间跑、冒、滴、漏的各种物料清除干净，室内卫生打扫干净。

（4）未经接班人员许可，交班人员不得擅自离岗下班。

（5）接班人员对交班人员具有一切有关上班生产方面的询问权，交班人员对接班人员要做到有问必答。

（6）交接人员不得漏交、误交、谎交。

（7）经接班主操许可，交接人员离岗后，交接班程序完成，由接班人员负责接班后的一切责任和义务。

2 脱硫岗位操作标准

2.1 作业前准备工作

（1）检查确认设备、管道、阀门、电器、仪表等安装完毕，并符合开车要求。

（2）需清洗的设备、槽体及管道吹扫已进行完毕，确认合格。

（3）装置所有安全阀、电动阀、在线监测、仪表各测量点已调校合格，现场各仪表根部阀都已打开，处于备用状态。

（4）联系电工检查各类电动机绝缘、转向正常，送上电准备进入工作状态。

（5）联系分析工做好开车前的准备工作。

（6）检查岗位通讯、照明、消防、安全防护器材准备是否齐全。

（7）组织操作人员拆除不必要的盲板，关闭所有排液阀、排污阀和取样阀。

（8）检查各岗位具备开车条件并做好开车记录准备工作后，通知主操，脱硫准备开车。由主操协调送氨水。投料开车以前，应确保液氨贮槽中的液氨以及氨水液位正常。

（9）向脱硫塔注工艺水，工艺水由事故喷淋直接加入脱硫塔，或者是由事故槽或工艺水槽注入到脱硫塔。从氧化塔、脱硫塔液位计可判断的氧化塔、脱硫塔充水情况，当氧化塔和洗涤塔液位都达到控制液位，停止补水。

（10）硫铵工段

1）检修后的系统开车，首先认真检查设备、管道、人孔、阀门是否符合要求，连接件是否紧固，仪表是否灵敏，显示系统是否准确，发现问题及时汇报处理。

2）认真落实外供条件，应具备：生产水（工艺水和循环水）、蒸汽、合格的硫铵溶液、电、分析仪器和药品。

3）联系电工检查电器设备，确认是否可以投运，发现问题及时汇报处理。

4）检查本岗位所有动设备，盘车加油，并按要求送电，点动试运行。

（11）液氨站

卸液氨前的准备：

1）检查液氨贮罐液位、压力。

2）氨压缩机检查油位、冷却水，盘车。

3）连接与液氨槽车相连的气、液相软管。

4）放尽液氨贮罐上氨液分离器内的积液。

2.2　脱硫系统开车步骤

（1）当硫铵晶浆槽、洗涤液循环槽、吸收循环槽以及氧化塔的液位达到开车要求后，依次开启洗涤液循环泵、吸收液循环泵以及硫铵液循环泵，分别调节洗涤液循环泵、吸收液循环泵以及硫铵液循环泵出口阀的开度（注意：调节出口阀时，应根据各电动机铭牌上的额定电流调节，现场或 DCS 上显示的电流，应低于额定电流 5～10A）至脱硫塔的水循环进入正常运行。

（2）通烟气。当水循环系统正常后，准备通烟气，将烟气引入脱硫系统，其步骤如下：

1）通知锅炉主控室，脱硫工段将烟气引入脱硫塔。开启脱硫塔进口烟道阀门，关闭烟道上的直排阀门。密切观察脱硫塔各段温度、压力变化，并注意烟道上各温度、压力检测点的温度和压力的变化。

2）注意各个循环塔的液位变化，确保液位稳定。

3）分析进口烟气中的 SO_2 浓度，根据锅炉的烟气量、烟气中的 SO_2 浓度和脱硫率，初步确定脱硫剂液氨的流量。

（3）投料

1）氨水的加入量由吸收循环槽内溶液的 pH 值和脱硫率来控制。pH 值一般控制在 5～7 之间。当 pH 值低于 5 时，加氨量不足，pH 值大于 7 时氨水过量。

2）在给系统加氨的时候，先手动控制加氨阀门的开度逐步加大阀门的开度。当吸收循环槽的 pH 值达到 6 左右时，将手动加氨切换到自动加氨。根据在线监测上的出口 SO_2 浓度高低，调整 pH 值的大小。

（4）待实现以上循环以后，开启空气压缩机，并逐步开启空气管阀门，正常运行调节时，根据氧化率调节氧化气量。

（5）当晶浆槽的硫铵晶粒达到 10% ~ 15% 固含比时，经晶浆泵打入硫铵工段的水力旋流器。

（6）硫铵工段

1）原始开车或长期停车后开车

①对新安装的设备必须按规程验收，进行单机试车。整体新装置设备试车，按方案进行水联动试车合格方可开车，长期停车后检修的设备，必须在单机试车合格后，方可开车。

②一切准备就绪，本岗位具备开车条件时，报告主操，待命开车。

③开启各运转设备冷却水、工艺水。

④启动硫铵晶浆泵，向水力旋流器内供入合格的硫铵溶液，根据流量的多少相应的开启旋流子的数量，硫铵溶液通过旋流子分离，使硫铵晶体的悬浮液进入稠厚器。

⑤开启稠厚器的搅拌装置，让悬浮物逐渐长成所需颗粒大小的晶体。

⑥通过人工取样观察晶体的大小。

⑦启动振动流化床辅助设备。

⑧启动振动流化床。

⑨启动离心机。

⑩当离心机空运转合格，待所有设备运转正常后，振动流化床的床温达到 100 ~ 140℃，逐步向离心机内均匀供给物料。

⑪待离心机有湿物料出来，开始向振动流化床均匀投料。

2）短期停车开车

①按原始或大修后开车程序开车。

②若稠厚器未停止运行，按下列方式开车：

a　按振动流化床开车程序开启振动流化床，调整正常。

b　按离心机开车程序开启离心机，调整正常。

c　开启稠厚器底放料阀，再开启离心机顶进料阀（目的是不使结晶颗粒堵塞放料管）向离心机内均匀加料。

（7）液氨站

卸液氨操作：

1）调节阀门使液氨贮罐内的气氨经氨液分离器送至氨压缩机气相入口阀处（该阀门处关闭状态），打开液氨贮罐上的液氨入口阀。

2）打开液相软管上的液相出口阀，利用压差，将槽车内的液氨经液氨贮罐上的液氨入口阀进入到液氨贮罐。

3）当液氨贮罐的液位上升很缓慢时，启动氨压缩机抽取液氨贮罐内的气相氨经氨压缩机加压后经气相软管送至汽车槽内，以增大压差加速卸氨。

2.3　系统正常操作

（1）脱硫系统的进水量控制：当硫铵晶浆槽、洗涤液循环槽、吸收循环槽以及氧化塔的液位较低时，应优先把事故槽里回收的废水和工艺水槽里的工艺水补充到系统里、或者打开除雾器的冲洗水（其目的是可以给系统补水；可以冲洗除雾器，防止硫铵结晶堵死除雾器），其次才补充一次水到系统里，使系统里的水平衡。

（2）注意各个循环塔的液位变化，确保液位稳定。

（3）定时对除雾器进行冲洗。

（4）控制 pH 值一般在 5 ~ 7 之间。调节 pH 值也即调节 NH_3/SO_2 的比例，NH_3/SO_2 的比例过高将引起尾气中的氨含量过高，NH_3/SO_2 的比例过低，SO_2 的脱硫率就会低。

（5）检测氧化风机的运行情况，并根据氧化率及时调节氧化气量。

（6）硫铵工段。

1）严格控制工艺指标，加强巡回检查。

2）给料均匀平稳。

3）随时观察振动流化床的沸腾情况，勤调节。

4）定期检查离心机运行情况，检查电动机电流，轴承、油箱温度以及油泵压力等。

5）离心机每班冲洗一次或使用后停顿时冲洗。

6）注意输送速度的调整（改变振幅或改变激振角，调整输送速度的目的是改变干燥时间）。

（7）液氨站。卸液氨的正常操作：卸液氨的过程经常和押运员取得联系，密切关注各种压力、温度和液位变化。

3　系统停车步骤

3.1　计划停车

（1）锅炉或脱硫装置大修，脱硫装置按计划停车。

（2）关闭氨站液氨出口管道上的阀门，停止向塔内补充液氨。

（3）开启脱硫塔烟气直排管上闸门，关闭脱硫塔进口烟气阀门，使锅炉烟气从原有烟囱直接排放。

（4）维持循环泵的运行，直至塔内各点温度均低于60℃，关闭循环泵。

（5）关闭压缩机上进气阀门，停止向氧化塔送气。

（6）冬季停车，如温度低于0℃，需通过设备排污口和管道导淋口放出料液，以防损坏设备和管路。

3.2　紧急停车

（1）若遇脱硫塔进塔烟气温度高于180℃报警时，应及时停运脱硫系统。

（2）若遇循环泵中任意一组均发生故障，脱硫系统应紧急停车，将烟气迅速导出系统外，以防高温烟气损坏塔设备和内件。

3.3　硫铵工段

（1）接到主操通知系统停车后，视情况决定本岗位系统是否停车。

（2）如决定停车，按以下顺序操作：

1）关闭晶浆液泵，停止向水力旋流器供硫铵溶液。

2）打开稠厚器底部阀门通过离心机放尽硫铵悬浮液。

3）待稠厚器内的悬浮液放净后，离心机内料走完以后，按下列程序停离心机：

①先停离心机主电动机，待转鼓停止转动后，停油泵电动机。

②用木质或软金属铲除转鼓内的滤渣。

③启动油泵电动机、主电动机，打开各冲洗阀，清洗转鼓内外、板网，排渣口及物料接触部分。

4）待离心机下料口的料排完，当振动流化床内料全部排完以后，逐步减小进料端风量，停下振动流化床，关闭蒸汽进口阀门，停送风机，停引风机，最后关闭湿式除尘器上通往脱硫塔的排空阀。

3.4　液氨站

3.4.1　卸液氨的停止操作

（1）当氨压缩机出口压力明显降低，槽车液位下降至"0"时说明液氨已卸完，此时关闭氨压缩机入口阀，按氨压缩机停止按钮，关闭氨压缩机出口阀（注意三者的顺序）。

（2）关闭氨压缩机冷却水。

（3）液氨贮罐上的阀门复位。

1）关闭气相出口阀。

2）关闭液相入口阀。

（4）利用卸压管路卸掉卸氨软管（气相和液相）内压力。

1）关闭液相软管出口阀，关闭气相软管入口阀。

2）打开气、液相泄压阀泄压，视该处压力表回至"0"，说明泄压完毕关闭泄压阀（泄压时要分别把管道内的压力泄掉）。

3）断开和汽车相连的气液相软管。

3.4.2　紧急停车汇报、处理

设备出现异常状况不能正常输送物料，停电和影响安全作业时，及时紧急停车，切断电源，现场作好巡检和必要监护，随即向上级和调度汇报，做好记录，尽快处理和恢复。

第 4 节　质量技术标准

脱硫系统指标标准

1　热电锅炉脱硫

（1）pH

吸收循环液　5.0~7.0

硫铵循环液　4.5~6.0

洗涤循环液　3.5~5.5

（2）密度

吸收循环液　1.08~1.16g/cm³

硫铵循环液　1.10~1.23g/cm³

洗涤循环液　1.255~1.27g/cm³

（3）气体

SO_2 脱除效率　≥95%

　　SO$_2$ 排放浓度　≤400mg/Nm^3（干态）

　　烟尘排放浓度　≤50mg/Nm^3（干态）

　　林格曼　1 级

　　氨逃逸率　＜15mg/Nm^3

　　系统阻力　＜2000Pa

（4）温度

　　脱硫塔烟气进口温度　≤180℃，平均167℃

　　洗涤段出口烟气温度　≤62℃

　　脱硫塔出口烟气温度　≤50℃

2　熔盐炉脱硫

（1）pH

　　吸收循环液　5.0～7.0

　　硫铵循环液　4.5～6.0

　　洗涤循环液　3.5～5.5

（2）密度

　　吸收循环液　1.08～1.16g/cm^3

　　硫铵循环液　1.10～1.23g/cm^3

　　洗涤循环液　1.23～1.25g/cm^3

（3）气体

　　SO$_2$ 脱除效率　≥95%

　　SO$_2$ 排放浓度　≤400mg/Nm^3（干态）

　　烟尘排放浓度　≤50mg/Nm^3（干态）

　　氨逃逸率　＜15mg/Nm^3

　　系统阻力　＜2000Pa

（4）温度

　　脱硫塔烟气进口温度　≤180℃

　　洗涤段出口烟气温度　≤50℃

　　脱硫塔出口烟气温度　≤50℃

3　硫胺工段指标标准

　　稠厚器 pH 值　5.5～6.5

　　振动流化床进料口硫铵结晶含水率　≤5%

　　振动流化床出料口硫铵结晶含水率　≤0.3%

　　进振动流化床热风温度　120～140℃

　　空气加热器加热用蒸汽压力　0.4～0.6MPa

　　工艺水压力　≥0.5MPa

　　循环水供水温度　≤28℃

　　循环水回水温度　≤36℃

　　循环水供水压力　≥0.3MPa

　　硫铵溶液（NH$_4$）$_2$SO$_4$ 浓度　≥550g/L，含量1.25%～1.27%

　　硫铵溶液碱度滴度　＜2～5tt

4　固体硫酸铵质量指标（表 10-1）

表 10-1　固体硫酸铵质量指标

项　目	指标/%		
	优等品	一等品	合格品
外　观	白色结晶，无可见机械杂质	无可见机械杂质	
氮(N)含量以干基计(≥)	21.0	21.0	20.5
水分(H$_2$O)(≤)	0.2	0.3	1.0
游离酸(H$_2$SO$_4$)含量(≤)	0.03	0.05	0.20
铁(Fe)含量(≤)	0.007	—	—
砷(As)含量(≤)	0.00005	—	—
重金属(以 Pb 计)含量(≤)	0.005	—	—
水不溶物含量(≤)	0.01	—	—

5　吸收塔（表 10-2）

表 10-2　吸收塔故障原因及解决方案

序　号	故　障	发　生　原　因	解　决　方　案
1	pH 值偏低或偏高	加氨量不够或过多	了解氨水浓度，视情况加减氨水量
2	吸收塔出口 SO$_2$ 浓度超过 400mg/m^3	加氨量不够	增加入塔氨量
		出塔烟气温度偏高	检查入塔烟气温度是否超工艺，另适量调高浓缩泵流量
3	吸收塔氧化率低于 95%	氧化风量不足	如氧化风机有裕量，可调高
		吸收塔内空气分布不均匀	停车检查空气分布器并处理设备缺陷
4	硫铵产品颜色发灰	电除尘器工作不正常；煤化工氨水品质下降	通知主操进行处理
5	吸收塔塔内压降过大	仪表故障	通知仪表工处理
		填料发生堵塞	加强冲洗除雾器
6	吸收塔各段温度过高	部分料液喷嘴堵塞，造成料液分布不均匀	停车检查，疏通喷嘴
		循环泵故障	倒备用泵

第 5 节　设　　备

1　脱硫

1.1　振动流化床（表 10-3）

表 10-3　振动流化床故障原因及解决方案

序号	故障	发生原因	解决方案
1	床面上物料斜向移动	基础或床面本身不水平	重新校平并处理
		防震橡胶环龟裂或弹性减弱	更换防振橡胶环
		橡胶环工作在 155mm 以上，当台面不水平	在较低一侧防震橡胶下面加垫片
		管道连接没有足够的余量，有振动力作用于振动流化床上，产生偏振	解除约束，留足够余量
		振动电动机的激振力不一样	按规定调整电动机偏心块，使之激振力相同
2	产生异常振动（振动传至主机和基础上）	挠性软管不够松弛，长度不够（裕量 30mm）	更换或重装软管，使之松弛 30mm
		辅助和主机之间有多余连接	拆除多余连接
		基础强度不够	加强基础，并采用耐振结构
		地脚螺栓松动	旋紧地脚螺栓至规定力矩
		充气腔内有大量处理物	打开清扫口，清除积存物
		两台电动机旋转方向相同	改变电动机接线，使旋转方向相反
		振幅太大	调整电动机偏心块，降低激振力，使振幅在正常值之内，注意激振力太大会破坏基础，减小橡胶环及软管的寿命
3	流化状态不好	送风机的风量偏大	调节送风机的阀门
		引风机的风量偏大	调节引风机的阀门
4	振动电动机工作不良	电动机布线错误	按顺序检差布线，改正错误
		接线接触不良	重新接线，使接触良好
		线路短路	检查线路，排除裸露部分及其他短路现象
5	振动电动机启动时，存在时差	两个电动机没按规定用一个启动按钮	检查并重新接线，使两台电动机被一个按钮控制，保证同时启动
6	处理物料坠落到空气腔内	送风量不够	调节送风机阀门，使风量适宜
		工作程序有误	必须在送风机和引风机启动并调整适应以后，再供给处理物料，并按操作程序作业
7	风斗（上盖体）内的排风状况不佳	引风机工作状态不佳	检查排风状态，对风量进行修正调节
		除尘器阻塞	清除堵塞物
		管道阻塞	清除堵塞物
8	产品干燥后的质量达不到要求，（指在当送风量、排风量、湿度等符合规定数值时）	产品水分比要求高，物料输送速度太快	降低速度
		产品水分比要求低，物料输送速度太慢	增加速度

续表 10-3

序 号	故 障	发 生 原 因	解 决 方 案
9	流化床床面上物料不流化	第一种： 风门关闭 各参数不符合规定数值 送风机未启动	调整各参数至规定值 启动送风机 打开风门，按规定调节
		如以上正确时，有时有以下原因： 流化床面阻塞 挠性软管损坏、漏气	清理床面，用木锤在孔板下方轻敲 更换挠性软管

1.2 脱硫系统 （表 10-4）

表 10-4　脱硫系统故障原因及解决方案

序 号	故 障	发 生 原 因	解 决 方 案
1	氧化风机、各循环泵故障	异常响声、振动、溶液泄漏	倒备用车，并把当时情况及故障原因注明，以便交出检修
2	槽体、管道泄漏		停车检修处理
3	吸收塔集液器漏液严重	由于螺栓被腐蚀，联接处漏液；联接点上所做玻璃钢防腐层老化跳壳	停车根据实际情况进行检修

2 脱硫岗位巡检要求

2.1 巡检作业路线

→控制室→锅炉脱硫→硫胺厂房→熔盐炉脱硫→液氨站→控制室→

2.2 巡检要求

（1）提前 15 分钟开班前会，听取轮班主操安排本轮班的生产任务和注意事项。

（2）每小时对设备全面检查一次，发现问题及时分析、处理。

（3）检查各烟道、管道、箱、罐、转动机械等设备有无泄漏现象。

（4）检查转动设备润滑油油位是否正常、油质是否合格，油位低时及时加油，冷却水流量是否充足、冷却风是否畅通。

（5）检查转动设备各联接部件牢固有无松动，噪声、振动、各部件温度是否正常。

（6）检查各就地指示、仪表、测量装置工作是否正常。

（7）巡检完毕后回操作室填写点检记录、润滑记录及生产记录，用时 10 分钟。

3 设备维护标准

（1）启动前应检查泵轴转动是否灵活，叶轮与护板间是否摩擦，叶轮与泵壳之间有无异物，还须检查轴承体润滑情况，脂润滑不得加脂过多，以免轴承发热。油润滑的油液面不得高于或低于油尺规定界限。

（2）泵必须在范围内运行，运行中应该掌握泵的运行情况，并用出口阀门作适当调节。运行中如发现不正常声音时，应检查原因，加以解决，轴承体的温度一般在 60℃ 左右，不得超过 75℃。开启前机械密封要通以冷却水，并控制水量，运转时，不允许使机封出现干磨现象。平时应经常检查润滑油情况是否含水，起沫及有无异物，保持润滑油清洁，一个班至少加两次油，每 4 小时一次，经常保持设备卫生。

（3）停泵后应排除泵内积料，以免杂质颗粒沉积堵泵，长期停用的泵，妥善保养，以免锈蚀。

（4）备用泵应每周转动 1/4 圈，以使轴承均匀地承受静载荷及外部振动。

（5）经常检查泵的紧固情况，联接牢固可靠。

4　设备完好标准

（1）基础、轴承座坚固完整，连接牢固，无松动断裂、腐蚀、脱落现象。

（2）机座倾斜小于 0.1mm/m。

（3）零部件完整无缺。

（4）各零部件无一缺少。

（5）各零部件完整、没有损坏，材质、强度符合设计要求。

（6）轴承、轴、轴套、叶轮、护板等安装配合，磨损极限和密封性，符合检修规程规定。

（7）机体整洁。

（8）运转正常，无明显渗油和跑、冒、滴、漏现象。

（9）润滑良好，油具齐全，油路畅通、油位、油温符合规定。

（10）油量、油质符合规定。

（11）各部件调整、紧固良好，运转平稳，无异常响声，振动和窜动。

（12）闸阀、考克开闭灵活，工作可靠。

（13）各部配合间隙符合调整范围。

（14）轴承温度不超过允许值。

（15）电动机及其他电气设施运行正常。

（16）机器仪表和安全防护装置齐全，灵敏可靠。

（17）电流表，阀门等装置完整无缺，动作准确，灵敏可靠。

（18）阀门等开关指示方向明确。

（19）达到铭牌或核定能力，泵的流量扬程应符合规定要求。

第 6 节　现场应急处置

1　应急组织与职责

参见本篇第 6 章第 6 节 1。

2　氨站现场处置

2.1　事故类型
液氨系统主要表现为氨水管道、阀门泄漏；液氨管道阀门泄漏；氨水储槽爆炸。

2.2　事故发生区域
脱硫液氨站：距离公司 1 号门 500 米左右的小山丘附近。现场 200m³ 液氨储罐两个，氨水储槽400m³两个，两台氨压缩机，两台稀氨器。

2.3　事故征兆

（1）现场有氨性刺激性气味。

（2）氨气报警器发出液氨泄漏警报说明氨站有液氨泄漏。

（3）配置氨水过程中软水阻塞或软水槽液位低于泵进口液位。

2.4　处置程序

（1）若氨站管道阀门发生液氨泄漏、氨水储槽发生爆炸，及时上报作业区负责人及生产调度中心，立即启动公司液氨事故专项应急预案。

（2）作业区负责人接到电话后，立即成立现场应急小组，根据现场情况制定现场处置应急方案，立即进行事故救援。

2.5　处置措施

（1）液氨系统故障处置措施

若发生较大液氨泄漏或氨水储槽爆炸时按照公司液氨事故专项应急预案处理。

（2）管道阀门泄漏

1）氨站现场发现氨性刺激性气味或氨气报警器发出液氨泄漏警报说明氨站有氨泄漏。

2）现场在保证人身安全前提下及时通知中控室并现场远距离观察，若泄露浓度较低，能直接判断为阀门填料松动导致泄漏时，可用管钳加固阀门填料进行处理。

3）若泄漏量较大时现场人员立即撤离，并第一时间通知作业区中控室或保卫部到现场进行泄漏处理，使用消防水炮用大量水喷淋泄漏部位，同时切断泄漏源，待泄漏位置稀释后再进行处理。

（3）氨水储槽爆炸

1）配置氨水前检车确认化验分析软水指标，由岗位人员联系化验岗位进行分析合格后方能进行氨水配置。

2）检查确认设备、管道、阀门有无泄漏。

3）确保软水储槽液位不得小于2m，并在配置氨水过程中加强软水供给巡检。

4）发生氨水槽爆炸时，现场人员立即撤离现场并使用所有通讯手段汇报中控室，中控室汇报作业区相关负责人及生产运行部，按照公司级氨站应急预案进行应急救援。

（4）氨站发生泄漏值守人员无法控制事态时理应迅速撤离现场，迅速将氨站进行隔离，严格限制出入。

2.6　其他处置措施

（1）发生泄漏事故时不要盲目着急，现场作业人员要正确判断管道破裂、焊缝泄漏等泄漏的方位和情况，立即通知其停止此管道的物料输送并及时上报中控室。

（2）在卸氨或配置氨水时注意检查各泵有无异常响声、有无震动、有无漏液、漏油现象，确保各液体输送达标正常。

（3）氨站氨系统设计为双阀门，在生产中尽量不使用根部阀操作，根部阀正常设为常开阀，单操作阀需更换时就可关闭根部阀后更换。

（4）操作氨用阀门时缓慢开启，缓慢关闭。

（5）眼睛接触或眼睛有刺激感，应用大量清水冲洗15分钟以上，并立即就医，若皮肤被灼伤应立即脱去污染衣着，对接触的皮肤和头发用大量清水冲洗15分钟以上。冲洗皮肤和头发时要注意保护眼睛。

3　脱硫系统现场处置

3.1　事故类型

3.1.1　脱硫 A、B 段故障

主要处理热电站锅炉出来的烟气，其指标为：

SO_2 脱除效率不小于 95%；SO_2 排放浓度不大于 $200mg/m^3$（干标态）；烟尘排放浓度不大于 $30mg/m^3$（干标态），若不达标则表明系统某个部位发生故障。

3.1.2　硫铵工段故障

硫铵工段最终生成烟气脱硫副产品硫酸铵作为化肥，若硫铵工段发生系统故障，从一定程度上会影响脱硫工段系统。

3.2　事故发生区域

（1）脱硫 A 段、硫铵厂房：位于热电站锅炉烟气出口处。

（2）脱硫 B 段：位于原料溶出区熔盐炉烟气出口处。

3.3　事故征兆

各项工艺指标不符合设计标准说明系统中某个部位出现故障，须及时解决。

3.4　处置程序

（1）脱硫系统发生故障，备用设备不能启用时，岗位人员立即使用所有通讯手段汇报中控室，作业区中控室上报作业区负责人及调度指挥中心值班人员。

（2）作业区负责人接到电话后，立即成立现场现场应急小组，根据现场情况制定现场处置应急方案，立即进行事故救援。

3.5　处置措施

3.5.1　脱硫 A、B 段常见故障处置措施

（1）若 pH 值偏低或偏高，检查加氨量是否不够或过多，造成吸收塔出口 SO_2 超标或跑氨，这种情况下根据具体情形加减液氨量。

（2）若吸收塔出口 SO_2 超过 400，是否加氨量不够或出塔烟气温度偏高或吸收喷淋段的喷头堵塞，造成脱硫效率低，可以调整加氨量或将烟气导出系统，停产打开人孔盖检查喷头。

3.5.2　硫铵工段故障处置措施

（1）检查硫铵管道是否结晶堵死。

（2）检查确认设备、管道、阀门有无泄漏。

（3）离心机常见故障处理：

1）滤渣堵塞后可停下主电动机片刻，清除后启动电动机恢复正常，否则停车处理。

2）离心机每班冲洗一次或使用后停顿时冲洗。

3）当下料不均匀或下料过快时，离心机会发生剧烈抖动，此时应停止下料，关闭主机用水进行冲洗或者关闭主机和油泵，等机器停止运转后用木质的铲子清理离心机转鼓上的物料。

3.5.3　流化床常见故障处理

（1）运行中的流化床如与附件接触必须停机检查。

（2）连接螺栓有松动应立即停机紧固，两台电动机若振幅不同必须立即调整。

（3）风量的供给对流化床流态起着至关重要的作用，因此，当有均匀的沸腾现象产生（当含湿量大时无此现象），物料上表层界限清楚，机内可见度较好，粉尘夹带少。相反，若物料无"沸腾"现象产生，或者物料层与热风之间已无明显界限，气固相已在整个箱体内充分混合，可见度低，粉尘夹带多等，则分别表明给风量小或给风量大，应予以调整。

3.6 其他处置措施

（1）发生泄漏事故时不要盲目着急，现场作业人员要正确判断管道破裂、焊缝泄漏、打垫子等泄漏的方位和情况，立即通知其停止此管道的物料输送并及时上报中控室。

（2）注意检查各泵有无异常响声、有无震动、有无漏液、漏油现象，确保各液体输送达标正常。

（3）脱硫系统设备均采用一用一备，因此当系统发生故障时启用备用设备，并及时通知有关人员到达现场进行设备检维修。

4 注意事项

（1）进入现场必须按规定戴好安全帽、劳保服，严禁穿尼龙、化纤及混纺的工作服。

（2）系统故障处理泄漏时必须佩戴呼吸器，穿戴防化服。

（3）系统事故处理设计登高平台作业，因此必须注意高处坠落，系安全带。

（4）若需要进行接触热体的操作时应戴上耐高温手套，事故处理过程中不要直接接触泄漏物。

（5）事故救援过程中必须执行双人监护、操作。

（6）事故救援后岗位员工及时按照相关要求清理好现场，泄漏的废液不能随意摆放必进行专门处理。

第11章　综合站岗位作业标准

第1节　岗位概况

1　给水循环水站工作任务

（1）熟练掌握本站工艺控制指标，能正确掌握和使用本系统的工艺流程中各控制点的计量设备、仪表、电器、开关等。

（2）负责本站设备的参数设定，运行操作，故障检查等日常操作，确保全厂用水的连续稳定足额供应。

（3）负责监控本站各设备的运行状况并定期巡视、检查，确保给水站供水质量满足相关要求、循环水站达到相应的降温等处理要求。

（4）负责本岗位设备的维护保养及设备环境清洁工作。

（5）定期巡查、检修全厂给水管道。

2　空压站工作任务

（1）负责空压机的参数设定，运行操作，故障检查等日常操作和维护，确保全厂空气的连续稳定足额供应。

（2）负责空压机空气系统，润滑系统，气路控制电气系统的运行状况，监视空气滤清器，油过滤器，油气分离器的报警状态，根据规定的运行时间和实际运行情况及时更换滤芯，确保空压机排出的气体是纯净，高品质的空气。

（3）负责本岗位设备的维护保养及设备环境清洁工作。

（4）定期排放储气罐气水分离器底冷凝水。

（5）定期巡查、检修风系统管道。

3　污水处理站工作任务

（1）在工作中，要认真遵守污水处理工艺、工作程序和操作规范要求。保证污水处理体系正常运转，努力达到最佳运转状态，处理后水质稳定，排放达标。

（2）负责污水处理站各种设备、废水池、污水池、回用水池等液位调节以及维护与保养、使用、联系检修工作。

（3）定时巡检，并对设备运转及安全等情况做出记录。

（4）搞好检修后的现场卫生及责任区环境卫生，及时清除水池内漂浮异物，定时清除格栅阻水杂物，按时完成领导交办的其他工作。

4　空压站自洁式空气过滤器工艺原理

自洁式空气过滤器利用重力、惯性扩散、接触阻留、静电等综合作用，把空气中的灰尘和固体颗粒沿降堆积在过滤元件上，从而达到对空气的过滤。

5　空压站离心式空气压缩机工艺原理

物体由于旋转而产生一种脱离旋转中心的力。转速越大，产生的这种离心力越大。

6　空压站余热再生干燥器工艺原理

在同一温度下，吸附质在吸附剂上的吸附量随吸附质的分压上升而增加，在同一吸附质分压下，吸附质在吸附剂上的吸附量随吸附温度上升而减少。也就是说加压降温有利于吸附质的吸附，降压加温有利于吸附质的解吸或吸附剂的再生。

7　全厂给水站工艺流程

全厂给水站由原水池和生活水池构成，其中原水池通过生产消防泵将水池中的水一部分打入全厂给水管网，另一部分通过加药处理和二氧化氯的消毒，流经全自动净水器进入生活水池，后通过生活泵送往厂前生活区和赤泥库生活区。原水池的水位由暮底河送水予以保持。

8　综合循环水站工艺流程

综合循环水站主要工艺流程为：冷却水通过与各用水单位的冷却设备与被冷却的物料进行热交换变成热水后，回流到热水池，通过热水泵打入冷却塔，经过冷却塔，在冷却塔内通过与空气的热交换，水的热量被空气带走，从而使水温降低进入冷水池，由循环冷水泵吸入加压后又送往各用水单位的冷却设备与被冷却的物料进行热交换，同时循环冷却水的 5% 进行旁滤处理。水通过这种方式循环的使用。

当冷却后的水温太高，达不到工艺指标要求时可开启塔上轴流风机使水温符合工艺指标要求。

在循环过程中，由于设备，管线的渗漏，风吹，蒸发及为保证水质而进行的排污等，会损失一部分水量。为保证集水池一定的液位，需不断补充一部分水——称为补充水，包括全厂给水站的新鲜水以及污水处理站的回用水，这部分水一般占循环水量的 3%～5% 左右。

此外为防止冷却水对设备腐蚀结垢，系统采用投加缓蚀阻垢剂的方法进行缓蚀阻垢处理。药剂在加药装置溶药罐内溶解稀释后，由计量泵送到循环水冷却塔冷水池等装置以确保循环水水质能满足用水装置安全。

9　空压站工艺流程

空气经过空气过滤器的过滤处理，流经进口导叶，经过第一级压缩后进入一级中间冷却器。冷却后的空气经过第二级进一步压缩后进入二级中间冷却器，然后进入第三级，空气在第三级中被压缩到最终压力。压缩后的空气流经止回阀到空气干燥器。从空压机出来的湿热压缩空气进入干燥机的预冷器后，凝结出液体水，此时的低温压缩空气再通过气水分离器进行分离，后经过干燥塔的吸附干燥，通过后过滤器过滤后，从而获得洁净的压缩空气。最后进入全厂风系统管网。

空压站循环水站工艺流程：

冷却塔冷却后的冷水进入冷水池，由循环冷水泵吸入加压后送往各冷却设备进行热交换。热交换后的水温度升高——称为热水（也叫循环水回水），本循环水系统采用余压回水即经过热交换后的冷却水利用循环水泵的余压直接被送入冷却塔的布水系统中，在冷却塔内通过与空气的热交换，水的热量被空气带走，从而使水温降低——称为冷水，并流入冷水池（塔下集水池）。从而达到水的降温、循环。

在循环过程中，由于设备、管线的渗漏、风吹、蒸发及为保证水质而进行的排污等，会损失一部分水量。为保证集水池一定的液位，需不断补充一部分新鲜水——称为补充水，这部分水一般占循环水量的 3% ~ 5% 左右。

循环水系统中设有旁滤（用以降低循环水的浊度），此外为防止冷却水对设备腐蚀结垢，系统采用投加缓蚀阻垢剂的方法进行缓蚀阻垢处理。药剂在加药装置溶药罐内溶解稀释后，由计量泵送到循环水冷却塔冷水池等装置以确保循环水水质能满足用水装置安全。

10　污水处理站工艺流程

10.1　生活污水处理

来自各办公楼的生活污水经过机械格栅除去其中的悬浮物之后汇集在生活污水调节池，由生活污水提升泵通过生活污水处理设备，除去其中的有机物以及大肠杆菌等。最后由绿化回用水池输送到各个生活污水回用点。

10.2　生产废水及雨水处理

酸性废水经过中和以后和其他中性生产废水以及雨水汇集于生产废水调节池，由提升泵通过旋流除砂器去除其中的砂石，混加混凝剂和助凝剂后，经全自动过滤器去除其悬浮物后，汇流于生产废水回用水池，由生产废水回用泵送至各个循环水站，达到重复利用的目的。

第 2 节　安全、职业健康、环境、消防

1　综合岗位危险源辨识及控制措施

1.1　巡检路线

空压站：

控制室→空气过滤器→空压机→空气干燥机→冷却塔→水过滤器→加药间→冷水泵房→控制室

给水站：

给水泵房→原水池→生活水池→净水器→加药间

综合循环水站：

循环水泵房→水过滤器→冷水池→冷却塔→热水池

污水处理站：

加药间→回水泵房→脱泥机房→中间水池→一体化水处理设备→工业废水池→生活污水池→一体化生活污水处理设备→生活回用水池→生产废水回用水池

备注：巡检时注意噪声防护。

1.2　危险源控制措施

不小心与空压机、干燥机高温管道接触；接触干燥机被排空阀喷出空气与水蒸气伤害；盖板断裂、缺失，巡检或作业时跌入高温疏水地沟；不小心被干燥机排空阀绊倒；上下铁制楼梯时不小心滑倒；给水泵检修后联轴器、电动机轴套护罩未及时恢复；雨雪天循环水池周边湿滑；人员不小心与运行中的葫芦碰撞或被葫芦砸伤；巡检操作人员不小心掉入水池。

控制措施：路面行走危险预知；上下爬梯注意安全，拉好扶手；检维修涉及高空作业必须系安全带；及时恢复转动设备防护罩，正确穿戴劳动防护用品；发现地沟盖板未恢复及时上报或恢复。

2　安全须知

参见本篇第 6 章第 2 节 2。

3　环境因素识别及控制措施

参见本篇第 6 章第 2 节 3。

4　消防

参见本篇第 6 章第 2 节 4。

第 3 节　岗位作业标准

1　基本标准

1.1　综合站作业区联系汇报程序

（1）提前 15 分钟参加接班会议。

（2）交接班要做到交清接明，并及时向主控室汇报接班情况。

（3）班中做好整点原始记录。

（4）在联系工作时，必须确认对方的身份。

（5）接到生产指令时，在确认对方身份，了解清楚指令的内容、意图后方可进行。

（6）开停车时，必须按要求联系相关岗位，得到回应后，方可进行。

（7）联系工作时，必须讲清意图，生产指令必须准确无误。

（8）设备检修过程中，每两小时向主控室汇报检修内容、检修质量及检修进度。

（9）班中出现非计划开停车及流程出现问题要说明原因汇报主控室，并做好记录。

（10）班中出现意外情况应及时处理并向主控室汇报。

（11）生产中发生设备及人身事故，除采取有效措施外，应立即向主控室汇报。

（12）交班前 1 小时向主控室汇报当班生产情况，包括设备情况、操作状况及异常问题。

（13）交班前向下班详细说明当班生产、设备情况及上级的相关精神，并做好记录。

1.2　综合站作业区岗位交接班标准

（1）岗位人员到岗后，交班主操应与接班主操沿巡检路线，对设备、流程、仪表等点检一遍，上班人员应当对当班期间所处理和正在处理的问题在现场向下班人员做详细介绍，属检修人员处理的问题，由下班人员继续安排、监护、处理。

（2）现场交接，并做到接班人员无疑问后，到岗位操作室对照上班记录和各种点巡检表及仪表、计算机显示参数做进一步交接，直至接班人员无疑问为止，生产部分交接完毕。

（3）交接人员应对当班期间跑、冒、滴、漏的各种物料清除干净，室内卫生打扫干净。

（4）未经接班人员许可，交班人员不得擅自离岗下班。

（5）接班人员对交班人员具有一切有关上班生产方面的询问权，交班人员对接班人员要做到有问必答。

（6）交接人员不得漏交、误交、谎交。

（7）经接班主操许可，交接人员离岗后，交接班程序完成，由接班人员负责接班后的一切责任和义务。

1.3　综合站作业区岗位交接班内容

（1）岗位设备点检表。

（2）岗位记录本。

（3）岗位设备润滑记录本。

（4）岗位环境卫生。

2　综合站操作标准

2.1　系统操作标准

2.1.1　系统开车准备

2.1.1.1　全厂给水站

（1）确认各检修工作是否完毕，现场是否清理干净，人员是否离开，所有设备的安全隐患是否清除。

（2）检查生活水池、原水池的水位水量是否正常。

（3）联系电工检查电气设备，确认各种泵能否正常运转，检查加药装置、全自动净水器是否完好。

（4）其中加药装置开机准备包括以下几方面：

1）保证电动机绝缘良好，轴承润滑到位。

2）设备安装好后，对计量泵内要添加润滑油，并调节计量泵上的冲程旋钮，使其灵活好用。

3）对加药管线进行通水试压。

4）通知电工为计量泵电源送电，使其具备开车条件。

　　5）检查安全防护措施是否到位（如防护面罩，室内冲洗水龙头是否已送上水）。

　　6）将药液倒入溶液罐内以备运行。

　　（5）联系计控检查计控设备，确认全厂给水站的各探测仪器是否完好可用。

　　（6）检查全厂给水管网是否畅通，各种阀门是否灵活好用。

2.1.1.2　全厂循环水站

　　（1）确认各检修工作是否完毕，现场是否清理干净，人员是否离开，所有设备的安全隐患是否清除。

　　（2）检查热水池中水位是否正常，能否达到开车条件。

　　（3）打开热水泵入口阀（阀门全开），冷却塔上水阀，关闭热水泵出口阀。

　　（4）打开排气阀，注水排气。盘车数圈应轻便灵活。机泵长期停用或检修后，必须经检修人员进行全面检查，绝缘合格后方可送电开车。

　　（5）联系计控检查计控设备。

　　（6）联系电工检查电气设备，确认各种泵以及冷却风机能否正常运转，电动机绝缘是否良好，轴承润滑是否到位，做好开车前的准备。

　　（7）检查玻璃钢冷却塔、冷却风机叶片是否完好无损。

　　其中风机应该满足以下条件：

　　1）检查各部件应牢固无损（如：地脚螺栓叶片 U 型螺栓、风帽托板等），测定风机、风筒和风机叶片之间的间隙，叶片安装角度是否符合设计要求，叶片外缘与风筒内壁之间隙，其误差不大于 5mm，联动轴偏心不超过 0.1mm，轮间隙不超过 1mm。

　　2）盘车要轻松，无轻重感。

　　3）机械密封及其余静密封点无泄漏现象，油位应正常，静止状态时应于油位标定的上、下限之间。

　　4）减速机上油及排油阀应关闭且无内漏现象。

　　5）检查内机附近有无跳板及障碍，然后检查风筒门应紧固，关闭应严密。

　　6）以上检查确认无误后，各风筒内人员全部撤出，且无障碍物，联系送电。

　　7）于现场启动风机，检查转向，自上而下应为顺时针方向旋转。

　　8）测定电动机的电流和电压、输入、输出功率等是否符合设计要求，若不符合，要调节风机的安装角度以使之达到要求。

2.1.1.3　空压站

　　（1）确认各检修工作是否完毕，现场是否清理干净，人员是否离开，所有设备的安全隐患是否清除。

　　（2）确认设备的所有连接部位是否已经紧固牢靠，安装完并符合安装精度要求。

　　（3）全面检查电气接线情况以及接地是否完整和设备及元件安装的完好情况，特别是对空气压缩机的电气系统中电缆、电路断路器以及保险丝的规格进行确认。

　　（4）对设备各润滑点，加注规定油品。

　　（5）确认各需要运转部位的周围临近地方无阻碍。

　　（6）空压机开车准备：

　　1）检查油位，确认是否达到适当位置。

　　2）打开进水阀门和出水阀门以及流量调节阀，检查水流情况。

3）关闭冷凝水排放阀。

4）检查油箱润滑油的温度是否超过32℃，若低于32℃，检查油加热器是否启动。保持油压在0.2bar(e)以上。

5）检查进口导叶和放空阀。

6）检查可编程逻辑控制器中的设置情况。

7）合上总电源，打开截止阀，确认系统内压力为零。

8）检查气路、油路是否畅通，是否有渗漏，确认高压启动柜的电源指示灯亮。

（7）空气干燥器开车准备：

1）检查并确认压缩空气管路及辅助装置安装正确。

2）将进气管及后过滤器底部的排污阀打开排污后关闭。

3）检查并确认环境温度符合要求（低于38℃）。

4）检查冷却水管能否正常供水，冷却水的进口温度（小于32℃）和压力（0.2～0.4MPa）是否达到要求，并无泄漏。

5）检查并确认自动排水装置及电动阀安装正确。

6）先不接通控制电源，打开外管路的进气阀和出气阀，使干燥装置进气，检查干燥器上两个压力表显示的压缩空气系统工作压力是否相同。

7）检查后过滤器出口的仪表气调压阀压力，其压力指示应在绿色区域内。

2.1.1.4　空压站循环水站

（1）检查冷水池液位是否符合正常运行条件。

（2）打开循环水泵入口阀（阀门全开），冷却塔上水阀，关闭循环水泵出口阀。

（3）检查机泵完好情况。地脚螺栓紧固，接地线应完好，设备周围无杂物及人。

（4）打开排气阀排气，盘车数圈应轻便灵活。

（5）检查油杯内是否有油，油质是否良好并转动几圈。

（6）检查阀门是否完好，电动阀手柄位置要准确。

（7）检查控制仪器，仪表是否完好，并打开压力表阀门。

（8）机泵长期停用或检修后，必须经检修人员进行全面检查，摇绝缘合格后方可送电开车。

（9）检查合格，一切准备就绪后，通知电工或变电所送电。

（10）水池进水：

1）公司调度室同意后，并检查排污阀已关严，确无泄漏，方可进水。

2）打开补充水阀，向水池进水，补水至正常操作水位。

3）当水池水位达到上述要求时，仍未接到开泵或向压力管进水指令时，可自行关闭补水阀，随时检查水池水位变化，如有降低，可申报公司调度，继续补水至上述要求。

2.1.1.5　污水处理站

（1）确认各检修工作是否完毕，现场是否清理干净，人员是否离开，所有设备的安全隐患是否清除。

（2）联系计控检查计控设备。

（3）联系电工检查电气设备，确认各种泵以及风机能正常运转，电动机绝缘良好，轴承润滑到位，做好开车前的准备。

（4）对加药装置进行开车前的检查：

1）保证电动机绝缘良好，轴承润滑到位。

2）设备安装好后，对计量泵内要添加润滑油（油随设备一同带来），并调节计量泵上的冲程旋钮，使其灵活好用。

3）对加药管线进行通水试压。

4）通知电工为计量泵电源送电，使其具备开车条件。

5）检查安全防护措施是否到位（如防护面罩，室内冲洗水龙头是否已送上水）。

6）将药液倒入溶液罐内以备运行。

（5）检查站内水管管道是否畅通，各种阀门是否灵活可用。

2.1.2　系统开车步骤

2.1.2.1　全厂给水站

（1）启动生产消防泵。现场启动生产消防泵：

1）将出口阀门关闭，进口阀门全开。

2）待泵内空气全部排出后，启动电动机，缓开出口阀门，调整电流和压力，同时开放泵轴冷却水阀门（操作室操作看准显示屏上按钮，启动水泵，当电流从最大降至最小且稳定后，打开出口阀，直至电流升至正常运行数值）。

（2）启动全自动净水器。观测净水器进水水位，待水没过斜卡板，向其投入泡沫滤珠，一键启动实现全自动净水器自动工作。

（3）启动生活水泵。观测生活水池水位，当水位不小于 3 米，按照启动生产消防泵的步骤启动生活泵。

（4）倒泵运行应遵守先启后停，以确保供水。

2.1.2.2　综合循环水站

（1）合上电源开关。

（2）按下启动按钮热水泵运行后，同时观察电流，压力及各仪表显示，无问题后缓慢打开出水电动阀（为防止热水池溢流，应先启动热水泵正常后再启动冷水泵）。

（3）冷却水循环正常后启动冷却风机（冬季雪天可暂不启用）。

（4）倒泵运行应遵守先启后停，以确保供水。

2.1.2.3　空压站

（1）检查并合上空压机主机及相应辅助设备低压控制柜操作电源。

（2）检查控制面板，是否满足启动条件。

（3）按下空压机控制面板上的启动按钮，启动空压机。

（4）空压机启动运行正常后，当系统压力接近 0.7MPa 压缩空气温度大于 110℃ 时，开启相应的干燥塔。

（5）检查运行各参数是否正常，并做好记录。

2.1.2.4　空压站循环水站

（1）接到开车通知送电后，按动电动机开车按钮，同时观察电流，压力及各仪表显示，无问题后开启出口阀至所需负荷为止。

（2）开车正常后通知调度室及主操并做好开车记录。

2.1.2.5   污水处理站

（1）待调节水池水位满足启泵要求时（一般大于 20%），确保系统设备处于通电状态。

（2）检查管路阀门的开闭状态，确保系统的顺畅。

（3）检查一体化，对搅拌电动机、阀门等进行试运行，确保正常。

（4）对回用泵房水泵进行盘车，检查油位、排气等，确保能够正常启动。

2.1.3   系统正常操作

2.1.3.1   全厂给水站

（1）定期检查原水池和生活水池水位，并及时补充，定期对集水池水予以排污。

（2）监视生产消防水以及生活水的水流量并做好记录。随时查看运行泵电动机电流、电压值是否正常。

（3）定时检查运行水泵及电动机轴承温度是否不高于 70℃，各部位有无松动、异响现象，并做好记录。

（4）水泵运行中，注意油位不低于可视镜的 1/2，出现运行声音异常时，应停机检查，更换轴承或更换联轴器内的弹垫。

（5）电动机运行 2000 小时左右，要对其拆开检查，清洗加油或者更换轴承。

（6）经常调整水泵填料的松紧程度，以填料室每分钟滴水 20 滴左右为宜（注：若填料改为密封环，则每周对密封环注油脂一次）。

（7）经常检查联轴器同轴度状况，并加以调整，定期检查联轴器上的弹性元件，一旦有磨损立即更换。

（8）检查自动加药装置运行是否正常。

（9）定期巡查全自动净水器进水、出水、排污以及反冲洗是否正常，并对净水器进行取样化验，确定生活用水的水质保障。

（10）定期检查和启动备用泵。

（11）换车操作：

1）换车前先通知主操，方可换车（按期倒泵或发生事故紧急倒泵除外）。

2）换车前，应按开车前准备工作进行全面检查，确认没有任何异常情况，方可开车。

3）按开车步骤。先开启备用泵，正常后再逐步停下运行泵（特殊情况除外）。

4）开启备用泵，出口阀开至一定高度时与欲停泵调配进行开关。停泵妥当后做好换车记录。

2.1.3.2   综合循环水站

（1）随时监视循环水流量是否在正常值，定时检查水池的水位，并及时补充。

（2）定时检查水泵及电动机轴承温度是否不高于 70℃，各部位有无松动、异响现象，并做好记录。

（3）水泵运行中，注意油位不低于可视镜的 1/2，出现运行声音异常时，应停机检查，更换轴承或更换联轴器内的弹垫。

（4）电动机运行 2000 小时左右，要对其拆开检查，清洗加油或者更换轴承（此项由电修工段完成）。

（5）经常调整水泵填料的松紧程度，以填料室每分钟滴水 20 滴左右为宜（注：若填料改为密封环，则每周对密封环注油脂一次）。

（6）经常检查联轴器同轴度状况，并加以调整。

（7）定期检查冷却塔的运行情况，对淋水装置应保持清洁完整，对损坏的板条要及时更换，定期对淋水装置、格栅进行清扫，保持收水器完好无损。

（8）定时检查冷却塔风机运行情况，电流，油位及布水情况。定时检查加药装置运行是否正常，并对全自动过滤器的过滤效果进行检测。

（9）备用泵每班盘车一次。

（10）保持冷却塔周围环境卫生，随时防止障碍物、泥沙树叶及各种杂物等进入冷却水池，定期清理冷却水池等。

（11）定期对集水池予以排污处理。

（12）换车操作：

1）换车前先通知主操，方可换车（按期倒泵或发生事故紧急倒泵除外）。

2）换车前，应按开车前准备工作进行全面检查，确认没有任何异常情况，方可开车。

3）按开车步骤。先开启备用泵，正常后再逐步停下运行泵（特殊情况除外）。

4）开启备用泵，出口阀开至一定高度时与欲停泵调配进行开关。停泵妥当后做好换车记录。

2.1.3.3　空压站

（1）实时检测出口压缩空气质量和压强，保证能够满足全厂用气量。

（2）每两小时检查一次空压机的运行参数和运转信息，保证各排冷凝水阀均工作正常。

（3）定时检查空压机以及干燥器的机身油位、注油器是否在油标尺规定范围之内，冷却水压强是否在 0.2~0.4MPa 之间，并保持冷却进水温度小于 32℃。

（4）定时对运行电动机进行检测，并及时排除故障。

（5）定时检查联轴器同轴度状况，并加以调整。

（6）监视空压循环水站冷水池水位，并及时补充。

（7）随时查看循环水泵房设备运行情况并做好记录，包括水泵、加药装置、全自动过滤器等。

（8）定时查看冷却塔风机运行情况，电流，油位及布水情况。

（9）定时检查加药装置运行是否正常，并对全自动过滤器的过滤效果进行检测。

（10）备用泵每班盘车一次。

（11）保持冷却塔周围环境卫生，随时防止障碍物、泥沙树叶及各种杂物等进入冷却水池，定期清理冷却水池、格栅等。

（12）换车操作：

1）换车前先通知主操，方可换车（按期倒泵或发生事故紧急倒泵除外）。

2）换车前，应按开车前准备工作进行全面检查，确认没有任何异常情况，方可开车。

3）按开车步骤。先开启备用泵，正常后再逐步停下运行泵（特殊情况除外）。

4）开启备用泵，出口阀开至一定高度时与欲停泵调配进行开关。停泵妥当后做好换车记录。

2.1.3.4　污水处理站

（1）随时监视循环水流量在正常值，定时检查水池的水位，及时清除水面悬浮物。

（2）定时检查水泵及电动机轴承温度是否不高于70℃，各部位有无松动、异响现象，并做好记录。

（3）水泵运行中，注意润滑油是否充足，出现运行声音异常时，应停机检查，更换轴承或更换联轴器内的弹垫。

（4）电动机运行2000小时左右，要对其拆开检查，清洗加油或者更换轴承（此项由电修工段完成）。

（5）经常调整水泵填料的松紧程度，以填料室每分钟滴水20滴左右为宜（注：若填料改为密封环，则每周对密封环注油脂一次）。

（6）经常检查联轴器同轴度状况，并加以调整。

（7）定时查看风机运行情况，电流、油位等情况。定时检查加药装置运行是否正常，并对全自动过滤器的过滤效果进行检测。

（8）备用泵每班盘车一次。

（9）定期对集水池予以排污处理。

（10）换车操作：

1）换车前先通知主操，方可换车（按期倒泵或发生事故紧急倒泵除外）。

2）换车前，应按开车前准备工作进行全面检查，确认没有任何异常情况，方可开车。

3）按开车步骤。先开启备用泵，正常后再逐步停下运行泵（特殊情况除外）。

4）开启备用泵，出口阀开至一定高度时与欲停泵调配进行开关。停泵妥当后做好换车记录。

（11）一体化的操作要求：

1）配药。PAC按5%比例配置，即1000L水中加入50kg的PAC（2袋）；PAM按0.3%～1.25%比例配置，即1000L水中加入3～12.5kg的PAM（即半袋）。

2）运行。将所有计量泵旋至"自动"位置；进水开度设定为30%，如果开度本身已经在30%位置，就不需要再设置了。如图11-1椭圆位置。

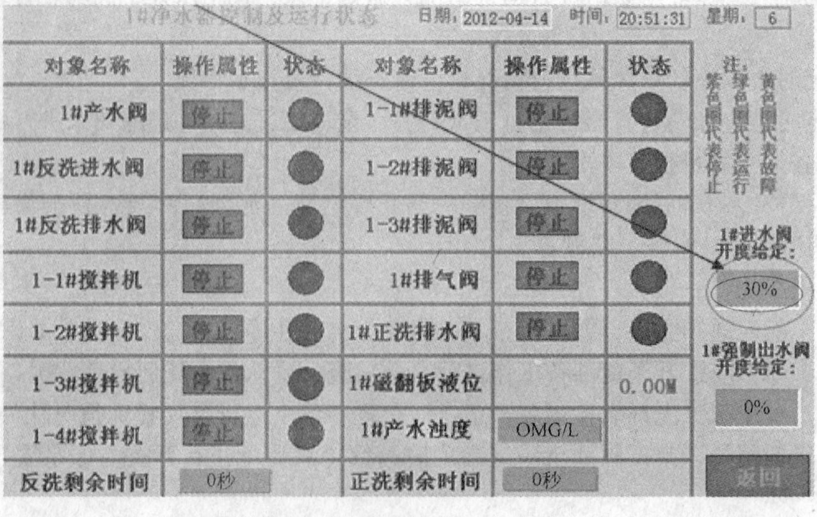

图11-1　进水阀开度给定位置

点击 1 号正洗排水阀的操作属性由"停止"变为"启动"，如图 11-2 所示。

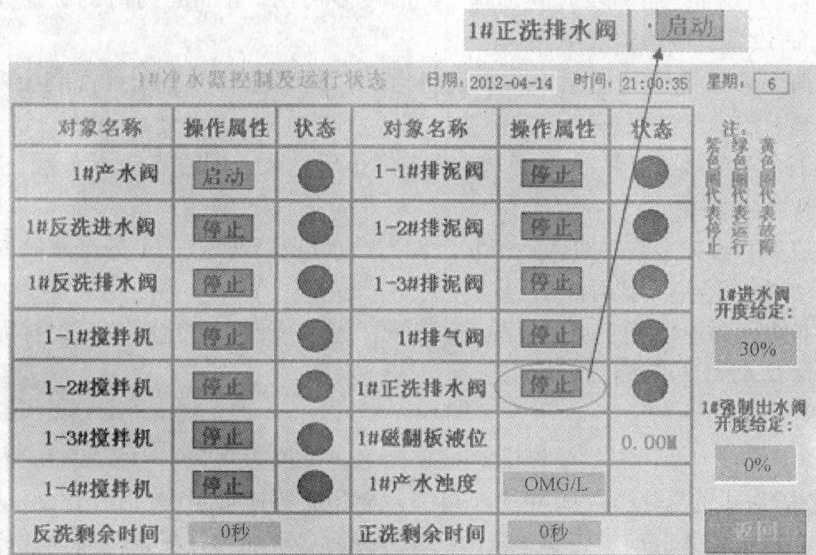

图 11-2　正洗排水阀操作属性

此时该过滤器进入正洗状态，计量泵自动联动启动，用户应及时启动原水泵。

待正洗约 5～10 分钟，产水较清后（浊度少于 10NTU），点击 1 号产水阀的操作属性由"停止"变为"启动"，点击 1 号正洗排水阀的操作属性由"启动"变为"停止"，如图 11-3 所示。

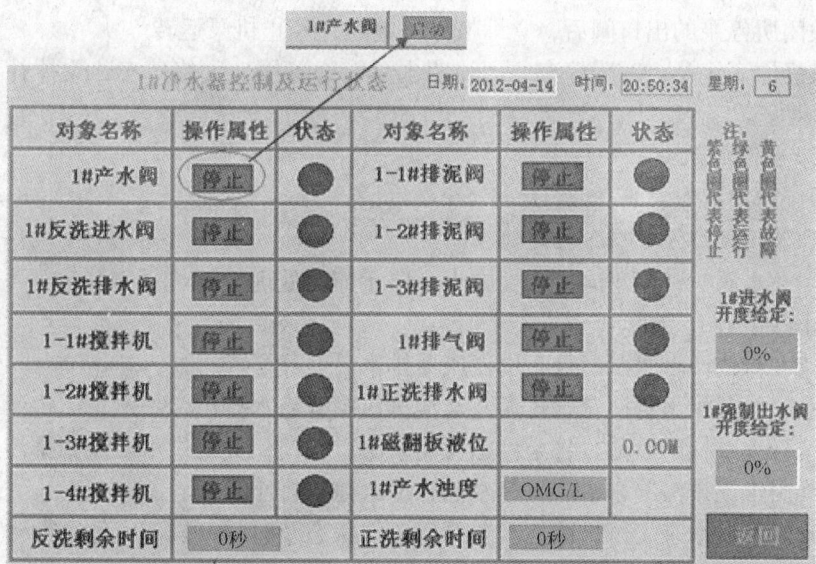

图 11-3　产水阀操作属性

当产水足够后，用户需要停机时，点击 1 号产水阀的操作属性由"启动"变为"停止"即可。

3）反洗。当设备运行一段时间，滤料上有较多污泥，正常运行时的磁翻板液位会超过 3.5m，此时设备就应该清洗了。

将电箱面上"反洗"按钮按下，反洗将启动，此时触摸屏上的反洗剩余时间为 420 秒，用户应马上启动反洗泵。

当反洗剩余时间接近 0 秒时，用户应马上停止反洗泵，同时启动原水泵，启动正洗，正洗时间为 900 秒。

正洗完成后，设备会自动进入运行状态，当产水足够后，点击 1 号产水阀的操作属性由"启动"变为"停止"即可。

由于设备内水位不能低于磁翻板的 1m 以下，当水位低于一定位置后，排泥阀、正洗排水阀及反洗排水阀是不能打开的。

（12）脱泥机的操作要求：

1）准备工作。启动污泥池搅拌机，配置 PAM（浓度为 0.3%～1.25%）药剂。

2）离心脱泥机的开机。关闭冲洗水阀门，全开加药计量泵出口阀门。启动离心机副机后开启离心机主机并启动螺旋输送机，约 5 分钟后启动加药计量泵，启动螺杆泵并调节流量，保持脱泥设备的顺利运行。

3）离心脱泥机的停机。停污泥螺杆泵后关闭加药计量泵并关闭加药泵出口阀门，打开冲洗水阀门，对离心机冲洗 10～15 分钟后关闭，停离心机副机、停离心机主机，在确保螺旋输送机无泥后停止螺旋输送机的运行。

2.1.4　系统停车步骤

2.1.4.1　全厂给水站

（1）接到公司或调度室的停车通知后方可停车，并通知主操。

（2）关闭所停泵的出口阀后，立即按停泵电钮，停止机泵运转。

（3）做好停车记录，写明停车原因注明水泵能否备用（大修停车，关掉补充水），通知主操及调度室。

2.1.4.2　综合循环水站

（1）系统排空停车：

1）接到公司调度停车指令方可停车。

2）关闭补水阀门，停止向冷水池补水，停止加药处理。

3）停止各运行电动机。

4）保持一台或两台水泵运行，以便压力排水。

5）排水、打开供水管回流管排泥及水池排污阀，将水排出。

6）在运行水泵抽空以前，将泵停运关闭泵出口阀门，关闭供水回流管排污阀。

7）继续用水池排污阀排水，将热水池和冷水池水排净。

8）记录好各台水泵、风机停运时各阀门关闭状态及时间、操作人等。

（2）系统部分停车（水池不排水）：

1）接到公司调度指令方可按停车指令内容停车。

2）关闭补水阀门，停止向水池补水。

3）停运风机。

　　4）停运水泵、按泵规程操作。

　　5）记录停车时间和原因及各阀门开闭状态。

　　6）注意水池水位变化，水位降低时，及时请示调度，但不能溢流，并认真检查排污阀和排泥阀是否漏水。

2.1.4.3　空压站

　　(1) 接到公司或调度室的停车通知后方可停车，并通知主操。

　　(2) 确认干燥塔停止运行后，按下空压机控制面板上的停机按钮，空压机将自动卸载，延时停机。

　　(3) 按下相应干燥塔控制面板上的停机按钮，干燥塔停止运行。打开空压机和干燥器的出口截止阀进行泄压处理。

　　(4) 空压机停机半小时才能关闭冷却水进水阀门，断开空压机冷凝水管道和冷凝水排污管网的连接。

　　(5) 关闭主机低压控制柜电源。

　　(6) 按过紧急停机按钮（由于突发事故停机），则按过后要马上拔出来以备下次启动运行。

　　(7) 做好停车记录，写明停车原因注明水泵能否备用（大修停车，关掉补充水），通知主操及调度室。

2.1.4.4　污水处理站

　　(1) 操作人员应该在接到控制室的指令后安排停车。

　　(2) 注意各水池液位变化情况，先应停止废水提升泵，中间水泵后关闭一体化。

　　(3) 应保持废水回用水池高液位。

2.2　综合站设备操作标准

2.2.1　离心泵的操作标准

2.2.1.1　运行前的检查

　　(1) 所有仪器、仪表是否准确工作。

　　(2) 泵所带的底座是否与基础紧固。

　　(3) 联轴器与泵机组是否校正。

　　(4) 管路是否按要求连接。

　　(5) 电动机是否按使用说明书安装。

　　(6) 能否容易的转动转子。

　　(7) 联轴器防护罩是否安装好。

　　(8) 操作人员是否了解可能发生的故障以及要遵守的有关安全规范。

　　(9) 是否排除过载。

　　(10) 轴封是否按使用说明予以安装。

　　(11) 如果提供辅助装置，那么这些装置是否按使用说明予以安装。

　　(12) 是否所有轴承已做了良好的润滑。

　　(13) 采用衡油润滑轴承时，油位是否正常。

2.2.1.2　离心泵的开车

　　(1) 与主控室联系，决定启动按钮旋到就地或远控位置，与主控室联系，适当调节泵出口管路上的控制阀门。

（2）离心泵如属变频调速泵，主控室应将泵的启动转速调为0%，把泵的运转打到手动控制状态（M），设定泵的联锁条件数值（如液位、流量）。

（3）与主控室联系，就地启动泵。

（4）如泵启动按钮为远控位置，泵启动前，主控室操作人员应通知现场操作人员，然后启动泵。

（5）如果不是电动机直接启动，按照相关说明书启动程序。

（6）泵启动运转平稳后，缓慢打开泵出口管道阀门，最终开度100%。

（7）离心泵如属变频调速泵，主控室手动缓慢提高泵的转速，当转速为30%时，把泵的运转打到自动控制状态（A）。

（8）泵启动后，现场操作人员应再次仔细检查泵、管道及仪表连接部位是否有泄漏现象。

（9）检查泵启动后的振动情况、响声，电动机电流是否平稳、仪表显示值是否符合要求。

（10）如无异常现象，即完成离心泵的启动。

（11）如检查发现有异常现象，即停泵并联系相关人员处理。

（12）现场操作人员在操作过程中应注意站位，防止运转设备造成的伤害事故。

2.2.1.3　离心泵的停车

（1）如就地启动的泵，现场操作人员按下停车按钮并把开关旋钮打到零位，同时应注意站位、防止泵倒转引起伤害事故。

（2）如远程启动的变频泵，主控室操作人员应先将泵的转速缓慢降低直至为0%时，再停泵，同时通知现场操作人员把开关旋钮打到零位。

（3）泵完全无倒转现象后，现场操作人员适度打开泵的进出口管道上的阀放水。

（4）如停泵后长时间不用或环境温度低于0℃，应将泵内水放出。

（5）注意事项：

1）运行前必须确保泵壳内充满水，使机械密封得到冷却。

2）如在冬季停运，必须将泵壳内的水排放掉，以免冻裂。

3）如果电源接反，水泵反转，出口压力将达不到并且振动增大。

2.2.2　潜水排污泵

2.2.2.1　使用前的检查

（1）仔细检查泵在运输，存放，安装过程中有无变形或损坏，紧固件是否松动或脱落。

（2）检查电缆线有无破损、折断，电缆线的入口密封是否适当完好，发现有可能漏电及密封不良之处应及时妥善处理。

（3）用500V兆欧表测量电动机相间和相对地间的绝缘电阻，其值不应低于2MΩ，否则应对电动机定子绕组进行干燥处理，干燥处理的温度不得超过120℃，或通知生产厂家，提供帮助。

（4）检查油室上的螺塞和密封垫片是否齐全。检查螺塞是否已将密封垫片压紧。

（5）检查叶轮转动是否灵活。

（6）检查电源装置是否安全可靠、正常，检查电缆中的接地线是否已可靠接地。

（7）泵放入池中之前必须先进行点动检查转向是否正确，如果转向不对，应立即切断电源，调换电控柜中接 U、V、W 的三相电缆中的任意两相。

2.2.2.2　启动

启动前应关闭吐出管路上的流量调节器，当泵全速运转后再逐渐打开该阀门，注意不能长时间在该阀门关闭的情况下运转。

2.2.2.3　停车

（1）关闭出口阀。

（2）关闭泵时，进口阀不要关闭。

（3）关闭电动机，确保机组缓慢停下来。

（4）泵有一定的后转周期，在这期间，要切断热源，这样才能使输送的介质完全冷却下来，从而避免泵中产生任何热量。

（5）泵长时间停止工作时，进口阀必须关闭。

（6）关闭辅助管路。

（7）泵的轴封即使在停机状态下也要密封润滑。

（8）在冰冻或长期停止使用时，应排除泵及管路中的介质。

（9）当泵停用预计达半年以上时，应将泵吊起清洗并置于干燥处，当气温较低时，应将泵提出水面并排尽泵内液体，防止冰冻。

2.2.3　全自动净水器的操作标准

（1）开启全自动控制柜电源，检查电压是否正常。

（2）把自动转换开关全部打在"空挡"位置。

（3）闭合每路控制电路的保险盒以及电源开关，检查是否正常。

（4）调整各时间继电器的工作时间（如反冲洗时间等）。

（5）把自动转换开关逐一打在"手动"位置，检查各控制元件能否正常工作。

（6）按照相关的比例要求进行药物的配制。

（7）根据原水浊度确定加药量，及时调整加药计量泵，使其投入全自动工作。

（8）操作人员必须认真定期检查加药装置的储药量，加药量是否正确，备用药剂是否齐全。

（9）当自动出现故障，可把转换开关打在"手动"，选择加药计量泵，进行手动操作。

2.2.4　全自动过滤器的操作标准

2.2.4.1　全自动过滤器启动步骤

关过滤器反冲进、出口阀和排空阀，启动过滤泵，开反冲过滤进、出口阀和水管总阀。

2.2.4.2　反冲程序

当过滤器压力不小于 0.3MPa 时应逐步手动反冲过滤器。选择自身水反冲时应关过滤进、出口阀，开反冲进、出口阀，待过滤器筒体内积水满后再启动搅拌机，检查出水干净后停止反冲。选择新水反冲应先停下过滤泵，关过滤进、出口阀，开反冲进、出口阀，待过滤器筒体内积水满后再启动搅拌机，检查出水干净后停止反冲。

2.2.5　玻璃钢冷却塔的操作标准

2.2.5.1　开机操作

（1）在电源开关断开时上塔盘车检查风机是否灵活。

（2）检查入口阀、出口阀是否全开，布水是否均匀，水槽水位是否在合适位置。

（3）合上动力配电盘处的"冷却塔"电源开关，在控制室按"冷却塔"启动按钮（指示灯在动力配电盘上）。

（4）上屋顶检查振动、漂水情况。

2.2.5.2　停机操作

（1）在控制室按"冷却塔"停止按钮。

（2）断开动力配电盘处的"冷却塔"电源开关。

（3）如需停水，关闭入口阀、出口阀。

2.2.6　阿特拉斯离心式空压机的操作标准

2.2.6.1　阿特拉斯离心式空压机控制界面（图 11-4，表 11-1）

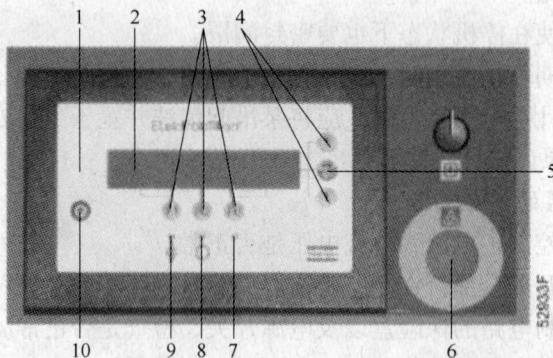

图 11-4　阿特拉斯离心式空压机控制界面

表 11-1　阿特拉斯离心式空压机控制界面简介

编　号	描　　述	功　　能
1	启动按键	按下时启动压缩机
2	显示屏	显示运转参数、维护提示、故障信息
3	功能键（F1、F2、F3）	用于控制及设定
4	垂直滚动键	向上或下显示搜寻
5	制表位键	水平箭头移到需选择的行时，按制表键可进入该参数的检查及设定界面
6	急停按钮	紧急停车时压入，故障消除后拉出
7	电源指示灯	柜内的 F3 开关合上时灯亮
8	报警指示灯	有报警时亮，如跳机、传感器故障、急停时闪烁
9	负荷指示灯	机组自动控制，带负荷运转
10	停车按钮	按此键压缩机停运，负荷指示灯熄灭

2.2.6.2　开机步骤

（1）检查是否有任何的故障报警或故障停机存在。

（2）检查油温必须超过 32℃，油压必须超过 0.2bar(e)。

（3）一切正常的情况下，显示屏上显示出屏幕。

（4）检查允许启动图标 OK 是否亮起或闪烁。

（5）按下启动按钮，空压机开始在卸载状态运行，自动运行状态图标亮起。辅助油泵在压缩机正常运行时将自动关闭图标熄灭。

（6）检查运行参数是否正常。

（7）20 秒钟后，压缩机进入加载状态。

2.2.6.3　正常操作标准

（1）经常观察各仪表是否正常。

（2）经常倾听空压机各部位运转声音是否正常。

（3）经常检查有无渗漏现象。

（4）在运转中如发现油位计上看不到油位，应立即停机，十分钟后再观察油位，如不足，待系统无压力时再补充。

（5）保持空压机及周围环境干净，严禁在空压机上放置任何东西，如工具、抹布、衣物、手套等。

（6）如遇紧急情况，按"急停处理"。

2.2.6.4　停机步骤

（1）按停机按钮（显示屏的左侧），机器将先自动卸载，接着停车，或先按 F3［unload］卸载再按停机按钮。

（2）打开冷凝水手动排放阀，半小时后关闭冷却水。停车半小时内不允许断低压电。

（3）如按过紧急停车按钮（由于突发事故的停车），则按过后要马上拔出来，以保证辅油泵能自动运行给齿轮箱供油。

（4）停机命令开始的 240 秒为防止再启动时间，在此时间之内启动命令无效。

2.2.6.5　紧急停车

当出现下列情况时，应紧急停车：

（1）排气压力超过安全阀起跳压力而安全阀没有起跳时。

（2）排气温度超过 180℃而未自动停机。

（3）周围发生紧急情况。

（4）出现异常声响或振动。

（5）紧急停车时，无需先卸载，可直接按下"停止"按钮后拉出即可。

2.2.6.6　阿特拉斯空压机"维护报警"的复位

阿特拉斯空压机会依据维护方案及维护设定值用报警的形式提示操作人员做相应的维护，如更换油过滤器、空气过滤器、除油雾过滤器、润滑油等。

（1）按 F1［MENU］进入主菜单。

（2）按垂直滚动键选择［STATUS DATA］子菜单，按制表键进入。

（3）通过按垂直滚动键来查看要服务的内容，按 F3［RESET］键复位。

（4）阿特拉斯空压机保护联锁的复位（红灯闪烁表示有联锁）。

（5）按 F1［MENU］进入主菜单。

（6）按垂直滚动键选择［STATUS DATA］子菜单，按制表键进入。

（7）查看联锁项目，排除故障，按 F3［RESET］键复位。

2.2.6.7　阿特拉斯空压机停机原因查找

（1）按 F1［MENU］进入主菜单。

（2）按垂直滚动键选择［SAVED DATA］子菜单，按制表键进入。

（3）可查看近几次跳机的日期、时刻、状态信息。正常停机没有此记录。

2.2.6.8　油过滤器滤芯的更换

假如右侧的需被换，松开左过滤器上的平衡塞直至看到平衡孔，转动小把手使其与大把手水平，左过滤器通过平衡管被注满油，当油从平衡孔内溢出时，上紧平衡塞，转动小把手使其与大把手垂直，将大把手手柄转向右侧，则左边的过滤器投入运行。

2.2.6.9　油雾器滤芯的更换

运行 3 年或 24000 小时后需更换该滤芯（停机后更换）。

2.2.6.10　空压机油的取样

空压机的润滑油在正常情况下使用周期为 16000 小时（日历时间），但每隔 4000 小时（日历时间）需化验油质一次，以决定是否能继续使用，取样方法如下：

（1）停运空压机。

（2）擦净放油口（平时注意保洁）。

（3）用干净的玻璃容器放油 100mL。

（4）交外协化验油样的黏度、酸值、含水量。

2.2.7　空气干燥器运行操作标准

空气干燥器采用加温变压吸附的原理，干燥剂在压力下吸附压缩空气中的水分，在常压并加热的情况下对干燥剂进行解吸即再生。成品气经过后置超精过滤器，保证不含粉尘。工作过程如表 11-2 所示。

表 11-2　空气干燥器工作过程

起始时刻	控制指令	A 罐流程	B 罐流程
0h 0min 0s	A 罐进气阀关闭	为 A 罐再生做准备	压缩空气经 B 罐的进气阀由下而上进入 B 内，通过已再生的吸附剂干燥后输出成品气
0h 0min 5s	A 罐排气阀打开	A 罐开始再生	
0h 0min 10s	A 罐再生气进气阀打开	7% 的压缩气通过喷射器带入一部分大气，对 A 罐进行热再生	
2h 30min	A 罐冷吹气进气阀打开	冷吹开始	
3h 55min	A 罐冷吹气进气阀关闭	冷再生结束，一小部分成品气经过限流孔板对 A 罐充压	
3h 59min	A 罐进气阀关闭	A、B 均压	
4h 0min（0h 0min）		A 开始工作	B 再生

2.2.7.1　开机操作

当系统压力接近 0.7MPa 压缩空气温度大于 110℃时，才能启动空气干燥器。

（1）合上电气箱内的开关。

（2）合上控制箱面板的电源钮子开关，接通电源。

（3）略开进气阀，打开气动阀供气阀门，启动干燥机，确认设备正常后，再慢慢打开进气阀至最大使机内的管路加压至压力稳定。

（4）观察干燥机上空气进口压力和温度是否符合规定的要求。同时注意有无异常情况出现，如有异常则需关闭进口阀门，并停机。

（5）缓慢打开干燥机空气出口阀门，关闭管路上的空气旁通阀门，这时检查压缩空气的流量。

（6）待干燥机运行30分钟后，再对干燥机运行的各项技术参数、性能指标、排水情况、消声器排气情况和制冷系统工作情况等各方面做全面检查。

（7）在干燥器每次热再生后应打开底部的排污阀进行排污，排完后随即关闭。

2.2.7.2 手动调整

（1）在热再生工作过程中，如果轻击触摸屏上的"手停加热"按钮，干燥装置会停止加热，转到冷再生状态。

（2）如果在工作过程中轻击"手动切换"按钮，干燥装置自动转入充压状态，20分钟后A、B罐切换工作状态。

2.2.7.3 停机操作

如果要干燥装置停止工作，可轻击触摸屏上的"停机"按钮，依照提示时间到后方可关闭电源。

2.2.8 罗茨鼓风机

2.2.8.1 开机

（1）检查罗茨鼓风机两端的油位观察孔，观察油位是否在观察孔的中间位置，如果油位低于中间位置，则要打开加油管上的阀门进行加油，当观察孔内油位快接近中间位置时，关闭加油阀门；如果油位高于观察孔中间位置或淹没观察孔，则要打开放油阀门，将油位下降到观察孔中间位置；如果油位位于观察孔中间位置，则为油位正常。

（2）检查罗茨鼓风机两端油杯内的润滑脂是否充足，如果润滑脂较少，则需要添加润滑脂，如果润滑脂足够，则为正常。

（3）手动盘车2~3转，检查电动机和风机是否正常。如果发现电动机轴承或风机叶轮有撞击或卡死的现象，则不能开机，如电动机和风机正常则可开机。

（4）完全打开罗茨鼓风机出口的放风阀门。

（5）打开罗茨鼓风机的冷却水阀门。

（6）合上配电室电气控制柜内罗茨鼓风机的空气开关。

（7）按下风机房内控制盒上新罗茨鼓风机的"启动"按钮。

（8）鼓风机启动后，观察电动机及风机响声是否正常，电动机空载电流是否在正常范围内。如鼓风机空载运行2~3分钟后出现响声异常、电动机电流高、油箱内温度升温较快时，则应马上停机检查，如果不出现异常，则可升压。

（9）缓慢关闭鼓风机出口处的放风阀门的同时迅速打开供风管道上的供风闸阀，关闭放风阀时要仔细观察压力表的变化情况、风机的响声及电动机电流的变化情况。

（10）观察氧化塔内曝气情况，并根据需要调整鼓风机供风量。

2.2.8.2　停机

（1）缓慢打开风机出口处的放风阀的同时关闭供风管道上的闸阀。

（2）待供风管道上的闸阀完全关闭后，按下风机房内控制盒上的停机按钮，关停鼓风机。

（3）断开配电室内罗茨鼓风机的空气开关。

（4）关闭风机出口处的放空阀门。

（5）关闭冷却水阀门。

2.2.9　活塞式空压机

2.2.9.1　开机前准备

（1）检查空压机地脚螺母（移动式除外），各吸排气阀的阀盖螺母等紧固件的紧固情况。

（2）检查电源电压是否正常。

（3）检查三角皮带的松紧程度和联轴器安装是否正常。

（4）检查空压机的安全防护装置是否可靠，仪表上是否正常，各种管路阀门是否完好。

（5）检查机身油池及注油器油位是否正常。

（6）打开进水及排水阀门，启动循环水泵，使水路畅通，并检查各连接处是否有漏水现象。

（7）关闭减荷阀（或打开排气管旁通放气阀门），减少空压机启动负荷。

（8）打开储气罐至压力调节器管道上的阀门。

（9）检查电器各空压机电动机启动手柄是否在启动位置。如无问题方可接通电源开车。

2.2.9.2　开车运行

（1）先启动电动机，察听空压机的各运动部件有无异常声响，确认正常后方能启动电动机。

（2）打开减荷阀，使压缩机进入负荷运行。

（3）电动机启动后，空压机应空载运行 5～6 分钟，然后逐步打开进气阀门，投入负荷运行。

（4）空压机运行时应经常注意检查机身油池面高度和注油器的油位和油滴数是否正常。

（5）随时注意和检查各压力表、温度表所示读数，使其在允许的规定范围内。

（6）随时注意电动机的温升及电流、电压表的所示读数应在允许规定的范围内。

（7）当储气罐内压力达到规定数值时，应注意安全阀和压力调节器的动作是否灵敏、可靠，定期对安全阀作手动或自动放气试验。

（8）空压机运行时，每工作两小时须将油水分离器的油水排放一次，空气温度大时应增加排放次数。

（9）空压机在下列情况下应紧急停车，并找出原因，排除后方可能开机：

1）排气压力表突然超过规定数值。

2）冷却水突然中断供给，若断水后开车时间较长，则切不可立即向气缸水套注入新的冷却水，应待气缸自行冷却后再供水开机。

　　3）空压机任何部位的温度超过允许值。

　　4）空压机发出异常响声。

　　5）润滑油突然中断供给。

　　6）空压机发生严重漏气、漏水。

　　7）线路接头处有严重火花。

　　8）发生其他严重故障。

　　（10）检修空压机设备时，应先切断电源，排尽设备及气管道内的余气后才能进行，清洗气缸阀部件时要用煤油（不允许用汽油），洗净后须待煤油全部挥发后方可装配。检修拆装时木片、皮块、棉纱等杂物不得落入气缸或储气罐及气管道内，以免堵塞起火，造成事故。

　　（11）空压机开车运行时，应将运行情况、设备巡回点检情况填写在运行和点检记录簿上。

2.2.9.3　停机

　　（1）逐步关闭减荷阀门（或打开排气管旁通放气阀门）使空压机进入空载运转状态。

　　（2）切断电源。

　　（3）空压机停车 15 分钟后，才能停止循环水泵，关闭冷却水进入水阀。

　　（4）放出中间冷却器和储气罐中冷凝的油水。在冬季低温下应将各级水套和中间冷却器内的存水全部入尽，以免冻裂机器。

2.2.10　引风机

2.2.10.1　开车前需要检查的项目

　　（1）所有压紧螺栓的紧固性。

　　（2）机壳进气箱连接处的紧固性，观察清灰门是否关闭。

　　（3）检查联轴器间隙。

　　（4）转子与电动机轴中心线是否同轴。

　　（5）风机与电动机轴承箱内的油量、油质情况。

　　（6）冷却水路是否畅通，启动检验供水状况。

　　（7）调节门手动灵活性，启动电动执行机构检验。

　　（8）有关仪表完好性。

2.2.10.2　开车操作

　　（1）关闭调节门。

　　（2）开启水泵供水。

　　（3）开动主电动机。开动主电动机至风机正常运行转速。

　　（4）逐渐打开调节门，直至不超过主电动机额定电流。

2.2.10.3　停车操作

　　（1）关闭调节门。

　　（2）立即切断主电动机电源，使风机停车。

　　（3）停车后关闭冷却水阀。

2.2.10.4　紧急停车

　　出现以下情况引风机应立即采取停车处理：

（1）转子与机壳碰擦。

（2）机壳振动突然增大并剧烈。

（3）轴承温度超过规定值（温升一般限于 40 ~ 50℃）并继续上升。

（4）电流突然升高，并在 1 ~ 2 分钟内不返回原位。

（5）冷却水中断。

（6）其他可能导致严重后果的情况。

2.2.11　计量泵

2.2.11.1　启动程序和检查

（1）检查所有的装配螺栓是否牢固，管路安装是否正确，并且出液管路是否开放。

（2）检查机油排放螺栓是否拧紧，取下机油加注盖，向泵内加注机油（约 0.65 升）。

（3）泵接通电源以前，流量调节旋钮调到零刻度。在流量调节旋钮从零增加以前，检查吸入管路和排出管路，确保所有截止阀都打开。

（4）检查电动机的电气接线。

（5）启动计量泵，检查电动机转向。转向必须与电动机安装法兰上的箭头一致（从电动机风叶侧看为顺时针旋转）。

2.2.11.2　启动

（1）连接泵与管路系统。

（2）确认流量设定在 0% 。

（3）打开进、出口管路中的截止阀，重新驱动泵。

（4）设定流量在 100% ，以便泵头快速排气。

（5）排气后，设定流量至要求值，并锁紧冲程锁紧螺钉。

（6）手动调节流量。拧松位于泵侧盖上的冲程锁定螺栓，以便调节泵流量，调节千分刻度冲程调节旋钮可以改变泵的流量，顺时针方向旋转减小流量，逆时针方向增加流量。整个冲程调节范围都用百分比标出，旋钮上的最小间标定线为 1% ，将旋钮调至所需流量后，用手拧紧冲程锁定螺栓以保持住设定的流量。

（7）泵输送系统输液。泵吸入管路和排出管路的排气是非常重要的步骤。为此在压力测试之前，先在没有任何排出压力的条件下运行泵，使输送系统完全充满液体。一种确保灌注的简单方法是在泵的出口连接安装一个三通和截止阀。

2.2.11.3　停车

（1）先停电动机，按要求关排出阀、吸入阀。

（2）如果泵长时间不运行，液体温度变化可在系统内产生气体。为了排出空气，应该在出口管路上安装一个阀门，以便在泵启动时通过工艺物料排出气体。

（3）长期停车（超过一周）重新启动时，把冲程设定为零，再进行启动，在冲程为零时，使泵运转几分钟后，再增加冲程，获得所需排出量。

2.2.11.4　操作注意事项

（1）在有气窝或泄压阀泄压情况下，不得继续运转此泵。

（2）液体从填料函以外的其他部位泄漏。

（3）排出管线堵塞。

（4）在泵运转时不要接触旋转或往复部件。

（5）当保护设施动作而未查明原因时，不得重新启动该泵。

（6）在运转中禁止关闭排出阀。

2.2.11.5　清洗堵塞的单向阀

单向阀设计为自清洗式，很少需要维护。堵塞的单向阀通常用稀的中性洗涤剂和温水（与输送物料兼容）泵送 15 分钟，然后用水清洗。

2.2.11.6　更换单向阀

在对单向阀进行处理以前，应该确认截止阀已关闭，系统压力已泄放，更换单向阀同时必须更换 O 形圈。参见液力端剖面图，注意单向阀正确的装配顺序。对于 GM0090 ~ GM0500 的塑料单向阀，球阀应放置在阀座锐边一侧。

（1）预备工作：

1）将冲程手柄调至 0%，如果冲程锁紧螺钉已锁紧，需松开锁紧螺钉。

2）切断电源，确保设备不会被意外启动。在电源开关上悬挂告示牌，告知"设备维修中"。

3）断开计量泵进、出口单向阀与系统的连接。

（2）更换单向阀操作：

1）从泵头上拆下阀体。

2）拆下单向阀组件：包括阀球，阀座，阀体，O 形圈和垫片。

3）清洗阀体和泵头螺纹口。

4）阀体内装入新垫片。

5）按图示方向装配新的单向阀。

2.2.11.7　更换阀球、阀座和密封

（1）拆卸：

1）拧开活接螺母，由活接螺母固定的接头可以很容易地与泵头其他部件分开。

2）从泵头上拧下单向阀组件。

3）在阀体的阀座一侧将活接螺母拧入一至二圈。确保活接螺母是松动的，与阀座之间保留间隙，以便拆卸阀座时，可以掉落在活接螺母内。

4）将阀体和活接螺母放置于平面上，活接螺母在下。从阀体顶部观察，可见四个大孔围着中心一个小孔。在中心小孔中插入一个薄的钝头工具如六角扳手，直至其置于阀球顶部。

5）用锤子轻击工具，直至阀球、阀座与阀体分离。

警告：如果拆卸部件仅为了检查，应确信使用钝头工具轻击，以免损坏阀球。如在拆卸过程中，损坏了阀球、阀座，应进行更换。为了避免损坏，如有压缩空气，在阀座的相对一端用压缩空气拆卸阀球、阀座。

6）从阀体与阀座间小心地拆下两个 O 形圈。

7）仔细地清洗回用的所有部件。如果使用了化学清洁剂，必须与输送的物料相兼容。

（2）重新安装：

1）将阀球放入阀体的内腔。

2）将阀体置于平面上，有阀球的一侧向上。将阀球置于阀体上，斜面的一侧向外。当阀座被压入阀体时，阀球应坐在阀球的锐边一侧，斜面不应在阀体内。用平板施以平稳

的压力将阀球压入阀体内。如果阀座安装不正确，阀球将不能建立密封，导致工作不能正常。

3）在阀体与阀座之间装入 O 形圈。

4）将接头正确复位，确定阀在泵头进出口的安装方向。装入压盖并用手将其拧紧。

5）用手拧入单向阀组件，不可拧得太紧。

2.2.12　双极活塞推料离心机

2.2.12.1　开车操作

（1）新机首次投入使用或离心机大修后首次投入使用前，必须检查下列各项：

1）机器是否按使用说明书安装，与使用说明书要求一致。

2）所有的管道是否已清洗干净，是否有任何东西剩留在转鼓内。

3）能否用手转动转子。

4）三角皮带张紧是否合适。

5）皮带机壳是否罩妥。

6）是否按要求注入了液压油。

7）点动油泵电动机，判断油泵旋转方向是否正确。

8）打开离心机门，试一下推料机构能否前后移动。

9）点动主电动机，判断转鼓旋转方向是否正确。

（2）投入使用后启动前的准备：

1）清除转鼓内的产品。

2）清除固体排出槽内的产品。

（3）启动：

1）开动离心机下道工序中的固体移动设备，如皮带或螺旋输送带。

2）接通油泵电动机。要求最低油温为 15~20℃（油的黏度关系）。如果机器停用较长时间后，环境温度又低，油应预热，如把热水或冷凝物通入油冷却器内。如果在环境温度低于冰点时，离心机停机，则应如上述方法把油加温，直至离心机再次启动。离心机较长时间不用时应把冷却器排干。当转子不转时，油泵和推料机构的操作时间不得超过 5 分钟。

3）接通主电动机，注意每小时的启动次数，达到操作速度后，才能开始加料。

4）打开加料阀，增加加料速率，直至达到额定的固体产量。

5）若打算在机器内洗涤产品时，打开洗涤液阀门并调节流量。

6）打开冷却水阀门冷却液压油、调节该阀直到操作时油温为 50~60℃。

7）一旦离心机开始动作，决不要处理离心机内部。

2.2.12.2　停机操作

（1）停止加料，清洗管位于清洗位置。

（2）如清洗说明清洗离心机。

（3）关主电动机。

（4）关油泵电动机。

（5）关闭冷却水阀门。

2.2.12.3　双极活塞推料离心机的清洗

为了保证离心机的最佳操作状态，与产品接触的零件，在下列情况下，必须清洗：每

8 小时至少定期清洗一次；当中断加料时间较长；主电动机停止时；离心机停止使用前。

（1）正常状态下的清洗：

1）中断正常加料，这时清洗管位于清洗位置。注：清洗时必须保持机器处于运作状态。

2）液化转鼓里的固体，清洗到转鼓内清洁为止（用软水管）。

3）清洗加料管和加料装置约一分钟。

4）清洗转鼓外部和机壳几分钟。

5）清洗筛网几分钟。

6）顺序：首先完成第 2）点，然后同时进行 3）~5）点。

7）清洗时间：视操作条件和产品而定，通常为 3~5 分钟。

（2）当主机停转：由于输送装置电动机停转，通道堵塞，固体不能液化时的清洗程序。

1）中断加料，清洗管位于清洗位置。

2）关闭主电动机和输送装置驱动电动机，转子停止后关闭油泵电动机。

3）用木勺（木刀）从转鼓内取出固体滤饼。

4）开电动机。

5）清洗加料管和加料装置约一分钟。

6）清洗转鼓外部和机壳几分钟。

7）清洗筛网几分钟。

通常应关闭清洗水阀门。当转子不运转时，决不要打开阀门进行 5）~7）点，当转鼓里有产品时，决不允许启动离心机。

2.2.13　除雾器

2.2.13.1　运行前的检查

（1）除雾器是否有结垢，堵塞、腐蚀、错位的现象。

（2）除雾器板片有无损伤。

（3）管道和连接件有无损伤。

（4）其他部件有无损伤。

（5）喷嘴是否脱落。

（6）管道支撑的安装是否正确。

（7）防腐层是否有腐蚀损坏的现象。

（8）喷嘴或喷管是否有堵塞现象。

（9）管道是否泄漏。

（10）阀门功能是否正常。

（11）吸收塔内外的螺栓连接点是否牢固。

2.2.13.2　运行

（1）工作温度尽量保持在 40~90℃ 的范围内，如果无法避免 100℃ 以上的温度时，持续时间只能限定在 10 分钟内。

（2）确保除雾器的定期冲洗和冲洗系统满足规定的运行条件。

（3）定期检测冲洗用水的水质和水量。

（4）及时对除雾器上的沉淀物予以冲洗。

（5）实时监控除雾器的压降，若出现增大的现象，运行人员应及时处理。

（6）定期检测除雾器是否有腐蚀老化的现象，并及时处理。

2.2.14　振动流化床

2.2.14.1　启动

（1）调整总蒸汽阀门表压至规定值。

（2）辅机启动：

1）调整干燥条件：启动供风机，调整内压降和温度至规定值，启动引风机。

2）干燥机的供、排料口敞开时，分别调整引风机、给风机的调节阀，将风量调至既不从供、排料口吹出热风，也不吸入外部大气的程度。

（3）干燥机的启动：

1）启动时应注意干燥机的运行情况，如有异常反应应立即停机。

2）如与辅助机件接触，应立即停机予以调整。

3）连接螺栓如有松动应立即停机紧固。

4）注意两台电动机的电流值大致相同，并符合规定值。

5）振动振幅应符合规定值。

（4）给料：

1）待处理物料的供给要均匀，并尽量投至干燥机床面的中心位置，以使之均匀地散布在整个流化床面上。

2）开始投料时，由于物料未能布满整个床面，此时有热风偏流敷粉较多的状态，待物料布满床面时，就可达到正常状态。

2.2.14.2　停机

（1）停止供给处理物：随着处理物的停止供给，从进料端渐渐露出流化床，这会使热风偏流，进而掉入充气腔的物料增多，所以从进料口开始逐渐减小风量。

（2）停止干燥机：当干燥机内的处理物全部排出以后，停止干燥机。

（3）关闭蒸汽阀门，停止给风机，最后停止引风机。

2.2.15　稀氨器的操作及氨水调配操作

氨水的调配是从软水站来的软水稀释进入稀氨器的氨液，采用控制进入稀氨器的软水流量和液氨压力的方法配制所需浓度的氨水，达到指标后的氨水进入氨水贮槽即可。

（1）打开循环水阀门，确定循环水通过稀氨器，冷却水压力为 0.2 ~ 0.3MPa，待加液氨时调节冷却水进口与出口温差小于 10℃。

（2）打开氨水用软水泵，向稀氨器送软水，观察调节软水流量为 14 ~ 16m³/h。

（3）缓慢打开并调节液氨管阀门，向稀氨器加液氨，液氨压力控制在 0.1 ~ 0.23MPa，同时通过稀氨器上的温密计观察温度及密度有无异常，液氨调节阀的操作原则是慢开快关。

（4）加液氨 30min 左右，取样分析氨水含量，使其氨水含量在 17% ~ 25%；当氨水含量偏低时，对液氨压力进行微调即可。在操作过程中，要时刻注意各设备、管道及仪表的变化。

（5）氨水调配完成后，再继续加软水 3 ~ 5min，停止氨水用软水泵及关闭相关阀门，继续开冷却循环水循环 5~10min，关闭冷却循环水的相关阀门。

（6）其中为有效防止气氨外泄，气氨进入极稀氨水槽的尾吸塔而被吸收，减少了工程氨耗；极稀氨水槽的液体用稀氨水泵送到稀氨器中。

2.2.16　氨压缩机操作

2.2.16.1　开机

（1）盘车、检查油位冷却水是否正常，容量调节阀处"0"位，氨压缩机入口阀处于全关闭状态，氨压缩机出口阀处于全开状，软管已接好。

（2）送电启动氨压缩机。

（3）如低油压报警调节油压解除报警。

（4）调容量调节阀至"1"。

（5）开氨压缩机入口阀微量使油压大于吸气压力 0.15~0.2MPa。

（6）打开油分离器出口阀使氨压缩机出口气体进入槽车，使压力在 0.9~1.1MPa，用入口阀或者容量调节阀来控制直至液氨卸完。

2.2.16.2　停机

此前液氨贮罐上的气氨出口阀、液氨入口阀已打开，气液分离器排液已完成。

（1）关闭氨压缩机入口阀。

（2）容量调节阀回至"0"。

（3）停机。

（4）关闭氨压缩机出口阀。

2.2.16.3　卸压

（1）关闭气、液相软管入口阀。

（2）打开气、液相卸压阀。

（3）待该处压力表回至"0"后，关闭卸压阀。

2.2.16.4　断开和槽车相连的气、液相软管，关闭氨压缩机冷却水。

第 4 节　质量技术标准

质量技术标准见表 11-3。

表 11-3　质量技术标准

空压站	露点温度	≤-10℃
空压站	出口压力	≥0.5MPa
给水站	全厂综合循环水冷水池液位	3~4.6m
生产回用水	SS（固体悬浮物浓度）	≤0.05g/L
综合循环水	SS（固体悬浮物浓度）	≤0.2g/L

1　全厂给水循环水站指标

1.1　全厂给水站

1.1.1　厂区内生产生活消防给水

最大小时供水量为 936.09m³/h，供水压力为 0.6MPa。

1.1.2　加药装置

（1）药剂：聚丙烯酰胺。

药剂消耗量　7.32kg/h 即 175.68kg/d

药剂投加浓度　10%

药剂溶液投加量　73.2kg/h（约73.2L/h）

（2）药剂：次氯酸钠。

药剂消耗量　2kg/d

药剂投加浓度　0.7%

药剂溶液投加量　0.08kg/h（约0.08L/h）

1.2　全厂综合循环水站

参数

循环水量　851.5m³/h

设备进口水压　≥0.3MPa

设备出口水压　≤0.0MPa

设备进口水温　≤35℃

设备出口水温　≤45℃

设备进出口水温差　10℃

旁滤水量　$Q_b = 42.58$m³/h

水质稳定剂 SJL-Ⅲ 消耗量　$(1 \sim 5) \times 10^{-6}$（每吨水消耗 1~5g）

加药装置

药剂消耗量　102.24kg/d

药剂投加浓度　10%

药剂溶液投加量　42.6kg/h（约42.6L/h）

2　空压站指标

2.1　空压机房

本站平均供气量为 241.93m³/min，最大用气量为 271.80m³/min。大部分用气要求压力露点 2℃，仪表用气压力露点为 -20℃，为简化系统，空压站全部压缩空气先经微热再生干燥处理，使其压力露点达到 -20℃，满足工艺和仪表用气要求。

2.2　空压循环水站

参数

循环水量　380m³/h

设备进口水压　≥0.3MPa

设备出口水压　≤0.0MPa

设备进口水温　≤32℃

设备出口水温　≤40℃

设备进出口水温差　8℃

旁滤水量　$Q_b = 19$m³/h

水质稳定剂 SJL-Ⅲ 消耗量　1~5g/t（每吨水消耗 1~5g）

加药装置

药剂消耗量 1.9kg/h

药剂投加浓度 10%

药剂溶液投加量 19kg/h（456kg/d）

3 污水站指标标准

通过加药增加一体化处理能力 PAC（聚合氯化铝是一种无机高分子混凝剂），按 5%比例配置，即 1000L 水中加入 50kg 的 PAC（2 袋），每箱水加 25kg，PAM（聚丙烯酰胺，是一种线状的有机高分子聚合物，同时也是一种高分子水处理絮凝剂产品，可以吸附水中的悬浮颗粒，在颗粒之间起链接架桥作用，使细颗粒形成比较大的絮团，并且加快了沉淀的速度）按 1.25%比例配置，即 1000L 水中加入 12.5kg 的 PAM（半袋），每箱水加 5kg，可根据水质的好坏来加减药量。要求处理后的水悬浮物小于 0.05 毫克。

第 5 节 设 备

1 离心泵（表 11-4）

表 11-4 离心泵故障原因及处理方法

序 号	故障名称	故 障 原 因	处 理 方 法
1	泵不上水或上水不足	转向错	换向
		进口管堵	清理管道
		叶轮内有杂物	清理
		泵转速不够	检查电动机转速是否符合设计要求
		漏水严重	调整或更换机封
		进水阀未全开	打开进水阀
		料少，打空泵	调整液位
2	泵扬程不够	参数选择不当	合理选择泵
		叶轮与泵体或护板的间隙过大	更换护板或调整间隙
		叶轮流道堵塞或叶轮磨损直径变小	清理流道
		泵转速低	更换电动机（增大泵速）
3	泵体振动	地脚螺栓松动	紧固地脚螺栓
		叶轮不平衡或磨损	重新平衡或更换
		找正不好或垫圈磨坏	调整或更换垫圈
		泵腔内有杂物	清理杂物
		转动部分与静止部分摩擦	调整两者距离
		轴弯曲或轴承磨损过大	调整或更换
		水少打空泵	调整液位
		气体侵入泵腔	检查料位或是否有漏点
4	泵打垫子	泵出口管道或垫子磨损	更换垫子
		出水管堵	清理管道

序　号	故障名称	故障原因	处理方法
5	轴密封泄漏	密封间隙不正	调整
		密封环损坏	更换新环
		轴磨损严重	更换泵轴
6	轴承过热振动大和噪声大	润滑油不足、过多或太脏	增加、减少或更换油
		泵壳内有气体	提高液面，排除气体
		轴承磨损严重	更换新轴承
		泵轴与电动机轴中心不正	找准轴中心
		叶轮磨损严重失去平衡	更换新叶轮
		轴弯曲变形或联轴节错位	调整或更换轴和联轴节
		叶轮与泵壳摩擦	调整
		轴承间隙过大	调整间隙
7	电动机发热	泵轴向窜动大，叶轮与泵壳及密封圈摩擦	调整轴向窜动
		负荷大	减小负荷
8	电动机突然停电	短路接地，接线盒放炮	检查线路
		电源发生故障	检查电源
		开关有问题	检查开关
		超负荷运行	减少负荷
		设备问题	检修

2　螺杆泵（表 11-5）

表 11-5　螺杆泵故障原因及处理方法

序　号	故障名称	故障原因	处理方法
1	设备不启动	电源和断路器问题	处理电源和断路器
2	变速箱噪音	变速箱和电动机输出问题	处理磨损部位，处理电动机输出轴的磨损情况
3	电动机过载跳闸	检查进出料流程是否畅通	处理进出料流程

3　空压系统（表 11-6）

表 11-6　空压系统故障原因及处理方法

序　号	故障名称	故障原因	处理方法
1	空压机组不能启动	高压回路断路器跳开	要求电力车间检查
		设定点不正确	检查设定点，必要时更正
		跳机状况存在	检查跳机原因，按"RESET"键复位
		防止再启动时间计时未完	等待结束
		启动次数的限制	执行每小时启动次数不超过两次

序 号	故障名称	故 障 原 因	处 理 方 法
2	空压机喘振	系统有异物,如积水、阀门开度不够等	检查空气系统
		进气过滤器过脏	清洗或更换过滤器芯
		中间级温度过高	检查冷却水温度和流量,必要时清洗中间冷却器管束
		叶轮、扩压器或背板粉尘积累过多	清洗叶轮、扩压器或背板
		排气压力设定过高	调整排气压力设定点到设计值
		实际进气温度高于设计值	调整控制系统以补偿温度差异
		导叶或卸荷阀不能自动动作	检查阀的控制模式并改为自动模式
		排气压力传感器失效	更换传感器
3	空压机不能达到设计排气压力	排气压力设定值过低	调整排气压力设定值到设计值
		卸荷阀没有关闭	检查阀的控制模式并改为自动模式
		排气压力传感器失效	更换传感器
		空气系统需求过大	启动另外备用空压机
4	主电动机过载跳机和/或功率消耗持续增加	电动机电流设定过高	调整到设计值
		入口导叶处于手动状态	检查阀的控制模式并改为自动模式
		电动机电流传感器失效	更换传感器
		入口导叶不能关闭	手动检查入口导叶
		电动机启动器没有正确设定	确定正确的设定点并调整
		进气温度低于设定温度	对进气进行节流
5	空压机振动大	叶轮有摩擦或转子不平衡	检查并更换一新的平衡转子组
		叶轮粉尘积累过多	清洗叶轮
		气流中含有水	检查冷凝水泄放孔,如有堵塞必须清洗;检查中间冷却器有无泄漏,必要时修理或更换管束
		轴封磨损或碳环损坏	检查并修理碳环轴封
		不正确或失效的振动检测系统	修理或更换
		轴承过量磨损	更换轴承
		联轴器轴心偏移	校准轴心
		联轴器过度磨损	更换联轴器
		机体固定螺母松动或断裂	旋紧或更换
		齿轮损坏	更换齿轮
6	辅助油泵电动机不能启动	电动机故障	维修或更换
		辅助油泵电动机过载跳机	检查跳机原因后使之重新负载
		油压传感器失效	修理或更换
		数字输入输出继电器板失效	依照程序对其进行检测

序　号	故障名称	故　障　原　因	处　理　方　法
7	辅助油泵电动机不能关闭	油压传感器失效	修理或更换
		润滑油系统释放阀卡在开的位置	调整润滑油系统释放阀
		主油泵磨损或失效	修理或更换
		数字输入输出继电器板失效	依照程序对其进行检测
8	过高的润滑油温度	油冷却器流量控制阀没有正确调整	正确调整该阀
		油冷却水温度超过设计值	降低冷却水温度
		油冷却器过脏	清洗
		油传感器失效	依照程序对其检测
		油控阀失效	更换
9	润滑油压力过低	主油泵和/或辅助油泵失效	修理或更换
		释放阀失效或没有正确调整	修理或更换调整释放阀
		油泵进油管堵塞	除去堵塞物
		有空气泄漏到油泵进油管	修理泄漏处并在进油管加油
		油过滤器芯过脏	更换
		油压传感器失效	依照程序检测该传感器
10	入口空气温度过高	环境空气温度高	增大冷却水流量
		冷却水温度高	增大冷却塔通风冷却
		冷却水流量小	检查单机阀门开度、水泵 Y 形过滤器、冷却器管束
		冷却器脏	清洗冷却器
11	干燥空气露点高，达不到指标要求	阀门漏气，吸附剂得不到彻底再生	检查可疑阀门
		吸附剂失效	更换吸附剂
		加热时间设置短	重新设置，延长时间
		原料气含水量大	加强空压机冷凝水排放
12	再升温度过低	控制器故障或设定时间太短	重新设定，必要时更换
		温度传感器故障	更换
		电源问题	检查线路
13	冷却塔回冲压力太高	消声器堵塞	更换
		再生关闭蝶阀泄漏	维修或更换
		再生排气管道堵塞	检查并清除
14	干燥器压降太大	干燥剂扩散器滤网堵塞	更换
		压缩空气处理量超过额定值	检查进口气量
		再生气动蝶阀保持打开	检查导向气路或电磁阀，根据需要更换
		再生气动蝶阀动作失灵	维修或更换

序 号	故障名称	故 障 原 因	处 理 方 法
15	干燥塔压力无法上升	蓄压过程中再生排气阀不能关闭	检查导向气路或电磁阀，根据需要更换
		出口使用流量超过其最大处理量	检查进口气量
		气动阀有损	维修或更换
	干燥塔内压能下降	消音器堵塞	检查并更换
		排气阀失灵	检查并维修
		控制器失灵	检查并维修
		卸压过程中，电磁阀没有打开	检查电源、电磁阀
16	出口空气灰尘太多	程控器失效造成转换时间失效，空气在塔内压力不稳产生吸附剂碰击摩擦	检查、维修、更换程控器
		再生阀全关时，压力瞬间变化造成吸附剂滚动	检查维修
		均压时间太短	加长均压时间

4　全自动净水器（表 11-7）

表 11-7　全自动净水器故障原因及处理方法

序 号	故 障 名 称	故 障 原 因	处 理 方 法
1	净水器纯水流量不足	滤芯堵塞	疏通、清理堵塞的滤芯
		高压泵压力不足	开启备用泵
		废水阀开得过大	适当调整
2	无法造水	高压泵故障	检查并及时排除
		进水电磁阀接反	调整进水电磁阀接向
		进水电磁阀有故障	检修或更换
		逆止阀失灵	检修或更换
		自动冲洗电磁阀失灵，不能有效关闭	检修或更换
		滤芯堵塞	疏通清理
3	水满后，机器反复起跳	原水压力不足	开启备用泵
		高压开关或液位开关失灵	检修或更换

5　冷却塔（表 11-8）

表 11-8　冷却塔故障原因及处理方法

序　号	故障名称	故 障 原 因		处 理 方 法
1	出水温度过高	循环水量过大		调阀门至合适水量或更换容量匹配的冷却塔
		布水管（配水槽）部分出水孔堵塞，造成偏流		清除堵塞物
		进出空气不畅或短路		查明原因、改善
		通风量不足		参见通风量不足的解决方法
		吸、排空气短路		检查冷水机组方面的原因
		填料部分堵塞造成偏流		清除堵塞物
2	通风量不足	风机转速降低	传动皮带松弛	调整电动机位张紧或更换皮带
			轴承润滑不良	加油或更换轴承
		风机叶片角度不合适		调至合适角度
		风机叶片破损		修复或更换
		填料部分堵塞		清除堵塞物
3	噪声和振动	风机转速过高，通风量过大		降低风机转速或调整风机叶片角度或更换合适风量的风机
		轴承缺油或损坏		加油或更换
		风扇叶片触到风胴		调整风扇长度
		风扇安装不当		重新安装风扇
		风扇不平衡		校正风扇角度
		减速机内润滑油过少		补充油量至规定油面
		有些部件紧固螺栓的螺母松动		紧固
4	电动机超载	电压过低		检查电源并调节
		风扇角度不适当		调整风扇角度
		风量过大		调整风扇角度
5	水滴过量飞溅	喷水管回水过快		调整喷水管角度
		散热器材阻塞		清除散热器材阻塞之处
		挡水器失效		重新更换挡水器
		循环水量过多		减少循环水量

6　巡检作业标准

（1）接班后应对设备本身及生产流程进行一次全面检查。

（2）定时检查各岗位对设备的润滑情况，每班不少于 2 次。

（3）定时巡检，发现跑、冒、滴、漏及时处理，每班不少于 2 次巡检。

（4）每 2 小时核对现场与微机的显示数据，并根据实际情况判断是否准确无误。

（5）检查电动机温升及电流，不得超过铭牌规定。电器部分有无烧焦味及打火等现象，发现异常及时联系电工处理。

（6）按时对各探测仪器进行清洗，保证仪表显示数据的准确性。

（7）检查设备及周围的环境卫生情况，保持环境卫生干净整洁，地坪不得积存碱、油、水等杂物和其他障碍物。

（8）设备不正常时不得离开现场。

7 区域巡检作业路线及巡检要求

7.1 全厂给水站

7.1.1 全厂给水站巡检作业路线

操作室→原水池→给水泵房→加药间→全自动净水器→生活水池→给水泵房→给水管网→操作室

7.1.2 巡检要求

（1）提前 15 分钟开班前会，听取轮班主操安排本轮班的生产任务和注意事项。

（2）每班巡视包括以下内容：

1）电动机：电流、温度、轴承温度及电缆接头处。

2）泵的出口压力，填料漏水情况，油杯、轴承温度。

3）机泵有无异声，仪器仪表是否准确，发现问题及时处理或找有关人员检修。

4）集水池液位，视情况开启或停止污水泵。

5）原水池及生活水池内保持无杂物。

（3）备用泵每班盘车一次。

（4）对以上项目每小时检查一次，并将其运行数据如实、工整的记录在生产运行日报上。

（5）巡检完毕后回操作室填写点检记录、润滑记录及生产记录，用时 10 分钟。

（6）以上巡检作业内容及顺序每两小时重复一次。

7.2 综合循环水站

7.2.1 巡检作业路线

控制室→热水池→泵房→加药间→全自动过滤器→冷却塔→冷水池→泵房→循环水网→控制室

7.2.2 巡检要求

（1）提前 15 分钟开班前会，听取轮班主操安排本轮班的生产任务和注意事项。

（2）每小时巡回检查一次，内容有：热水泵、冷水泵出口压力，流量，电动机电压、电流量是否正常及阀的填料函的泄漏情况，机泵有无异常声音等，发现情况应及时处理。

（3）确保泵润滑油系统的油质、油位、润滑油不变质，乳化油位于控制范围内，前后轴承温度不大于 40℃加室温，轴承箱冷却系统应正常。

（4）检查冷却风机减速机上油及排油阀是否关闭且无内漏现象。

（5）检查风机附近有无跳板及障碍，然后检查风筒门是否紧固，关闭是否严密

（6）查看集水池液位，视情况开启或停止污水泵。

（7）备用泵每日 0～8 点班盘车一次，运行泵每月一日切换一次，轴承润滑油按规定

时间进行更换。

（8）做好操作记录，保持设备卫生。

（9）巡检完毕后回操作室填写点检记录、润滑记录及生产记录，用时 10 分钟。

（10）以上巡检作业内容及顺序每两小时重复一次。

7.3　全厂空压站

7.3.1　巡检作业路线

控制室→空气过滤器→空压机→空气干燥器→冷却塔→冷水泵房→加药间→全自动过滤器→冷水池→操作室

7.3.2　巡检要求

（1）提前 15 分钟开班前会，听取轮班主操安排本轮班的生产任务和注意事项。

（2）实时检测出口压缩空气质量和压强。

（3）每小时检查一次空压机的运行参数和运转信息。检查各自动排冷凝水阀是否工作正常。

（4）检查空压机以及干燥器的机身油位、注油器是否在油标尺规定范围之内，冷却水压力是否在正常范围值，并观察冷却回水温度是否处于正常状态下。

（5）运行电动机的旋转方向，空载电流。

（6）运行电动机的轴向窜动值，电动机的振动值以及其温度与轴承温度。

（7）检查空压设备是否正常，排污装置是否灵敏。

（8）检查空压设备的受压件是否有异常现象。

（9）检查安全附件和仪表是否正常，有无异常变化。

（10）检查固定支架是否牢靠，压力容器进出口连接管道是否有跑气、渗漏现象。

（11）检查冷却水流量及温度值。

（12）检查冷却塔风机运行情况，电动机电压、电流，冷却油的油质、油量

（13）检查冷却塔布水情况。

（14）检查加药装置运行是否正常，并对全自动过滤器的过滤效果进行检测。

（15）检查集液池液位，视情况开启或停止污水泵。

（16）巡检完毕后回操作室填写点检记录、润滑记录及生产记录，用时 10 分钟。

（17）以上巡检作业内容及顺序每两小时重复一次。

第 6 节　现场应急处置

1　应急组织与职责

参见本篇第 6 章第 6 节 1.2。

2　污水处理站处置

2.1　事故类型

工业废水系统故障主要表现为一体化废水净水设备故障。

2.2　事故发生区域

热电动力区污水处理站。

2.3　事故征兆

一体化出现故障或处理指标严重不合格。

2.4　处置程序

污水处理主要设备发生系统故障时，岗位人员立即使用所有通讯手段汇报中控室，作业区中控室上报作业区负责人及调度指挥中心值班人员，及时安排相关人员到现场进行设备抢修。

2.5　处置措施

2.5.1　一体化污水处理设备处置措施

（1）检查设备格栅避免管道、布水装置、接触氧化填料的堵塞。

（2）检查调节池提升泵是否出现故障。

（3）检查缺氧池去除污水中的 NH_3-N 和降解有机物功能是否有效达标。

（4）检查缺氧池弹性填料是否完好无损。

（5）检查三级接触氧化池对污水中溶解的含碳有机物进行降解和对污水中的氨氮进行硝化是否达标。

（6）检查氧化池曝气器是否损坏。

（7）检查二沉池填料是否有水窜流，填料是否上浮移位。

（8）检查消毒池加药是否达标或失效。

2.5.2　一体化废水净水设备处置措施

（1）检查 PAM、PAC 药物配比是否正确或药物是否失效。

（2）检查各阀门是否完好有用，尤其是用于反冲洗的阀门。

（3）检查滤料上污泥量是否超过标准，超标必须进行反冲洗。

（4）检查设备内水位是否低于磁翻板的 1m 以下，当水位低于一定位置后，排泥阀、正洗排水阀及反洗排水阀不能打开。

2.5.3　其他处置措施

在系统发生故障时，立即启用备用系统，当班人员必须将具体情况立即上报作业区中控室，立即联系相关人员进行系统故障排除。

3　注意事项

（1）进入现场必须按规定戴好安全帽、劳保服，严禁穿尼龙、化纤及混纺的工作服。

（2）系统故障处理泄漏时必须佩戴呼吸器，穿戴防化服。

（3）系统事故处理设计登高平台作业，因此必须注意高处坠落，系安全带。

（4）若需要进行接触热体的操作时应戴上耐高温手套，事故处理过程中不要直接接触泄漏物。

（5）事故救援过程中必须执行双人监护、操作。

（6）事故救援后岗位员工及时按照相关要求清理好现场，泄漏的废液不能随意摆放，必须进行专门处理。

冶金工业出版社部分图书推荐

书　名	作　者	定价(元)
中国冶金百科全书·有色金属冶金	编委会　编	248.00
有色冶金概论(第3版)(本科国规教材)	华一新　主编	49.00
有色冶金化工过程原理及设备(第2版)(本科国规教材)	郭年祥　主编	49.00
有色冶金炉(本科国规教材)	周子民　主编	35.00
固体物料分选学(第2版)(本科教材)	魏德洲　主编	59.00
冶金设备(第2版)(本科教材)	朱　云　主编	56.00
冶金设备课程设计(本科教材)	朱　云　主编	19.00
轻金属冶金学(本科教材)	杨重愚　主编	39.80
复合矿与二次资源综合利用(本科教材)	孟繁明　编	36.00
冶金工厂设计基础(本科教材)	姜　澜　主编	45.00
拜耳法生产氧化铝(本科教材)	毕诗文　主编	36.00
氧化铝厂设计(本科教材)	符　岩　等编	69.00
冶金工程概论(本科教材)	杜长坤　主编	35.00
物理化学(高职高专教材)	邓基芹　主编	28.00
物理化学实验(高职高专规划教材)	邓基芹　主编	19.00
无机化学(高职高专教材)	邓基芹　主编	36.00
无机化学实验(高职高专教材)	邓基芹　主编	18.00
冶金专业英语(第2版)(高职高专国规教材)	侯向东　主编	36.00
金属材料及热处理(高职高专教材)	王悦祥　等编	35.00
流体流动与传热(高职高专教材)	刘敏丽　主编	30.00
冶金原理(高职高专教材)	卢宇飞　主编	36.00
氧化铝制取(高职高专教材)	刘自力　等编	18.00
氧化铝生产仿真实训(高职高专教材)	徐　征　等编	20.00
粉煤灰提取氧化铝生产(高职高专教材)	丁亚茹　等编	20.00
金属铝熔盐电解(高职高专教材)	陈利生　等编	18.00
火法冶金——粗金属精炼技术(高职高专教材)	刘自力　主编	18.00
火法冶金——备料与焙烧技术(高职高专教材)	陈利生　等编	18.00
火法冶金——熔炼技术(高职高专教材)	徐　征　等编	31.00
湿法冶金——净化技术(高职高专教材)	黄　卉　等编	15.00
湿法冶金——浸出技术(高职高专教材)	刘洪萍　等编	18.00
湿法冶金——电解技术(高职高专教材)	陈利生　等编	22.00
金属热处理生产技术(高职高专教材)	张文丽　等编	35.00
金属塑性加工生产技术(高职高专教材)	胡　新　等编	32.00